인간과 자연의 새로운 대화

혼돈으로부터의 질서

인간과 자연의 새로운 대화

혼돈으로부터의 질서

| 저　　자 일리야 프리고진·이사벨 스텐저스
| 역　　자 신 국 조
| 발 행 인 주 정 희
| 발 행 처 자유아카데미
| 주　　소 경기도 파주시 문발동 527-2
파주출판도시
| 전　　화 031-955-1321
| 팩　　스 031-955-1322
| 홈페이지 www.freeaca.com
| 전자우편 main@freeaca.com(대표)
editor@freeaca.com(편집)
| 등　　록 제406-2003-017호, 1980. 7. 12
| 제1판1쇄 2011년 3월 2일 발행
| 제1판2쇄 2013년 12월 10일 발행
| 정　　가 28,000원

역자와의
협의하에
인지생략

ISBN 978-89-7338-859-2 93420

인간과 자연의 새로운 대화

혼돈으로부터의 질서

일리야 프리고진 · 이사벨 스텐저스

신국조 옮김

자유아카데미

Professeur I. Prigogine
Service de Chimie Physique II
Code Postal n° 231
Campus Plaine U.L.B.
Boulevard du Triomphe
1050 BRUXELLES
Tél. 640.00.15 / Ext. 5540

1050 Bruxelles, le November 19, 1984.
IP/CC/117/30

Professor Kook Joe Shin,
Department of Chemistry,
College of Natural Sciences,
Seoul National University
Seoul 151, Korea.

Dear Professor Kook,

I thank you for your letter dated November 9, 1984 and thank you for your effort to translate my book "Order out of Chaos" into Korean.

I give you formally the permission to translate this book.

Kind regards,

I. Prigogine

차례

서문

과학과 변화

앨빈 토플러Alvin Toffler

근대 서양문명의 가장 발달된 기술의 하나는 분해이다. 즉, 어떠한 문제를 가장 작은 성분들로 쪼개는 것이다. 우리는 이와 같은 일을 매우 잘하며 실은 이 때문에 그 성분들을 다시 맞추는 것을 종종 잊어버리곤 한다.

이와 같은 기술은 아마도 과학에서 가장 잘 다듬어져 있을 것이다. 과학에서는 어떠한 문제들을 보통 작은 조각들로 쪼개고 또 쪼개고 할 뿐 아니라 이렇게 쪼갠 조각들을 각각 편리한 방법으로 이들의 주위환경과 격리시키기도 한다. 이때 우리는 「다른 모든 사정이 같다면―」이라는 단서를 붙인다. 이와 같이 우리는 우리의 문제와 그 밖의 모든 우주와의 복잡한 상호작용을 무시할 수 있게 된다.

그러나 1977년에 열역학과 비평형계에 대한 연구업적으로 노벨상을 수상한 일리야 프리고진Ilya Prigogine은 단지 쪼개는 일에만 만족하지 않고 그의 생애의 중요한 시기를 「조각들을 다시 맞추기」에 바치고 있다. 이 경우의 조각들이란 생물학과 물리학, 필연과 우연, 자연과학과 인문과학 등이다.

1917년에 러시아에서 태어나 열 살 때부터 벨기에에서 자란 그는 은발에 단정하게 짜여진 몸매와 레이저 같은 열정을 지닌 사람이다. 고고학, 예술, 역사 등에 깊은 관심을 갖고 있는 그는 과학에 대단히 해박한 사고방식을 도입하였다. 그는 브뤼셀에서 기술자인 부인 마리나와 아들 파스칼과 같이 살고 있다. 그곳에서는 여러 분야에 걸쳐 연관된 연구를 하고 있는 연구진들이 그의 생각이 여러 분야에 걸쳐서 어떠한 의미를 갖게 되는가 하는 것을 연구하고 있으며, 이들의 관심대상은 개미떼의 사회적인 행태, 확산에 의한 화학반응 그리고 양자장론의 소산과정에 이르기까지 매우 다양하다.

그는 매년 얼마 동안은 오스틴에 있는 텍사스 대학의 「통계역학 및 열역학 연구를 위한 프리고진 센터」에서 지낸다. 그리고 그는 뜻밖이라고 좋아하였지만 비평형상태에 있는 계들의 비선형과정들로 인한 소산구조dissipative structure에 관한 그의 연구업적을 인정받아 노벨 화학상1977을 수상하게 되었다. 이 책의 공저자인 스텐저스Isabelle Stengers는 철학자이자 화학자이고, 동시에 과학사학자로서 한동안 프리고진의 브뤼셀 연구진에 속해 있었으며, 지금은 파리에서 살며 빌레트 박물관에 관계하고 있다.

《혼돈으로부터의 질서》를 통하여 저자들은 하나의 이정표를 세웠다. 이 책은 많은 논쟁을 불러일으키고, 가슴을 벅차게 하고, 우리의 많은 기본적인 가정들을 뒤엎는 섬광과 같은 통찰력으로 가득 차 있으며, 이러한 가정들에 관하여 생각하는 참신한 방법을 암시하고 있다.

1979년에 프랑스에서 《새로운 연합(*La Nouvelle Alliance*)》이라는 제목으로 출간된 이래로 이 책은 곤충학에서 문학 비평에 이르기까지 다양한 분야의 저명한 학자들 간에 놀라운 분쟁을 불러일으켰다.

이미 12개 국어로 번역되었거나 번역 예정인 이 책이 대서양을 건너오는데 이렇게 오래 걸렸다는 것은 미국대륙의 고립성과 문화적인 오만을 잘 나타내는 것이다. 그러나 이렇게 지연된 덕분에 이번 판은 프리고진의 새로운 발견들, 특히 그의 새로운 관점에 의한 열역학 제2법칙에 대한 것들이 포함되어 있다.

이러한 모든 이유로 인하여 《혼돈으로부터의 질서》는 그저 평범한 또 하나의 책이 아니라 과학 그 자체를 변화시키고, 그 목적과 방법론·인식론, 그리고 그 세계관을 다시금 조사하도록 하는 지렛대이다. 진실로 이 책은 어떤 지식인이라도 무시할 수 없는 오늘날의 과학의 역사적인 변환에 대한 상징으로 볼 수 있다.

어떤 학자들은 과학을 자체 내의 논리에 의하여 추구되며, 자체의 법칙들에 의하여 그 주변의 세계와는 멋지게 격리된 상태에서 발전되는 것이라고 보고 있다. 그러나 많은 과학적인 가정, 이론, 은유, 그리고 모형(과학자들에 의하여 연구하기 위하여, 또는 여러 가지 문제점들을 무시하기 위하여 선택된 것들임은 말한 것도 없이)은 실험실 밖의 경제적·문학적, 그리고 정치적인 힘에 의하여 형성되곤 한다.

나는 인간사회의 본성과 과학세계의 지배적인 관점 또는 「패러다임」과의 너무나 분명한 평형관계를 암시하고자 하는 것은 아니다. 더욱이 나는 마르크스주의자들이 흔히 하는 것처럼 과학을 사회·경제적인 「토대」 위에 세운 어떤 「초超구조물」로 취급하려는 것은 아니다. 그러나 과학은 「독립적인 변수」는 아니다. 과학은 사회 안에 자리잡고 있는 열려진 계系이며, 매우 두터운 되먹임 고리feedback loop에 의하여 사회와 연결되어 있는 것이다. 또한 과학은 외적 환경의 영향을 크게 받고 있으며, 일반적으로 과학의 발전은 중요한 사고방식들에 대한 문화적인 수용태세에 의하여 이루어진다.

예를 들어 17세기와 18세기에 걸쳐 「고전과학」 또는 「뉴턴주의」로 불리며 등장한 사고방식을 보자. 이 사고방식에 의하면, 이 세상의 어떤 사건이든지 적어도 정확하게 결정될 수 있는 초기조건들에 의하여 결정되는 것이라고 보고 있다. 이러한 세상에서는 우연이라고 하는 것은 아무런 역할을 하지 않으며, 모든 조각들이 우주기계의 톱니바퀴들처럼 짜임새 있게 어우러져 있다.

이러한 기계론적인 관점이 받아들여진 것은 공장문명이 시작된 것과 일치한다. 그리고 신의 주사위놀이는 기계의 시대가 전체 우주를 하나의 기계로 보고 있는 과학적 이론들을 열렬히 포용하는 사실을 설명하기에 너무나 불충분한 것이다.

이와 같은 세계관은 라플라스Laplace로 하여금 충분한 사건들이 주어진다면 우리가 미래를 예측할 수 있을 뿐 아니라 과거도 되살려 낼 수 있다고 하는 유명한 주장을 펴게 했다. 그리고 이러한 단순하고, 균일하고, 기계적인 우주상은 과학의 발전을 이룩하게 하였을 뿐 아니라 많은 다른 분야에까지 퍼져가게 되었다. 미국헌법의 초안자들은 이러한 우주상의 영향을 받아 견제와 균형이 시계 부품들처럼 째깍거리는 지배를 위한 기계를 창조하였다. 메테르니히Metternich는 유럽의 세력균형을 맞추기 위해 분주히 돌아다닐 때 그의 여행가방 속에 라플라스의 책을 가지고 다녔다 한다. 그리고 공장문명의 극적인 확산은 그 거대한 기계들과 이들이 이룩한 뛰어난 공업적인 혁신 그리고 철도·철강·섬유 및 자동차 산업의 성장과 더불어 기술자의 장난감으로서 우주상을 확인하는 데 그치는 것으로 보였다.

그러나 오늘날 기계의 시대는 요란한 소리를 내며 멈추고 있다. — 만일 시대들이 요란한 소리를 낼 수 있다면 — 그리고 우리의 시대도 확실히 그런 것 같다. 또한 산업시대의 사양화는 우리로 하여금 실재實在에 관한 기계모형의 한계를 뼈저리게 직면케 하고 있다.

물론 이러한 한계점들의 대부분은 새삼스럽게 발견된 것은 아니다. 이 세상이 시계의 작동과 같다거나 행성들이 무한히 궤도를 돌고 있는 것이나, 또는 평형상태에서 모든 계들이 결정론적으로 작동되고 있다는 등의 개념은 모두 외부에 있는 관측자가 발견할 수 있는 보편적인 법칙들을 따르는 것으로 이러한 모형은 이것이 처음으로 제안되었을 때부터 소멸되고 있는 불꽃에 해당되는 것이다.

19세기 초에 기계론적인 우주상이 내포하고 있는 시간의 무한성은 열역학에 의하여 도전을 받게 되었다. 열역학자들의 주장에 의하면, 만일 이 세상이 거대한 기계라고 한다면, 이 기계에서는 유용한 에너지가 새어나오고 있으며 멈추고 있다는 것이다. 이러한 기계는 영원히 움직일 수 있는 것이 아니며, 따라서 시간이라고 하는 것은 새로운 의미를 갖게 되는 것이다. 다윈Darwin의 추종자들은 곧 모순적인 생각을 도입하였다. 즉 이 세상이라고 하는 기계는 그 에너지와 조직성을 잃어가면서 멈추고 있을지 모르나 적어도 생물계는 점점 더 조직화되면서 빨리 달리고 있다는 것이다.

20세기 초반에 이르러 아인슈타인Einstein은 관측자를 다시 계 안으로 들여보냈다. 그랬더니 그 기계는 그 안의 어느 곳에서 관측하느냐 하는 것에 따라 다르게 보였다. 실질적으로도 그 기계는 다른 것이었다. 그러나 그것은 아직 결정론적인 기계였으며, 신은 주사위놀이를 하지 않았다. 이어서 양자론자들과 불확정성의 신봉자들이 이 모형을 손도끼와 큰 망치 그리고 다이너마이트 등으로 공격하였다.

하지만 이 모든 **만약**에와 **그리고**와 **그러나**에도 불구하고, 프리고진과 스텐저스가 말한 바와 같이, 이 기계 패러다임은 아직도 물리학의 「기준점」이며, 과학 전반에 걸쳐 핵심적인 모형이라고 말하는 것이 공정할 것이다. 사실상 이 패러다임은 너무나 큰 영향을 계속 미치고 있어서 아직도 많은 사회과학, 특히 경제학이 이것의 영향을 받고 있다.

이 책의 중요성은 단지 독창적인 논의로 뉴턴의 모형에 도전했다는 것뿐만이 아니라 비록 제한적이지만 아직도 유효한 뉴턴주의의 주장이 어떻게 실재에 관한 보다 큰 과학상像에 모순되지 않게 맞추어 들어가는가 하는 것을 보여 준 데 있다. 이 책에서는 과거의 「보편적 법칙」들이 전혀 보편적이 아니라 실재의 부분적인 면에만 적용되는 것으로서 어쩌다 보니 과학이 이러한 부분적인 면에만 국한시켜 대부분의 노력을 기울여온 것이라고 주장하고 있다.

따라서 대강 말하자면, 프리고진과 스텐저스는 기계시대의 전통적인 과학은 안정, 질서, 균등 및 평형 등을 강조하는 경향이 있으며, 주로 닫혀진 계와 작은 입력으로 균등하게 작은 효과를 거둘 수 있는 선형관계가 관심의 대강이었다고 보고 있다.

에너지, 자본 그리고 노동력의 중점적인 입력에 기초를 두고 있는 산업사회로부터 정보와 기술혁신이 중요한 자원이 되는 고도의 기술사회로의 변천에 따라 새로운 과학세계의 모형들이 나타나야만 한다는 것은 놀라운 일이 아니다.

프리고진의 패러다임이 특별히 관심을 끌고 있는 것은 오늘날의 사회적 변화의 특징을 설명할 수 있는 실재의 양상들에 주의를 돌린 것에 있다. 이러한 양상들이란 무질서·불안정·다양성·비평형·비선형관계(작은 입력으로 막대한 효과를 유발시킬 수 있는), 그리고 시간의 흐름에 더욱 민감한 일시성 등이다.

일리야 프리고진과 그의 동료들로 구성된 소위「브뤼셀 학파」의 업적은 자연과의 새로운 대화뿐만 아니라 사회 그 자체와의 대화도 시도하고 있는 만큼 다음에 올 과학의 혁명을 잘 설명할지도 모른다.

프리고진의 업적에 주로 기초를 둔 브뤼셀 학파의 사고방식은 변화에 대한 새로운 포괄적인 이론을 이루고 있다.

간단히 종합하자면, 이들은 우주의 일부분이 기계와 같이 작동하고 있다 하여도 이는 닫혀진 계들이며, 이러한 닫혀진 계들은 기껏해야 물리적인 우주의 작은 부분을 이루고 있을 뿐이라고 보고 있다. 우리가 관심을 가지고 있는 대부분의 현상들은 사실상 그 주위 환경과 에너지, 물질, 그리고 덧붙이자면, 정보를 서로 교환하는 열려진 계들이다. 당연히 생물계와 사회는 열려진 계들이며, 이는 기계적인 방법으로 이들을 이해하려는 시도가 애당초 실패할 것이라는 의미를 지니고 있다.

더욱이 이는 대부분의 실재가 질서 있고, 안정되고 평형을 이루고 있기보다는 변화와 무질서 그리고 진행 중에 있어서 소용돌이치며 들끓고 있다는 것을 암시한다.

프리고진의 언어에 의하면 모든 계들은 끊임없이 「요동」치고 있는 종속적인 계들을 포함하고 있다는 것이다. 때로는 단 한 번의 요동이나 복합적인 요동이 양陽의 되먹임positive feedback의 결과로 너무 강해져서 기존의 조직을 파괴하기도 한다. 저자들이 「특이순간」 또는 「분기점」이라고 부르는 이 혁명적인 순간에는 변화가 어느 방향으로 일어날 것인가 하는 것을 미리 결정하는 것이 본질적으로 불가능하다. 즉 계가 「혼돈」 속으로 와해되어 갈지, 또는 그들이 「소산구조」라고 부르는 보다 섬세하고 고차원의 질서 내지는 조직화의 방향으로 도약할지 알 수 없다는 것이다. 이러한 물리적인 또는 화학적인 구조가 소산구조라고 불리는 이유는 이 구조를 유지하는 데 그 이전의 단순한 구조보다 더 많은 에너지가 필요하기 때문이다.

이러한 개념을 둘러싼 주요 논쟁은 질서와 조직화가 사실상 「자생적 조직화」의 과정을 통하여 무질서와 혼돈으로부터 「자발적」으로 발생할 수 있다는 프리고진의 주장 때문이다.

이 극도로 강력한 사고방식을 파악하기 위해서는 우선 「평형」상태의 계, 「평형 근처」의 상태에 있는 계, 그리고 「평형상태에서 먼」 계들을 구별할 필요가 있다.

원시적인 한 족속을 생각해 보자. 만일 이 족속의 출생률과 사망률이 같다면 이 족속의 인구는 안정적으로 유지될 것이다. 적당량의 식량과 다른 자원이 있다고 할 때, 이 족속은 생태적인 평형상태에 있는 한 국지적인 계의 한 부분을 이루고 있게 된다.

출생률을 증가시켜 보자. 상응되는 사망자의 수가 없는 약간의 추가적인 출산은 별로 영향을 주지 않을 것이다. 계는 평형에서 가까운 상태로 변해 갈지 모르나 큰 변화는 일어나지 않는다. 평형상태나 이에 가까운 상태에 있는 계들에 큰 변화를 일으키려면 커다란 충격이 필요하다.

그러나 만일 출생률이 급격히 상승하게 되면, 계는 평형상태에서 멀리 밀려나게 될 것이며, 이때에는 비선형관계가 주로 지배하게 될 것이다. 이러한 상태에서는 계들이 이상한 일들을 하게 된다. 외부영향에 극도로 예민해지거나 작은 입력에도 거대하고 깜짝 놀랄 만한 효과를 나타내게 된다. 즉 전체 계가 우리가 보기에는 괴상하다고 할 수 있는 방법으로 그 자신을 재조직하게 될지 모른다.

이러한 자생적인 재조직화의 예들은 《혼돈으로부터의 질서》에 충분히 수록되어 있다. 액체 속에서 고르게 전달되고 있던 열이 어떤 순간에 갑자기 액체를 급격히 재조직화시키는 대류로 바뀌며 수백만의 분자들이 한순간의 신호에 따라 갑자기 육각형의 세포들을 형성하게 된다.

더욱 볼만한 것은 프리고진과 스텐저스가 기술한 「화학시계」이다. 백만 개의 흰 탁구공과 백만 개의 검은 탁구공이 유리창문을 가진 탱크 안에서 제멋대로 어지럽게 충돌하며 섞여 있는 것을 생각해 보자. 창문을 통해 들여다보면 대부분은 회색 덩어리로 보일 것이나, 때때로 불규칙적인 순간에 유리창 근처에서의 공들의 분포에 따라 검게 또는 희게 보일 때가 있을 것이다.

이제 갑자기 유리창이 일정한 간격을 두고 마치 시계처럼 완전히 희게 되었다가 완전히 검게 되었다가 하기를 반복한다고 하자.

어째서 흰 공들과 검은 공들이 때맞추어 색깔을 변화시키도록 갑자기 자신들을 조직화시키는 것일까?

모든 전통적인 규칙들에 의하면 이러한 일은 절대로 일어날 수 없는 것이다. 그러나 탁구공이 아닌 어떤 종류의 화학반응에 참여하고 있는 분자들을 살펴보면 고전물리학과 볼츠만의 확률이론으로는 있을 수 없는 바로 이러한 자생적 조직화 또는 질서화의 현상을 발견할 수 있다.

평형에서 멀리 떨어져 있는 상태에서는 시간과 공간에 따라 또 다른 자발적이고 매우 극적인 물질의 재조직화 현상들이 역시 발생하고 있다. 그리고 우리가 2차원 또는 3차원적으로 생각한다면 이러한 가능한 구조들의 수와 종류는 매우 많아질 것이다.

이제 여기에 또 다른 발견을 추가해 보자. 어떤 화학반응에서 효소가 생산되고 이 효소의 존재가 그 자신의 생산을 더욱 촉진시키는 경우를 생각해 보자. 이것이 컴퓨터 학자들이 말하는 양陽의 되먹임의 한 예이다. 화학에서는 이를 「자체촉매반응」이라고 부른다. 이런 경우는 무기화학에서는 드문 것이다. 그러나 최근 수십 년간 분자생물학자들이 밝혀낸 바에 의하면, 이러한 양陽의 되먹임 고리들이 억제 또는 음陰의 되먹임과 더욱 복잡한 교차촉매과정들과 더불어 생명 그 자체를 이루고 있는 것들이다. 이러한 과정들은 어떻게 DNA의 작은 덩어리들이 복잡한 생물체를 이루고 있는가 하는 것을 설명하는 데 도움을 준다.

따라서 보다 일반적으로 우리는 평형에서 멀리 떨어진 상태에서는 매우 작은 섭동 또는 요동들이 구조를 파괴하는 거대한 파동으로 증폭되어 간다는 것을 알 수 있다. 그리고 이것은 모든 종류의 「정성적」이거나 「혁명적」인 변화과정들을 이해하는 데 도움을 준다. 평형에서 멀리 떨어진 상태와 비선형 과정 그리고 복잡한 되먹임 체계들을 연구하여 얻은 통찰력들을 종합하면 소위 본격적인 과학과 삶의 유사과학들 또는 사회적 과정들까지도 연결지을 수 있는 전반적인 새로운 접근방식이 열리게 될 것이다.

(적어도 이러한 발견들은 사회적·경제적 또는 정치적 실재들에 대하여 비유적인 의미를 지니게 된다. 「혁명」, 「경제적 파탄」, 「기술적 쇄신」, 그리고 「패러다임 변환」 등의 용어들은 우리가 요동, 되먹임 증폭, 소산구조, 분기현상 등이나 그 밖의 프리고진의 개념적 어휘들을 동원하여 생각해 보면 모두 새로운 각도의 의미를 지니게 된다.) 《혼돈으로부터의 질서》는 이러한

파노라마와 같은 전경을 우리 앞에 펼쳐보이고 있다.

그 밖에도 이 책에서는 최근에 퍼지고 있는 이보다 더욱 수수께끼 같은 시간에 관한 문제를 다루고 있다.

오늘날 과학과 문화에 있어서의 거대한 혁명의 일부분은 시간에 대한 재고찰에 있다. 이 문제는 매우 중요하므로 프리고진의 역할에 관하여 이야기하기 전에 잠시 주의를 돌려보기로 하자.

역사를 예로 들어보자. 사료편찬에 크게 기여한 것 중의 하나는 브로델 Braudel이 시간을 세 가지의 축척으로 분할한 것이다. 「지리학적 시간」에서는 사건들이 영겁에 걸쳐서 일어나고 있으며 이보다 더 짧은 「사회적 시간」에 의하여 경제, 국가, 문명 등이 측정되며 더 짧은 「개별적 시간」으로는 인류의 사건들에 관한 역사가 측정된다.

사회과학에서는 시간이라고 하는 것이 대체로 미개척의 영역으로 남아 있다. 인류학적으로 문화라고 하는 것은 시간을 어떻게 파악하고 있는가 하는 것에 따라 매우 다른 것이다. 어떤 문화에서는 시간을 주기적인 것으로 보고 있으며, 따라서 역사는 끊임없이 반복되는 것이다. 우리의 문화를 포함한 또 다른 문화에서는 시간을 과거와 미래 사이에 펼쳐진 고속도로라고 보고 있으며, 사람이나 전체 사회는 이 고속도로를 따라 행진해 가는 것이 된다. 또 어떤 문화에서는 사람의 생명이 시간에 대하여 정지되어 있는 것처럼 보인다. 즉 우리가 미래를 향하여 나아가는 대신에 미래가 우리에게 다가오는 것이다.

내가 다른 곳에 밝혔던 바와 같이 각 사회는 과거, 현재, 그리고 미래를 강조하는 정도에 해당되는 그 자체의 고유한 「시간 편견time bias」을 배반하고 있다. 어떤 사회는 과거에 살고 있으며 또 다른 사회는 미래에 집착하고 있다.

더욱이 각 문화나 개개인은 「시간 수평선」으로 생각하려고 한다. 어떤 사람들은 당장, 즉 현재만을 생각한다. 예를 들면 정치가들은 흔히 즉각적인 단기효과만을 추구한다고 비난을 받는다. 그들의 시간 수평선은 다음 선거 일자의 영향을 받고 있다고들 한다. 다른 사람들은 장기적인 계획을 세운다. 이렇게 서로 다른 시간의 수평선들은 사회적·정치적인 마찰의 무시된 근원이며, 아마도 가장 중요한 근원들 중의 하나이다.

그러나 시간에 대한 문화적 개념들이 서로 다르다는 것을 점차로 인정하면서도 사회과학은 시간에 대한 합치된 이론을 거의 발전시키지 못하였다. 그러한 이론은 정치학, 집단 동역학, 인간 상호 간의 심리학 등 여러 분야에 걸쳐 적용될 것이며, 예를 들어 내가 《미래의 충격(*Future Shock*)》에서 소개했던 「지속기간에 대한 기대치durational expectancy」, 즉 어떤 과정들이 얼마나 오래 걸릴 것인가 하는 데에 대한 우리의 문화적으로 유도된 가정들을 고려해야 될 것이다.

우리는 어려서부터 이를 닦는 데는 몇 분이면 되고 오전 내내 걸리지는 않는다든가 아빠가 출근하시면 대체로 8시간 정도 나가 계신다든가 또는 식사시간은 몇 분에서 몇 시간이지 절대로 일년 내내 걸리지 않는다는 것을 배워 왔다(텔레비전은 하루를 고정적으로 30분 또는 60분 간격으로 나눔으로써 우리의 지속기간에 대한 관념을 교묘하게 형성해 주고 있다. 따라서 우리는 보통 방송극의 주인공이 여자친구를 만나거나, 돈을 찾거나, 전쟁에서 이기는 것은 마지막 5분 동안에 일어난다는 것을 기대하고 있다. 미국에서는 광고가 어떤 간격으로 방송될 것이라는 것을 기대하고 있다). 우리의 마음은 이러한 지속기간에 대한 가정들로 꽉 차 있다. 어린이들의 것은 사회생활을 하고 있는 어른들의 것과 매우 다르며, 다시금 이러한 차이점은 마찰의 요인이 된다.

더구나 산업사회의 어린이들은 「시간 훈련」을 받고 있다. 그들은 시계 읽는 법을 배우고 그들의 부모가 「3분 이내에 잠자러 가거라.」하고 말함으로써 아주 작은 시간의 조각들까지도 구별하는 것을 배운다. 흔히 이와 같이 잘 길들여진 시간에 대한 관념은 하루 일과에서 시간에 쫓기는 우리의 사회

보다 정확성을 덜 필요로 하는 농경사회에서는 찾아볼 수 없는 것이다.

브로델의 사회적인 그리고 개인적인 시간의 축척에 부합되는 이러한 개념들은 사회과학 분야에서 체계적으로 발전된 일이 결코 없었다. 또한 이러한 개념들은 필연적으로 물리적인 실재에 관한 우리의 가정들과 연결되어 있음에도 불구하고 과학적인 시간의 이론들과는 조금이라도 진지하게 연관된 적이 없었다. 그리하여 우리는 소년시절부터 시간에 매료된 프리고진에게 시선을 돌리게 된다. 그는 어린 학생시절에 과학이 시간을 다루는 방법에 커다란 모순이 있음에 크게 놀랐으며, 그 이후로 이 모순이 그의 평생업적의 근원이 되었다고 내게 말한 적이 있다.

뉴턴과 그의 추종자들에 의하여 설립된 이 세계의 모형에서는 시간에 대한 생각은 뒤늦게 나타난 것이었다. 순간이라고 하는 것은 이것이 과거이든 현재이든 또는 미래이든 간에 다른 어떤 순간과 아주 똑같은 것이라고 가정되었다. 행성들의 끊임없는 주기운동, 그리고 사실상 시계나 간단한 기계의 작동 등은 원칙적으로 계의 근본을 변경시키지 않으면서 시간에 대해 뒤로 또는 앞으로 나아갈 수 있다는 것이다. 이러한 이유로 인하여 과학자들은 뉴턴계의 시간을 「가역적」인 것이라고 한다.

그러나 19세기에 이르러 물리학의 주된 관심이 동역학에서 열역학으로 바뀌고 열역학 제2법칙이 제창됨에 따라 시간은 갑자기 관심의 초점을 모으게 되었다. 왜냐하면 열역학 제2법칙에 의하면 이 우주에는 피할 수 없는 에너지의 손실이 있다는 것이다. 그리고 만일 이 세상이라고 하는 기계가 정말로 멈추어지면서 열적인 사망상태로 접근한다고 하면 한순간이라는 것은 그 바로 전 순간과 더 이상 아주 똑같지 않은 것이 된다. 우리는 엔트로피를 보충하기 위하여 이 우주를 거꾸로 돌릴 수는 없는 것이다. 장기간에 걸쳐 일어나는 사건들은 다시 반복될 수 없는 것이다. 그리고 이것은 시간에는 방향성이 있다는 것을 의미하며 후에 에딩턴Eddington은 이것을 시간에서의 「화살」이라고 불렀다. 전체 우주는 사실상 늙어가고 있으며, 만일 이것이 진실이라면 시간은 일방통행로인 셈이다. 시간은 더 이상 가역적인 것이 아니고 비가역적인 것이 된다.

간단히 말하자면, 열역학의 등장과 더불어 과학은 시간에 관하여 양분되었다는 것이다. 더욱 불행한 것은 시간을 비가역적이라고 보는 사람들까지도 곧 두 진영으로 갈라진 것이다. 결국 에너지가 계로부터 새어나오므로 그 계가 조직적인 구조를 유지하는 능력이 약화되고 따라서 덜 조직적이고 더욱 멋대로의 요소들로 무너져 가게 된다. 그러나 이 조직이야말로 바로 어떤 계에 내적인 다양성을 부여하는 것이다. 따라서 제2법칙은 점차로 균일화되는 방향을 제시하는 것이며, 이는 인류의 관점에서 보자면 비관적인 미래를 말하는 것이다.

다윈과 그 추종자들이 제시한 문제들을 생각해 보라. 진화되는 것은 덜 조직적이고 다양성이 부족한 방향으로 진행되기는커녕 그 반대방향으로 진행되고 있다. 진화는 단순한 것으로부터 복잡한 것으로, 「저급」형태의 생명으로부터 「고급」형태의 생명으로, 미세분화된 구조로부터 세분화된 구조로 진행되고 있다. 그리고 인류의 관점에서 볼 때, 이러한 모든 과정은 매우 낙관적이다. 이 우주는 늙어감에 따라 「보다 낫게」 조직화되고 시간이 흐름에 따라 더 높은 수준으로 꾸준히 향상되고 있다.

이러한 의미에서 과학적인 시간에 대한 관점은 모순 속의 모순이라고 볼 수 있다.

프리고진과 스텐저스는 이러한 모순들을 해결하고자 하고 있으며 다음과 같이 묻는다. 「동역학계들이 과거와 미래를 〈구분〉케 하는 구체적인 구조는 무엇인가? 그리고 이때 포함된 최소한의 복잡성은 무엇인가?」

이러한 질문들에 대한 답은 시간이 그 구조를 제멋대로 보이게 만든다는 것이다. 「어떤 계가 오직 충분히 제멋대로 행동할 때에만 과거와 미래의 차이점, 따라서 비가역성이 이 계를 기술하는 데 필요하게 된다.」

고전적 또는 기계적 과학에서는 사건들이 「초기조건」과 더불어 시작되며 이 사건들에 관계되는 원자들이나 입자들은 「세상노선」 또는 궤적들을 따라 움직인다. 이들은 과거 속으로 물러가며 추적될 수도 있고 미래를 향하여 앞으로 나아가며 추적될 수도 있다. 이것은 어떤 화학반응들의 경우와는 반대가 된다. 예를 들어 같은 그릇에 부어 넣은 두 종류의 액체들이 균일하게 될 때까지 확산되는 경우를 보자. 이 액체들은 스스로 역확산되지는 않는다. 매순간마다 이 혼합물은 다른 것이며 전체과정은 「시간 의존적」이다.

적어도 초창기의 고전적 과학에서는 이러한 과정들이 거의 불가능한 초기조건으로부터 생기는 특이현상에 해당되는 비정상적인 것으로 여겨졌다.

프리고진과 스텐저스의 논조는 이러한 시간 의존적이고 일방적인 과정들이 단순히 시간이 비가역적인 세계로부터 벗어난 비정상적인 것들이 아니라는 점이다. 오히려 그 반대의 경우가 옳을지도 모르며, 「닫혀진 계들」(실제로 이러한 것들이 존재한다면)에 연관되어 있는 가역적 시간이야말로 매우 드문 비정상적인 현상이라는 것이다.

더욱이 비가역적 과정들이야말로 질서의 근원이 된다. 따라서 이 책의 제목 또한 《혼돈으로부터의 질서》이다. 무질서하고 열려진 상태의 과정들을 통하여 소산구조들과 같은 고차원적인 조직이 이루어지게 된다.

실제로 이 책의 중요한 주제들 중의 하나가 열역학 제2법칙에 대한 놀라운 재해석이다. 저자들에 의하면 엔트로피는 단순히 비조직화를 향한 내리막길에서의 미끄럼이 아니며 어떤 조건하에서는 엔트로피 그 자체가 질서의 조상이 되기도 한다.

따라서 저자들의 제안은 가역적인 시간과 비가역적인 시간 모두를 포용할 수 있는 거대한 종합이며 이들이 거시적인 현상에서뿐만 아니라 매우 미시적인 수준에서까지 어떻게 서로 관련되고 있는가 하는 것을 보여 준다.

그들의 제안은 「조각들을 다시 맞추려는」 숨막히는 시도이다. 그들의 주장은 복잡하며 때로는 일반독자들이 쉽게 이해할 수 있는 수준을 넘어서고 있다. 그러나 그들의 주장은 새로운 통찰력으로 반짝이고 있으며 서로 관계가 없는 것같이 보이는, 때로는 서로 모순되는 것 같은 철학적 개념들을 연관짓는 일관성 있는 방법을 제시하고 있다.

이제 우리는 이 책의 페이지들에 제안되어 있는 본격적이고 기념비적인 종합을 얼핏 들여다보기 시작한다. 저자들은 비가역적 시간이 단순히 비정상적인 것이 아니고 대부분의 우주에 특성적인 것이라고 주장함으로써 고전적 동역학을 뒤엎는다. 프리고진과 스텐저스에게는 이것인가 또는 저것인가 하는 문제가 아니다. 물론 가역성은 적어도 충분히 긴 시간에 대해서 적용되는 것이지만, 이는 닫혀진 계들에만 해당된다. 비가역성은 나머지의 모든 우주에 적용되는 것이다.

프리고진과 스텐저스는 또한 적어도 비평형조건하에서는 엔트로피가 질서와 조직화, 따라서 생명을 무너뜨리는 것이 아니라 오히려 생산한다는 것을 보임으로써 종래의 열역학적인 관점을 약화시키고 있다.

만일 그렇다면 엔트로피 역시 이것인가 또는 저것인가 하는 유의 성질을 잃게 된다. 어떤 계들은 멈추어지고 있지만 또 다른 계들은 동시에 진화하고 있으며 더욱 합치적으로 된다. 이러한 복수적이고 비배타적인 견해는 생물학과 물리학이 서로 모순되기보다는 공존할 수 있게 한다.

끝으로 또 하나의 심오한 종합이 내포되어 있다. 즉 우연과 필연과의 새로운 관계이다.

이 우주에서 일어나고 있는 사건들에 있어서의 우연성의 역할은 구석기 시대의 맨 처음 병사가 우연히 돌부리에 걸려 넘어진 이래로 논의되어 왔음에 틀림없다. 구약성서에 의하면 하느님의 의사는 절대적인 것으로 행성의 운동을 조절할 뿐 아니라 모든 개개인의 의지까지도 그가 적당하다고 보는 것에 따라 조정하고 있다. 태초의 원동력으로서 모든 인과관계는 그로부터 흘러나오는 것이며, 우주의 모든 사건들은 미리 운명지어진 것이다. 예정된 운명이나 자유의사의 정확한 의미를 놓고 아우구스티누스 시대부터 카로링거 왕조시대의 설전에 이르기까지 피투성이의 논쟁이 전개되었다. 위클리프Wycliffe, 후스Huss, 루터Luther, 칼빈Calvin 등은 모두 이러한 논쟁에 기여하였다.

어느 쪽에서도 결정론과 의지의 자주성을 타협시키려고 하지는 않았다. 어떤 기발한 견해에 의하면, 이 우주의 사건들을 결정하는 것은 과연 하느님이지만 그는 개개인의 자유의지에 따르는 것이지 어떤 특정한 행위를 결코 요구하지는 않는다는 것이다. 하느님은 단지 인류의 결정론자들에게 가능한 선택의 범위를 미리 정해 줄 뿐이다. 지상에서의 자유의사는 천상에서 결정된 식단의 한도 내에서 작용하는 것이다.

기계시대의 세속적 문화에서는 결정론의 신봉자들이 하이젠베르크와 「불확정성자」들의 도전 후인 지금까지도 어느 정도 그 입장을 고수하고 있다. 현재에도 르네 통René Thom과 같은 학자는 우연이라고 하는 것은 환각적이며 원래가 비과학적인 생각이라며 거부하고 있다.

이러한 철학적인 완고한 저항에 당면하여 자유의사, 자발성, 그리고 궁극적인 불확정성의 지지자들, 특히 실존주의자들은 똑같이 비타협적인 입장을 내세워 왔다. (사르트르Sartre는 인간은 「완전히 그리고 언제나 자유롭다」고 말하였다. 비록 그의 어떤 글에서는 이러한 자유의 실질적인 한계를 인정하기는 하였지만)

우연과 결정론에 관한 현대적 개념들에는 두 가지 일이 일어나고 있는 것 같다. 우선 이들은 더욱 복잡해지고 있다. 사회학자에서 인식론 학자로 변신한 프랑스의 에드가 모랭Edgar Morin은 다음과 같이 기술하였다.

「우리는 결정론에 관한 문제가 한 세기에 걸쳐 변화되었다는 것을 잊지 말아야 한다……. 자연이 모든 것을 지시하는 절대적이고 작자미상의 영원한 법칙들에 관한 생각은 상호작용의 법칙들에 관한 생각으로 바뀌어졌다. 그리고 또 있다. 결정론에 관한 문제는 자연의 질서에 관한 문제가 되었다. 질서는 「법칙」들 이외에도 또 다른 것들이 존재한다는 것을 의미한다. 즉 우리의 우주에는 구속조건들, 불변성·항구성·규칙성들이 있다는 것이다…….
과거의 결정론의 균질적이고 익명의 관점 대신에 **결단**의 다양하고 진화적인 관점으로 대체되었다.」

그리고 결정론의 개념이 더욱 깊어짐에 따라 우연과 필연이 모두 함께 존재한다는 것을 인정하려는 새로운 노력이 나타나게 되었다. 이들은 어느 한 쪽이 기울어지는 것이 아니라 스스로 조직화되고 또 비조직화되고 있는 우주에서 완전한 동반자로 존재한다.

이 시점에서 프리고진과 스텐저스가 등장한다. 이들의 주장은 한걸음 더 나아간 것이다. 그들은 결정론과 우연이 함께 작용하고 있음을 보여주었을 뿐 아니라 이들이 어떻게 함께 맞아떨어지는가 하는 것도 보였다(비록 그들에게 비판적인 르네 통과 같은 수학자에게는 설득력이 없는 것이지만 내게는 설득력 있게 보인다).

따라서 소산구조들의 개념이 내포하고 있는 변화에 관한 이론에 의하면 요동이 현존하는 계를 평형에서 멀리 떨어진 상태로 보내면서 이 계의 구조를 위협하게 되면 이 계는 임계순간 또는 분기점에 도달하게 된다. 저자들에 의하면 이 점에서는 이 계의 다음 상태를 미리 결정한다는 것이 원래부터 불가능하다는 것이다. 이때 우연이 이 상태의 계를 건드려 새로운 경로를 밟게 한다. 그리고 일단 경로가 선택되면 다음 분기점에 도달할 때까지는 다시금 결정론이 지배하게 된다.

간단히 말하자면, 여기서 우리는 우연과 필연이 화해될 수 없는 대립적인 것들이 아니고 운명 속에서 각각 동반자로서의 역할을 하고 있다는 것을 알게 된다.

그리고 또 다른 종합이 이루어진다.

우리는 가역적 시간과 비가역적 시간, 무질서와 질서, 물리학과 생물학, 우연과 필연, 이 모든 것들을 똑같은 새로운 골격에 맞추어 넣고 그들의 상관관계를 밝히려고 할 때 커다란 제안을 하였다. 이것은 물론 논쟁의 여지가 있는 것이지만 이 경우에는 강력하고 권위 있는 것이었다.

그러나 이것은 《혼돈으로부터의 질서》가 불러일으키는 흥미의 일부분에 불과하다. 이미 내가 암시한 바와 같이 이 대단한 종합은 강력한 사회적인 그리고 정치적인 의미를 지니고 있다. 바로 뉴턴의 모형이 정치나 외교 등 과학과는 거리가 먼 것처럼 보이는 분야의 비유에서 시작된 것과 같이 프리고진의 모형도 비유의 연장에 도움을 주는 것이다.

예를 들어 정성적인 변화에 대하여 모형을 세우는 본격적인 방법을 제시함으로써 그들은 혁명의 개념에 서광을 비추었다. 연속적인 불안정성이 어떻게 변형성 변화를 일으키는가 하는 것을 설명함으로써 그들은 조직화 이론을 밝혀내고 있다. 그들은 또한 어떤 심리적인 과정들에도 신선한 조명을 비추었다. 예를 들면, 어떤 종류의 「비평균」적인 행동과 관련된 것이라고 그들이 보고 있는 혁신은 비평형상태의 조건하에서 일어난다는 것이다.

아마도 더욱 중요한 것은 집단행동의 연구에 대한 암시일 것이다. 프리고진과 스텐저스는 난해한 사회적 행동을 유전적 또는 사회생물학적으로 비약하여 설명하는 것을 경계하고 있다. 생물학적인 이전의 배선prewiring으로 돌릴 수 있는 많은 일들은 이기적인 결정론자인 세포들에 의하여 생기는 것이 아니고 오히려 비평형조건들에 의하여 생기게 된다는 것이다.

(예를 들어 최근의 한 연구에 의하면 개미들은 두 가지 부류로 나뉘어져 있다. 한 부류는 매우 열심히 일하는 부류이고 또 한 부류는 비활동적인 「게으른」 개미들이다. 혹자는 이러한 특징적인 경향을 너무나 성급히 유전적인 소인으로 볼지도 모른다. 그러나 이 연구자에 의하면, 두 부류의 개미들을 서로 격리시킴으로써 이 계를 뒤흔들어 놓으면, 각 부류의 개미들은 다시금 열심히 일하는 개미들과 게으른 개미들의 작은 부류들로 나누어지게 된다. 상당한 비율의 「게으른」 개미들이 갑자기 열심히 일하는 스타하노프 제도하의 노동자로 바뀌게 된다.)

따라서 이 주목할 만한 책의 이면에 숨어 있는 생각들이 경제학·도시학·인류지리학·생태학 등의 수많은 다른 분야들에서 연구되기 시작하고 있음은 그리 놀라운 일이 아니다.

이 책의 저자들을 포함한 그 누구도 《혼돈으로부터의 질서》와 같이 많은 생각들로 가득 찬 이러한 업적의 완전한 의미를 파악할 수는 없을 것이다. 각 독자는 어떤 문장들을 대하면 틀림없이 질려 버릴 것이다. (어떤 문장들은 과학적 훈련이 없는 독자들에게는 너무 전문적이다.) 또는 어떤 문장들에 대하여는 그 뜻이 제대로 파악될 때 깜짝 놀라고 자극을 받게 될 것이고, 때로는 회의를 느끼게 되며 전체적으로는 지적으로 풍요해질 것이다. 그리고 만일 좋은 질문들을 불러일으키는 책이 좋은 것이라면 이 책은 과연 성공적이다.

여기서 나를 어지럽게 만든 몇 가지의 예를 들어보자.

실험실 밖에서 우리는 「요동」을 어떻게 정의할 것인가? 프리고진의 언어로 「원인」과 「효과」는 무엇을 의미하는가? 그리고 분자들이 합치적이고 동시적인 변화를 이룩하기 위하여 서로 대화하고 있다고 저자들이 말할 때 우리는 저자들이 분자들을 의인화擬人化하고 있지는 않다고 가정해야 될지 모르겠다. 그러나 그러한 것들은 주위 환경의 모든 부분들이 언제나 교신하고 있는지 또는 간헐적으로만 교신하는 것인지에 대한 묘한 문제점들을 불러일으킨다. 그리고 분자 또는 생체가 필요한 수신장치가 없어서 감지할 수 없는 신호에 응답할 수 있게 하는 간접적인 2차적 또는 n차적인 교신에 관한 문제점도 있다. (A에게는 감지할 수 없는 주위환경으로부터의 신호는 B에 의하여 수신되고, 이것이 A가 수신할 수 있는 다른 신호로 바뀌어 B가 릴레이 또는 변환기의 역할을 하게 되며, A는 2차적인 교신을 통하여 교신되는 주변환경의 변화를 감지하게 된다)

시간과 관련하여 저자들은 하버드의 천문학자인 데이비드 레이저David

Layzer에 의하여 제안된 생각, 즉 우리는 세 가지 종류의 서로 다른 「시간의 화살」들을 상상할 수 있다는 것을 어떻게 다룰 것인가? 하나는 태초의 대폭발 이래로 계속되어 온 우주의 팽창에 근거를 두고 있고, 또 하나는 엔트로피에 근거를 두로 있으며, 세 번째 것은 생물학적인 그리고 역사적인 진화에 근거를 두고 있는 것이다.

또 하나의 문제점은 뉴턴주의의 혁명이 얼마나 혁명적인가 하는 것이다. 어떤 역사학자들처럼 프리고진과 스텐저스는 뉴턴의 생각들과 연금술 또는 그보다 이전의 종교적인 관념들과의 연속성을 지적하고 있다. 이것으로 미루어 보아 어떤 독자들은 뉴턴주의의 등장이 급격하거나 혁명적이 아니었다고 결론지을지 모른다. 그러나 내가 보기에는 뉴턴적인 획기적인 등장은 이러한 과거의 생각들로부터의 선형적인 성장으로 보아서는 결코 안 되는 것이다. 사실상 내게는 《혼돈으로부터의 질서》에서 전개되는 변화의 이론은 바로 그러한 「연속주의자」적인 관점을 반박하는 것으로 보인다.

비록 뉴턴주의가 파생적인 것이라 하여도 이는 뉴턴주의적인 세계의 모형이 외부환경과 사실상 같거나 또는 같은 관계에 놓여 있다는 것을 의미하지는 않는다.

뉴턴주의적인 세계관은 서구의 봉건주의가 무너지고 있을 때, 말하자면 사회적인 계가 평형에서 멀리 떨어져 있을 때 등장한 것이다. 고전주의적 과학자들에 의하여 제안된 우주의 모형은 비록 부분적으로 파생적인 것이라 하여도 새로운 분야들에 유사하게 적용되었으며 성공적으로 전파되었다. 이는 단지 이 모형의 「정당성」이나 과학적인 능력뿐만 아니라 혁명적인 원리에 의하여 부상하고 있는 산업사회가 이 모형에 대하여 포용적인 환경을 마련해 주었기 때문이다.

앞에서 암시한 바와 같이 만물에 대한 우주의 질서 안에서 그 자신에 대한 설명을 추구하는 기계문명은 뉴턴주의의 모형을 붙잡았으며 이를 더욱 발전시킨 사람들에게 보답하였다. 저자들이 맨 먼저 동의하겠지만 자체촉매반응은 비커 안에서만 일어나는 것은 아니다. 이러한 까닭에 나는 뉴턴적인 지식체계 그 자체가 사회적인 요동에 의하여 태어난 「문화적 소산구조」라고 보는 것이 좋다고 생각한다.

이미 말한 바와 같이, 역설적이기는 하지만 나는 그들 자신의 생각이 과학에서 일어나고 있는 가장 최근의 혁명에서 중추적인 것이라고 믿는다. 그리고 나는 이러한 생각들을 기계시대의 붕괴와 내가 말하는 「제3의 물결」의 문명의 등장과 관련지어 보지 않을 수 없다. 그들의 언어를 적용한다면 오늘날의 산업사회 또는 「제2의 물결」의 사회의 붕괴는 문명의 「분기현상 bifurcation」이며, 더욱 세분화된 「제3의 물결」의 사회의 등장은 세계적인 축척으로 볼 때 새로운 「소산구조」로의 도약이라고 특징지을 수 있을 것이다. 그리고 우리가 만일 이 비유를 받아들인다면 뉴턴주의로부터 프리고진주의로의 도약을 같은 각도에서 볼 수는 없겠는가? 틀림없이 단순한 비유겠지만 그러나 바람직하고 유익할 것이다.

마지막으로 우연과 필연에 관한 끝없이 도전적인 문제를 다시 돌아보자. 만일 프리고진과 스텐저스의 주장이 옳은 것이어서 우연이 분기점 근처에서 그 역할을 해내고 그 다음부터는 다음 분기점까지 결정론적인 과정들이 진행된다고 하면 그들은 우연 그 자체를 결정론적인 골격 안에 포함시키는 것은 아닐까? 우연에게 특별한 역할을 맡김으로써 그들은 그것을 비우연화시키는 것은 아닌지?

그러나 나는 이 질문을 저녁식사 때 프리고진에게 던져보았으며 그는 미소지으며 대답했다. 「예, 그렇지요. 그것이 맞을 것입니다. 그러나 물론 우리는 다음 분기현상이 언제 일어날지를 결코 결정할 수 없을 것입니다.」 우연은 불사조와 같이 다시금 일어나고 있다.

《혼돈으로부터의 질서》는 우수하고 벅차고 현란한 책이다 — 모든 면에서 도전적이며 주의 깊은 독자에게는 매우 보람 있는 책으로서, 이 책은 공부하며, 음미하며, 다시 읽어야 할 책이다 — 그리고 다시금 질문하게 되는 책이다. 이 책은 과학과 인문학을 다른 것들이 같다는 것이 신화인 세상, 즉 다른 것들이 안정하게 유지되거나, 동등하거나, 변화하지 않거나 하는 일이 드문 그러한 세상으로 다시 돌려놓고 있다. 간단히 말하자면, 이 책은 과학을 오늘날의 불안정하고, 비평형상태에 있으며 소용돌이치고 있는 혁명적인 세상으로 투영시키고 있다. 그리하여 이것으로 하여금 가장 창조적인 기능을 담당케 한다 — 우리로 하여금 신선한 질서를 창조하는 데 도움을 주고 있다.

책머리에

인간과 자연의 새로운 대화

자연을 대하는 우리의 시각은 다중성·시간성, 그리고 복잡성에 관하여 급격한 변화를 겪고 있다. 오랫동안 서양의 과학은 기계적인 세계관에 의하여 지배되어 왔으며, 이에 의하면 세상은 하나의 거대한 자동적 조직체로 보인다. 그러나 이제 우리는 다원적인 세계 속에 살고 있음을 알고 있다. 물론 마찰 없는 진자振子의 움직임이나 태양 주위를 돌고 있는 지구의 운동과 같이 우리에게 결정론적이며 가역적으로 보이는 현상들이 우리 주위에 있는 것은 사실이다. 가역적인 과정에는 어떤 특별한 시간의 방향이 존재하지 않는다. 그러나 세상에는 시간의 방향성을 내포하는 비가역적 과정들도 역시 존재하고 있다. 물과 알코올 같은 두 가지의 액체를 서로 접촉시키면 우리가 경험으로 알고 있는 바와 같이 시간이 앞의 방향으로 흐름에 따라 서로 섞이게 된다. 우리는 그 반대의 과정, 즉 그 혼합물이 자발적으로 순수한 물과 순수한 알코올로 분리되는 과정을 결코 볼 수 없다. 따라서 이것은 비가역적인 과정이다. 화학의 모든 것은 이러한 비가역적인 과정들을 포함하고 있다.

분명히 결정론적인 과정들 이외에도, 예를 들어 생물학적인 진화나 인류 문화의 진화와 같은 기본적인 과정들은 반드시 확률적인 요소를 지니고 있다. 아마 결정론적인 기술 방법의 유효성을 굳게 믿는 과학자라 할지라도 우리가 이 우주의 창조 순간이라고 알고 있는 태초의 대폭발 순간에 이 책의 발행일자가 이미 자연의 법칙들에 새겨져 있다고 주장하기는 주저할 것이다. 고전적인 관점으로는 자연의 기본적인 과정들은 결정론적이며 가역적인 것이다. 멋대로이고 비가역성을 지닌 과정들은 단지 예외인 것으로 생각되었다. 오늘날 우리는 어디서나 비가역적 과정들과 요동의 역할을 보게 된다.

비록 서양의 과학이 사람과 자연 사이에 매우 풍요한 대화를 촉진해왔지만 문화적인 결과의 일부는 비극적인 것이었다. 「두 문화」 사이의 양분법은 대체로 고전과학의 비시간적인 관점과 사회과학 및 인문학의 많은 부문에 퍼져 있는 시간적인 관점 간의 갈등에 연유한 것이다. 그러나 지난 수십 년 간에 과학에는 기하학의 탄생이나 뉴턴의 업적에 나타난 우주에 대한 거창한 통찰력과 같이 기대하지 않았던 매우 극적인 일들이 일어나고 있었다. 우리는 점차로 소립자에서 우주론에 이르기까지 모든 수준에서 무질서와 비가역성이 더욱 증가되는 역할을 담당하고 있다는 사실을 의식하고 있다. 과학은 시간을 다시 발견하고 있다. 이 책은 이러한 개념적인 혁명을 기술하는 것으로 시작된다.

이러한 혁명은 소립자의 수준이나 우주론의 수준 그리고 액체와 기체의 연구에서와 같이 원자와 분자들을 개별적으로 또는 전체적으로 다루는 물리학 및 화학을 포함한 소위 거시적인 물리학의 수준에 이르기까지 모든 수준에서 진행되고 있다. 아마도 과학의 재개념화는 특별히 이러한 거시적인 수준에서 쉽게 이해될 것이다. 고전동역학과 현대의 화학은 급격한 변화를 겪고 있다. 만일 수년 전에 어떤 물리학자에게 물리학이 우리에게 어떤 것을 설명할 수 있게 하며 어떤 문제들이 아직도 남아 있는가 하고 물었다면 그는 소립자나 우주의 진화에 관해서는 아직 분명하게 모르고 있으나 그 중간의 것들에 관한 우리의 지식은 상당히 만족스러운 것이라고 대답하였을 것이다. 오늘날 점차로 증가하고 있는 소수의 견해 — 우리의 것과 같은 — 는 이러한 낙관론을 공유하지 않고 있다. 우리는 우리가 살고 있는 자연의 수준을 겨우 이해하기 시작하였을 뿐이며, 이 책에서는 이 수준을 집중적으로 다루었다.

오늘날 일어나고 있는 물리학의 재개념화를 제대로 음미하려면 우리는 이것을 역사적인 전망 속에서 보아야만 한다. 과학의 역사는 어떤 고유한 진리를 향한 연속적인 일련의 조사들에 해당되는 선형적인 전개와는 매우 거리가 멀다. 과학의 역사는 모순과 뜻밖의 변곡점들로 가득 차 있다. 우리는 이 책의 많은 부분을 3세기 전에 뉴턴에 의하여 비롯된 서양과학이 밟아온 역사적인 양상에 할당하였다. 우리는 과학의 역사를 사상사의 골격 안에 집어넣어 지난 3세기 동안에 걸친 서양문화의 진화 속에 이것을 융합시키려고 시도하였다. 이렇게 함으로써만이 우리는 우리가 현재 살고 있는 독특한 순간을 이해할 수 있는 것이다.

우리의 과학적인 전통은 아직까지도 해결책을 알 수 없는 두 가지의 기본적인 문제점들을 포함하고 있다. 하나는 무질서와 질서 사이의 관계이다. 유명한 엔트로피 증가의 법칙은 세상을 질서로부터 무질서로 진화해 나아가는 것으로 기술하고 있다. 그러나 생물학적인 또는 사회적인 진화는 우리에게 복잡한 것은 단순한 것으로부터 나타나는 것임을 보여 주고 있다. 어떻게 이러한 현상이 가능한가? 어떻게 무질서로부터 구조가 생기는가? 이러한 질문으로부터 많은 발전이 이룩되었다. 우리는 이제 물질과 에너지의 흐름인 비평형상태가 질서의 근원일지도 모른다는 것을 알고 있다.

그러나 이보다 더욱 근본적인 두 번째의 문제점이 있다. 즉 고전 또는 양자물리학은 세상을 가역적이고 정적인 것으로 기술하고 있다. 이러한 기술에 의하면 질서로의 또는 무질서로의 진화는 있을 수 없는 것이며, 동역학에서 정의된 「정보」는 시간에 대해 일정하게 유지되고 있다. 따라서 동역학에서의 정적인 관점과 열역학의 진화론적인 패러다임 사이에는 명백한 모순이 있다. 비가역성은 무엇인가? 엔트로피는 무엇인가? 과학의 역사에서 이보다 더 많이 논의되었던 질문들은 없었을 것이다. 우리는 이제 어느 정도의 해답을 줄 수 있게 되었다. 질서와 무질서는 복잡한 관념들이며, 동역학의 정적靜的인 기술방법에 관계되는 단위들은 엔트로피의 증가로 나타낼 수 있는 진화적인 패러다임을 이룩하기 위하여 도입된 것들과는 다른 것이다. 이러한 변환은 물체에 대한 새로운 개념, 즉 물체가 비가역과정들에 이르게 하며 또한 비가역과정들은 물체를 조직화시킴으로써 「활성적」인 물체라는 개념에 이르게 한다.

엔트로피의 개념을 포함한 진화론적인 패러다임은 과학 이외의 많은 분야에도 상당한 매력을 발산하였다. 우리는 우리가 시도한 열역학과 동역학과의 통합으로 기계적인 세계관에 대한 엔트로피 개념의 근본적 중요성이 밝혀지기를 바란다. 시간과 실재는 밀접한 관계가 있다. 인류에게 실재라고 하는 것은 시간의 흐름 속에 들어 있는 것이다. 나중에 보겠지만 시간의 비가역성은 그 자체가 엔트로피와 밀접한 관계에 있다. 시간의 흐름을 되돌려 놓으려면 우리는 무한히 큰 엔트로피의 장벽을 넘어야 한다.

전통적으로 과학은 보편적인 것을 다루어 왔으며 인문학은 특정한 것들을 다루어 왔다. 과학과 인문학이 서로 접근하여 수렴하는 것에 대해서는 1979년에 출판된 이 책의 불어판인 《새로운 연합(*La Nouvelle Alliance*)》Gallimard, Paris에 강조되어 있다. 그러나 우리는 이 제목에 알맞은 영어 제목을 찾을 수가 없었다. 더구나 이 책의 본문은 불어판과 다르게 되어 있다. 특히 제7장에서부터 제9장까지가 그렇게 되어 있다. 비록 비평형과정의 결과로서의 구조의 근원은 이미 불어판에서 적절하게 다루어졌으나(곧 이어서 나온 번역판들에서도) 우리는 시간의 근본에 대한 것과 물리적 과학의 골격 안에서의 진화적 패러다임의 설정에 관한 우리들의 새로운 결과를 다룬 제3부는 완전히 새로 써야만 했다.

이것은 모두 최근의 일이다. 물리학의 재개념화가 이루어지기에는 아직도 멀었다. 그러나 우리는 현재 우리에게 보이는 상황을 제시하기로 결정하였다. 우리는 커다란 지적인 흥분을 맛보고 있다. 즉 우리는 존재로부터 생성에 이르는 길을 얼핏 보기 시작하였다. 우리 중의 한 사람은 그의 과학적인 생애의 대부분을 이 문제에 바쳐왔으므로 그가 독자도 공감하기를 바라는 만족감과 미학적인 성취감을 표현하는 것을 용서하기 바란다. 너무나 오랫동안 영원한 것으로 보이는 것 — 지나간 것 — 과 적시의 것사이에 알력이 있어 왔던 것 같다. 이제 우리는 시간과 영원을 함께 포함하는 더욱 정교한 형태의 실재가 존재한다는 것을 알게 되었다.

이 책은 많은 동료들과 친구들이 관계된 집단적인 노력의 결과이다. 우리는 이들 모두에게 개별적으로 감사할 수 없으나 불행히도 더 이상 우리와 함께 있지 않는 에리히 얀치Erich Jantsch, 아론 카찰스키Aharon Katchalsky, 피에르 레시부아Pierre Résibois, 그리고 레온 로젠펠트Leon Rosenfeld 등을 특별히 손꼽지 않을 수 없으며 이 책을 그들에게 헌정하기로 하였다.

또한 우리는 솔베이E. Solvay에 의하여 설립된 국제물리학 및 화학 연구소와 로버트 웰치Robert Welch 재단의 꾸준한 지원에 감사드린다.

인류는 지금 전환기에 있다. 과학은 인구폭발의 바로 이 순간에 중요한 역할을 하게 될 것이다. 그러므로 과학과 사회 간의 교신의 통로가 계속 열려 있어야 한다는 것이 더욱 중요하다. 현재의 서양과학의 발전은 17세기에 태어난 서양과학을 당시의 문화적인 환경으로부터 벗어나게 하였다. 우리는 오늘날의 과학이 서로 다른 문화적 전통에 보다 잘 받아들여질 수 있는 보편적인 메시지를 전달하고 있다고 믿는다.

지난 수십 년간 앨빈 토플러의 책들은 우리의 시대를 특징화하는 「제3의 물결」의 여러 양상들에 대한 일반대중의 주의를 환기시키는 데 크게 기여하였다. 따라서 우리는 그가 영문판인 우리들의 책에 서문을 써준 것에 대하여 감사드린다. 영어는 우리의 모국어가 아니다. 우리는 각 언어가, 우리가 포함되어 있는 공통적인 현실을 기술하는 데 어느 정도는 다를 것이라고 믿는다. 이러한 특징들은 아무리 주의 깊게 번역하여도 살아남을 것이다. 어쨌든 우리는 조세프 얼리Joseph Early, 이안 맥길브레이Ian MacGilvray, 캐롤 더스턴Carol Thurston, 그리고 특히 칼 루비노Carl Rubino에게 이 영문판 준비에 도움을 준 것에 대하여 깊이 감사드린다. 또한 이 원고의 속편들을 주의 깊게 타자해 준 파멜라 페이프Pamela Pape에게도 감사드린다.

혼돈으로부터의 질서

인간과 자연의 새로운 대화

서론

과학에의 도전

1

인류 역사에서 가장 위대한 날 중의 하나가 뉴턴이 그의 **원리**Principia를 런던의 왕립학회에 제출한 1686년 4월 28일이라고 해도 과언이 아닐 것이다. 이 책에는 운동의 기본법칙들이 실려 있으며 우리가 오늘날까지도 사용하고 있는 질량, 가속도, 관성 등과 같이 근본적인 개념들을 명료하게 설정하고 있다. 아마도 가장 큰 충격은 중력에 관한 보편적 법칙을 포함하고 있으며 《세상의 체계(*The System of the World*)》라는 제목으로 되어 있는 원리의 제3권이었을 것이다. 뉴턴 시대의 사람들은 즉시 그의 업적의 독특한 중요성을 깨닫게 되었다. 중력은 런던과 파리에서 동시에 화제의 토픽이 되었다.

뉴턴의 **원리** 이후로 3세기가 지났다. 과학은 놀라운 속도로 성장하였고 우리 모두의 생활 속에 스며들었다. 우리의 과학적인 수평선은 놀라울 정도로 확대되었다. 미시적인 축척으로 소립자 물리학에서는 10^{-15} cm 정도의 물리적인 차원과 10^{-22}초 정도의 시간이 관계되는 과정들을 다루고 있다. 반면에 우주론에서는 「우주의 나이」인 10^{10}년 정도의 시간까지 다루고 있다. 과학과 기술은 어느 때보다도 밀접한 관계에 있다. 무엇보다도 새로이 등장한 생물공학과 정보기술의 발달은 우리의 생활을 급격히 바꾸어 놓을 것임이 확실하다.

이러한 양적인 성장과 병행하여 그 반향이 순수과학 분야를 훨씬 넘어서까지 미치고 바로 자연에 대한 이미지에도 영향을 끼치는 심각한 질적인 변화가 진행 중에 있다. 서양과학의 위대한 창시자들은 보편성과 자연법칙들의 영구성을 강조하였다. 그들은 합리성의 이상과 부합되는 전반적인 구성을 설정하는 것으로부터 시작하였다. 로저 호시어Roger Hausheer는 아이자이어 벌린Isaiah Berlin의 《조류에 역행하여(*Against the Current*)》라는 책의 명소개문에서 다음과 같이 말하고 있다. 「그들은 존재하는 모든 것들이 체계적으로 — 논리적이거나 인과적으로 — 서로 연결되어 있음을 보일 수 있는 모든 것을 포용하는 구성, 즉 보편적이고 통합적인 골격을 추구하고 있다. 이 거대한 구조 안에서는 자발적이거나 수반되지 않은 발전을 위한 틈이 열려 있지 않아야 하며, 발생하는 모든 것들은 적어도 원칙적으로 불변의 일반적 법칙들에 의하여 완전히 설명될 수 있어야 한다.」[1)]

이러한 추구에 관한 이야기는 정말로 극적인 것이다. 이와 같은 야심적인 계획이 거의 끝나가는 것처럼 보였던 순간들도 있었다. 물질의 모든 다른 성질들이 추론될 수 있는 근본적인 수준이 눈앞에 있는 것처럼 보이기도 하였다. 그러한 순간들은 물질을 전자들과 양성자들로 형성된 간단한 행성계로 간추려 버리는 보어Bohr의 유명한 원자모형의 설정과 연관지을 수 있다. 또 한번 크게 마음 졸였던 순간은 아인슈타인이 물리학의 모든 법칙들을 단 하나의 「통일장이론」으로 압축시키고자 하였을 때이다. 사실상 자연에서 알려져 있는 몇 개의 기본적인 힘들을 통일시킴으로써 커다란 발전이 이룩되었다. 그러나 근본적인 수준은 포착하기 어려운 상태로 남아 있다. 어디를 돌아보나 우리는 진화·다양화, 그리고 불안정성을 보게 된다. 신기하게도 모든 수준에서 이러한 것은 사실이다. 소립자 분야와 생물학에서도 그렇고 팽창하고 있는 우주와 블랙홀의 형성을 다루는 천체물리학에서도 그렇다.

서문에서 말한 바와 같이 우리의 자연관은 다중성·시간성 그리고 복잡성을 향하여 급격한 변화를 겪고 있다. 신기하게도 자연에서 발견된 뜻밖의 복잡성은 과학의 발전을 둔화시킨 것이 아니라 오히려 우리를 포함한 물리적인 세계를 이해하는 데 필수적인 새로운 개념적 구조를 등장시켰다. 과학의 역사에서 선례가 없는 이러한 새로운 상황에 대하여 우리는 이 책에서 분석해 보고자 한다.

과학과 자연에 대한 우리의 개념의 변화에 관한 이야기는 과학에 의하여 생겨난 감정들에 관한 또 하나의 이야기와 분리될 수 없는 것이다. 모든 새로운 지적인 계획은 언제나 새로운 희망, 두려움, 그리고 기대를 수반한다. 고전과학에서는 시간에 무관한 법칙들이 강조되었다. 후에 보게 되겠지만 일단 어떤 계의 특별한 상태가 측정되면, 고전과학의 가역적 법칙들이 이 계의 과거를 결정했던 것처럼 미래를 결정하게 된다. 변하고 있는 현상의 뒤에 숨어 있는 영원한 진리를 추구하려는 것에 매우 열성적이었던 것은 당연한 일이다. 그러나 이러한 방법으로 기술되는 자연이 사실상 비하된다는 것은 역시 충격적이었다. 과학의 성공, 바로 그것에 의하여 자연은 로봇과 같이 자동화됨을 보여 주었다.

서양의 사상에는 그리스의 원자론자들 때부터 자연의 다양성을 환상적인 그물과 같이 줄이려는 욕구가 존재하고 있었다. 루크레티우스Lucretius는 그의 스승들인 데모크리토스Democritus와 에피쿠로스Epicurus를 따라 세상은 「단지」 원자들과 허공뿐이라고 쓰고 있으며, 명백한 것의 뒤쪽에 숨겨진 것을 찾으라고 우리에게 촉구하고 있다. 「하지만, 우리의 눈으로는 근본적인 물체들을 보지 못하기 때문에 당신이 혹시라도 내 말을 불신하지 않기 위해서는 이 세상에 존재함을 당신이 인정하기는 해야 하나 보이지 않는 입자들에 대해서는 이제 귀로 들어보라.」[2)]

그러나 그리스의 원자론자들의 업적 뒤에 숨어 있는 추진력은 자연을 비하시키려는 것이 아니고 초자연적인 것에 대한 두려움 그리고 인간과 자연의 질서를 능가하는 어떤 질서에 대한 두려움으로부터 인간을 해방시키려는 것이었음은 잘 알려져 있다. 루크레티우스는 우리에게 무서워 할 것은 아무것도 없으며 이 세상의 진수는 허공 속에서 끊임없이 변하고 있는 원자들의 연합이라고 거듭 되풀이하고 있다.

현대과학은 이러한 윤리적인 자세를 정착된 진실로 보이는 것으로 바꾸어 놓았다. 그리고 자연을 원자들과 허공으로 간추리는 이러한 진실은 르노블Lenoble[3]이 부르는 바와 같이 「현대인의 고민」을 낳았다. 어떻게 우리는 제멋대로인 원자들의 세계에서 우리 자신들을 인식할 수 있을까? 과학은 인간과 자연 간의 파열로써 정의되어야만 하는 것인가? 「모든 물체들, 하늘, 별, 지구와 그 왕국들, 이러한 모든 것들은 가장 단순한 마음으로 보면 같지 않다. 왜냐하면 마음은 이 모든 것을 그 자체로 알고 있으며, 이러한 물체들은 아무것도 아니라는 것을 알기 때문이다.」[4] 파스칼Pascal의 이러한 「사색Pensée」은 자크 모노Jacques Monod와 같은 현대 과학자들 중에서 찾아볼 수 있는 것과 같은 소외감을 나타내고 있다.

> 인간은 마침내 그의 천 년간의 꿈에서 깨어나야 한다. 그럼으로써 그가 절대적인 고독과 근본적인 고립에 처해 있음을 깨달아야 한다. 이제 그는 마침내 집시와 같이 낯선 세계의 경계에서 살고 있다는 것을 깨닫게 된다. 그 세상은 그의 희망이나 고통 또는 죄악에 무심한 것과 같이 그의 음악에도 귀머거리이다.[5]

이것은 역설이다. 모노 자신이 적극적으로 참여한 유전부호의 해독인 분자생물학의 훌륭한 쇄신은 비극적인 선율로 끝난다. 이러한 발전이 바로 우리를 우주의 집시로 만든다고 한다. 이러한 상황을 어떻게 설명할 수 있는가? 과학은 자연과의 대화를 위한 교신의 한 방법이 아니란 말인가?

과거에는 인간 세계와 낯선 것으로 알려진 자연의 세계를 매우 강력하게 구분하곤 했다. 비코Vico의 《새로운 과학(*The New Science*)》에 실린 유명한 문장은 이것을 가장 생생하게 기술하고 있다.

> ……우리와는 너무나 멀리 떨어져 있는 태고시대를 둘러싸고 있던 두터운 밤의 장막에 의심의 여지가 없는 한 진실의 영원하고 절대로 꺼지지 않는 등불이 비추었다. 즉 문명사회의 세계는 분명히 인류에 의하여 만들어진 것이며, 따라서 이 세상의 원칙들은 바로 우리 인류의 마음의 변천 속에서 찾아야 한다는 것이다. 이 문제를 숙고해 본 사람이면 누구나 철학자들이 그들의 모든 에너지를 자연의 세계를 연구하는 데 쏟아야 한다는 것에 감탄하지 않을 수 없게 된다. 왜냐하면 자연의 세계는 하느님이 만들었으므로 그만이 알고 있기 때문이다. 그리고 철학자들은 국가들의 세계 또는 문명세계에 관한 연구를 무시해야 했었다. 왜냐하면 이러한 세계는 인류가 만든 것이기 때문에 인류는 이를 알 수 있게 될 것이기 때문이다.[6)]

오늘날의 연구는 우리로 하여금 인간과 자연세계 간의 대립으로부터 점점 더 멀어지게 하고 있다. 이 책의 주목적들 중의 하나는 파열과 대립 대신에 인간과 자연에 대한 우리의 지식이 점차로 일치해 감을 보여 주는 것이다.

2

과거에는 자연에 대한 질문이 매우 다양한 형태로 이루어졌다. 수메르Sumer인들은 기록하는 것을 발견하였다. 수메르의 승려들은 미래가 현재 우리 주위에서 일어나고 있는 사건들 속에 어떤 숨겨진 방법으로 기록되어 있을지 모르겠다고 추측하였다. 그들은 이러한 생각을 마술적인 요소와 합리적인 요소들을 섞어서 체계화시키기까지 하였다.[7)] 이러한 의미에서 17세기에 비롯된 서양과학은 단지 인간과 자연 사이에 끊임없이 계속되어 온 대화에 하나의 장을 열었다고 해도 될 것이다.

알렉상드르 코아레Alexandre Koyré[8)]는 현대과학에 의하여 이루어진 쇄신을

「실험」이라는 말로써 정의하였다. 현대과학은 자연과의 새롭고 구체적인 형태의 교신방법의 발견 — 자연은 실험적 심문에 응답한다는 확신에 기초를 두고 있다. 우리는 어떻게 실험적 대화를 더욱 정확하게 정의할 수 있을까? 실험은 일어나는 사실들을 단지 충실하게 관찰하거나 단순히 현상들 사이의 경험적인 연관관계를 찾으려는 것을 의미하지는 않으며 오히려 이론적인 개념과 관찰 사이의 체계적인 상호작용을 전제로 한다.

과학자들은 올바른 질문을 정하여 어떻게 수수께끼 조각들이 함께 맞추어지는지를 알 수 있음을 발견하였을 때 수백 가지의 다른 방법들로 그들의 놀라움을 표시하였다. 이러한 의미에서 과학은 우리의 신념, 야심, 또는 희망과는 관계 없는 실재의 행동을 추측해야 하는 2인 경기와 같다. 자연은 우리가 원하는 대로 말하도록 강요될 수 없다. 과학적인 조사는 독백이 아니다. 내포된 위험이야말로 바로 이 경기를 흥미 있게 하는 것이다.

그러나 서양과학의 독특함은 그러한 방법론적인 고려만으로 밝혀지기에는 아직도 먼 것이다. 칼 포퍼Karl Popper가 과학적 합리성의 표준적인 기술방법을 논의할 때, 그는 합리적 과학이 최종분석에서의 성공에 의해서만 그 존재가 부여된다는 것을 인정하지 않을 수 없었다. 즉, 과학적 방법은 예상한 모형과 실험결과와의 놀라운 합치점에 의해서만 적용될 수 있다는 것이다.[9] 과학은 위험한 경기이나 이것은 자연이 일관적인 대답을 줄 수 있는 질문들을 발견하고 있는 것 같다.

서양과학의 성공은 선험적으로 예측할 수 없는 그러나 무시할 수 없는 역사적 사실이다. 현대과학의 놀라운 성공은 우리와 자연과의 관계에 비가역적인 변화를 가져왔다. 이런 의미에서 「과학혁명」이라는 말은 정당하게 사용될 수 있다. 인류의 역사는 또 다른 전환점들, 비가역적 변화로 이르게 하는 상황들의 특이한 접속들에 의하여 점철되어 있다. 그러한 결정적인 사건의 하나는 「신석기 혁명」으로 알려진 것이다. 그러나 그것에 대하여는 마치 생물학적 진화가 「선택」에 의해서 이루어지는 것처럼 우리는 단지 추측에 의할 수밖에 없다. 반면에 과학의 진화에 있어서의 결정적인 사건들에 관하여는 풍부한 정보가 있다. 소위 「신석기 혁명」이라는 것은 수천 년에 걸친 것이다. 어느 정도 간추린다면, 과학혁명은 단지 3세기 전에 시작된 것이라고 말할 수 있다. 우리는 이러한 혁명을 이루는 「우연」과 「필연」의 구체적이고 명확한 혼합물을 이해할 수 있는 독특한 기회를 갖고 있다.

과학은 성공적으로 자연과의 대화를 시작하였다. 그러나 이 대화의 첫 번째 결실은 침묵의 세계를 발견한 것이다. 이것이 고전적 과학의 역설이다. 이 대화는 인간에게 죽어 있는 수동적인 자연 — 일단 설계되면 언제나 그 설계에서 짜여진 규칙에 따르는 자동적인 행동을 하는 자연 — 을 드러내 보였다. 이런 의미에서 자연과의 대화는 인간을 자연에 더욱 가깝게 접근시킨 것이 아니라 자연으로부터 고립시킨 것이다. 인간의 추리력의 승리는 슬픈 진실로 바뀌었다. 과학은 그것이 손대는 모든 것을 비하시키는 듯하다.

현대과학은 이것을 극도로 위험한 것으로 보는 반대자들과 과학에 의하여 「발견」된 대로 인간의 고독 속에서 이 새로운 합리성을 위하여 치러야 할 대가를 알게 된 일부의 지지자들을 동시에 전율케 하였다.

고전과학과 결부된 문화적 긴장은 적어도 부분적으로는 과학의 사회 속에서의 불안정한 위치에 기인한다고 볼 수 있다. 과학은 합리성의 냉엄한 의미에 대한 용감한 가정에 이르게 하였으나 또한 격렬한 반대에 봉착하게 되었다. 우리는 후에 오늘날의 반反과학운동에 관하여 다시 언급할 것이다. 미리 한 예를 들어보면, 1920년대에 독일에서 대두된 비합리주의 운동은 양자역학의 문화적 배경을 형성하였다.[10] 인과율·결정론·환원주의 그리고 합리성 등의 개념으로 규정되는 과학에 반대하여 과학에 의하여는 거부되지만 자연의 근본적인 비합리성의 구현으로 보이는 생각들이 포괄적으로 등장하였다. 생명·운명·자유 그리고 자발성 등은 이성으로 뚫고 들어갈 수 없는 어두운 지하세계의 표현들이 되었다. 이러한 생각들이 맹렬히 나타나게 된 특이한 사회·정치적 배경을 논의하지 않더라도 이러한 반대는 고전과학과 결부된 위험성을 예시하는 것이라고 할 수 있겠다. 인간이 중요하다고 믿는 몇 가지의 경험들에 관하여 주관적인 의미만을 받아들임으로써 과학은 이들을 어떤 커다란 힘에 의하여 주어진 비합리적인 영역으로 돌려 버리는 위험을 안고 있다.

조세프 니덤Joseph Needham이 강조한 바와 같이 서양의 사상은 자동화된 세계와 신이 우주를 다스리는 신학 사이를 되풀이하여 왕복하였다. 니덤은 이것을 「유럽 특유의 정신분열증」이라고 불렀다.[11] 사실상 이러한 관점들은 서로 연결되어 있다. 자동화는 외적인 신을 필요로 한다.

우리는 정말로 이러한 비극적인 선택을 해야만 하는가? 우리는 과연 고립에 이르는 과학과 자연에 대한 반과학적인 형이상학적 견해 중에서 한 가지를 선택해야만 하는가? 우리는 이러한 선택이 더 이상 필요 없다고 생각한다. 왜냐하면 오늘날 과학의 변천상은 근본적으로 새로운 상황에 이르게 하기 때문이다. 이러한 최근의 과학의 진화는 우리에게 문화 전반에 걸쳐서 과학의 위치를 다시금 생각할 수 있는 독특한 기회를 주고 있다. 현대과학은 17세기 유럽의 특별한 상황 속에서 시작되었다. 우리는 이제 20세기 말에 접어들고 있으며 과학은 보다 **보편적인 메시지**를 전달하는 것으로 보인다. 이 메시지는 인간과 자연과의 상호작용과 더불어 인간과 인간 간의 상호작용에 관한 것이다.

3

오늘날 과학이 그것들로부터 해방되었다고 우리가 믿는 고전과학의 가정들은 무엇인가? 이들은 일반적으로 어떤 수준에서는 **이 세상은 단순하며** 시간적으로 가역적인 근본법칙들에 의하여 지배되고 있다는 기본적 신념을 중심으로 한 것들이다. 오늘날 이것은 극도의 단순화인 것으로 보인다. 이것은 건물을 벽돌 무더기들로 간추려 버린 것에 비유된다. 그러나 우리는 같은 벽돌들로 공장이나 궁전 또는 사원을 건설할 수 있다. 우리는 건물 전체의 수준에서 그것이 시간의 창조물이며, 문화의 산물이며, 어떠한 사회이며, 어떠한 스타일이라는 것을 알게 된다. 그러나 추가로 명백한 문제점이 있다. 즉 자연을 만드는 사람은 아무도 없으므로 우리는 이 「벽돌」들에게 — 다시 말하자면, 자연의 미시적인 활동에 — 집짓는 과정에 관한 설명을 부여해야 한다.

고전과학에 의한 추구는 그 자체로서 서양사상의 역사를 통하여 흐르는 양립성의 한 예이다. 생각의 불변하는 세계만이 전통적으로 플라톤Plato의 표현대로 「지적인 태양에 의하여 밝혀지는」 것으로 여겨져 왔다. 같은 의미로 영속적인 법칙들만이 과학적 합리성을 표현하는 것으로 여겨졌다. 시간성은 환상적인 것으로 경멸되어졌다. 오늘날에는 더 이상 그렇지 않다. 우리는 비가역성이 환상적이기는 커녕 자연에 있어서 필수적인 역할을 하고 있으며, 자생적 조직화의 대부분의 과정들의 근원이 된다는 것을 발견하였다. 우리는 가역성과 결정론이 단지 제한된 간단한 경우에만 작용되고 반면에 비가역성과 무질서가 보편적으로 통용되는 세계에 살고 있음을 알게 되었다.

시간과 복잡성에 대한 거부는 고전적인 정의로서의 과학적인 모험심이 제기한 문화적 문제점들의 핵심적인 것이었다. 이러한 개념들에 대한 도전은 우리가 기술하고자 하는 과학의 변형에 있어서 역시 결정적인 것이었다. 그의 유명한 《물리적 세계의 본질(*The Nature of the Physical World*)》에서 아서 에딩턴Arthur Eddington[12)]은 1차적인 법칙과 2차적인 법칙의 구분을 소개하였다. 「1차적 법칙들」은 개개의 입자들의 행동을 지배하며 「2차적 법칙들」은 원자나 분자들의 집단에 적용된다. 2차적인 법칙들을 강조하는 것은 초보적인 행동의 기술이 그 계를 전체로서 이해하는 데 불충분하다는 것이다. 에딩턴의 견해로는 2차적인 법칙의 뛰어난 예는 물리학에 「시간의 화살」을 도입한 열역학 제2법칙이다. 에딩턴은 「자연철학적 관점에서 볼 때, 내가 보기에는 엔트로피와 연관된 개념은 19세기가 과학사상에 크게 기여한 것이다. 이것은 과학이 관심을 가질 필요가 있는 모든 것은 사물에 대한 미시적인 분해에 의하여 발견되었다고 하는 견해에 대한 반발을 나타낸 것이다.」[13)]라고 쓰고 있다. 이러한 경향은 오늘날 극적으로 증폭되었다.

현대과학의 가장 위대한 성공들의 상당한 부분은 분자, 원자, 소립자들에 관한 미시적 수준에서의 발견들이다. 예를 들면, 분자생물학은 생명의 기구에서 중추적인 역할을 하는 특정한 분자들을 분리해 냄으로써 매우 커다란 성공을 거두고 있다. 사실상 이러한 성공은 너무도 훌륭한 것이어서 많은 과학자들은 연구의 목적을, 에딩턴의 표현을 빌자면, 「사물에 대한 미시적 분해」로 규정하고 있다. 그러나 열역학 제2법칙은 복잡성을 피하여 어떤 숨겨진 세계의 간결성으로 간추리려는 자연에 대한 개념에 처음으로 도전한 것이다. 오늘날의 관심은 물질로부터 관계, 교신 그리고 시간으로 바뀌어지고 있다.

이러한 전망의 변화는 어떤 임의의 결정의 결과가 아니다. 물리학에서 이러한 변화는 아무도 예측할 수 없었던 새로운 발견들에 의하여 우리에게 강요된 것이다. 누가 대부분의 소립자들(아마도 모두일 것이다)이 불안정한 것으로 판명되리라고 기대하였겠는가? 누가 우주의 팽창이 실험적으로 확인됨에 따라 세계의 역사를 전체로서 생각할 수 있으리라고 기대하였겠는가?

20세기 말에 이르러 우리는 우리 시대의 물리학을 이룩한 두 가지의 커다란 혁명들, 양자역학과 상대론의 의미를 더욱 잘 이해할 수 있게 되었다. 이들은 고전역학을 수정하여 새로이 발견된 보편적 상수들을 포함시키려는 시도에서 출발하였다. 오늘날의 상황은 바뀌었다. 양자역학은 입자들이 서로 다른 것으로 끊임없이 변해가는 것을 기술하기 위한 이론적인 골격을 우리에게 제공하였다. 이와 비슷하게 일반상대론은 초기 단계의 우주의 열적인 역사를 기술할 수 있는 기본적인 이론이 되었다.

우리의 우주는 복수적이고 복잡한 특성을 지니고 있다. 구조들은 사라질 수도 있고 생길 수도 있다. 우리가 아는 한도 내에서 어떤 과정들은 결정론적인 방정식들로 잘 기술될 수 있으나 다른 것들은 확률적 과정들을 포함하고 있다.

그러면 우리는 어떻게 이러한 개념들 간의 명백한 모순을 극복할 수 있겠는가? 우리는 단 하나의 우주에 살고 있다. 이후에 보게 되겠지만 우리는 이러한 문제들의 의미를 이해하기 시작하였다. 더욱이 우리가 관찰하고 기술하는 여러 가지 현상들에 대하여 부여하는 중요성은 고전물리학에서 암시하는 것과는 매우 다르거나 심지어 반대되는 것이다. 이미 언급한 바와 같이 고전물리학에서는 기본적인 과정들이 가역적이고 결정론적인 것으로 여겨지고, 무질서나 비가역성을 포함한 과정들은 예외적인 것으로 여겨지고 있다. 오늘날 우리는 도처에서 비가역과정들과 요동의 역할을 보게 된다. 고전물리학에서 생각하는 모형들은 물질을 상자에 넣고 평형상태에 이를 때까지 기다림으로써 인위적으로 만들어 낼 수 있는 제한된 상황에서만 일어날 수 있는 것으로 보인다.

인위적인 것은 결정론적이고 가역적일 수도 있다. 자연적인 것은 무질서와 비가역성의 필수적인 요소들을 포함한다. 이것은 물질이 기계적 세계관에서 기술되고 있는 바와 같이 피동적인 것이 아니라 자발적인 활동과 관련된 것이라는 새로운 견해로 이르게 한다. 이러한 변화는 매우 심오한 것이며 서문에서 말한 바와 같이 우리는 정말로 인간과 자연의 새로운 대화에 관하여 이야기할 수 있게 된다.

4

이 책은 고전과학의 황금기로부터 현재에 이르기까지 과학의 개념적 변천에 관하여 다루고 있다. 이러한 변환을 기술하기 위하여 우리는 여러 가지 길을 택할 수 있었다. 소립자에 관한 문제들을 연구할 수도 있고 최근에 눈부시게 발전하고 있는 천체물리학을 따라갈 수도 있었다. 이러한 분야들은 과학의 미개척 분야에 대한 범위를 한정하는 것으로 보인다. 그러나 서문에서 언급한 바와 같이 지난 수년간 우리의 수준에서 너무나 많은 새로운 자연의 양상들이 발견되었으므로 우리는 이 중간 수준에 초점을 맞추기로 결정하였다. 이 수준은 주로 원자, 분자 그리고 특히 생화학적 분자들을 포함한 우리의 거시적인 세계에 관계되는 문제들에 관한 것이다. 하지만 과학의 진화는 소립자, 화학, 생물학 또는 우주론 등 어느 분야에서든 간에 모든 수준에서 어느 정도는 병행하여 진행되고 있음을 강조해야겠다. 모든 규모에서 자생적 조직화, 복잡성 그리고 시간은 새로운 뜻밖의 역할을 하고 있다.

따라서 우리의 목표는 3세기에 걸친 과학발전의 중요성을 일정한 관점에서 조사하는 것이다. 우리가 우리의 자료를 선택한 방식에는 확실히 주관적인 요소가 들어 있을 것이다. 사실상 시간에 관한 문제는 우리 중의 한 사람이 평생 동안 추구해 온 연구의 핵심을 이루고 있다. 브뤼셀 대학의 젊은 학생 시절에 물리학과 화학에 처음으로 접하게 된 그는 과학이 시간에 관하여 너무나 무관심한 것에 경악을 금치 못하였다. 특히 그가 받은 이전의 교육은 주로 역사와 고고학을 중심으로 한 것이었다. 이러한 놀라움은 그로 하여금 과거의 예에서 찾아볼 수 있는 것과 같이 두 가지의 자세를 택할 수 있게 하였다. 하나는 고전과학에는 시간에 관한 여지가 없는 것 같으므로 이 문제를 포기하는 것이었고, 다른 하나는 시간이 또 다른 더욱 기본적인 역할을 하고 있는 자연을 이해하는 어떤 다른 방법을 모색하는 것이다. 이것은, 우리 시대의 철학자 두 사람만을 들자면, 베르그송Bergson과 화이트헤드Whitehead가 택한 길이다. 첫 번째의 입장은 「실증적」인 것이고, 두 번째는 「형이상학적」인 것이다.

그러나 물리학이나 화학에서 전통적으로 다루어진 시간적 진화의 단순성이 어떤 아주 간단한 경우들, 우리가 언급한 사원과는 대조적인 벽돌 무더기들에 주로 관심이 집중되었다는 사실로 인한 것이 아닌가 하고 질문하는 세 번째의 길이 있었다.

이 책은 세 부분으로 나뉘어져 있다. 첫 번째 부분은 고전과학의 승리와

이에 따른 문화적인 결과들을 다룬다. 초기에는 과학이 열렬히 받아들여졌다. 그리고 나서 우리는 고전과학의 존재로 인한 결과와 이것의 놀라운 성공으로 인하여 발생된 문화적인 양극화 현상을 기술할 것이다. 이러한 성공은 아마도 제한된 의미겠지만 그대로 받아들여져야 하는가 또는 과학적 방법 그 자체를 불공평한 것이거나 환각적인 것이라고 거부해야 하는가? 이 두 가지의 선택은 모두 같은 결과에 이르게 한다. 즉 흔히 「두 문화」라고 불리는 과학과 인문학 간의 충돌이다.

이러한 문제점들은 고전과학의 설립 이래로 서양사상에서 기본적인 역할을 하였다. 우리는 「어떻게 선택할 것인가?」하는 문제에 거듭하여 부딪치게 된다. 아이자이어 벌린은 이 문제에서 과학과 인문학 사이에 분열이 시작되고 있다는 것을 옳게 보았다.

> 특성적이고 독특한 것과 반복적이고 보편적인 것, 구체적인 것과 추상적인 것, 영속적 운동과 휴식, 내적인 것과 외적인 것, 질과 양, 문화의 예속적인 원칙과 영원한 원칙, 인간의 영원한 조건으로서의 지적 갈등 및 자기 변환과 모든 합리적인 인간이 바라는 평화, 질서, 궁극적인 조화의 가능성(그리고 바람직함) — 이들은 대조의 일부 양상들이다.[14)]

우리는 많은 지면을 고전역학에 할당하였다. 사실상 우리의 견해로는 고전과학은 이로부터 오늘날의 과학의 변환을 숙고할 수 있는 가장 유리한 곳이다. 고전동역학은 정적인 자연관을 분명하게 돋보이는 방법으로 표현하고 있는 것으로 보인다. 여기서는 시간은 분명히 하나의 상수로 취급되고 있으며 미래와 과거는 대등한 것으로 된다. 양자론은 고전동역학이 다루지 않는 많은 새로운 문제점들을 불러일으킨 것이 사실이나, 그럼에도 불구하고 이것은 시간과 과정에 한해서는 상당히 많은 고전동역학의 개념적 입장들을 견지하고 있다.

일찍이 고전과학이 승리감에 도취되어 있던 바로 그때 — 뉴턴의 계획이 프랑스의 과학을 지배하고 또한 프랑스의 과학이 유럽을 지배하고 있던 19세기 초 ―부터 뉴턴의 업적에 대한 최초의 위협이 움트고 있었다. 이 책의 두 번째 부분에서 우리는 푸리에Fourier가 열의 전파를 지배하는 법칙을 수식화하였을 때 던져진 첫 번째의 도전으로부터 시작하여 뉴턴의 중력에 관한 과학에 대적할 만한 열에 관한 과학의 발전을 살펴보기로 한다. 이것은 사실상 고전동역학으로는 상상할 수 없는 비가역적 과정에 대한 첫 번째의 정량적인 기술이다.

열에 관한 과학으로부터 파생된 에너지 전환과 열기관에 관한 두 가지의 과학들은 최초의「비고전적」과학인 열역학을 탄생시켰다. 열역학의 가장 독창적인 기여는 물리학에 시간의 화살을 도입한 유명한 제2법칙이다. 이러한 도입은 보다 넓은 지적인 움직임의 일부였다. 19세기는 참으로 진화의 세기였다. 생물학·지질학 그리고 사회학은 복잡성이 증가되는 생성과정들을 강조하였다. 열역학은 두 가지 형태의 과정들을 구별하는 것에 기초를 두고 있다. 즉 시간의 방향에 무관한 가역과정과 시간의 방향에 관계되는 비가역과정을 말한다. 후에 우리는 이에 관한 예를 보게 된다. 엔트로피의 개념은 이 두 가지 형태의 과정들을 구분하기 위하여 도입되었다. 왜냐하면 엔트로피는 비가역과정에 의해서만 증가하기 때문이다.

19세기에는 열역학적 진화의 최종단계가 과학적 연구의 중심이었다. 이것이 평형열역학이다. 비가역과정들은 귀찮은 방해물로서 연구할 가치가 없는 대상으로 천시되었다. 오늘날 이러한 상황은 완전히 변하였다. 이제 우리는 평형에서 멀리 떨어진 상태에서는 새로운 형태의 구조가 자발적으로 형성될 수 있다는 것을 알게 되었다. 평형에서 멀리 떨어진 조건하에서는 무질서와 열적인 혼돈으로부터 질서로 변환된다는 것이다. 물질의 새로운 동역학적 상태, 주어진 계와 그 주변환경과의 상호작용을 초래하는 상태가 생겨나게 된다. 우리는 이러한 새로운 구조를 그 형성과정에서의 소산과정의 건설적인 역할을 강조하기 위하여 소산구조dissipative structure라고 불러왔다.

이 책에서는 최근에 소산구조의 형성과 진화를 다루기 위하여 개발된 몇 가지의 방법들을 기술하고 있다. 이 책 전반에 걸쳐 주제와 같이 등장하는 주요 단어들은 비선형, 불안정성, 요동 등이다. 이들은 우리의 자연관을 물리학이나 화학 분야 이외의 분야에까지 스며들게 하고 있다.

우리는 과학과 인문학의 대립을 논의할 때 아이자이어 벌린을 인용한 바 있다. 그는 반복적이고 보편적인 것에 상반되는 특정적이고 독특한 것을 반대하였다. 놀라운 양상은 우리가 평형으로부터 평형에서 멀리 떨어진 조건으로 옮아감에 따라 반복적이고 보편적인 것으로부터 멀어져서 특정적이고 독특한 것으로 다가가게 된다는 것이다. 평형 근처에 있는 물질은 「반복적」으로 행동한다. 반면에 평형에서 멀리 떨어지게 되면 여러 가지 형태의 소산구조들이 생길 수 있는 가능성에 대응하는 여러 가지의 기구들이 나타나게 된다. 예를 들면, 평형에서 멀리 떨어진 상태에서 우리는 화학시계, 즉 합치적이고 리듬 있는 형태로 진행되는 화학반응을 보게 된다. 우리는 또한 비평형 결정結晶과 같이 비균질적인 구조들에 이르는 자생적 조직화의 과정들도 보게 된다.

우리는 이러한 행동의 의외성을 강조하고자 한다. 우리 모두는 화학반응이 어떻게 일어나는지에 대하여 본능적인 견해를 갖고 있다. 즉, 우리는 분자들이 허공에서 떠돌며 충돌하여 새로운 형태로 다시 나타나는 것을 상상한다. 우리는 무질서한 행동을 원자론자들이 먼지가 공중에서 춤추는 것을 보고 기술한 것과 비슷한 것으로 보고 있다. 그러나 화학시계의 행동은 매우 다르다. 극단적으로 간추리자면, 화학시계에서는 모든 분자들이 그들의 화학적인 신원을 일정한 간격으로 **동시**에 바꾸는 것이라고 할 수 있다. 만일 분자들이 파랗거나 빨갛다고 상상한다면 이들이 화학시계 반응의 리듬에 맞추어 그들의 색을 바꾸는 것을 볼 수 있을 것이다.

분명히 그러한 상황은 더 이상 무질서한 행동이라고 기술할 수 없게 된다. 새로운 형태의 질서가 나타난 것이다. 우리는 이것을 새로운 합치성 또는 분자들 간의 「교신」에 관한 기구라고 말할 수 있다. 그러나 이러한 형태의 교신은 오직 평형에서 멀리 떨어진 조건하에서만 이루어질 수 있다. 이러한 교신이 생물계에서는 상례인 것으로 보인다는 것은 매우 흥미로운 일이다. 이것은 사실상 생물계의 정의의 기초가 된다고 볼 수 있다.

그 밖에도 소산구조의 형태는 그 구조가 형성되는 조건들에 의하여 중대한 영향을 받는다. 중력장이나 자기장과 같은 외부장들도 자생적 조직화의 기구를 선정하는 데 필수적인 역할을 한다.

우리는 화학에서부터 시작하여 그 중의 일부는 생명의 선구물질일지도 모르는 복잡한 형태의 구조물을 어떻게 만들 수 있는가를 알기 시작하였다. 평형에서 멀리 떨어진 이러한 현상들이 물체의 본질적이고 뜻밖의 성질을 보여 준다는 것은 확실한 것 같다. 물리학은 앞으로 외부조건들에 적용된 대로의 구조들을 기술하게 될 것이다. 우리는 비교적 간단한 화학적 계에서 일종의 생물 이전적인 적응기구에 접하게 된다. 의인적인 언어를 좀 빌자면, 평형상태에서는 물체는 「장님」이다. 그러나 평형에서 멀리 떨어진 조건하에서는 물체는 그것이 기능하는 방법에 따라 (약한 중력장이나 전기장과 같은) 외부세계의 차이점들을 감지 (「고려」) 할 수 있게 된다.

물론 생명의 근원에 관한 문제는 어려운 것으로 남아 있으며 우리는 간단한 대답이 곧 얻어지리라고 생각하지는 않는다. 하지만 이런 전망에서 볼 때, 생명은 더 이상 그 자신이 정상적인 운명 — 그 자신의 파괴 — 을 피하기 위하여 「정상적」인 물리학의 법칙들과 다투며 반대하는 것으로 보이지는 않는다. 오히려 생명은 화학반응에서의 비선형성과 태양복사에 의하여 생물권에 부여된 평형에서 멀리 떨어진 조건들을 포함하여 우리의 생물권이 처해 있는 바로 그 조건들을 특정적인 방법으로 표현하는 것처럼 보인다.

우리는 분기이론과 같이 소산구조의 형성을 기술할 수 있는 개념에 관하여 논의하였다. 분기점 근처에서 커다란 요동이 있다는 것은 놀라운 일이다. 그러한 계들은 가능한 여러 가지의 진화의 방향들을 놓고 「주저」하고 있는 것으로 보이며, 큰 수들에 관한 유명한 법칙은 보통의 의미에서는 성립하지 않게 된다. 작은 요동으로도 거시적인 계의 전체 행동을 급격히 변화시킬 수 있는 전혀 새로운 진화를 시작할 수 있다. 사회현상과의 비유, 심지어는 역사의 비유까지도 피할 수 없는 것이다. 「우연」과 「필연」은 서로 대립되기는커녕 두 가지 모두가 평형에서 멀리 떨어진 비선형계들을 기술하는 데 필수적인 것임을 우리는 이제 알게 된다.

이 책의 제1부와 제2부에서 우리는 물리적인 우주에 관하여 서로 엇갈리는 두 가지의 관점들에 관하여 다루고 있다. 즉 고전동역학의 정적인 관점과 엔트로피와 관련된 진화적인 관점이다. 이러한 관점들 간의 대립은 피할 수 없는 것이었다. 이러한 대립은 비가역성을 환상적인 것이며, 근사적인 것으로 취급함으로써 오랫동안 연기되어 왔다. 영원한 우주에 시간을 도입한 것은 인간이었다. 그러나 이렇게 비가역성을 환상적인 것이며 근사적인 것으로 비하시키려는 해결책은 더 이상 받아들여지지 않는다. 왜냐하면 비가역성은 질서·일치성·조직화의 근원일지도 모르기 때문이다.

우리는 더 이상 이러한 대립을 피할 수 없다. 그것이 이 책의 제3부에서 우리가 다루고 있는 내용이다. 우리는 비가역성의 문제에 접근하려는 전통적인 시도들을 우선 고전역학적으로, 그리고 나서 양자역학적으로 기술한다. 이것에 관한 선구적인 업적은 특히 볼츠만Boltzmann과 기브스Gibbs에 의하여 이루어졌다. 그러나 우리는 그 문제가 아직도 거의 풀리지 않은 채로 남아 있다고 말할 수 있다. 칼 포퍼가 연관시킨 것처럼 그것은 극적인 이야기이다. 첫째로 볼츠만은 제2법칙에 내포된 시간의 새로운 개념을 객관적으로 공식화하였다고 생각하였다. 그러나 체르멜로Zermelo와 그 밖의 다른 사람들과의 논쟁의 결과로 그는 후퇴하지 않을 수 없었다.

> 역사의 불빛 속에서 — 또는 역사의 암흑 속에서 — 볼츠만은 기존의 표준에 의하여 패배하였다. 비록 모든 사람이 물리학자로서의 그의 출중함을 인정하기

는 하였지만. 왜냐하면 그는 결코 그의 H-정리의 위치를 명확히 하는 데 성공하지 못하였으며, 또한 엔트로피의 증가를 설명하지 못하였기 때문이다……. 그러한 압력이 너무나 컸으므로 그는 그 자신에 대한 신념을 잃고 말았다…….[15]

비가역성에 관한 문제는 아직도 활발한 논쟁의 대상으로 남아 있다. 열역학 제2법칙이 발견된 이래 150년이 지난 후에도 어떻게 이러한 일이 가능한가? 이런 질문에는 여러 가지의 양상들이 있다. 어떤 것은 문화적인 것이고 어떤 것은 기술적技術的인 것이다. 시간에 대한 불신에는 문화적인 요소가 있다. 우리는 여러 번 아인슈타인의 견해를 인용할 것이다. 그의 판단은 최종적인 것으로 들린다. 시간(비가역성으로의)은 환상적인 것이다. 사실상 아인슈타인은 조르다노 브루노Giordano Bruno가 16세기에 썼으며 수세기에 걸쳐 과학의 신조가 되어 버린 것을 다시금 말한 것이다. 「따라서 우주는 유일하며 무한하고 부동의 것이다……. 이것은 스스로 국지적으로 움직이지 않는다……. 이것은 재생되지도 않는다……. 이것은 섞을 수도 없다……. 이것은 변경시킬 수도 없다…….」[16] 브루노의 견해는 오랫동안 서양의 과학관을 지배하였다. 따라서 주로 공학과 물리화학으로부터 나타난 비가역성의 침입이 불신으로 받아들여졌다는 것은 놀라운 일이 아니다. 그러나 문화적인 이유와 아울러 기술적인 이유도 있다. 동역학으로부터 비가역성을 「유도」하려는 시도는 필연적으로 실패하게 되어 있다. 왜냐하면 비가역성은 보편적인 현상이 아니기 때문이다. 우리는 마찰이 없는 진자나 행성의 운동과 같이 엄격히 가역적인 상황을 상상할 수 있다. 이러한 실패는 좌절감에 이르게 하고 결국에는 이 모든 비가역성에 관한 개념이 주관적인 근원에 의한 것이라는 느낌을 갖게 하였다. 우리는 이러한 모든 문제들을 상세히 논의할 것이다. 여기서는 단지 오늘날 우리가 이 문제를 다른 관점으로부터 볼 수 있다는 것을 말해 두고자 한다. 왜냐하면 이제 우리는 다른 계층의 동역학계들이 존재한다는 것을 알기 때문이다. 이 세상은 전혀 균일하지 않다. 따라서 그 질문은 다른 말로 표현될 수 있다. 과거와 미래를 「구별」할 수 있게 하는 동역학계의 특정한 구조는 무엇인가? 포함된 최소한의 복잡성은 무엇인가?

이러한 방향을 따라 발전이 이루어졌다. 이제 우리는 자연에서의 시간의 근원을 보다 정확하게 알 수 있다. 이것은 원대한 결과를 초래한다. 열역학 제2법칙, 즉 엔트로피의 법칙은 거시적인 세계에 비가역성을 도입하였다. 이제 우리는 미시적인 수준에서도 이것의 의미를 이해할 수 있게 되었다. 후에 보겠지만 제2법칙은 선택률에 해당된다. 즉, 초기조건에 대한 제한으로서 그 이후에는 동역학의 법칙에 따라 전파된다. 따라서 제2법칙은 우리의 자연에 관한 기술에 새로운 기약적인 요소를 도입하고 있다. 이것은 동역학과 일관성이 있으나 동역학으로부터 유도될 수는 없는 것이다.

볼츠만은 이미 확률과 비가역성이 밀접한 관계에 있어야 한다는 것을 이해하고 있었다. 어떤 계가 충분히 무질서하게 행동할 때만 과거와 미래의 차이점, 따라서 비가역성이 그 계의 기술記述에 나타나게 된다. 사실상 결정론적인 자연의 기술記述에서 시간의 화살의 의미는 무엇인가? 만일 미래가 어떤 방법으로든지 이미 과거를 포함하고 있는 현재 속에 포함된다면 시간의 화살이 갖는 의미는 무엇인가? 시간의 화살은 미래가 주어져 있지 않다는 사실, 그리고 프랑스의 시인 폴 발레리Paul Valéry가 강조한 대로 「시간은 건설이다.」[17] 하는 것의 구현이다.

우리의 일상생활의 경험은 시간과 공간이 매우 다른 것임을 나타내고 있다. 우리는 공간의 한 점에서 다른 점으로 움직일 수 있다. 우리는 과거와 미래를 바꿀 수 없다. 후에 보겠지만 이러한 불가능에 대한 느낌은 정확한 과학적 의미를 지니게 된다. 허용된 상태들은 열역학 제2법칙에 의하여 금지된 상태들과 무한히 큰 엔트로피 장벽에 의하여 분리되어 있다. 물리학에는 또 다른 장벽들이 있다. 그 중의 하나는 현재 우리의 견해로서 신호가 전파되는 속도를 제한하고 있는 빛의 속도이다. 이러한 장벽이 존재한다는 것은 필수적인 것이다. 만일 그렇지 않다면 인과율은 산산이 부서질 것이다.

이와 비슷하게 엔트로피의 장벽은 교신에 의미를 부여하기 위한 선행조건이 된다. 만일 우리의 미래가 다른 사람들의 과거가 된다면 어떤 일이 일어날지를 상상해 보라. 우리는 이 문제를 후에 다시 다루겠다.

최근의 물리학의 진화는 시간의 실재를 강조해 왔다. 그 과정에서 시간의 새로운 양상이 드러나게 되었다. 시간에 대한 선입관은 금세기 전반에 걸쳐 흐르고 있다. 아인슈타인Einstein, 프루스트Proust, 프로이트Freud, 테이야드Teilhard, 피어스Peirce 또는 화이트헤드Whitehead 등을 생각해 보라.

1905년에 발표된 아인슈타인의 특수 상대성이론의 가장 놀라운 결과들 중의 하나는 각 관측자들에 관련된 국지적인 시간의 도입이다. 그러나 이 국지적 시간은 가역적인 시간에 머물러 있다. 특수 및 일반 상대성이론 모두에서 아인슈타인의 문제는 주로 관측자들 간의 「교신」, 그들이 시간의 간격을 비교할 수 있는 방법이었다. 그러나 이제 우리는 시간을 다른 개념적 내용으로 조사할 수 있게 되었다.

고전역학에서 시간은 한 점의 궤적상에서의 위치를 나타내는 숫자였다. 그러나 시간은 전체적인 수준에서는 다른 의미를 지닐 수도 있다. 우리가 한 어린이를 쳐다보며 그의 나이를 추측할 때, 그 나이는 어린이의 몸의 어떤 특정부위에 위치하는 것은 아니다. 이것은 전반적인 판단이다. 과학은 시간을 공간화한다고 흔히 말한다. 그러나 우리는 이제 또 다른 견해가 가능함을 발견하였다. 어떤 풍경과 그것의 진화를 생각해 보자. 부락들은 커지고 교량과 도로는 다른 지역들을 연결하여 그 지역들을 변화시킨다. 공간은 따라서 시간적 차원을 얻게 된다. 지리학자인 베리B.Berry의 말에 따르면 우리는 「공간의 시간화」에 대하여 연구하기에 이른 것이다.

그러나 아마도 가장 중요한 발전은, 이제 우리가 구조 및 질서에 관한 문제를 다른 전망으로 볼 수 있다는 것이다. 제8장에서 보게 되겠지만, 고전적이든 양자론적이든 간에 동역학의 관점으로는 한쪽 방향으로의 시간적인 진화란 있을 수 없는 것이다. 동역학의 용어로서 정의될 수 있는 「정보」는 시간에 대하여 불변이다. 이것은 역설적인 것으로 들린다. 우리가 두 가지 액체를 섞을 때, 외부장치를 이용하지 않고는 섞임을 되돌려 놓을 수 없다는 사실에도 불구하고 아무런 「진화」도 일어나지 않는다. 반면에 엔트로피 법칙은 섞임을 「무질서」로의 진화 — 가장 확률이 큰 상태로의 진화 — 로서 기술한다. 이제 우리는 이 두 가지의 기술방법에 아무런 모순이 없음을 보일 수 있다. 그러나 정보나 질서를 말하기 위해서는 우리가 생각하는 단위체들을 다시 정의해야 한다. 중요한 새로운 사실은 이제 우리가 한 형태의 단위체로부터 다른 형태의 단위체로 바꾸는 정확한 규칙을 세울 수 있다는 것이다. 다시 말하면, 제2법칙에 의하여 표현된 진화적인 패러다임이 화학의 모든 것과 생물학 및 사회과학의 필수적인 부분을 모두 포용하고 있으므로 이것은 우리에게 중요한 결론으로 보인다. 이러한 통찰력은 매우 새로운 것이다. 물리학에서 일어나고 있는 재개념화의 과정은 완성되기에는 아직 먼 것이다. 그러나 우리의 의도는 과학의 명백한 수확 — 과학에 의한 안정되고 정착된 결과 — 들을 밝히려는 것은 아니다. 우리의 바람은 과학적 활동의 개념적인 창의성과 이것이 제시하는 미래의 전망과 새로운 문제점들을 강조하고자 하는 것이다. 어쨌든 이제 우리는 이러한 탐험을 겨우 시작한 것임을 알고 있다. 우리는 불확정적이고 위험한 종말을 보지 않게 될 것이다. 따라서 우리는 우리의 해답이 얼마나 불충분한가를 충분히 인식하면서 우리가 현재 알고 있는 그대로의 것들을 내놓기로 하였다.

5

어윈 슈뢰딩거Erwin Schrödinger는 많은 과학철학자들을 분개시킨 글을 쓴 적이 있다.

> ……모든 과학은 일반적으로 인류의 문화에 결부되어 있는 것이며, 과학적인 발견들은 그것들이 당장은 가장 높은 수준의 것이고 심오한 것이며, 이해하

> 기에 어려운 것으로 보인다 할지라도 그것들의 문화적 배경을 벗어나서는 의미가 없다는 것을 잊어버리는 경향이 있다. 당면한 중요한 것으로 생각되는 그것의 작품들이 궁극적으로는 문명사회를 지배하고 있는 개념과 언어들의 골격 안에 들어가서 일반적인 세계관의 일부분이 된다는 것을 알지 못하는 이론과학은 — 다시 말하거니와 이러한 것을 잊어버리고 초심자들이 기껏해야 작은 무리의 가까운 동료들끼리만 통할 수 있는 말로 끊임없이 서로 심사숙고하는 이러한 이론과학은 필연적으로 나머지의 문화적인 인간들로부터 떨어져 나갈 것이다. 장기적으로 볼 때, 이것은 기꺼이 고립된 그 분야의 전문가들 사이에서 아무리 심오한 대화가 활발하게 진행된다 하여도 결국은 지치고 경화되고야 말 것이다.[18]

이 책의 중요한 주제들 중의 하나는 전반적으로 문화 본연에 관한 문제들과 특수하게는 과학에 있어서의 개념적인 문제들 사이의 강력한 상호작용에 관한 것이다. 우리는 시간에 관한 문제들이 과학에 있어서 바로 핵심적인 것임을 알고 있다. 생성과 비가역성 — 이들은 수세대의 철학자들이 그들의 생애를 바쳐온 눈제들이다. 역사 — 이것이 경제적인 것이든 인구 통계적인 것이든 또는 정치적인 것이든 간에 — 가 전례 없이 빠른 속도로 흐르고 있는 오늘날 새로운 문제들과 새로운 관심들은 우리로 하여금 새로운 대화와 새로운 합치점을 모색케 하고 있다.

그러나 우리는 과학의 발전이 구체적인 경험에서 점점 더 이해하기 어려운 추상적인 수준으로 바뀜에 따라 흔히 파열로써 기술된다는 것을 알고 있다. 우리는 이런 종류의 해석이 단지 인식론의 수준에서 볼 때, 인간과 그 주위환경과의 관계에 대한 방대한 분야를 그 이론적인 골격 안에 포함시킬 수 없었던 결과로 고전과학이 처해진 역사적인 상황을 반영하는 것이라고 믿고 있다.

과학이론에 추상적인 발전이 존재한다는 것은 의심의 여지가 없다. 그러나 과학발전에서 결정적인 역할을 한 개념적인 쇄신은 반드시 이런 형태의 것은 아니다. 시간의 재발견은 과학의 내부 역사와 오늘날 과학이 처해 있는 사회적 여건에 근원을 두고 있다. 불안정한 소립자들이나 우주가 팽창하는 것에 대한 발견들은 분명히 과학의 내부 역사에 속하는 것이지만 진화하고 있는 계에서의 비평형상태에 관한 일반적인 관심은 인문학 전반이 오늘날 전환기에 놓여 있다는 우리의 느낌을 반영하는 것이다. 제5장과 제6장에서 소개될 많은 결과들, 예를 들면 진동화학반응에 관한 것들은 수년 전에 발견될 수 있었으나 이러한 비평형문제들에 관한 연구는 당시의 문화적인 그리고 이념적인 여건에 의하여 억압됐다.

우리는 문화적 여건에 대한 이러한 수용성을 주장하는 것이 과학의 전통적인 개념에 어긋남을 알고 있다. 이러한 견해로는 과학은 자연을 이해하려는 낡은 방식으로부터 그 자신이 해방됨으로써 발전하게 된다는 것이다. 과학은 이성의 「절제」로 비유되는 과정을 통해서 스스로 정화된다. 그러나 이것은 이어서 과학이 서로 떨어져 살고 있으며 세속적인 일에는 관여하지 않는 사회들에 의해서만 다루어져야 한다는 결론에 이르게 한다. 과학적인 발전은 근본적으로 자생적인 과정이어야 하며 과학자들의 문화적·사회적 또는 경제적 활동에서 참여와 같은 어떠한 「외부」의 영향도 단지 이것을 교환하거나 지연시킬 뿐이다.

이러한 추상에 관한 이상理想 또는 과학자의 은거에 관한 이상은 또 다른 이상에서 그 예를 찾아볼 수 있다. 이것은 「진정한」 연구자, 세속적인 영고성쇠로부터 벗어나고자 하는 욕망을 지닌 연구자의 직업에 관한 것이다. 아인슈타인은 「신의 천사」가 「과학의 사원」으로부터 「가치없는」 — 어떤 점에서인지는 말하지 않고 있음 — 자들을 쫓아내는 임무를 부여받았을 때, 그로부터 총애를 받을 수 있는 형의 과학자에 관하여 기술하고 있다. 그들은 일반적으로,

> ……좀 이상하고 비사교적이며 고독한 친구들로서, 이러한 공통적인 성격에도 불구하고 사라져 버린 무리들보다는 서로 간에 정말로 닮지 않았다. 무엇이 그들을 사원으로 인도하였을까?……사람을 예술과 과학으로 인도하는 가

장 큰 동기들 중의 하나는 고통스럽게 냉엄하고 비참하도록 따분한 일상생활로부터의 도피이다. 보다 예리한 사람은 자신의 존재에서 탈피하여 객관적인 관찰과 이해의 세계를 모색하게 된다. 이러한 동기는 도시인이 그의 시끄럽고 비좁은 거처를 떠나 조용하고 깨끗한 공기 속에서 영원토록 만들어진 것으로 보이는 차분한 산등성이를 마음껏 바라볼 수 있는 고요한 깊은 산 속으로 가고 싶어하는 어쩔 수 없는 갈망에 비유될 수 있다.

이러한 부정적인 동기와 아울러 긍정적인 동기도 있다. 인간은 그에게 알맞은 어떤 방식으로든지 간에 그 자신을 위하여 간결하고 명료한 세계상을 설정하여 어느 정도까지는 이 세계상으로 경험의 세계를 대신하려고 노력함으로써 이를 극복하고자 한다.[19)]

한쪽의 과학에 의하여 추구되는 수도자적인 아름다움과 또 다른 쪽의 아인슈타인이 예민하게 느낀 세속적인 경험의 하찮은 소용돌이 간의 비양립성은 또 다른 비양립성에 의하여 보강될 것 같다. 이것은 터놓고 마니교도적인 것으로, 과학과 사회 또는 보다 정확하게는 자유로운 인간의 창조성과 정치적 권력 간의 비양립성이다. 이 경우에 비양립성은 고립된 사회나 연구가 수행되는 사원이 아니고 요새 안에서 또는 뒤렌마트Dürrenmatt가 그의 연극 〈물리학자들(*The Physicists*)〉[20)]에서 상상한 것처럼 광란의 집안에서 찾아 볼 수 있는 것이다. 이 연극에서 3인의 물리학자들은 물리학 발전의 결과들을 정치적 권력이 마음대로 이용함으로써 나타날 무서운 결과로부터 인류를 지키는 동시에 물리학을 발전시킬 수 있는 방안을 논의하고 있다. 그들이 이른 결론은 이미 그 중의 한 사람이 선택한 것으로서 유일하게 가능한 방안이었다. 즉, 그들은 모두 미친 것으로 가장하여 정신병원에 숨어 버리기로 결정하였다. 이 연극의 마지막에서 그들은 운명이 그러한 것과 같이 이 마지막의 도피처도 환상이라는 것을 발견하게 된다. 그녀의 환자를 염탐하고 있던 정신병원의 원장이 그의 결과들을 훔쳐서 세계의 권력을 장악하게 된다.

뒤렌마트의 연극은 과학적 활동의 세 번째 개념에 이르게 한다. 즉, 과학은 현실의 복잡성을 숨겨진 단순성으로 간추림으로써 발전하게 된다. 물리학자인 뫼비우스Möbius가 광란의 집 속에 감추려고 한 것은 그가 중력의 문제, 소립자들의 통합이론 그리고 궁극적으로 절대권력의 근원인 보편적 발견의 원리를 성공적으로 해결하였다는 사실이다. 물론 뒤렌마트는 그의 견해를 피력하기 위하여 단순화시키고 있으나 흔히들 「과학의 사원」에서 추구하고 있는 것은 우주의 「공식」보다 못한 것은 아니라는 것이다. 이미 수도자와 같이 그려졌던 과학인은 이제 마술사와 실없는 사람 또는 모든 물리적 현상에 대한 보편적인 열쇠를 지닐 수 있어서 전능한 지식을 지닐 수 있는 그러한 사람이 되고 만다. 이것은 우리를 우리가 이미 제기한 문제로 다시 되돌아가게 한다. 보편적인 열쇠를 마련해 주는 지식의 형태는 오직 간단한 세계(특히 복잡성이 단지 근본적인 간결성을 살짝 가리고 있을 뿐인 고전과학의 세계)에서나 존재할 수 있다.

우리 시대의 문제들 중의 하나는 과학사회의 고립을 정당화시키고 강조하려는 태도를 극복하는 것이다. 우리는 과학과 사회 간에 새로운 대화의 통로들을 열어야만 한다. 이 책은 이러한 정신에서 씌어진 것이다. 우리는 인간이 그 자연환경을 선례가 없는 규모로 변경시키고 있음을 모두 알고 있다. 세르게이 모스코비치Serge Moscovici가 말한 바와 같이 인간은 「새로운 자연」을 창조하고 있다.[21] 그러나 이러한 인간이 만든 세상을 이해하기 위해서는 단지 외적인 관심에 순종하는 도구이거나 기질基質이 되는 사회에서 무책임하게 자라고 있는 암세포가 아닌 그러한 과학을 필요로 한다.

2000년 전에 장자莊子는 다음과 같이 썼다.

> 하늘은 어찌하여 (끊임없이) 돌고 있는가! 어찌하여 지구는 (언제나) 가만히 쉬고 있는가! 태양과 달은 각자의 자리에 대하여 다투고 있는가? 이러한 것들을 사회하고 감독하는 누가 있는 것일까? 누가 그들을 함께 연결하고 묶

> 는가? 누가 그들을 말씽이나 뻗대임도 없이 그렇게 유지되도록 하였을까? 또는 아마도 어떤 비밀스런 장치가 있어서 그로 인하여 그들이 그대로일 수 밖에 없는 것일까?[22]

우리는 지금 우리가 새로운 자연주의, 새로운 종합을 향하여 나아가고 있다고 믿고 있다. 아마도 우리는 궁극적으로 실험과 정량적인 공식화를 강조하는 서양의 전통과 중국의 것과 같이 자발적이고 자생적인 조직화를 이루고 있는 세계라는 견해를 지닌 전통과를 결합시킬 수 있게 될 것이다. 이 서론의 서두에 우리는 자크 모노를 인용하였다. 그의 결론은 다음과 같다. 「고대의 연합은 파괴되었다. 인간은 마침내 그것으로부터 단지 우연히 나타나게 된 우주의 무심한 광막함 속에 홀로 있다는 것을 알게 되었다.」[23] 아마도 모노가 옳았을 것이다. 고대의 연합은 파괴되었다. 우리의 역할은 과거를 통탄하는 것이 아니라 과학의 대단한 다양성 속에서 어떤 통합적인 실마리를 발견하려는 데 있다. 과학의 각각 훌륭했던 시기마다 자연의 어떤 모형에 이를 수 있었다. 고전과학의 시대에는 그것은 시계였다. 산업혁명의 시기인 19세기의 과학에서는 그것은 멈추어가고 있는 기관이었다. 우리의 상징은 무엇이 될 것인가? 우리의 마음속에 지니고 있는 것은 아마도 인디언이나 콜럼버스 이전의 예술로부터 우리 시대에 이르기까지의 조각彫刻을 참고하면 가장 잘 표현될 수 있을 것이다. 조각에서 나타난 가장 아름다운 표현들을 보면 그것이 춤추는 시바의 여왕이거나 또는 게레로Guerrero의 축소판 사원이든지 간에 정지상태와 운동, 정지된 시간과 흐르는 시간의 접합을 추구하고 있음이 매우 분명히 나타나 있다. 우리는 이러한 대결이 우리 시대에 그 자체의 독특함을 부여하게 되리라고 믿는다.

서론 註

1. I. BERLIN, *Against the Current*, selected writings ed. H. Hardy (New York : The Viking Press, 1980), p. xxvi.
2. See TITUS LUCRETIUS CARUS, *De Natura Rerum*, Book I, v. 267-70. ed. and comm. C. Bailey (Oxford : Oxford University Press, 1947, 3 vols.).
3. R. LENOBLE, *Histoire de l'idée de nature* (Paris : Albin Michel, 1969).
4. B. PASCAL, "Pensées," frag. 792, in *Oeuvres Complétes* (Paris : Brunschwig-Boutroux-Gazier, 1904-14).
5. J. MONOD, *Chance and Necessity* (*New York : Vintage Books*, 1972), pp. 172-73.
6. G. VICO, *The New science*, trans. T. G. Bergin and M. H. Fisch (New York : Cornell University, Press, 1968), par. 331.
7. J. P. VERNANT et al., *Divination et rationalité*, esp. J. BOTTERO, "Symptômés, signes, écritures" (Paris ; Seuil, 1974).
8. A. KOYRÉ, *Galileo Studies* (Hassocks, Eng. : The Harvester Press, 1978).
9. K. POPPER, *Objective Knowledge* (Oxford : Clarendon Press, 1972).
10. P. FORMAN, "Weimar Culture, Causality and Quantum Theory, 1918-1927 ; Adaptation by German Physicists and Mathematicians to an Hostile Intellectual Environment," *Historical Studies in Physical Sciences*, Vol. 3 (1971), pp. 1-115.
11. J. NEEDHAM and C. A. RONAN, *A Shorter Science and Civilization in China*, Vol. 1 (Cambridge : Cambridge University Press, 1978), p. 170.
12. A. EDDINGTON, *The Nature of the Physical World* (Ann Arbor : University of Michigan Press, 1958), pp. 68-80.
13. Ibid., p. 103.
14. BERLIN, op. cit., p. 109.
15. K. POPPER, *Unended Quest* (La Salle, III. : Open Court Publishing Company, 1976), pp. 161-62.
16. G. BRUNO, 5th dialogue, "De la causa," *Opere Italiane*, I (Bari : 1907) ; cf. I. LECLERC, *The Nature of Physical Existence* (London : George Allen & Unwin, 1972).
17. P. VALÊRY, Cahiers, (2 vols.) ed. Mrs. Robinson-Valêry (Paris Gallimard, 1973-74).
18. E. SCHRÖDINGER, "Are there Quantum Jumps?" *The British Journal for the Philosophy of Science*, Vol. 3 (1952), pp. 109-10 ; 이 내용은 브리지만 (P. W.

Bridgmann)이 그가 *Determinism and Freedom in the Age of Modern Science*, ed. S. Hook (New York : New York University Press, 1958)에 투고한 글에서 분개하며 인용하였다.

19. A. EINSTEIN, "Prinzipien der Forschung, Rede zur 60. Geburstag van Max Planck" (1918) in *Mein Weltbild*, Ullstein Verlag 1977, pp. 107-10, trans. *Ideas and Opinions* (New York : Crown, 1954), pp. 224-27.
20. F. DÜRRENMATT, *The Physicists* (New York : Grove, 1964).
21. S. MOSCOVICI, *Essai sur l'histoire humaine de la nature*, Collection Champs (Paris : Flammarion, 1977).
22. Quoted in Needham and Ronan, op. cit. p. 87.
23. MONOD, op. cit., p. 180.

제1부

일반개념의 환각

1장

이성의 승리

1. 새로운 모세(Moses)

> 자연과 자연의 법칙들은 밤의 장막 속에 숨겨져 있었다.
> 신이 말하기를, 뉴턴이여 태어날지어다! 그리고는 모든 것이 빛이었다.
>
> —알렉산더 포프(Alexander Pope)
>
> 1727년에 작고한 아이작 뉴턴을 위한 비문에서

포프가 사용한 극적인 어조에는 아무것도 이상한 것이 없다. 18세기 영국 사람들의 눈에는 뉴턴은 「법칙일람표」를 보여 준 「새로운 모세」로 보였다. 시인, 건축가 그리고 조각가들이 함께 참여하여 그를 위한 기념비를 제안하였다. 그리고 온 나라가 이 특별한 행사를 축하하기 위하여 모여들었다. 한 인간이 자연이 말하는 — 그리고 순종하는 — 언어를 발견했던 것이다.

자연은 강요당했으며, 그의 꿰뚫는 마음에 순종한다.
그리고 그에게 기꺼이 그녀의 비밀스런 방법을 보여 준다.
그녀는 수학에 대항하여 지킬 수가 없으며
실험적인 결과에 양보하고 만다.[1)]

윤리학과 정치학은 그것들의 주장에 근거를 둘 수 있는 자료를 위하여 뉴턴에 관한 삽화를 섭렵하고 있다. 그리하여 드자귈리에Desaguliers는 새로운 자연적 질서의 의미를 정치적 학습으로 바꾸어 놓았다. 즉, 입헌왕정은 가장 좋은 정부형태란 것이다. 왜냐하면 왕은 태양과 마찬가지로 그것에 의하여 제한되는 권력을 지니고 있기 때문이다.

매번의 눈초리에 따라 시중드는 신하들같이
6대주가 그의 왕좌의 주변을 신비롭게 춤추며 휘돌아든다.
그는 그들의 움직임을 그의 미로로부터 돌려놓는다.
그리고 그들의 궤도를 인력으로 휘이지게 한다.
그의 권력은 법령들에 의한 것이지만 그들을 아직 자유롭게 두고 있으며
그들의 자유를 파괴하는 것이 아니라 지휘한다.[2)]

비록 그 자신은 도덕적 과학의 영역을 침범하지 않았으나 뉴턴은 그의 원리에 소개한 법칙들의 보편성에 관해서는 조금도 주저하지 않았다. 자연은 「매우 조화를 이루고 있으며, 그 자신에게 순응하고 있다.」라고 그의 《광학(*Opticks*)》의 유명한 31번째 질문에서 말하고 있다 — 그리고 이렇게 강력하고 함축적인 말은 매우 커다란 주장을 숨기고 있다. 별들의 움직임과 자유낙하 물체의 운동을 지배하는 그러한 힘들 — 인력과 반발 — 에 의하여 일어나지 않는 자연적인 과정은 없다……. 연소·발효·열·응집력·자기磁氣 등등.

이미 그가 죽기 전에 국가적인 영웅이 되었던 뉴턴은 거의 1세기가 지난

후에 주로 라플라스의 강력한 영향을 통하여 유럽의 과학혁명의 상징이 되었다. 천문학자들은 수학에 의하여 지배되는 하늘을 살피고 있다. 뉴턴의 계는 모든 장애물들을 극복하는 데 성공하였다. 더욱이 그것은 수학적인 방법에 의하여 분명한 이탈현상을 설명할 수 있는 방법을 터놓았으며 여태까지 모르고 있던 행성의 존재를 추측하는 데에도 이용되었다. 해왕성의 존재에 대한 예측은 뉴턴적인 통찰력 속에 잠재되어 있는 예언적인 능력에 대한 봉헌이었다.

19세기 초엽에 뉴턴의 이름은 표본적인 것이라고 주장하는 어떠한 것에도 중요한 의미를 부여하는 데 쓰이곤 했다. 그러나 그의 방법에 대한 엇갈린 해석들도 있다. 어떤 사람들은 그것이 수학으로 나타낼 수 있는 정량적 실험을 위한 청사진을 제공하는 것으로 보았다. 그들에게는 저울의 체계적인 사용방법을 개발한 라브와지에Lavoisier가 화학에서의 뉴턴이었다. 이것은 사실상 질량보존을 아리아드네Ariadne의 실마리로 여기는 정량화학의 정의에서 결정적인 단계였다. 또 다른 사람들에게는 뉴턴의 전략이란 어떤 중심적이고 특정한 사실을 분리하여 이것을 주어진 현상들에 관한 더 이상의 모든 추론들을 위한 기초로 삼는 것이라고 보았다. 이러한 견해로서 뉴턴의 천재성은 그의 실용주의에 있는 것이었다. 그는 중력을 설명하려고 하지 않고 그것을 사실로서 받아들였다. 이와 마찬가지로 각 분야는 어떤 핵심적이고 설명되지 않는 사실을 그 분야의 출발점으로 택해야 했다. 따라서 의사들은 그들이 뉴턴에 의하여 생기론자의 개념을 바꾸는 것을 승인받은 것으로 느꼈으며 생기를 말하게 되었다. 이 말의 사용은 살아 있는 현상의 기술에 바라던 체계적인 일관성을 부여하는 것이다. 이것은 독특하게 화학적인 상호작용의 힘으로 여겨지는 친화력과 똑같은 역할을 하는 것이다.

「진정한 뉴턴주의자들」의 일부는 이러한 여러 가지 힘들의 남용에 이의를 제기하였으며, 중력으로 설명할 수 있는 능력의 보편성을 거듭 주장하였다. 그러나 그것은 너무 늦어 버렸다. 이제 **뉴턴적**이라는 말은 법칙들의 계와 평형을 다루는 모든 것에 적용되었으며, 심지어 한편으로는 자연적 질서를, 다른 한편으로는 도덕적·사회적 그리고 정치적인 질서를, 모든 것을 포용하는 조화로써 나타낼 수 있는 모든 상황들에도 적용되었다. 감상적인 철학자들은 심지어 뉴턴의 우주 속에서 자연적인 힘들에 의하여 활기를 띤 매혹적인 세계를 발견하였다. 보다 「정통적」인 물리학자들은 뉴턴의 우주 속에서 수학에 의하여 지배되는 기계적인 세계를 보았다. 실증주의자들에게 그것은 과학의 정의 바로 그것으로 판명되어야 할 처방인 진행방법의 성공을 의미하였다.[3)]

그 나머지는 흔히 뉴턴적 문학이라고 불리는 문학이다. 별들의 사회를 지배하는 조화, 화학적 화합물들이 「사회생활」을 영위케 하는 선택적인 친화감과 적대감, 이러한 것들은 인간사회의 세계로 바뀌어질 수 있는 과정들로 보인다. 따라서 이 시기가 고전과학의 황금기로 보이는 것은 당연한 것이다.

오늘날에도 뉴턴의 과학은 아직 독특한 위치를 차지하고 있다. 이것이 도입한 기본적인 개념들 중의 일부는 과학이 그동안 겪어온 모든 변천 속에서도 살아남은 명확한 수확이다. 그러나 오늘날 과학의 황금기가 지나간 것을 알고 있으며, 이와 함께 여러 가지의 엇갈리는 해석에도 불구하고 뉴턴적인 합리성이 우리와 자연의 대화를 위한 적당한 기초를 이룬다고 하는 확신도 사라졌다.

이 책의 중심적인 내용은 뉴턴적인 사고를 오늘날까지 연장해 온 새로운 연구 분야의 연속적인 등장을 가능케 한 뉴턴적인 승리에 관한 것이다. 이 책은 또한 이러한 승리로 인하여 생긴 회의와 투쟁에 관해서도 다루고 있다. 오늘날 우리는 더욱 분명하게 뉴턴적 합리성의 한계를 보기 시작하고 있다. 과학과 자연에 대한 보다 일관적인 개념이 나타나고 있는 것으로 보인다. 이 새로운 개념은 지식과 문화의 새로운 일치를 위한 길을 닦는 것이다.

2. 비인간화된 세계

……신이여, 우리로 하여금 단 하나의 시야와 뉴턴의 잠으로부터 멀리하게 하소서!

—윌리엄 블레이크(William Blake)

토머스 버츠(Thomas Butts)에게 보낸 1802년 11월 22일자 편지에서

뉴턴 과학의 문화적 위치의 불안정성에 관하여는 과학과 문화 간의 관계에 관한 유네스코 토론회의 서론보다 더 좋은 예가 없다.

> 한 세기가 넘도록 과학적 활동의 분야는 주변의 문화적 공간 속에서 문화 그 자체의 모든 것을 대체하고 있는 것으로 보일 정도로 성장해 왔다. 어떤 사람들은 이것이 단지 그 분야의 높은 성장률에 의한 것으로서 이 문화의 힘의 선들이 곧 스스로 분발하여 과학이 다시 인간에게 봉사하도록 할 것이라고 믿고 있다. 다른 사람들은 최근의 과학의 승리가 마침내 과학으로 하여금 문화 전반을 지배하게 하는 것이며 더욱이 문화는 단지 과학적인 장치를 통하여 전파되었기 때문에 그렇게 된 것이라고 알려져도 할 수 없는 것이라고 생각한다. 또 다른 사람들은 인간과 사회가 과학의 지배하에 놓인다면 그것에 의하여 조직될 수 있는 위험에 놀라면서 멀리서 어른거리는 문화적 재난의 망령을 느끼게 된다.[4)]

이 글에서 과학은 문화의 체내에서 생긴 암이며, 이것이 번져나감으로써 문화적 생활의 전부를 파괴하는 것으로 나타나 있다. 문제는 과연 우리가 과학을 지배하고 그것의 발전을 조절할 수 있는가, 아니면 과학의 노예가 될 것인가 하는 것이다. 불과 150년 만에 과학은 서양의 문화에 영감을 불어넣는 근원으로부터 위협으로 비하되고 말았다. 과학은 인간의 물질적인 존재를 위협하고 있을 뿐 아니라 보다 교묘하게 우리의 문화적 생활에 가장 깊이 뿌리박고 있는 전통과 경험을 파괴하려고 위협하고 있다. 지금 비

난을 받고 있는 것은 단지 몇 가지의 과학적인 혁신들로 인한 기술技術적인 낙진이 아니고 「과학의 정신」 그 자체이다. 이러한 비난이 과학적 문화로 인하여 스며드는 전반적인 회의주의에 관한 것이든 또는 과학적 이론들을 통하여 얻어진 특정한 결론들이건 간에 오늘날 흔히 과학이 우리의 세계를 비하시키고 있다고 말한다. 수세대에 걸쳐 즐거움과 놀라움의 근원이었던 것들이 과학이 손댐으로써 시들어 버린다. 과학이 손대는 모든 것은 비인간화되고 있다. 이상하게도 과학의 발전이 숙명적인 환멸을 가져온다고 하는 생각은 과학의 비판자들뿐만 아니라 흔히 과학을 수호하고 찬양하는 사람들에게도 있다. 따라서 역사학자인 길리스피C. C. Gillispie는 그의 저서인 《객관성의 칼날(*The Edge of Objectivity*)》에서 과학을 비판하고 끊임없이 「객관성의 칼날」을 무디게 하려고 노력하는 사람들에 대한 동정을 다음과 같이 표현하고 있다.

> 자연에 대한 주관적인 접근방식을 부활시키는 것은 정말로 비참한 주제이다. 이것의 잔해들은 과학이 가로질러 간 온 땅바닥에 마치 선의의 시도였던 것처럼 버려져 있으며 자연이 사회화되고 도덕화되는 리센코Lysenko 학설이나 인지학anthroposophy, 人知學과 같이 이상한 구석에서만 살아남아 있다. 그러한 생존은 서양사람들의 가장 특성적이고 성공적이며 정복하고야 말 노력의 결과들을 회피하려고 하는 영원한 시도의 유물이다. 따라서 필연적인 운명을 맞이하여 마구 내지르는 것처럼 감상적인 자연철학자들은 절망적인 것으로부터 영웅주의적인 분위기에 이르기까지 모든 느낌을 불러일으켰다. 가장 추악한 것은 지적인 것에 대한 감상적이고도 천박한 적대감이었다. 가장 점잖은 것으로는 그러한 느낌이 불러일으킨 디드로Diderot의 자연적이고 도덕적인 과학, 괴테Goethe에 의한 자연의 인격화 그리고 앨프레드 화이트헤드Alfred Whitehead의 철학 또는 그 밖에 과학에서 우리의 자연에 대한 정성적이고 심미적인 감상을 찾으려는 사람들이었다. 그것은 꽃으로부터 식물학을, 그리고 저녁노을로부터 기상학을 이루어 내려는 사람들의 과학이었다.[5)]

그리하여 과학은 비극적이고도 형이상학적인 선택에 이르게 하였다. 인간은 자연에서 인간의 가치에 대한 보장이나 근본적인 연관성을 나타내는 조짐을 추구하려는, 안심은 되지만 비합리적인 유혹과 정적인 세계로 그를 고립시키는 합리성에의 충실함 사이에서 선택을 해야만 한다.

또 다른 중요한 동기 — 지배 — 의 반향은 환멸과 섞이고 있다. 환멸스러운 세계란 동시에 지배와 조종을 받기 쉬운 것이다. 이 세계가 그것의 여러 가지의 풍요로움을 일반적인 법칙들의 단조로운 응용으로 돌려 버리는 보편적인 이론적 계획에 의하여 지배되는 것이라고 보는 과학은 따라서 지배의 도구가 되고 만다. 그리고 이 세계의 이방인인 인간은 그것의 주인으로서 자리잡게 된다.

이러한 환멸은 최근 수십 년간 여러 가지의 형태로 나타났다. 반反과학의 여러 형태를 체계적으로 연구하는 것은 이 책의 목표를 벗어나는 것이다. 제3장에서 우리는 뉴턴적 합리성의 놀라운 승리에 대한 서양사상의 반응을 상세히 기술할 것이다. 여기서는 단지 과학과 「자연주의」 사이에는 근본적인 반목관계가 존재한다고 하는 널리 퍼져 있는, 그러나 우리의 생각으로는 틀린 믿음에 관련된 자연에 대한 일반적인 자세가 변화하고 있다는 것을 지적하고자 한다. 최근에 나타난 적어도 몇 가지의 반과학적 비판의 형태를 보이기 위하여 우리는 세 가지의 예를 선택하였다. 우선 그의 철학이 현대사상에 깊은 매혹을 주고 있는 하이데거Heidegger와 아서 쾨슬러Arthur Koestler 및 저명한 과학사가인 알렉상드르 코아레Alexandre Koyré에 의하여 주장되고 있는 비판에 관하여도 언급하려고 한다.

마르틴 하이데거는 과학의 영원한 목표 — 자연의 지배와 근본적으로 연관된 것으로 보는 과학적 노력의 핵심 — 에 대하여 비판하고 있다. 따라서 하이데거는 과학적 합리성이란 고대 그리스 시대부터 은연중에 존재해 왔던 그 어떤 것, 즉 모든 합리적인 토론이나 사업에 작용하고 있으며 모든 긍정적이고 대화가 가능한 지식에 끼어드는 폭력인 지배욕의 최종적인 성취라고 주장한다. 그는 이 세계와 인간의 작품의 일반적인 배경설치에 이르는 것으로서 그가 기술技術적이고 과학적인 「골격짜기framing」[6]라고 부르는 것을 강조한다.

따라서 하이데거는 어떤 특별한 기술적이거나 과학적인 산물 또는 과정에 관하여 자세한 분석을 하고 있지 않다. 그가 도전하는 것은 기술技術의 정수, 즉 개별적인 것들이 **고려되는** 방법에 관한 것이다. 각각의 이론은 서양의 역사를 이루고 있는 전체 계획의 수행에 있어서의 한 부분이다. 그에 따르면 우리가 과학적 「이론」이라고 부르는 것은 그것에 의하여 사물이 예속화되는 사물에 대한 탐색 방법을 의미하는 것이다. 과학자는 기술자와 마찬가지로 지식에 대한 갈망으로 위장되어 있는 권력을 향한 의지의 손에 든 장난감에 불과하다. 사물에 대한 과학자의 접근방식, 바로 그것이 그들을 체계적인 폭력에 굴복하게 만든다.

> 현대의 물리학은 자연의 탐색에서 실험장치들을 이용하기 때문에 실험물리학이 아니다. 오히려 그 반대가 진실이다. 그것은 이미 순수한 이론으로서의 물리학은 자연에 대하여 예측할 수 있는 힘들로써 나타날 것을 요구하고 있으므로, 오직 자연이 어떻게 과학에 의하여 미리 고안된 계획에 따르는가 하는 것을 알아보려는 바로 그 목적만을 위하여 실험을 수행하기 때문이다.[7]

이와 마찬가지로 하이데거는 산업오염이, 예를 들어, 라인 강의 모든 동물들의 생활을 파멸시켜 버린 사실에 대하여는 관심을 두지 않고 있다. 그가 관심을 갖고 있는 것은 강이 인간에게 봉사하게끔 되었다는 것이다.

> 라인 강의 물결 속에 수력발전소가 설립되었다. 이로써 라인 강은 수압을 공급하게 되었으며 이것은 터빈을 돌게 한다……. 수력발전소는 수백 년 동안 이쪽과 저쪽의 둑을 연결해 온 오래된 다리와 같이 라인 강에 설치된 것은

> 아니다. 오히려 강이 댐으로 막혀 발전소가 된 것이다. 물의 공급원으로서 강의 현재 상태는 발전소의 본질로부터 연유된 것이다.[8)]

라인 강에 걸려 있는 오래된 다리는 정당하게 시험된 능력이나 공들인 정확한 관찰의 증거로서가 아니라 그 다리가 강을 「이용」하지 않고 있다는 것으로 평가되고 있다.

하이데거의 비판은 긍정적이고 대화가 가능한 지식의 이상理想, 바로 그것을 위협으로 간주하면서 우리가 서론에서 언급한 반反과학운동의 몇 가지 주제들을 반영하고 있다. 그러나 과학과 지배욕 사이의 불가분의 연계에 관한 생각은 우리의 오늘날의 상황에 대한 명백하게 서로 다른 평가들에도 스며들어 있다. 예를 들면 《황금기의 도래(*The Coming of the Golden Age*)》[9)] 라는 매우 암시적인 제목의 저서에서 군터 스텐트Gunther Stent는 과학이 이제 한계점에 도달하였다고 말하고 있다. 우리는 사물을 이해하기 위하여 던지는 질문들이 점점 더 복잡해지고 흥미도 없어지는, 보상이 줄어드는 시점에 가까워지고 있다. 이것은 발전의 종말을 나타내는 것이지만 인류학이 자연에 항거하는 오랜 투쟁을 위한 격렬한 노력을 중단하고 고요하고 안락한 평화를 받아들일 수 있는 기회이기도 하다. 우리는 사물에 대한 과학적 지식과 이것을 지배하는 가능성 사이의 상대적인 분리가 과학의 종말을 나타내기는커녕 많은 새로운 전망과 문제점들을 제시한다는 것을 보이고자 한다. 우리 주위의 세계에 관한 과학적인 이해는 이제 겨우 시작되고 있다. 우리가 느끼기에 역시 충분히 장애적인 요소가 될 수 있는 또 다른 과학에 대한 생각이 있다. 이것은 이성의 판단 경로를 통하여는 범인들이 접할 수 없는 신비로운 과학에의 매혹이며, 이것은 단번에 시간, 공간, 인과율, 마음, 물질 등과 같은 기본적인 개념들의 의미에 도전할 수 있는 결과에 이르게 한다. 그 결과로써 어떠한 전통적인 개념이든지 부수어 버릴 수 있으리라고 생각되는 이런 종류의 「신비로운 과학」은 사실상 상대론과 양자역학의 연이은 「계시啓示」로 인하여 고무되었다. 예를 들어 공간의 곡률로서의 중력에 관한 아인슈타인의 해석이나 디랙Dirac의 반反입자들과 같이 과거의 가장 뛰어난 상상의 단계들 중의 일부는 잘 정착되어 있는 것으로 여겨졌던 개념들을 뒤흔들어 놓은 것임에 틀림없다. 따라서 과학이 어떤 것이든지 만들어 낼 수 있는 것이라고 상상하려는 자세와 철저한 현실주의 간에는 매우 미묘한 균형이 이루어져 있다. 오늘날 이 균형은 언론매체에서나 과학에서까지, 특히 우주론자들 사이에서 신비주의자가 부활되는 방향으로 크게 기울어지고 있다.[10] 심지어는 의사擬似 심리학과 양자물리학 사이에는 신비로운 관계가 존재한다고 암시하는 일부 물리학자들과 과학해설가들도 있다. 이제 쾨슬러의 말을 인용해 보자.

> 우리는 물질은 죽었으며 인과율도 죽었고 결정론도 죽었다고 알려 주는 물리학의 노벨상 수상자들의 전체적인 합창을 들어왔다. 만일 그것이 사실이라면, 그것들을 위하여 전자음악으로 된 진혼곡을 틀어주며 엄숙한 장례식을 치러 주자. 이제 우리는 20세기의 기계론 후後적인 과학을 교훈삼아 19세기의 물질주의가 우리의 철학적 시야에 씌워 놓은 멍에로부터 벗어날 때가 되었다. 모순적이기는 하지만 그러한 시야가 1세기 정도 과학에 뒤떨어지는 대신에 현대과학과 나란히 발맞추어 왔다면 우리는 그 멍에로부터 오래 전에 벗어날 수 있었을 것이다……. 그러나 이것을 일단 인정하고 나면, 우리는 물리적 과학에 대한 일방적인 강조로 인하여 우리가 무시해 왔던 우리 주위의 현상들에 대하여 더욱 수용적이 될 수 있을 것이다. 즉 인과적인 건축물의 틈 사이로 스며드는 바람을 느낄 수 있을 것이며, 서로 합류하는 사건들에 더욱 주의를 기울이게 되고 정상적인 것에 대한 우리의 개념 속에 사이비 정상적인 현상들을 포함시키게 될 것이며, 우리가 「장님의 나라」[11]에 살고 있었다는 것을 깨닫게 될 것이다.

우리는 선험적인 것을 비판하거나 멸시하려고 하지는 않는다. 오늘날 우리가 듣고 있는 분명히 공상적인 제안 중에도 새로운 지식의 씨앗들이 있을

지 모른다. 하지만 우리는 상상할 수 없는 것으로의 도약은 우리 세계의 견고한 복잡성으로부터의 너무나 간단한 도피라고 믿는다. 우리는 하루 만에 우리가 「장님의 나라」를 떠나게 될 것이라고는 생각하지 않는다. 왜냐하면 개념적인 장님이 우리 사회가 해결하는 데 실패한 문제점들과 모순들의 주된 이유가 아니기 때문이다.

그러나 우리가 어떤 비판이나 과학의 왜곡에 동의하지 않는 것이 우리가 모든 비판을 거부하고자 하는 것을 의미하지는 않는다. 예를 들어, 현대과학 발전의 이해에 뛰어난 공헌을 한 알렉상드르 코아레의 입장을 살펴보자. 뉴턴적인 종합의 중요성과 내포된 의미에 관한 연구에서 코아레는 다음과 같이 쓰고 있다.

> 그러나 역시 뉴턴이 — 뉴턴만이 아니고 일반적으로 현대과학이 — 책임져야 할 것들이 있다. 그것은 우리의 세계를 둘로 갈라놓은 것이다. 나는 현대과학이 천국과 지상을 갈라놓는 장벽을 무너뜨리고 우주를 하나로 통일시켰다고 말해 왔다. 그리고 그것은 사실이다. 그러나 나는 또한 현대과학이 이와 같은 일을 한 것은 우리의 질적이고 감각에 의한 인지認知의 세계, 우리가 살고 있고, 사랑하고 죽는 세계를 또 하나의 세계 — 양적이고, 구체화된 기하학적이며 다른 모든 것을 위한 자리는 있으나 인간을 위한 자리는 없는 그러한 세계를 대체함으로써였다는 것을 말하였다. 따라서 과학의 세계 — 현실의 세계 — 는 과학이 설명할 수 없는 세계 — 「주관적」이라고 불러서 설명해 버릴 수도 없는 생명의 세계와 멀어져서 완전히 헤어지게 되었다.
>
> 그렇다. 이러한 세계들은 매일 — 그리고 더욱더 — **습관**에 의하여 연결되어 있다. 그러나 **이론**에 의하면 그들은 심연에 의하여 갈라져 있다.
>
> 두 개의 세계. 이것은 두 가지의 진실을 의미한다. 또는 전혀 아무런 진실도 아니다. 이것은 「우주의 수수께끼를 해결한」, 그러나 이것은 또 하나의 수수께끼, 그 자신의 수수께끼로 바꾸어 놓은 현대적 사고방식의 비극이다.[12)]

그러나 우리는 코아레의 결론에서 파스칼과 모노에 의하여 표현된 것과 같은 주제를 듣게 된다. 즉, 비극적인 소외감이 그것이다. 코아레의 비판은 과학적인 사고방식에 도전한 것이 아니고 뉴턴적인 전망에 근거를 두고 있는 고전과학에 대한 것이다. 우리는 더 이상 인간을 환멸적인 세계의 이방인으로 전락시키는 과학과 반反과학적이고 비합리적인 항의들 사이에서 합리성의 한계점을 환기시키는 것이 아니다. 코아레의 비판은 "구속복"을 입은 합리성의 한계를 환기시키는 것이 아니라 단지 고전과학이 우리가 살고 있는 세계의 어떤 근본적인 양상들을 다루는 데 무능력함을 말하고 있는 것이다.

이 책에서의 우리의 입장은 코아레가 기술한 과학은 더 이상 우리의 과학이 아니라는 것이다. 그것은 오늘날 우리가 논리적이기보다는 마술에 더 가까운 새롭고 상상할 수 없는 사물에 관심을 갖고 있기 때문이 아니고 과학자로서 우리가 이제 우리에게 가장 친근한 세계, 생명체들과 그들의 사회가 발전하고 있는 자연적인 세계를 형성하는 복잡한 과정들을 향한 길을 찾기 시작하였기 때문이다. 진실로 오늘날 우리는 코아레가 말한「양적인 세계」를 넘어서「질적」인 세계, 따라서「생성」의 세계를 향하여 나아가기 시작하였다. 이것이 제1부와 제2부의 주요 내용이 될 것이다. 우리는 바로 이러한 새로운 기술記述로의 변환이 과학의 역사에 있어서의 이 순간을 매우 신나는 것으로 만드는 것이라고 믿는다. 이 순간은 아마도 그리스의 원자론자의 시대 또는 르네상스의 시대 — 새로운 자연관이 탄생하였던 — 라고 말해도 과장이 아닐 것이다. 그러나 우선 확실히 인류 역사상의 위대한 순간이었던 뉴턴의 과학을 돌아보기로 하자.

3. 뉴턴적 종합

뉴턴 시대 사람들의 열성 — 우주의 신비 — 자연에 관한 진실이 마침내 밝혀졌다고 하는 확신 뒤에 깔려 있는 것은 무엇일까? 아마도 인류학의 시초부터 존재해 왔던 여러 갈래의 생각들은 뉴턴의 종합에서 모여들고 있다. 무엇보다도 우리의 주위 환경에 대한 작용방법으로서의 과학이 그것이다. 뉴턴의 과학은 사실상 **행동적**인 과학이다. 이것의 근원은 중세 장인匠人들의 지식이며 기계 제조자들의 지식이다. 이러한 과학은 이 세계에 체계적으로 작용하는 수단과 자연적인 과정들의 진행 방향을 예측하고 수정하는 수단 그리고 자연의 힘과 물질자원을 길들이고 이용할 수 있는 장치를 고안하는 수단을 마련해 준다.

이러한 의미에서 현대과학은 그가 살고 있는 세계를 조직하고 이용하려는 인간의 끊임없는 노력의 연속이다. 우리는 이러한 노력의 초창기에 관하여는 매우 빈약한 지식밖에 없다. 그러나 돌이켜보건대, 인간이 새로운 기술로 자연을 이용하고 그의 사회를 조직함으로써 그의 자연적인 그리고 사회적인 환경을 점차 조직하기 시작하였을 때 일어난 「신석기 혁명」에 필요한 지식과 기술을 평가할 수는 있다. 우리는 아직도 신석기시대의 기술들 — 예를 들면 동물이나 식물의 종자들을 기르거나 선택하는 것, 옷감을 짜는 것, 도자기를 굽는 것, 금속을 다듬는 것 등을 사용하고 있거나 아주 최근까지 사용해 왔다. 우리의 사회조직은 오랫동안 계층적으로 세분화된 구조를 지닌 신석기시대의 도시국가들의 사회 집단들을 조직하는 데 필요했던 것과 똑같은 작문, 기하, 산술 등의 기술들에 기초를 두어 왔다. 따라서 우리는 신석기시대의 기술과 과학 및 산업혁명들 사이에 존재하는 연속성에 대하여 감사하지 않을 수 없다.[13)]

현대과학은 따라서 이러한 고대의 노력을 연장하고 확대하고 끊임없이 그것의 리듬을 빠르게 해 왔다. 그러나 뉴턴적인 종합에 의하여 부여된 의미에서의 과학의 중요성은 이것만이 아니다.

우리는 어떤 사회에서 사용되고 있는 여러 가지 기술 이외에도 자연 속에서 인간의 위치를 이해하기 위해 추구하는 많은 신념과 신화를 발견하게 된다. 신화와 우주론과 마찬가지로 과학의 노력은 이 세계의 본성과 이 세계가 조직된 방법 그리고 그 속에서 인간의 위치를 이해하려는 것이다.

우리의 입장에서 볼 때는 일찍이 소크라테스 이전의 생각들이 헤시오도스의 창조신화*를 본딴 것처럼 보인다 하여도 전혀 상관없는 일이다. 문제가 되는 것은 수세대에 걸쳐 소크라테스 이전의 사람들이, 존재와 생성 간의 관계 또는 가상적으로 미세분화된 태초의 환경으로부터 질서가 나타나는 것을 이해하기 위하여 조직화하려고 우리가 아직도 시도하고 있는 그러한 개념들을 이미 수집하고 의논하고 그리고 비판하였다는 것이다.

균질한 것의 불안정성은 무엇에 연유한 것인가? 그것은 왜 자발적으로 세분화되는가? 사물은 도대체 왜 존재하게 되는가? 그들은 서로 대립하고 있는 자연적인 능력들 간에 존재하고 있는 힘들의 정적인 평형으로부터 벗어난 불공평에 의한 연약하고도 치명적인 결과인가? 또는 사물을 창조하고 움직이게 하는 힘들 — 출생, 성장, 쇠퇴 및 분산으로 이르게 하는 서로 대립되는 힘들인 사랑과 미움 — 은 자율적으로 존재하는 것인가? 변화는 환상인가 아니면 오히려 사물을 구성하고 있는 대립적인 것들 간의 끊임없는 투쟁인가? 질적인 변화가 진공 속에서 서로 모양만 다른 원자들의 운동으로 간추려질 수 있는가, 또는 원자들 자신들이 서로 닮지 않은 질적으로 다른 수많은 균들로 구성되어 있는 것일까? 그리고 마지막으로 이 세상의 조화는 수학적인 것인가? 숫자들이 자연의 열쇠인가?

피타고라스 학파에 의하여 발견된 소리들 간의 수치적인 규칙성은 아직도 현재의 우리들의 이론적인 문제로 남아 있다. 그리스인들에 의하여 짜여진 수학적인 골격은 유럽의 역사에서 추상적인 사고, 즉 그 결과들이 모든 합리적인 인간들에 의하여 소통되고 재생될 수 있는 그러한 사고의 첫 번째의 실체를 형성하였다. 그리스인들은 처음으로 신념과 기대와 정열에 의하

* 태초의 천국과 지상으로의 양극화, 에로스가 불러일으킨 욕망, 세분화된 우주 권력들을 형성하기 위한 첫 세대의 신들의 탄생, 그리고 정의의 신의 지배하에서 마침내 안정에 이르기까지의 불화와 투쟁, 반복되는 살상과 복수 등에 관한 것.

여 영향을 받지 않는 어느 정도의 확실성을 포함한 연역적인 지식의 한 형태를 이룩하였다. 그리스의 사상과 현대과학에 공통적이며 종교적이고 신화적인 질문의 형태와는 대조적인 가장 중요한 양상은 따라서 비판적인 토론과 증명에 강조를 두는 것이다.[14)]

이오니아의 도시들과 대大그리스의 식민지들에서 성장한 소크라테스 이전의 이러한 철학에 관하여는 알려진 것이 거의 없다. 따라서 우리는 이론적인 가정들의 발전과 그러한 도시들에서 번영하였던 공예 및 기술적인 활동 사이에 존재했을지도 모르는 관계에 관하여 단지 추측할 수 있을 뿐이다. 전통적으로 볼 때, 적대적인 종교적 그리고 사회적인 반응의 결과로 철학자들은 무신론자로 비난을 받게 되어 귀양살이를 하게 되거나 극형에 처해졌다. 이러한 초기의 「질서회복」은 개념적 혁신의 근원, 그리고 무엇보다도 이것의 성장에 대한 사회적 요소들의 중요성에 관한 상징이 될지도 모르겠다. 현대과학의 성공을 이해하기 위하여 우리는 또한 어째서 이것의 창시자들이 으레 부당하게 처형되었으며, 그들의 이론적 접근방식이 사회적인 기대와 신념에 보다 부합되는 지식의 형태를 위하여 억압되었는가 하는 것을 설명해야만 한다.

어쨌든 플라톤과 아리스토텔레스로부터 시작하여 그 후로는 한계가 정해졌고 사고방식은 사회적으로 받아들여질 수 있는 방향으로 모아졌다. 특히 **이론적인 사고와 기술적인 활동** 사이의 구분이 확립되었다. 오늘날 우리가 아직도 쓰고 있는 단어들 — 기계, 기계적, 기술자 — 은 비슷한 의미를 지니고 있다. 이것들은 합리적인 지식을 말하는 것이 아니라 교활하고 편의주의적인 것을 말한다. 이러한 생각은 자연적인 과정들을 보다 효과적으로 활용하기 위하여 배우는 것이 아니고 자연을 속이고 그것에 대항하여 「기계화」하자는 것이다 — 기적을 행하고 사물에 관한 「자연적 질서」에 위배되는 효과들을 창출하자는 것이다. 실질적인 조작과 자연에 대한 합리적인 이해에 관한 분야들은 따라서 엄격하게 분리되었다. 아르키메데스의 지위는 단지 기술자에 불과하였고 기계의 평형에 관한 그의 수학적 분석은 적어도 전통적인 물리학의 골격 안에서는 자연의 세계에 대하여 적용될 수 없는 것으로 생각되었다. 이와는 대조적으로 뉴턴적인 종합은 조작과 이론적인 이해 사이에 체계적인 연합을 표현하고 있다.

뉴턴적인 혁명에서 그 표현을 찾을 수 있는 세 번째의 중요한 요소가 있다. 우리 각자가 아마도 경험한 바와 같이 별과 행성들의 고요한 세계와 우리 주변의 하루살이의 소용돌이치는 세계는 매우 현저한 대조를 이루고 있다. 미르체아 엘리아드Mircea Eliade가 강조한 바와 같이 많은 고대문명들에서는 불경스러운 공간과 성스러운 공간이 분리되어 있었다. 즉, 우연과 분해에 종속적인 보통의 공간과 의미 있고 우발성과 역사에 무관한 성스러운 공간으로 이 세상을 나누는 것이다. 이것은 바로 아리스토텔레스가 이룩해 놓은 별들의 세계와 우리가 살고 있는 지상의 세계와의 대조이다. 이러한 대조는 아리스토텔레스가 자연에 대한 정량적인 기술의 가능성을 평가한 방법에 필수적인 것이다. 천상의 물체들의 운동은 변화하는 것이 아니고 영원히 똑같은 「신성한」 상태이기 때문에 수학적 이상화의 방법으로 기술할 수도 있을 것이다. 수학적인 정확성과 엄밀성은 지상의 세계와도 무관하다. 부정확한 자연의 과정들은 오직 근사적인 기술記述의 대상일 뿐이다.

어쨌든 아리스토텔레스 학파의 학자에게는 어떤 과정이 왜 일어나는가 하는 것을 아는 것이 어떻게 일어나는가 하는 것을 기술하는 것보다, 또는 이러한 두 가지의 양상들이 어떻게 서로 불가분의 관계에 있는가 하는 것을 기술하는 것보다 더욱 흥미 있는 것이었다. 아리스토텔레스의 사고思考의 주된 근원들 중의 하나는 비록 겉보기로는 독립적이지만 서로 얽혀 있는 사건들이 어떤 전반적인 계획의 일부로 보이는 과정에 참여하고 있는 매우 조직적인 과정인 태아성장에 관한 관찰이었다. 태아의 성장과 같이 아리스토텔레스적인 자연의 전부는 궁극적인 목표들에 따라서 조직되어 있다. 모든 변화의 목적은 만일 그것이 사물의 본성에 부합되는 것이라면 각각의 존재 속에서 그것의 지적인 정수精髓를 완벽하게 구현하는 것이다. 따라서 이러한 정수는 생명체들의 경우에 그들의 궁극적이고 형식적이며, 효과적인 목표와 아주 똑같은 것이며, 자연을 이해하는 열쇠가 되는 것이다. 이러한 의미에서 아리스토텔레스 학파와 갈릴레오 사이의 충돌인 「현대과학의 탄생」은 두 가지 형태의 합리성 사이의 충돌인 것이다.[15)]

갈릴레오의 견해로는 아리스토텔레스 학파에게 매우 친숙한 「왜」라는 질문은 적어도 과학자에게는 자연을 대하는 데 매우 위험한 방법이었다. 반면에 아리스토텔레스 학파는 갈릴레오의 태도를 비합리적인 극렬주의의 한 형태로 생각하였다.

따라서 뉴턴적인 계의 등장으로 승리한 것은 새로운 보편성이었고 이것의 등장은 그때까지는 나누어져 있는 것으로 보였던 것들을 통합시켰다.

4. 실험적 대화

우리는 이미 현대과학의 필수적 요소들 중의 하나를 강조하였다. 즉, 이론과 실제의 결합, 세상을 형성하려는 욕망과 그것을 이해하려는 욕망의 혼합이다. 이것이 가능하기 위해서는 경험론자들의 신념에도 불구하고 단지 관측된 사실들만을 존중하는 것으로는 충분하지 않다. 기계적 운동의 기술記述까지도 포함한 어떤 점들에 관하여 경험적 사실들에 보다 쉽게 접할 수 있는 것은 사실상 아리스토텔레스적인 물리학이었다. 현대과학이 발견한 자연과의 실험적 대화는 수동적인 관찰보다는 오히려 **활동**을 포함하고 있다. 이루어져야만 될 것은 물리적인 현실을 조작하는 것으로써, 즉 이론적인 기술記述에 가능한 한 아주 가깝게 부응하도록 그것을 「무대 위에 올려 놓는」 것이다. 연구대상인 현상은 물리적으로는 얻을 수 없을지라도 채택된 개념적 계획에는 부응되는 어떤 **이상적 상황**에 근사적으로 가까워질 때까지 준비되고 격리되어야만 한다.

예를 들어 아르키메데스 시대 이래의 고전이며, 현대 과학자들의 그것에 관한 이해가 확대되어 모든 간단한 기계들을 다룰 수 있게 된 도르래들의 계에 대한 기술記述을 살펴보자. 현대적인 설명에 의하여 아리스토텔레스의 물리학이 설명하려고 했던 바로 그것, 즉 대표적인 비유를 이용하자면, 돌이 그것을 당기려는 말의 노력에 「저항」하고 있으며, 더욱이 이 저항은 도르래들의 계를 통한 당김에 의하여 「극복」될 수 있다는 사실이 엉뚱하게 빗나간 것이라는 이유로 제거되었다는 것은 놀라운 일이 아닐 수 없다. 갈릴레오에 의하면 자연은 결코 아무것도 주어 버리지 않으며 결코 아무 대가도 없이 어떤 일을 하지 않으며 결코 속일 수 없다는 것이다. 교활함이나 어떤 술책을 이용하여 우리가 자연으로 하여금 과외의 일을 수행시킬 수 있으리라고 생각하는 것은 허황된 것이다.[16] 왜냐하면 말이 수행할 수 있는 일은 도르래가 있건 없건 간에 똑같으며, 이로 인하여 생기는 효과는 똑같아야만 하는 것이기 때문이다. 그러면 이것은 기계적인 설명의 출발점이 되는 것이며, 따라서 이것은 이상적인 세계를 언급하게 된다. 이러한 이상적인 세계에서는 이 「새로운」 효과 — 돌이 마침내 움직이게 되는 것 — 는 2차적인 중요성을 지니게 되며, 그 돌의 저항은 마찰과 가열에 의하여 오직 정성적으로만 기술될 뿐이다. 그 대신에 말이 한 일에 해당되는 원인과 돌의 움직임에 해당되는 효과가 대등한 관계에 의하여 연결되는 이상적인 상황이 정확하게 기술되는 것이다. 이러한 이상적인 세계에서는 말은 어떤 경우에든 돌을 움직일 수 있는 것이며, 도르래들의 계는 단지 당기는 노력이 전파되는 방법을 수정하는 효과만을 지니고 있을 뿐이다. 즉, 줄을 잡아당길 때 돌이 움직이는 거리와 같은 L 만큼의 거리에 걸쳐 돌을 움직이는 대신에 말은 그 돌을 L/n 만큼의 거리밖에 움직이지 못한다. 여기서 n은 도르래의 수에 관계되는 상수이다. 모든 간단한 기계들과 마찬가지로 도르래들은 운동이 생기게 함이 없이 오직 전달만 하는 수동적인 장치를 이루고 있다.

따라서 실험적인 대화는 매우 특별한 절차에 해당된다. 자연은 실험을 통하여 마치 법정에서와 같이 선험적 원칙의 이름으로 심문을 받게 된다. 자연의 대답은 최고의 정확성으로 기록이 되지만 그러한 대답들이 적절한 것인가 하는 것은 실험을 인도한 이상화 바로 그것에 의하여 평가된다. 나머지의 모든 것들은 정보라고 여겨지지 않고 시시한 잡담이나 무시해도 될 만한 2차적인 효과일 뿐이다. 어쩌면 자연은 문제가 되고 있는 이론적인 가설을 거부하고 있는지도 모른다. 그럼에도 불구하고 그러한 가설은 반응이 무엇이 되든 간에 그것의 내포된 것과 의미를 측정하는 표준으로 아직도 이용되고 있다. 자연에 대한 질문을 하는 데 있어서 이러한 명령적인 방법이 바로 하이데거가 과학적 합리성을 반박하는 주장에서 언급하고 있는 것이다.

우리에게는 실험적 방법이란 정말로 예술인 것이다 — 그것은 일반적인 규칙에 의한 것이 아니고 특별한 기술技術에 근거를 두고 있다는 것이다. 그렇기 때문에 실험에는 결코 성공에 대한 어떤 보장이 있는 것이 아니며, 우리는 언제나 사소한 것이나 그릇된 판단에 내맡겨지고 있다. 어떠한 방법론적인 원칙도, 예를 들어 탐색의 막다른 골목에서 고집하는 것과 같은, 위험을 제거할 수는 없는 것이다. 실험적인 방법은 흥미 있는 문제를 선택하고 이론적인 골격에 의하여 내포된 모든 결과들과 선택된 이론적인 언어로 자연이 대답할 수 있는 모든 방법들을 두루 살피는 예술이다. 자연현상의 구체적인 복잡성 가운데서 분명한 방법으로 이론이 내포하는 바를 가장 잘 포함할 수 있는 하나의 현상이 선택되어야만 한다. 그리고 나서 이 현상은 주변환경으로부터 추출되어「무대 위에 올려져서」그 이론이 재현적이고 교신이 가능한 방법으로 시험되도록 해야 한다.

비록 이러한 실험적인 절차가 처음부터 비판을 받았고 경험론자들에 의하여 무시되었으며, 그 밖에 다른 사람들에 의하여 일종의 고문, 자연을 형틀 위에 올려놓는 방법이라는 이유로 공격을 받았으나 그것은 과학적인 기술記述의 이론적 내용의 모든 수정들을 겪어 내었으며 궁극적으로는 현대과학이 도입한 새로운 조사방법을 정의하였다.

실험적인 절차는 심지어 순수한 이론적 분석의 도구가 될 수도 있다. 그렇게 되면 그것은 완전히 이론적인 원칙들에 의하여 지배되는 실험적 상황을 상상하여 그 원칙들의 결과들을 주어진 상황에서 탐색할 수 있게 하는 「사고思考실험」이 된다. 그러한 사고실험들은 갈릴레오의 업적에 지대한 역할을 하였으며 오늘날에도 상대론과 양자역학과 같은 현대 물리학에 있어서의 커다란 개념적인 변혁의 결과에 관한 연구에서 중추적인 역할을 하고 있다. 이러한 사고실험들 중에 가장 유명한 것 중의 하나는 아인슈타인의 유명한 기차이다. 이 기차로부터 관측자는 둑을 따라 방출된 빛의 전파속도를 측정할 수 있다. 즉, 빛은 기준계 안에서 c라는 속도로 움직이고 있으며, 기차는 이 기준계에 대하여 v라는 속도로 움직이고 있다. 고전적인 해석에 따르면 기차에 타고 있는 관측자는 그와 같은 방향으로 달리고 있는 빛에 c-v의 속도를 부여해야 할 것이다. 그러나 이러한 고전적인 결론은 사고실험이 들추어내도록 된 허황됨을 나타내는 것이다. 상대론에서는 빛의 속도가 자연의 한 보편적인 상수로 나타난다. 어떤 관성기준계가 사용된다 하여도 빛의 속도는 언제나 똑같은 것이다. 그리고 나서 아인슈타인의 기차는 이러한 근본적인 변화의 물리적 결과들을 탐색하는 데 이용되어 왔다.

실험적인 방법은 현대과학이 이루어 놓은 자연과의 대화에 중심적인 것이다. 이러한 방법으로 연구된 자연은 물론 단순화되고 때로는 불완전한 것이다. 그렇다고 해서 우리가 상상할 수 있는 대부분의 가설들을 반박할 수 있는 실험적 방법의 능력이 박탈되는 것은 아니다. 아인슈타인은 자연이 대부분의 질문에 「아니오」라고 대답하며 때로는 「글쎄요」라고 답한다고 말하곤 하였다. 과학자는 제멋대로 하지 않으며 그가 듣고 싶은 답만을 말하도록 자연에게 강요할 수는 없는 것이다. 적어도 장기적으로 볼 때, 그는 자연에 대하여 그의 가장 소중한 바람과 기대를 투영시킬 수 없는 것이다. 그는 사실상 그의 전술이 자연을 포위하는 데 더욱 성공적일수록 그것을 보다 정면으로 벽에 밀어붙이게 되는 더 큰 모험을 하게 되며 보다 위험한 경기를 하게 되는 것이다.[17] 더욱이 대답이 「예」든 「아니오」든 간에 그 대답은 질문과 똑같은 이론적인 언어로 표현될 것임에 틀림없다. 그러나 이 언어 역시 과거에 있어서의 자연의 응답과 다른 이론적 언어들과의 관계를 포함하는 복잡한 역사적 과정에 따라 발전하고 있다. 그 밖에도 각 시대의 변화하는 관심에 부응하는 새로운 질문들이 생겨나고 있다. 이것은 과학적 경기에서의 특정한 규칙들 — 특히 그 경기에 가장 큰 제약을 가하는 실험적인 방법에 의한 자연의 이해 — 과 과학자들이 때로는 무심코 속해 있는 문화적인 조직 간에 복잡한 관계를 설정한다.

우리는 실험적인 대화가 인류문화의 비가역적인 습득이라고 믿는다. 그것은 사실상 인간에 의하여 자연이 탐색될 때 자연이 독립적인 존재로 대접받을 수 있다는 것을 보장해 주는 것이다. 그것은 과학적 결과들의 교신 가능과 재현성의 기초를 이루고 있다. 아무리 부분적으로 자연이 말할 수 있게 된다 하여도 일단 자연이 그 자신을 표현하면 더 이상의 이견이 있을 수 없다. 자연은 결코 거짓말을 하지 않는다.

5. 과학의 기원에서의 신화

인간과 자연 사이의 대화는 현대과학의 창시자들에 의하여 자연을 이해하는 데 기초적인 단계로서 예리하게 인식되었다. 그러나 그들의 야심은 이보다 더한 것이었다. 갈릴레오와 그 이후의 사람들은 과학이 자연에 관한 **전반적인** 진실을 발견할 수 있는 능력을 지니고 있다고 생각하였다. 자연은 실험에 의하여 해독될 수 있는 수학적 언어로 쓰일 뿐만 아니라 사실상 그러한 언어는 단 한 가지만 존재한다는 것이다. 이러한 기본적인 신념에 의하면, 이 세상은 균질적인 것으로 보이며, 국지적인 실험은 전반적인 진실을 밝혀 낼 수 있게 한다는 것이다. 따라서 과학에 의하여 연구된 가장 간단한 현상들은 자연을 전체적으로 이해할 수 있는 열쇠라고 해석될 수 있다. 자연의 복잡성은 오직 피상적일 뿐이며, 또한 자연의 다양성은 보편적인 진실, 갈릴레오의 경우에는 운동의 수학적 법칙들에 포함된 그러한 진실로서 설명될 수 있는 것이다.

이러한 신념은 수세기 동안 지속되었다. 수년 전에 BBC를 통하여 방영된 일련의 강좌에서 리처드 파인만Richard Feynman은 자연을 거대한 체스경기에 비유하였다.[18] 복잡성은 오직 피상적일 뿐이며 각각의 말은 간단한 규칙에 따라 움직이는 것이다. 초창기에는 아마도 현대과학이 전반적인 진실에 도달할 수 있으리라는 이러한 신념을 필요로 했을 것이다. 이러한 신념은 실험적인 방법에 커다란 가치를 부여하였고 어느 정도는 이것을 북돋아 주었다. 아마도 이 세상에 관한 혁명적인 개념, 아리스토텔레스적인 세계에 관한 「생물학적」인 개념과 같이 모든 것을 포용할 수 있는 그러한 개념은 전통의 멍에로부터 벗어나는 데 필요한 것이었으며, 실험방법의 옹호자들에게 종래의 합리주의에 대항하여 그들의 것을 지켜 낼 수 있는 강한 신념과 주장할 수 있는 힘을 부여하는 데 필요했을 것이다. 장인匠人과 기계 제작자의 지식을 자연에 대한 합리적인 탐색을 위한 새로운 방법으로 바꾸는 데 아마도 형이상학적인 신념이 필요했을 것이다. 우리는 또한 현대과학의 첫 발전들이 사회적인 상황에서 받아들여진 방법을 설명하는 데 있어서 이런 종류의 「신화적」인 신념의 존재가 내포하는 바가 무엇인가 하는 것을 궁금하게 여긴다. 매우 논란이 많은 이 문제에 관하여 우리는 다만 문제점을 꼬집어 내기 위한 목적으로 상당히 일반적인 성질을 지닌 몇 마디만을 하고자 한다. 이 문제점이란 바로 과학의 발전이 어떤 사람들에게는 이성의 승리라고 느껴지지만 다른 사람들에게는 자연이 로봇과 같이 어리석다는 것을 고통스럽게 발견하는 환멸로 느껴진다는 것이다.

사회적이고 경제적인 요소들 — 특히 멸망한 세계의 잔여 지식이 보존되어 있는 사원에서의, 그리고 후에는 번잡한 상업도시에서의 장인들의 기술의 발전 — 이 장인들의 지식의 일부분에 대한 체계적인 형태인 실험과학의 탄생에 근본적인 중요성을 지니고 있다는 것은 부정하기 어려운 것이다.

더욱이 니덤[19]과 같은 사람의 비교분석은 중세 말 사회구조의 결정적인 중요성을 노출시키고 있다. 장인 계급과 잠재적인 기술 혁신가들이 고대 그리스에서와 같이 경멸의 대상이 아니었을 뿐만 아니라 장인들과 마찬가지로 지식인들도 권력 당국에 대하여 대체로 독립적이었다. 그들은 자유로운 기업가이자 장인 겸 발명가들이었으며 신기한 것을 찾고 그것으로부터 얻어지는 모든 기회들, 그것들이 사회질서에 아무리 위험한 것들이라 하여도 이용하려고 하는 후원자들을 찾고 있었다. 반면에, 니덤이 지적한 대로 중국의 과학인들은 관리들이었으며 관료주의의 규칙들을 준수해야만 했다. 그들은 국가의 구성요소를 이루고 있었으며, 그들의 첫째 목적은 법과 질서를 지키는 것이었다. 나침반, 인쇄기, 화약 등 이 모든 것들은 중세사회의 토대를 잠식하는 데 기여하였고 유럽을 현대시대로 투영시킨 것으로서 중국에서는 훨씬 이전에 발견되었으나 그 사회를 불안정하게 만드는 데는 훨씬 작은 효과를 지녔을 뿐이었다. 이와는 대조적으로 진취적인 유럽의 상인사회는 초기의 현대과학의 동적이고 혁신적인 성장을 자극하고 지탱하기에 특별히 적당한 것 같았다.

그러나 문제점은 아직 남아 있다. 우리는 기계의 제작자들이 수학적 개념을 이용한 것을 알고 있다 — 톱니바퀴 비율, 여러 작동 부품들의 변위, 그리고 그들의 상대적인 움직임의 기하학 등이다. 그러나 왜 수학화가 기계에만 국한되지 않는가? 어째서 자연적인 운동이 합리화된 기계상에 의하여 생각되어야 하는가? 이러한 질문은 또한 중세 장인 기능技能의 승리 중 하나이며, 곧 커다란 중세 마을의 생활의 리듬을 정해준 시계와 관련시켜 물어질 수 있는 것들이다. 어째서 시계가 거의 즉각적으로 세계질서의 표상이 되었는가? 이 마지막 질문 속에 아마도 대답의 요소들이 어느 정도 들어 있을 것이다. 시계는 고안물로서 그 자신의 밖에 있는 합리성에 의하여 지배되고 있으며 그것의 내부작용에 의하여 맹목적으로 수행되는 계획에 의하여 지배되고 있다. 시계의 세계는 로봇과 같은 자연의 합리적인 주인에 해당하는 시계제작신神을 연상케 하는 은유이다. 현대과학의 기원에는 신학적 논설과 이론 및 실험적 활동 사이에 「공명resonance, 共鳴」이 일어난 것으로 보인다 — 이 공명은 과학자들이 「우주의 거대한 기계」의 신비를 밝혀내는 과정에 있다는 주장을 의심할 여지없이 증폭하고 다져준 것 같다.

물론 **공명**이란 말은 매우 복잡한 문제를 다루는 것이다. 종교적 논설이 어떤 방식으로든지 이론과학이나 또는 우연히 실험적 활동과 연계되어 발전된 「세계관」의 탄생을 **결정하였다**고 말하는 것은 우리가 의도하는 바도 아니며 수긍하는 입장에 있지도 않다. **공명**이라는 말 — 두 논설들 간의 상호적인 증폭현상 — 을 사용함으로써 우리는 고의로 신학적 논설이나 「과학적 신화」 중에 어느 것이 먼저이고 이어서 다른 것을 유발시키는가 하는 것을 가정하지 않는 표현을 선택한 것이다. 우리는 어떤 철학자들에게는 서양과학의 「기독교적인 근원」에 관한 문제가 단지 자동화로서의 자연에 대한 개념의 정착화에 관한 문제일 뿐만 아니라 실험과학 그 자체와 헤브라이와 그리스적인 성분들 속의 서양문명 사이에 어떤 「필수적」인 연결에 관한 문제이기도 하다는 것을 주목하게 된다. 앨프레드 화이트헤드에게는 이러한 연결은 본능적인 신념의 수준에 처해 있는 것이다. 이러한 신념은 현대과학의 창시자들의 「과학적 신념」을 북돋아주는 데 「필요」한 것이었다.

> 내가 말하는 것은, 모든 세부적인 사건들을 그 앞에서 일어난 사건들과 완벽하게 일정한 방식으로 관련지을 수 있어서 일반적인 원칙을 예시한다는 확고부동한 믿음이다. 이러한 믿음이 없이는 과학자들의 엄청난 노력은 아무런 희망도 없는 것이다. 상상에 앞서서 생생하게 자리 잡고 있는 이러한 본능적인 신념이야말로 연구의 원동력이다. 어떤 비밀이 있다면 그 비밀은 밝혀질 수 있는 것이다. 어떻게 이러한 신념이 유럽인들의 마음에 그렇게도 생생하게 심어졌는가?

유럽에서의 이러한 사고의 경향과 그들 자신들끼리 남겨졌을 때의 다른 문명들에서의 자세를 비교해 보면 이러한 경향의 근원은 하나뿐인 것으로 보인다. 그것은 여호와의 인간적인 에너지와 그리스 철학자의 합리성을 지니고 있는 것으로 생각되는 신神의 합리성에 대한 중세의 집착에 연유한 것임에 틀림없다. 모든 세부사항은 감독을 받고 명령을 받는다. 자연에 대한 탐구는 오직 합리성에 대한 믿음을 입증하는 결론에 도달할 뿐이다. 내가 지금 몇몇 사람의 숨김없는 믿음에 관하여 이야기하고 있는 것이 아님을 상기하라. 내가 말하는 것은 수세기에 걸친 맹목적인 믿음이 유럽인의 마음에 남긴 흔적이다. 그것은 사고의 본능적인 경향을 말하는 것이지 단지 단어들의 나열을 말하는 것은 아니다.[20]

우리는 이 문제를 더 이상 다루지 않으려고 한다. 현대과학이 오직 기독교적인 유럽에서만 비롯될 수 있었다는 것을 「증명」한다는 것은 터무니없는 일이다. 현대과학의 창시자들이 실제로 신학적인 주장으로부터 고무되었는가 하는 것은 물을 필요조차 없다. 그들이 진실했든 진실하지 않았든 간에 중요한 점은 그러한 주장들이 나라에 따라서 다르지만 현대과학의 예측들이 일정한 기간에 걸쳐 사회적으로 신뢰되고 받아들여지게끔 하였다는 것이다. 19세기 영국의 과학 교과서에는 종교적인 인용문헌들이 자주 나타나곤 하였다. 주목할 만한 것은 오늘날의 신비주의에 대한 관심의 부활에는 그러한 주장의 방향이 뒤바뀐 것처럼 보이는 것이다. 이제는 과학이 신비적인 단정斷定에 신뢰도를 부여하는 것으로 보인다.

우리가 여기에서 마주치게 되는 문제점은 분명히 신학적이고 과학적인 쟁점들이 과학의 「외적」인 역사 — 한편으로는 과학 지식의 형태 및 내용과 또 한편으로는 그것의 사회적·경제적 그리고 제도적인 면에서의 이용과의 관계를 기술하는 것 — 와 풀기 어렵게 묶여 있는 제반의 문제들에 이르게 한다. 이미 말한 바와 같이 우리가 현재 관심을 갖고 있는 것은 오직 신학적 논설과 공명을 이루어 증폭된 과학적 논설의 특성과 내포하는 의미에 관한 것뿐이다.

니덤은 18세기 중국의 식자들이, 예수회 사람들이 현대과학의 승리를 선언하는 것을 빈정거리며 받아들인 것에 관해 말하고 있다.[21] 그들에게는 자연이 단순하고 알기 쉬운 법칙들에 의하여 지배된다는 생각이 인간중심적인 어리석음을 보여 주는 완벽한 예로서 여겨진 것이다. 니덤은 이러한 「어리석음」이 깊은 문화적 뿌리를 지니고 있다고 믿고 있다. 서양과 중국의 개념들 간의 커다란 차이점을 예시하기 위하여 그는 중세에 열렸던 동물 재판을 인용하고 있다. 여러 번에 걸쳐 달걀을 낳기로 되어 있는 닭과 같은 변덕꾸러기들이 신의 법칙과 대등한 자연의 법칙을 어겼다는 이유로 엄숙하게 사형이 선고되어 화형에 처해지곤 하였다. 니덤은 같은 닭이 중국에서라면 십중팔구는 어떻게 단지 사려 깊게 사라져 버렸을 것인가 하는 것을 설명하고 있다. 그 닭은 아무 죄도 지은 것이 아니지만 그 변덕스러운 짓이 자연적이고 사회적인 조화와 상충되는 것이다. 주지사나 또는 황제까지도 그 닭의 못된 행실이 알려지면 곤란한 입장에 처해질지도 모르는 것이다. 중국의 지배적인 철학적 개념에 의하면, 우주는 자발적인 조화를 이루고 있으며, 여러 가지 현상들의 규칙성은 어떠한 외부권력에 의한 것도 아니라고 니덤은 말하고 있다. 오히려 자연, 사회 그리고 천국에서의 이러한 조화는 이러한 과정들 간의 평형으로부터 연유된 것이다. 안정되고 상호의존적인 이들은 일종의 불협화음 속에서 서로 공명하고 있다. 만일 어떤 법칙이 관련되고 있다면 그것은 아무것도, 신도 아니고 인간도 아닌, 결코 생각하지 못했던 그러한 법칙일 것이다. 그러한 법칙은 또한 인간이 해독할 수 없는 언어로 표현되어야만 하는 것이며, 창조주가 우리들 자신의 상像으로 생각하여 설정한 법칙은 아닐 것이다. 니덤은 다음과 같은 질문을 던짐으로써 결론을 내리고 있다.

현대과학의 전망으로 보면, 물론 자연의 「법칙들」에는 명령과 의무 같은 개념들의 잔재는 남아 있지 않다. 그것들은 이제 주어진 시간과 장소에서만 유효한 통계적인 규칙성, 칼 피어슨Karl Pearson이 유명한 장章에서 적은 바와 같이 처방이 아닌 기술記述로서 생각되고 있다. 과학법칙의 설정에 있어서 주관성의 정확한 정도는 마하Mach로부터 에딩턴Eddington에 이르는 전 기간 동안 격렬하게 논의되어 왔으며 여기서는 그러한 문제들을 더 이상 다룰 수 없다. 문제는 그러한 통계적인 규칙성들과 그들의 수학적 표현들에 대한 인식이 서양과학이 실제로 밟아온 길 이외의 다른 길에 의하여 이를 수 있었겠느냐 하는 것이다. 달걀을 낳는 닭이 법에 의하여 처형될 수 있는 그러한 마음의 상태가 어쩌면 후에 케플러Kepler와 같은 과학자를 배출하는 특성을 지닌 문화에 필요한 것이었을까?[22)]

이제 과학적 논설이 전통적인 종교적 견해를 단지 바꾸어 놓은 것이 결코 아니라는 것을 강조해야겠다. 분명히 고전물리학에 의하여 기술되는 세계는 신이 빛, 천국, 지상 그리고 생명체를 창조하였던 창세기의 세계, 신의 섭리가 결코 그치지 않고 작용하여 인간을 그의 구제가 위태로운 역사를 향하여 몰아쳐 가는 그러한 세계가 아니다. 고전물리학의 세계는 시간이 없는 세계로서 만일 이러한 세계가 창조되었다면, 그것은 기술자가 그것이 스스로 기능을 발휘하도록 하기 전에 로봇을 만들어 내는 것과 비슷하게 단숨에 창조되었음에 틀림없다. 이런 의미에서 물리학은 진실로 종교와 전통적인 철학들 모두에 반反하여 발전되어 왔다. 그럼에도 불구하고, 우리는 이 세상의 명료함을 위한 근거를 마련하기 위해서는 실제로 기독교의 신의 도움이 필요했다는 것을 알고 있다. 사실상 우리는 여기서 이 세계가 그에 대한 완전한 복종으로써 신의 전능함을 인정해야 한다고 하는 신학자들의 관심과 수학화시킬 수 있는 과정들로 된 세계를 추구하는 물리학자들의 관심 간에 일종의 「수렴收斂」을 이야기할 수 있다.

어쨌든 현대과학에 의하여 파괴된 아리스토텔레스적인 세계는 이들 신학자들과 물리학자들 모두에게 받아들여질 수 없는 것이었다. 이러한 질서 있고 조화로우며 계층적이고 합리적인 세계는 많은 신학자들이 바라는 것에 비하면 너무나 독립적인 것이었으며, 그 안에서 살고 있는 존재들은 너무 강력하며 활동적이었고 절대군주에 대한 그들의 굴종은 너무 의심스럽고 제한된 것이었다.[23] 그 반면에 그것을 수학화하기에는 너무 복잡하고 정성적으로 세분화된 것이었다.

현대과학의 「기계화된」 성질은 그것을 완전히 지배하고 있는 계획, 그러나 이 계획에 관해서는 그것이 알지 못하고 있는 그러한 계획에 의하여 창조되고 지배되고 있으며 그것의 창조자를 영광스럽게 하며, 따라서 신학자들과 물리학자들 모두가 바라는 것에 아주 적합한 것이었다. 비록 라이프니츠Leibniz에 의하여 수학화가 활동적이고 정성적으로 세분화된 행동을 보여 줄 수 있는 세계와 양립될 수 있다는 것을 보이려는 노력이 있었지만, 과학자들과 신학자들은 자연을 인간의 마음속의 자유와 목적들에 근본적으로 낯선 무심하고 수동적인 역학과 같은 것으로 기술하려는 데 힘을 합쳤다. 「따분한 사건, 소리도 없고, 냄새도 없고, 색깔도 없으며 단지 끊임없이, 의미 없이 사물을 서두르기만 하는 것」이라고 화이트헤드는 관찰하고 있다.[24] 인간으로 하여금 그 자신을 자연적인 「생성生成」인 고대의 조화로서 규명하도록 하는 어떠한 성질도 박탈한 이러한 기독교적인 자연은 인간을 신에 직면하도록 홀로 내버려 두었으며, 따라서 라이프니츠가 들은 천 가지의 수학적 목소리가 아닌 단 하나의 언어로 충분히 기술할 수 있는 자연으로 수렴되었다.

신학은 또한 인간이 세계를 지배하는 법칙들을 공들여 해독하였을 때, 처하게 되는 난처한 입장에 관하여 언급하는 것을 도와줄 수 있을 것이다. 인간은 결코 그가 객관적으로 기술하는 자연의 일부가 아니며, 그는 외부에서 자연을 지배하는 것이다. 실제로 갈릴레오에게는 신神의 상像으로 창조된 인간의 영혼이란 창조 계획 속에 숨어 있는 진실을 파악할 수 있는 것이었다. 따라서 인간의 영혼은 신神 자신이 본능적으로, 완전하게 그리고 순간적으로 소유하고 있던 이 세계에 관한 지식에 점차로 접근해 가게 된다.[25]

무신론자라는 이유로 처형되었던 고대의 원자론자들과는 달리, 그리고 신의 은총이나 인간의 자유가 존재함을 부인한 것으로 때로는 의심받고 있던 라이프니츠와는 달리, 현대의 과학자들은 그들의 과업에 관하여 문화적으로 받아들여질 수 있는 정의定義를 들고 나오는 데 성공하였다. 자연의 법칙에 따르는 육체에 깃든 인간의 영혼은 실험장치들을 통하여 신神 자신이 세계를 살피는 요충지에 접근할 수 있으며, 이 세상의 구체적인 표현에 관한 신성한 계획에 접할 수 있다는 것이다. 그럼에도 불구하고 영혼 그 자체는 그것이 이루어 놓은 결과의 바깥에 머무르는 것이다. 과학자는 자연의 향기와 그 색깔과 같이 자연의 결을 만들어내는 모든 것들을 부수적인 성질들, 즉 자연의 일부가 아니고 영혼에 의하여 그것에 투영된 것으로 기술할 수 있을 것이다. 자연에 대한 비하는 자연을 회피하는 모든 것, 즉 신과 인간을 칭송하는 것과 대등한 것이다.

6. 고전과학의 한계

우리는 과학적인 실행과 형이상학적인 신념에 밀접하게 연결되어 있는 독특한 역사적 상황을 기술하려고 했다. 갈릴레오와 그 이후의 사람들은 중세의 제작자들과 마찬가지로 똑같은 문제점들을 제기하였으나 그들의 경험적인 지식으로부터 떨어져 나와 신의 도움으로 이 세계의 단순함과 실험적 방법이 가정하고 해독한 언어의 보편성을 주장하기에 이르렀다. 이와 같이 하여 현대과학의 밑에 깔려 있는 기본적인 신화는 중세가 끝나갈 무렵에 경제적·정치적·사회적·종교적·철학적 그리고 기술적 요인들 간에 공명과 상호증폭이 일어날 수 있는 조건들을 마련한 독특한 복합체의 산물로 보여질 수 있게 되었다. 그러나 이 복합체의 빠른 분해는 고전과학을 바뀌어진 문화 속에서 방황하고 고립되게 하였다.

고전과학은 신성한 질서와 자연적 질서 사이의 중간에 위치하는 인간과 합리적이고 지적인 입법자이며 우리가 우리 자신의 상像으로 생각하고 있는 지고한 건축가인 신神 사이의 연합에 의하여 지배되는 문화 속에서 태어났다. 그것은 철학자들과 신학자들로 하여금 과학에 관여케 하고 과학자들로 하여금 창세에 작용한 신의 지혜와 권능에 관하여 해독하고 의사표시를 하게끔 한 문화적 조화의 이러한 시기가 지난 후에도 계속 살아남아 왔다. 종교와 철학의 후원에 힘입어 과학자들은 그들의 과업이 자급자족한 것이며 자연현상에 대한 합리적인 접근방식의 모든 가능성을 철저히 연구하는 것이라고 믿게 되었다. 이러한 의미에서 과학적 기술記述과 자연철학 간의 관계는 정당화시킬 필요가 없는 것이었다. 과학과 철학은 서로 수렴하고 있으며 과학이 신뢰할 만한 자연철학의 원칙들을 발견하고 있다는 것은 자명한 것으로 보일 수 있었다. 그러나 이상하게도 과학자들이 경험한 자급자족함은 중세의 신이 떠난 후에도 그리고 신학이 제공했던 인식론적인 보장이 사라진 후에도 남아 있었다. 원래의 대담한 내기는 18세기의 성공적인 과학,[26] 즉 천상과 지상의 물체들의 운동을 지배하는 법칙들을 발견하였고 달랑베르d'Alembert와 오일러Euler가 완전하고 일관성 있는 체계를 갖추었으며, 그 역사가 라그랑주Lagrange에 의하여 완벽을 향하여 나아가는 논리적인 업적으로 정의된 그러한 과학이 되어 버렸다. 그것이 루이 14세, 프레데릭 2세와 캐서린 여왕과 같은 절대군주들이 설립한 학술원들에 의하여 존중되었으며,[27] 뉴턴을 국가적 영웅으로 만들었다. 다시 말하면, 그것은 **성공적인** 과학이었으며 그것이 자연을 투명한 것이라고 **증명하였**다고 확신되었다. 「나에게는 그러한 가정이 필요하지 않습니다.」 하는 것이 그의 세계에서 신의 위치를 묻는 나폴레옹의 질문에 대한 라플라스의 대답이었다.

현대과학의 이원론二元論적인 함축성은 그것의 주장들과 마찬가지로 살아남게 되었다. 오늘날까지도 여러 가지 면에서 과학에 대한 고전적 개념인 라플라스의 과학에서 기술記述이라고 하는 것은 관측자가 제외될 정도까지 객관적인 것이며, 그러한 기술 자체는 합법적으로 이 세계의 밖에 놓여 있는 점, 즉 신神의 상像으로서 창조되었던 대로의 인간의 영혼이 처음에는 접할 수 있었던 신의 관측점에서 이루어지는 것이다. 따라서 고전과학은 아직도 이 세계에 관한 독특한 진실, 즉 자연의 전부를 해독할 수 있는 하나의 언어 — 오늘날 우리가 존재하는 모든 것이 추론될 수 있는 **기술記述의 근본적 수준**이라고 이야기하는 — 를 발견하는 것을 목표로 삼고 있다.

이 본질적인 점에 관하여 우리가 현대과학의 바탕에 깔려 있는 기본적인 신화라고 부를 수 있는 것을 정확하게 현대의 언어로 번역한 아인슈타인을 인용해 보자.

> 이론물리학자들의 세계상은 이러한 모든 가능한 상像들 중에서 어떤 위치를 차지하는 것일까? 그것은 관계들의 기술에 있어서 수학적인 언어만이 줄 수 있는 것과 같은 엄격한 정밀도의 가능한 한 가장 높은 표준을 요구하는 것이다. 반면에 대상사물에 관하여 물리학자는 매우 엄격하게 그 자신을 제한하여야 한다. 그는 우리의 경험의 영역에 들어올 수 있는 가장 간단한 사건들을 기술하는 것으로써 스스로 만족해야 한다. 보다 복잡한 질서를 지닌 모든 사건들을 이론물리학자가 요구하는 바와 같은 교묘한 정확성과 논리적 완벽성으로 재구성하는 것은 인간의 지능의 한계를 넘는 것이다. 완전함을 희생하여 얻는 최고의 순도, 명확성, 그리고 확실성. 그러나 보다 교묘하고 보다 복잡한 모든 것들을 수줍어하며 소심하게 내버려 두는 대신에 자연의 아주 작은 부분만을 철저히 알게 된다고 하여 무슨 매력이 될 수 있겠는가? 그와 같은 약소한 노력의 산물을 우주의 이론이라는 자랑스러운 이름으로 부를 만한 가치가 있겠는가?
>
> 나는 그 이름은 정당화된다고 믿는다. 왜냐하면 이론물리학의 구조의 근거를 이루고 있는 일반적인 법칙들은 어떠한 자연현상에도 유효한 것이라고 주장되고 있기 때문이다. 그 법칙들로써 순수한 연역적 방법에 의하여, 만일 그러한 연역의 과정이 인간의 한계를 크게 넘지 않는다면, 생명을 포함한 모든 자연과정들에 관한 기술記述, 즉 이론에 도달할 수 있어야 한다.
>
> 따라서 물리학자가 그의 우주에 관한 완전성을 포기하는 것은 근본적 원칙의 문제가 아닌 것이다.[28]

한동안 중력의 법칙에 표현된 형태로서의 인력이 자연에 대한 고유한 생동감 부여를 정당화하고, 그것을 일반화하면, 인간사회를 구성하는 상호작용까지도 포함한 점차로 구체적인 형태의 활동의 근원을 설명할 수 있을 것이라는 환상을 고집한 사람들이 있었다. 그러나 이러한 희망은 적어도 부분적으로는 과학이 발달된 정치적·경제적 그리고 제도적인 틀에 의하여 발생된 욕구들의 결과로 인하여 빠르게 분쇄되었다. 비록 중요하기는 하지만 우리는 이 문제의 이러한 양상에 대하여는 더 이상 조사하지 않을 것이다. 여기에 우리의 관점은 바로 이러한 실패가 고전적 견해의 일관성을 세우고 한때는 영감에 의한 신념이었던 것이 슬픈 진실이었음을 증명하는 것 같다는 것을 강조하고자 하는 것이다. 사실상 과학에 대한 이러한 해석에 명백히 필적할 만한 해석은 오직 그 후로부터는 세상을 이해하려는 노력, 바로 그것에 대한 실증주의적인 거부였다. 예를 들어 영향력 있는 철학자 겸 과학자로서 그의 사상이 젊은 아인슈타인에게 커다란 충격을 주었던 에른스트 마하Ernst Mach는 과학적 지식의 임무가 경험을 최대한 경제적으로 질서 있게 나열하는 것이라고 정의하였다. 과학은 사실에 대한 가장 간단하고 가장 경제적인 추상적 표현보다 더 의미 있는 목표를 갖고 있지는 않다.

> 우리는 이제 과학의 모든 신비를 벗기고 그것의 능력이 정말로 무엇인지를 보여 주는 실마리를 갖고 있다. 과학의 구체적인 결과들에 관한 한 우리가 방법들이 없이 충분히 긴 시간 내에 도달할 수 없는 것은 아무것도 없다.
>
> …… 완전히 그 자신의 노동의 결과에만 한정된 한 인간이 결코 커다란 재산을 모을 수 없다. 오히려 한 사람의 손에 여러 사람의 노력이 축적되는 것이 재산과 권력의 기초가 되는 것처럼 또한 가장 절묘한 사고의 경제와 수천 명의 공동연구자들의 경제적으로 배열된 경험을 조심스럽게 축적하지 않고서는 인간의 수명과 타고난 한정된 능력만으로 제한된 한 인간의 영혼에는 이름 붙일 만한 가치가 있는 아무런 지식도 축적될 수 없는 것이다.[29)]

따라서 과학은 그것이 사고思考의 경제에 이르게 하기 때문에 유용한 것이다. 이러한 말 속에는 어느 정도의 진실이 있을 것이지만 그러나 이것이 과연 모든 것을 말하는 것일까? 우리는 물리적인 우주에 지적인 틀을 마련하고자 하는 야심을 지녔던 뉴턴, 라이프니츠, 그리고 그 밖의 서양과학의 창시자들로부터 얼마나 멀리 떠나 왔던가! 이제는 과학이 행동에 관한 흥미있는 규칙들에 이르게 한다. 그러나 그 이상은 아니다.

이것은 우리를 출발점으로 다시 돌려놓았다. 즉 우리가 기술한 문화적 위기에 이르게 하는 것은 그러한 과학이 아니고 한동안은 문화적 단결의 상징 바로 그것으로 생각되었던 고전과학이라는 것이다. 과학자들은 「과학적 신화」의 뇌성과 「과학적 심각성」의 침묵 사이에서 또한 과학적 진실의 절대적이고 전반적인 성질에 대한 긍정과 자연적 과정들에 대한 효과적인 개입을 위한 실질적인 처방으로서의 과학이론의 개념 속으로의 후퇴 사이에서 맹목적인 왕복운동을 하는 것으로 비하된 자신들을 발견하였다.

이미 말한 바와 같이 우리는 고전과학이 이제 한계점에 도달했다는 견해에 따르고 있다. 이러한 변환의 한 양상은 「있는 그대로의」 세상에 관한 지식이 가능하다는 것을 내포하는 고전적 개념의 한계점을 발견한 것이다. 라플라스나 맥스웰의 악마 또는 아인슈타인의 신神과 같이 과학적 추리에서 너무나 중요한 역할을 하고 있는 전지전능한 존재들이, 물리학자들이 하도록 되어 있다고 생각하였던 그러한 종류의 외삽법을 구현하고 있다. 무질서도, 복잡성 그리고 비가역성이 실증적인 지식의 대상으로 물리학에 등장함에 따라 우리는 우리가 기술하는 세계와 세계 그 자체가 직접적으로 연결되어 있다고 하는 비교적 느슨한 가정으로부터 벗어나고 있다. 객관성은 이론물리학에서 보다 미묘한 의미를 지니고 있다.

이러한 진화는 빛의 속도와 같은 보편적 상수들의 존재가 자연을 조종하는 우리의 능력을 제한하고 있음을 보여 준 뜻밖의 보충적인 발견들에 의하여 우리에게 강요되었다(이러한 뜻밖의 상황에 관해서는 제7장에서 논의될 것이다). 결과적으로 물리학자들은 감지感知와 해석의 관계를 더욱 복잡하게 만드는 새로운 수학적 도구를 도입해야만 했다. 실재가 무엇을 의미하든 간에 그것은 언제나 적극적인 지적 구성에 해당되는 것이다. 과학이 제시한 기술記述은 더 이상 우리의 탐구활동으로부터 떨어져 나갈 수 없게 되었으며, 따라서 더 이상 어떤 전지전능한 존재에 속하는 것이 될 수 없게 되었다.

뉴턴적인 종합의 전야에 존 돈John Donne은 코페르니쿠스에 의하여 파괴된 아리스토텔레스적인 우주가 지나가 버리는 것을 슬퍼하였다.

> 그리고 새로운 철학은 모든 것이 의심스럽다고 한다.
> 불의 원소는 거의 꺼져 버리고
> 태양을 잃어버리고 다음에는 지구, 그리고 어느 누구의 기지機智도
> 그것을 어디에서 찾을 것인지 잘 인도할 수가 없구나.
> 그리고 사람들은 이 세상이 지쳐 버렸다고 마음대로 고백한다.
> 행성과 창공에 있을 때 그들은
> 그렇게나 많은 새로운 것을 찾더니, 그리고 나서 그들은
> 이것 또한 원자들로 바스러짐을 알게 되는구나.
> 그것은 모두 조각들, 모든 합치성은 사라졌다.[30)]

현재 우리의 문화의 흩어진 벽돌과 돌조각들은 존 돈의 시대에서와 같이 새로운 「합치성」으로 재건될 수 있는 것으로 보인다. 단순한 수동적 세계의 신화적 과학인 고전과학은 과거에 속하게 되었으며 철학적 비판이나 경험론자의 체념에 의한 것이 아니고 과학 그 자체의 내적인 발전에 의하여 죽은 것이다.

1장 註

1. J. T. DESAGULIERS, "The Newtonian System of the World, The Best Model of Government : an Allegorical Poem," 1728, quoted in H.N.FAIRCHILD, *Religious Trends in English Poetry*, Vol. 1 (New York : Columbia University Press, 1939), p. 357.
2. Ibid., p. 358.
3. 게르트 부크달(Gerd Buchdahl)은 *The Image of Newton and Locke in the Age of Reason*, Newman History and Philosophy of Science Series (London : Sheed & Ward, 1961)에서 뉴턴적 모형이 그것의 경험적 차원(광학)과 체계적 차원(원리) 모두에서 미친 문화적 영향의 이러한 모호성을 강조하고 예시하였다.
4. *La Science et la diversité des cultures* (Paris : UNESCO, PUF, 1974), pp. 15-16.
5. C. C. GILLISPIE, *The Edge of Objectivity* (Princeton, N. J. : Princeton University Press, 1970), pp. 199-200.
6. M. HEIDEGGER, *The Question Concerning Technology* (New York : Harper & Row, 1977), p. 20.
7. Ibid., p. 21.
8. Ibid., p. 16.
9. "The Coming of the Golden Age," *Paradoxes of Progress* (San Francisco : Freeman & Company, 1978).
10. See, for instance, P. DAVIES, *Other Worlds* (Toronto : J. M. Dent & Sons, 1980).
11. A. KOESTLER, *The Roots of Coincidence* (London : Hutchinson, 1972), pp. 138-39.
12. A. KOYRÉ, *Newtonian Studies* (Chicago : University of Chicago Press, 1968), pp. 23-24.
13. 클로드 레비-스트로스(Claude Lévi-Strauss)는 《경주와 역사(*Race and History*)》 (*Structural Anthropology* II, New York : Basic Books, 1976)에서 신석기혁명과 산업혁명에 이르게 한 조건들을 논의하였다. 그가 도입한 모형은 연쇄반응들과 촉매작용(문턱현상과 확대현상에 의하여 특징지어지는 동역학을 지닌 과정)을 포함하고 있는 것으로서 우리가 제 6장에서 논의한 안정성과 요동 그리고 이와 아울러 인류학의 「구조적 접근방식」에 관한 어떤 주제들에 관한 문제들 간의 유사성을 입증하고 있다.
14. 「각 사회 안에서 신화의 질서는 대화를 배제한다. 그 집단의 신화들은 논의되는 것이 아니라 그것들이 반복되는 것이라고 생각될 때 변환되는 것이다.」 C.

LÉVI-STRAUSS, *L'Homme Nu* (Paris : Plon, 1971), p. 585. 따라서 신화적인 논설은(과학적이고 철학적인) 비판적 대화로부터 구분되어야 할 것이다. 이것은 그러한 논설이나 또는 합리적인 방식으로 생각하는 그러한 발표자의 고유한 무능력 대문이라기보다는 오히려 그것의 재현에 관한 실질적인 조건들 때문이다. 비판적 대화의 실천은 진실함을 주장하는 우주론적인 논설에 그것의 놀랄 만한 진화론적 경향의 가속도를 부여하였다.

15. 이것은 물론 알렉상드르 코아레(Alexandre Koyré) 의 주요한 주제들 중의 하나이다.
16. 그러한 「허황됨」의 정의는 충분히 교묘한 장치를 이용하면, 자연을 속일 수 있다는 오래된 생각에 대립되는 것이다.

    20세기에 이르기까지 기술자들이 영구기관을 만들기 위하여 기울인 노력들을 A. Ord Hume, *Perpetual Motion : The History of an Obsession* (New York : St. Martin's Press, 1977) 에서 보라.
17. 포퍼(Popper) 는 실험적 놀이들에 포함된 모험들로부터 얻어지는 이러한 흥분을 하나의 규범으로 번역하였다. 그는《과학적 발견의 논리(*The Logic of Scientific Discovery*)》에서 과학적인 것은 **반드시** 가장 「있을 성싶지 않은」 가정 — 가장 모험적인 것 — 을 찾아내어 그것과 그것에 해당되는 이론들을 반박하려고 해야 한다고 확언하였다.
18. R. FEYNMAN, *The Character of Physical Law* (Cambridge, Mass. : M. I. T. Press, 1967), second chapter.
19. J. NEEDHAM, "Science and Society in East and West," *The Grand Titration* (London : Allen & Unwin, 1969).
20. A. N. WHITEHEAD, *Science and the Modern World* (New York : The Free Press, 1967), p. 12.
21. NEEDHAM, op. cit., p. 308.
22. NEEDHAM, op. cit., p. 330.
23. 후이카스(R.Hooykaas) 는 *Religion and the Rise of Modern Science* (Edinburgh and London : Scottish Academic Press, 1972), esp. pp. 14-16에서 세계 기계의 기독교적인 은유에 의한 세계의 이러한 「비신성화」를 강조하였다.
24. WHITEHEAD, op. cit., p. 54.
25. 수학적 부호들로 씌어진 자연에 관한 유명한 내용은 *Il Saggiatore*에서 찾아볼 수 있다. 또한 *The Dialogue Concerning the Two Chief World Systems*, 2nd rev. ed. (Berkeley : University of California Press, 1967) 를 보라.
26. 그것은 적어도 프랑스, 프러시아, 그리고 러시아에서 절대군주들에 의하여 세워진

학술원들에서는 성공적이었다.

벤 데이비드(Ben David)는 *The Scientist's Role in Society* (Englewood Cliffs, N. J : Foundations of Modern Sociology Series, Prentice-Hall, 1971)에서 매력적이고 순수하게 이론적인 과학으로서의 물리학에 치중하고 있던 이러한 나라들의 물리학자들과 풍부한 경험적이고 기술적(技術的)인 문제들에 둘러싸여 있던 영국의 물리학자들 간의 구분을 강조하였다. 벤 데이비드는 이론적 과학에 대한 매력과 「과학적 운동」을 지지하는 사회계층이 정치적 권력으로부터 멀리 추방되는 것 사이의 관계를 제안하였다.

27. 토머스 행킨스(Thomas Hankins)는 그가 쓴 달랑베르의 전기 《*Jean d'Alembert, Science and Enlightenment*》(Oxford : Clarendon Press, 1970)에서 18세기의 물리학자들과 수학자들로 구성된 최초의 진정한 과학사회가 현대적 의미의 용어로 말하자면 얼마나 폐쇄적이고 작은 것이었나 하는 것과 그들과 절대군주들 간의 관계가 얼마나 친밀하였는가 하는 것을 강조하였다.
28. EINSTEIN, op. cit., pp. 225-26.
29. E. MACH, "The Economical Nature of Physical Inquiry," *Popular Scientific Lectures* (Chicage : Open Court Publishing Company, 1985), pp. 197-98.
30. J. DONNE, *An Anatomy of the World* (London, Catalog of the British Museum, 1611)에 전체 세계의 연약함과 붕괴가 표현되어 있다.

2장

실재의 규명

1. 뉴턴의 법칙들

우리는 이제 갈릴레오, 뉴턴과 그들의 후계자들의 업적으로부터 부상된 대로의 기계론적인 세계관을 보다 자세히 살펴보기로 한다. 우리는 그것의 강점들, 즉 그것이 밝혀내는 데 성공한 자연의 양상들을 기술하고자 하며, 그러나 또한 그것의 한계점들을 노출시키고자 한다.

갈릴레오 이래로 언제나 물리학의 핵심적인 문제들 중의 하나는 가속도에 대한 기술이었다. 놀라운 양상은 어떤 물체의 운동상태에 의하여 겪는 변화가 간단한 수학적 용어들로 공식화될 수 있다는 것이다. 이것은 오늘날 우리에게 대수롭지 않은 것으로 보인다. 하지만 우리는 여러 분야에서 그렇게 성공적이었던 중국의 과학이 운동법칙들에 관한 정량적 수식화를 이루지 못했음을 기억해야만 한다. 갈릴레오는 만일 운동이 균일하다면 운동상태의 원인을 묻는 것이 정지상태의 이유를 묻는 것이 필요한 것 이상으로는 필요하지 않다는 것을 발견하였다. 운동과 정지상태는 그것들을 뒤흔들어 놓는 어떤 일이 일어나지 않는 한 모두 한없이 안정하게 유지되는 것이다. 핵심적인 문제는 정지로부터 운동으로, 그리고 운동으로부터 정지로의 **변화**, 아울러 보다 일반적으로 속도의 모든 변화들이다. 어떻게 이러한 변화들이 일어나는가? 뉴턴의 운동법칙들의 수식화에는 두 가지의 수렴되는 발전들이 이용되었다. 하나는 물리학에서의 행성운동에 관한 케플러의 법칙들과 낙하물체에 관한 갈릴레오의 법칙들이며, 또 한 가지는 수학에서 미분 또는 「무한소」 계산법의 수식화이다.

연속적으로 변하는 속도는 어떻게 정의될 것인가? 위치, 속도, 그리고 가속도와 같은 여러 가지 양들의 순간적인 변화를 우리는 어떻게 기술할 수 있을 것인가? 주어진 순간에서의 어떤 물체의 상태를 우리는 어떻게 기술할 수 있겠는가? 이러한 질문들에 답하기 위하여 수학자들은 무한소의 양이라는 개념을 도입하였다. 무한소의 양은 **극한과정**의 결과이다. 그것은 대표적으로 이어진 두 순간들 사이에서 일어나는 양이, 그 순간들 사이에서 지나가는 시간이 0으로 될 때의 변화를 말한다. 이러한 방법으로 그 변화는 무한히 작은 변화들의 무한 급수로 쪼개어진다.

매순간마다 움직이는 물체의 상태는 그것의 위치 r 과 이 위치를 수정하려는 그것의 「순간적 경향」을 나타내는 속도 v 와 역시 그것의 「순간적 경향」이지만 이번에는 속도를 수정하고자 하는 가속도 a 로써 정의될 수 있다. 순간적인 속도와 가속도는 두 무한소의 양들 사이의 비$_{比}$를 측정하는 극한적인 양들이다. 즉 시간 간격 $\triangle t$ 동안의 r (또는 v) 의 변화량과 $\triangle t$ 가 0으로 될 때의 이 간격 $\triangle t$ 이다. 그러한 양들은 「시간에 대한 도함수」들이며 라이프니츠 이래로 이것들은 $v = dr/dt$ 그리고 $a = dv/dt$ 와 같이 씌어졌다. 따라서 도함수의 도함수인 가속도, 즉 $a = d^2r/dt^2$ 는 「2차 도함수」가 되는 것이다. 뉴턴의 물리학이 치중하고 있는 문제는 이 2차 도함수, 즉 계를 구성하고 있는 점들이 매순간 겪는 가속도에 관한 계산이다. 일정한 시간의 구간에 걸쳐 이들 점들의 각각의 운동은 적분에 의하여, 즉 이 구간 동안에 일어나는 무한소의 속도 변화를 더해 줌으로써 계산될 수 있다. 가장 간단한 경우는 a 가 상수인 때이다(예를 들어 자유 낙하물체의 경우 a 는 중력상수 g 이다). 일반적으로 말하자면, 가속도는 그 자체가 시간에 따라서 변하고 있으며, 물리학자의 임무는 이 변화의 본질을 정확하게 결정하는 것이다.

뉴턴의 언어로 말하면 가속도를 연구하는 것은 조사대상의 계의 점들에 작용하고 있는 여러 가지 「힘」들을 결정하는 것을 의미한다. 뉴턴의 제2법칙, $F = ma$ 는 어느 점에 가해진 힘이 그것이 발생시킨 가속도에 비례함을 말해 주고 있다. 질점들로 구성된 계의 경우는 문제가 보다 복잡해진다. 왜냐하면 주어진 물체에 작용하는 힘들은 매순간 계의 물체들 간의 상대적 거리에 의하여 결정되며, 따라서 그들 자신이 발생시킨 운동의 결과로 매순간 변하게 된다.

동역학의 문제는 일군一群의 「미분」방정식들의 형태로 표현된다. 어떤 계 안에 있는 물체들의 각각의 순간적인 상태는 한 점으로써 기술되며, 그것의 위치와 아울러 그것의 속도 및 가속도, 즉 위치의 1차 및 2차 도함수들로서 정의된다. 매순간마다 계 안에 있는 점들 사이의 거리의 함수(즉, r 의 함수)인 일군의 힘들은 각 점에 정확한 가속도를 부여한다. 그러면 이 가속도들은 이들 점들이 떨어져 있는 거리, 따라서 다음 순간에 작용하는 일군의 힘에 변화를 가져오게 한다.

미분방정식이 동역학 문제를 **설정**하는 반면에 그것의 「적분」은 이 문제에 대한 해解를 나타낸다. 그것은 **궤적**, $r(t)$ 의 계산에 이르게 한다. 이 궤적은 동역학에 의하여 관련되는 것으로 인정되는 모든 정보를 포함하고 있다. 그것은 동역학계의 완전한 기술記述을 마련해주는 것이다.

그러한 기술記述은 따라서 두 가지의 요소들을 내포하고 있다. 즉 흔히 「초기순간」이라고 불리는 점들의 **위치 및 속도**와 그리고 동적인 힘을 가속도와 연관시키는 운동방정식들이다. 「초기상태」로부터 시작된 동역학 방정식의 적분은 일련의 상태들, 그것을 구성하고 있는 물체들의 일군의 궤적들을 펼쳐 낸다.

뉴턴적 과학의 승리는 단 하나의 힘, 중력이 하늘에서의 행성과 혜성의 운동과 땅으로 떨어지는 물체의 운동을 모두 결정한다는 것을 발견한 것이다. 어떠한 물체들의 쌍을 생각하더라도 뉴턴의 계는 그들이 똑같은 인력으로 연결되어 있음을 내포하고 있다. 뉴턴의 동역학은 따라서 이중으로 보편적인 듯하다. 물체들이 서로 어떻게 접근하는가 하는 것을 기술한 중력 법칙의 정의는 아무런 현상의 축척에 대한 기준도 포함하고 있지 않다. 그것은 원자들의 운동, 행성들의 운동, 또는 은하계에 있는 별들의 운동에 동등하게 잘 적용될 수 있다. 모든 물체는 그것의 크기가 어떠하든 간에 질량을 갖고 있으며 상호작용에 관한 뉴턴의 힘들의 근원으로서 작용한다.

중력이 어떠한 두 물체이든 간에 연결시키고 있으므로(질량이 각각 m 과 m'인 물체들이 r 의 거리만큼 떨어졌을 때 중력은 kmm'/r^2 이다. 여기서 k는 뉴턴의 인력으로서 $6.67 \times 10^{-8}\text{cm}^3\text{g}^{-1}\text{sec}^{-2}$와 같다.) 오직 진정한 동역학계는 전체적인 우주뿐이다. 우리의 행성계와 같은 국지적인 동역학계는 어떤 것일지라도 그것들의 효과가 조사되고 있는 힘들에 비하여 작은 것들을 무시함으로써 오직 근사적으로밖에 정의될 수 없는 것이다.

어떠한 동역학계가 선택되든 간에 운동법칙은 언제나 $F = ma$ 의 형태로 표현될 수 있다는 것은 중요한 것이다. 중력으로 인한 힘 이외의 다른 형태의 힘들이 발견될지도 모르며(그리고 사실상 발견되었다 — 예를 들어 전기인력과 전기척력), 그로 인하여 운동법칙들의 경험적인 내용들이 수정될 것이다. 그러나 그것들은 그러한 법칙들의 형태를 수정하지는 않을 것이다. 동역학의 세계에서 변화는 가속 또는 감속과 동일한 것으로 보고 있다. 운동법칙들의 적분은 입자들이 따르는 궤적들에 이르게 한다. 따라서 변화의 법칙, 즉 자연에 대한 시간의 충격의 법칙은 궤적들의 특성들로써 표현된다.

궤적들의 기본적 특성들은 **준법성**, **결정론**, 그리고 **가역성** 등이다. 우리는 궤적을 계산하기 위해서는 운동법칙에 관한 우리의 지식 이외에도 계의 한 순간에 관한 경험적인 정의가 필요함을 보아왔다. 그러면 일반적인 법칙은 논리가 기본적 가설로부터 결론을 추론하는 것과 꼭 마찬가지로 이 「초기상태」로부터 시간이 흐름에 따라 그 계가 겪어가는 일련의 상태들을 추론하게 된다. 놀라운 양상은 일단 힘들이 알려지면 어떠한 하나의 상태도 계의 미래뿐만 아니라 과거까지도 포함하여 그 계를 완전히 정의하는 데 충분하다는 것이다. 따라서 매순간 모든 것이 주어진다. 동역학에서는 모든 상태들이 동등한 것이라고 정의되고 있다. 즉, 각각의 상태는 과거에 있던 것이든 미래에 있을 것이든 간에 모든 상태들을 연결하는 궤적과 아울러 다른 모든 상태들을 계산할 수 있도록 한다.

「모든 것이 주어졌다.」 베르그송이 거듭하여 강조한 고전동역학의 이러한 결론은 동역학이 기술하는 실재를 특징짓는 것이다. 모든 것이 주어졌다. 그러나 또한 모든 것이 가능하다. 동역학계를 지배할 수 있는 힘을 가진 어떤 존재는 그 계가 어떤 선택된 시간에 선택된 상태라면 아무것에라도 「자발적으로」 이를 수 있도록 알맞은 초기상태를 계산할 수 있는 것이다. 동역학법칙들의 일반성은 초기조건들의 임의성에 비견할만한 것이다.

동역학적인 궤적의 가역성은 동역학의 모든 창시자들에 의하여 분명하게 다루어졌다. 예를 들어 갈릴레오나 호이겐스Huyghens가 운동에 관한 그들의 수학화의 근거로서 가정하였던 원인과 효과 간의 대등성이 내포하는 것을 기술할 때 그들은 땅 위에서 튀는 탄력 있는 공과 같은 "사고실험"을 마련하였다. 그 공의 순간저인 속도반전反轉의 결과로 그러한 물체는 초기의 위치로 되돌아가게 된다. 동역학에서는 이러한 가역성을 모든 동적인 변화에 부여하고 있다. 이러한 방정식들의 구조는 만일 계의 모든 점들의 속도가 거꾸로 뒤집어진다면 그 계는 「시간에 따라 뒤로」 가게 될 것임을 내포하고 있다. 계는 이전에 일어났던 변화 중에 겪어왔던 모든 상태들을 다시 밟아가게 된다는 것이다. 동역학에서는 시간의 반전, $t \to -t$ 와 속도의 반전, $v \to -v$ 와 같은 변화들이 수학적으로 대등한 것으로 정의되고 있다. 하나의 동적인 변화가 이루어 놓은 것은 속도의 반전으로 정의된 또 하나의 변화에 의하여 취소될 수 있으며, 이러한 방법으로 원래의 조건들은 그대로 회복된다.

그러나 동역학에서의 이러한 가역성은 오직 양자역학의 도입에 의해서만 그것의 완전한 의미가 파악되는 어려움에 봉착하게 된다. 조작과 측정은 본질적으로 비가역적이다. 활동적인 과학은 따라서 그 정의에 의하여 그것이 기술하고 있는 이상적이고 가역적인 세계의 바깥에 있는 것이다. 보다 일반적인 견해로 볼 때, 가역성은 동역학이 기술하는 세계의 「이상함」의 상징 바로 그것으로 볼 수 있는 것이다 — 불꽃에 의하여 성냥이 재생되는 장면, 깨어진 잉크병이 재조립되고 잉크가 그 안에 다시 부어 넣어진 후에 책상 위로 되돌아가는 장면, 나뭇가지들이 다시 어려지고 싱싱한 새싹으로 돌아가는 장면 등. 고전동역학의 세계에서는 그러한 사건들이 정상적인 것들과 마찬가지로 일어날 수 있는 것으로 생각되어지고 있다.

우리는 어려서부터 학교에서 배워온 고전동역학에 너무나 익숙해져 버려서 그것이 근거를 두고 있는 가정들의 대담성을 때때로 느끼지 못한다. 모든 궤적들이 가역적인 세계는 참으로 이상한 세계이다. 또 다른 기막힌 가정은 초기조건들이 운동법칙들로부터 완전히 독립적이라는 것이다. 돌을 집어 들고 사람의 육체적인 힘에 의해서만 제한을 받는 어떤 초기 속도로 던지는 것은 가능하다. 그러나 많은 입자들로 구성된 기체와 같이 복잡한 계에서는 어떠한가? 이 경우에 우리는 더 이상 임의의 초기조건들을 강요할 수 없게 된다. 초기조건들은 동역학적 진화 그 자체의 결과이어야만 한다. 이것이 이 책의 제3부에서 다시 다루게 될 중요한 점이다. 그러나 그것의 한계가 무엇이든 간에 우리는 3세기가 지난 오늘날에도 고전동역학의 창시자들이 발견한 방법의 논리적 합치성과 그 능력에 대하여 경의를 표할 뿐이다.

2. 운동과 변화

아리스토텔레스는 시간을 변화의 척도로 삼았다. 그러나 그는 자연에서의 변화가 정성적으로 다양함을 숙지하고 있었다. 하지만 동역학에서는 단 한 가지 형태의 변화가 살아남아 있을 뿐이다. 즉 하나의 「과정」이 그것이며, 그것은 운동이다. 자연에서의 변화들의 정성적인 다양성은 물체들의 상대적 변위에 대한 고찰로 귀결된다. 시간은 그것으로 이들 변위들이 기술되는 매개변수이다. 이와 같은 방법으로 고전동역학의 세계에서는 공간과 시간이 서로 뗄 수 없게 묶여져 있다(또한 제9장을 보라).

동적인 변화와 뉴턴이 그의 법칙들을 수식화할 당시에 상당히 인기를 끌었던 변화에 대한 원자론자들의 개념을 비교하는 것은 흥미 있는 일이다. 사실상 데카르트Descartes, 가상디Gassendi, 그리고 달랑베르뿐만 아니라 뉴턴 자신까지도 단단한 원자들 간의 충돌이 운동의 변화에 대한 궁극적이고 아마도 단 하나의 근원이라고 믿었던 것 같다.[1] 하지만 동역학적인 기술과 원자론적인 기술은 근본적으로 다르다. 실제로 동역학 방정식으로 기술되는 가속도의 연속적인 성질은 단단한 입자들 간의 불연속적이고 순간적인 충돌과는 선명한 대조를 이루고 있다. 뉴턴은 이미 동역학과는 대조적으로 매번의 충돌 때마다 운동의 비가역적 손실이 관련되어 있음을 주목하였다. 단 하나의 가역적 충돌 — 동역학의 법칙들을 따르는 오직 하나의 것 — 은 「탄성」 충돌, 즉 운동량이 보존되는 충돌이다. 그러나 어떻게 「탄성」이라고 하는 복잡한 성질이 자연의 근본 요소들이라고 하는 원자들에 적용될 수 있겠는가? 반면에 보다 덜 전문적인 수준에서 보면, 동적인 운동의 법칙들은 원자들 간의 충돌에서 일반적으로 볼 수 있는 무질서와는 서로 모순되는 것으로 보인다. 고대의 철학자들은 어떤 자연적 과정은 원자들의 충돌과 원자들의 운동에 의하여 여러 가지의 다른 방법들로 해석될 수 있는 것이라고 이미 지적하였다. 이것은 원자론자들에게는 문제가 되지 않는 것이었다. 왜냐하면 그들의 주된 목표는 그 안에서 인간이 자유로우며 어떤 신성한 질서 또는 자연의 질서로부터도 아무런 벌을 받거나 보답을 받지 않는다는 것을 기대할 수 있는, 신神도 없고 법도 없는 세계를 기술하는 것이었기 때문이다. 그러나 고전과학은 기술자와 천문학자들의 과학이었으며 활동과 예측의 과학이었다. 가상적인 원자들에 근거를 둔 추측은 그것의 욕구를 만족시킬 수 없었다. 오히려 뉴턴의 법칙은 예측과 조작의 한 방편을 마련해주었다. 그리하여 자연은 혼란하고 제멋대로이고 그리고 확률적인 대신에 법을 준수하고 양순하며 예측할 수 있는 것이 되었다. 그러나 원자들이 끊임없이 결합하고 또한 분리되는 치명적이고 불안정한 세계와, 반복되는 미래를 향하여 펼쳐지는 영원한 진실에 해당되는 하나의 수학적 공식인 뉴턴의 법칙에 의하여 지배되는 동역학의 불변의 세계와는 어떤 관계에 있는가? 20세기에 이르러 우리는 다시금 코아레가 보여 준 바와 같이 이미 데카르트를 고민하게 만든[2)] 준법성과 무질서한 사건들 간의 격돌을 보게 된다. 19세기 말 이래로 원자들의 혼돈상태는 기체운동 이론과 아울러 물리학을 재통합하였으며, 동역학법칙과 통계적인 기술記述 간의 관계에 관한 문제는 물리학의 핵심부로 뚫고 들어가게 되었다. 그것이 오늘날 동역학의 쇄신에 있어서 핵심적인 요소들 중의 하나이다(제3부를 보라).

그러나 18세기에는 이러한 모순이 교착상태를 이룬 것으로 보인다. 이것이 부분적으로나마 뉴턴의 동역학적 기술記述의 중요성에 대한 18세기의 일부 물리학자들의 회의를 설명해 주는 것인지도 모르겠다. 우리는 이미 충돌로 인하여 운동의 손실을 가져오게 될 수도 있다는 것에 주목하였다. 그로 인하여 그들은 그와 같은 비이상적인 경우에는 「에너지」가 보존되는 것이 아니라 비가역적으로 소산된다고 결론지었다(제4장의 제3절을 보라). 따라서 원자론자들은 동역학이 한정된 가치를 지닌 이상화라고 생각하지 않을 수 없었다. 달랑베르, 클레로Clairaut, 라그랑주와 같은 유럽 대륙의 물리학자들과 수학자들은 오랫동안 뉴턴주의의 유혹적인 매력에 저항하였다.

변화에 대한 뉴턴적인 개념은 어디에 뿌리를 두고 있는가? 그것은 이미 접촉하고 있는 부품들 간에 충돌이나 마찰이 없이 운동이 전달되는 이상적인 기계들에 관한 과학과 멀리서 상호작용하고 있는 천체들에 관한 과학의 종합[3]인 것으로 보인다. 우리는 그것이 무질서한 충돌의 개념에 근거를 두고 있는 원자론과 아주 정반대인 것으로 보인다는 것을 보았다. 그러나 이것이 뉴턴의 동역학이 사상사에서의 파멸이며 혁명적인 신기함을 나타내는 것이라고 믿는 사람들의 견해를 옹호하는 것일까? 이것이 실증주의 역사학자들이 뉴턴이 어떻게 선입견의 마술에서 벗어나 행성운동에 관한 수학적 연구와 낙하물체의 법칙들로부터 「보편적」 힘의 작용을 추론하는 용기를 갖게 되었는가 하는 것을 기술할 때 주장하는 것이다. 이와는 대조적으로 18세기의 합리주의자들은 그의 「수학적」인 힘과 전통적인 신비로운 것 간의 명백한 유사성을 강조하였다. 다행스럽게도 이들 비평가들은 뉴턴의 힘의 뒤에 숨겨진 이상한 이야기를 알지 못하였다. 왜냐하면 힘들의 성질에 관한 뉴턴의 조심스러운 선언 —「나는 아무 가정도 하지 않는다」— 의 뒤에는 연금술사의 정열이 숨겨져 있었기 때문이다.[4] 우리는 이제 뉴턴이 그의 수학공부와 병행하여 고대의 연금술을 30년간 공부하였으며 걸작품인 금의 합성을 성취하는 방법에 관하여 매우 공들여 실험을 해 왔다는 것을 알고 있다.

최근에 어떤 역사가들은 천상과 지상의 뉴턴적인 종합은 천문학자가 아닌 화학자의 업적이었다고 제안하기에 이르렀다. 물체를 「활기 있게 하고」, 더욱 이상한 의미의 언어로 말하자면, 자연의 활동 그 자체를 구성하는 뉴턴의 힘은 화학자 뉴턴이 관찰하고 조작한 힘의 후계자이며, 물체의 항상 새로운 배열을 형성하고 파괴하는 화학적 「친화력」이 되는 것이다.[5] 천체의 궤도에 의한 결정적인 역할은 물론 남아 있다. 하지만 1679년경에 그가 본격적으로 천문학 연구를 시작할 무렵에 뉴턴은 화학적 힘들과 **유사하며** 아마도 수학적으로 다루기 쉬운 새로운 인력들을 오직 천상에서만 발견하리라고 분명히 기대하였다. 6년 후에 그의 수학적 연구는 뜻밖의 결론을 내리게 되었다. 즉, 행성들 간의 힘과 자유낙하 물체를 가속시키는 힘은 단지 비슷한 것이 아니라 똑같다는 것이었다. 인력은 각 행성마다 독특한 것이 아니며 똑같은 것이다 — 지구 주위를 돌고 있는 달이나 행성들이나 그리고 심지어 태양계를 뚫고 지나가는 혜성에 이르기까지 똑같은 것이다. 뉴턴은 하늘에서 화학적 힘들 — 각 화합물마다 다르고 각 화합물마다 다른 활성을 주는 독특한 친화력과 비슷한 힘 — 을 발견하려고 시도하였다. 그가 실제로 발견한 것은 그가 강조한 바와 같이 모든 현상들 — 화학적이건, 기계적이건, 또는 천체의 성질을 지녔든 간에 — 에 적용될 수 있는 보편적인 법칙이었다.

뉴턴적인 종합은 따라서 놀라운 것이었다. 그것은 뜻밖의 어마어마한 발견이었으므로 과학계에서는 뉴턴을 현대과학의 상징으로서 기념해 왔다. 특히 경악할 만한 것은 자연의 기본적인 부호가 단 한 번의 창조적인 활동으로 해독된 것으로 보였던 것이다. 오랫동안 자연에 대한 이 갑작스런 소란스러움, 영국의 모세에 의한 이 승리는 유럽 대륙의 합리주의자들 사이에 지적인 물의를 일으킨 근원이었다. 뉴턴의 업적은 순전히 경험적인 발견으로 간주되었으며 따라서 그것은 똑같이 경험적으로 반박될 수 있는 것으로 여겨졌다. 1747년에 의심의 여지가 없이 당대의 위대한 과학자들이었던 오일러, 클레로, 그리고 달랑베르는 같은 결론에 도달하였다. 뉴턴이 틀렸다. 달의 운동을 기술하기 위해서는 인력을 보다 복잡한 수식으로 나타내어야 하며 그것은 두 항項들의 합이 되도록 해야 한다. 그로부터 2년간 그들 각자는 자연이 뉴턴이 틀렸다는 것을 증명했다고 믿었으며 이러한 믿음은 낭패가 아닌 흥분의 근원이었다. 뉴턴의 발견이 물리적 과학 그 자체와 같은 뜻을 갖는 것으로 생각하기는커녕 물리학자들은 경솔하게도 그것을 완전히 없애 버릴 것을 궁리하고 있었다. 달랑베르는 뉴턴에 반대할 수 있는 새로운 증거를 찾아내어 그에게 「비겁한 모욕」을 주려고 했던 것에 대한 양심의 가책을 표현할 지경에 이르렀다.[6)]

이러한 판결에 항거하는 단 하나의 용기 있는 목소리가 프랑스에서 들려왔다. 1748년에 뷔퐁Buffon은 다음과 같이 썼다.

> 물리적 법칙은 그것이 측정하기 쉽고 더욱이 그것이 나타내는 축척이 항상 같을 뿐만 아니라 사실상 독특하다는 사실만으로도 하나의 법칙이 된다……. 클레로 씨가 뉴턴의 계에 대한 반대의견을 내놓고 있다. 그러나 그것은 기껏해야 반대의견일 뿐이지 원리가 되어서는 안 될 것이며 될 수도 없는 것이다. 그 반대의 의견을 극복하고, 그것을 전반적인 결과들이 단지 계산에만 의존되는 그러한 이론으로 바꾸지 않도록 하는 시도가 이루어져야 한다. 왜냐하면 이미 내가 말한 바와 같이 계산 방법에 의하여 어떤 것이라도 나타낼 수 있지만 아무것도 성취하지 못할 수도 있기 때문이다. 그리고 만일 그것이 인력에 관한 것과 같은 물리적 법칙에 하나 또는 몇 개의 항을 첨가하는 것이라면 우리는 실재를 나타내는 대신에 오직 임의성을 추가하는 것이 된다.[7)]

후에 뷔퐁은 비록 짧은 시간 동안이지만 화학을 위한 연구계획이 되어 버린 것을 발표하게 되었다.

> 그것에 의하여 다른 물질들의 구성 부분들이 서로 떨어져서 균질의 물질들을 이루기 위하여 함께 결합하게 되는 친화력에 관한 법칙들은 모든 천체들의 서로 상대적인 작용을 지배하는 일반적 법칙과 같은 것이다. 그것들은 같은 방법으로 그리고 질량과 거리의 같은 비율로 작용한다. 작은 물방울이나 모래나 금속의 작은 덩이리는 지구가 날에 작용하는 것과 마찬가지로 다른 물방울이나 덩어리에 작용한다. 그리고 만약에 여태까지 친화력의 법칙들이 중력의 법칙과 다른 것으로 여겨져 왔다면 그것은 그것들을 완전히 이해하지 못했고 파악하지 못했기 때문이며, 그 문제의 전체 범위를 고려하지 않았기 때문이다. 천체의 경우에 멀리 떨어져 있는 거리로 인하여 물체들 간의 상호작용의 법칙에 거의 영향을 주지 않는 숫자는 거리가 매우 짧아지거나 0이 되면 오히려 아주 중요한 것이 된다……. 우리의 조카들은 계산에 의하여 이 새로운 지식의 분야에 접할 수 있게 될 것이다(즉, 기본적인 물체들 간의 상호작용의 법칙을 그들의 숫자로부터 추론하게 될 것이다).[8)]

역사는 힘이 단지 수학적인 고안이 아니라 자연에 관한 새로운 과학의 핵심적인 요소라는 견해를 지닌 자연주의자의 입장을 정당화시키게 된다. 물리학자들은 후에 그들의 잘못을 인정하도록 강요되었다. 그로부터 50년 후에 라플라스는 그의 저서인 《세계의 체계(*Systéme du Monde*)》를 쓸 수 있었다. 보편적 중력의 법칙은 모든 시련들을 성공적으로 겪어 내었다. 겉보기로는 그것을 반박하는 것으로 보였던 수많은 경우들은 그것의 유효성을 훌륭히 예시하는 것으로 변해 버렸다. 동시에 뷔퐁의 영향을 받은 프랑스의 화학자들은 물리적인 인력과 화학적 친화력 간에 묘한 비유를 재발견하였다.[9] 그들의 굳건한 합리주의가 도저히 이러한 불분명하고 메마른 「비유」들과 양립될 수 없는 달랑베르, 콩디약Condillac, 그리고 콩도르세Condorcet 등의 빈정댐에도 불구하고 이들 프랑스의 화학자들은 뉴턴의 발자취를 반대 방향 — 별에서부터 물체로 — 으로 밟아 나아갔다.

19세기 초에 이르러 뉴턴의 계획 — 모든 물리적이고 화학적인 현상들을 힘들의 작용에 의한 것으로 간추리는 것(중력에 의한 인력 이외에도 물체를 팽창시켜 녹도록 하는 열에 의한 척력 그리고 전기적이고 자기적인 힘들도 여기에 포함되었다) — 은 나폴레옹이 유럽을 지배할 당시 과학세계를 지배하고 있던 라플라스 학파의 공식적인 계획이 되었다.[10]

19세기 초에는 유명한 프랑스의 학교école들이 등장하였고 대학들의 재조직이 이루어졌다. 이 당시에는 과학자들이 선생이며 직업적인 연구원이었으며 그들의 후계자를 양성하는 임무를 수행하였다.[11] 당시에는 또한 처음으로 지식의 종합을 교과서와 일반대중을 위한 책에 수록하여 발표하려는 시도가 이루어졌다. 과학은 더 이상 살롱salon에서 논의되지 않게 되었으며 그것은 가르쳐지고 대중화되었다.[12] 그것은 전문적인 세론世論과 독선적인 권위에 관한 문제가 되어 버렸다. 맨 처음의 세론은 뉴턴의 계에 집중되었다. 프랑스에서는 뷔퐁의 확신이 마침내 계몽주의의 합리적 회의론을 누르고 승리하였다.

영국에서의 뉴턴에 대한 숭배 이후 1세기가 지난 후에 앙페르Ampére의 아들이 쓴 다음과 같은 문장에서의 호언장담은 교황의 비문의 그것을 그대로 반영하고 있다.[13)]

> 과학의 구세주가 나타남을 알리면서
> 케플러는 아치 부근의 구름을 쫓아 버렸다.
> 그리고 나서 소문에 이르기를, 신을 보았다는 소문에 이르기를, 그는
> 플라톤이 경의를 표했다는 그는 뉴턴이라고 불려졌다.
> 그는 나타났고 지고至高의 원칙을 드러내 주었다. 신 자신과 같이
> 영원하고 보편적이며 유일하고 독특한 그것을.
> 세상은 숨을 죽이고, 그는 말했다. 「인력」이라고.
> 이 말은 바로 창조의 그 말이었다.

잠깐 동안, 그러나 지울 수 없는 흔적을 남겼던 그 동안, 과학은 승리를 거두었으며 강력한 국가들에 의하여 인정받고 존경받았으며 이 세계에 대한 일관성 있는 개념의 소유자로서 갈채를 받았다. 라플라스의 숭배를 받은 뉴턴은 이 황금기의 보편적인 상징이 되었다. 이때는 참으로 행복한 순간이었으며, 과학자들이 그들 자신과 다른 사람들에 의하여 전반적인 사회가 유지하고 돌보는 괴업을 성취하는 진보의 선구자들로 여겨졌다.

오늘날 장場론, 상대론, 그리고 양자역학의 출현 이후로 뉴턴적 종합이 갖는 중요성은 무엇인가? 이것은 복잡한 문제이며 우리는 이 문제로 다시 돌아올 것이다. 이제 우리는 자연이 언제나 「편안하고 그 자신과 조화를 이루고 있지」 않음을 알고 있다. 미시적인 수준에서 고전역학의 법칙들은 양자역학의 법칙들로 대체되었다. 마찬가지로 우주의 수준에서는 상대론적 물리학이 뉴턴의 물리학을 대신하게 되었다. 그럼에도 불구하고 고전물리학은 자연적인 기준점으로 남아 있다. 더욱이 우리가 그것을 정의한 대로 — 결정론적이고 가역적이며 정적인 궤적들의 기술記述이라는 — 의 의미에서 뉴턴의 동역

학은 아직도 물리학의 핵심을 이루고 있다고 말하여도 좋을 것이다.

물론 뉴턴 이래로 고전동역학의 수식화는 커다란 변화를 겪어 왔다. 이것은 해밀턴Hamilton과 푸앵카레Poincaré와 같은 몇 명의 위대한 수학자들과 물리학자들이 이루어 놓은 업적의 결과였다. 요약하자면 우리는 두 시대를 구별할 수 있겠다. 처음에는 명확하게 하고 일반화시키는 시대가 있었다. 두 번째 시대에는 고전동역학이 근거를 두고 있는 초기조건들과 궤적들의 의미와 같은 개념들 바로 그것들에 대하여 고전동역학이 아직도 유효한(양자역학과 상대론과는 대조적으로) 그러한 분야들에서까지도 비판적인 수정이 이루어졌다. 이 책이 씌어지고 있는 20세기 말의 이 순간에 우리는 아직도 두 번째 시대에 살고 있다. 이제 우리는 19세기의 과학자들에 의하여 발견된 동역학의 일반적 언어를 살펴보기로 한다(제9장에서 우리는 우리 시대에서의 고전동역학의 부활에 관하여 간략하게 기술하고자 한다).

3. 동역학의 언어

오늘날의 고전동역학은 짜임새 있고 깔끔한 방법으로 수식화될 수 있다. 앞으로 보게 되겠지만 동역학계의 모든 성질들은 단 하나의 함수, 즉 해밀터니안Hamiltonian으로써 요약될 수 있다. 동역학의 언어는 놀라운 일관성과 완전성을 나타내고 있다. 각각의 「합당한」 문제는 명백한 방법으로 수식화될 수 있다. 따라서 동역학의 구조가 18세기 이래로 상상을 매료시키고 또한 전율케 하였음은 놀라운 일이 아니다.

동역학에서는 같은 계가 다른 관점들로부터 고찰될 수 있다. 고전동역학에서는 이러한 모든 관점들이 변환, 즉 변수들의 교환에 의하여 한 가지로부터 다른 것으로 바뀌어질 수 있다는 의미에서 서로 대등한 것이 된다. 우리는 동역학의 법칙들이 유효하게 적용되는 여러 가지의 대등한 표현들에 관해 이야기하곤 한다. 이러한 여러 가지의 대등한 표현들은 동역학의 일반적 언어를 이룬다. 이 언어는 고전동역학이 기술하는 계에 부여한 정적인 특성을 명백히 하는 데 이용될 수 있다. 왜냐하면 많은 계층의 동역학계들에서는 그것들에 관한 기술記述이 아무런 상호작용도 하지 않는 기계적 계들의 기술記述로 간추려질 수 있는 것이므로 시간은 단지 우발적으로 나타나기 때문이다. 이러한 개념들을 간단한 방법으로 소개하기 위하여 에너지 보존 법칙으로부터 시작해 보겠다.

마찰과 충돌이 없는 이상적인 동역학의 세계에서는 기계들이 1의 효율을 갖게 된다 — 기계를 포함하고 있는 동역학계는 그것이 받아들이는 운동 전체를 단지 전달할 뿐이다. 일정량의 위치에너지 (예를 들면 수축된 용수철, 들어올려진 추, 압축된 공기 등) 를 받은 기계는 「똑같은」 양의 운동에너지에 해당되는 운동을 할 수 있다. 이것은 기계가 운동을 하는 데 사용했던 위치에너지를 회복하는 데 필요한 양과 똑같은 것이다. 가장 간단한 경우는 중력만이 고려되었을 때이다 (이것은 간단한 기계, 도르래, 지렛대, 닻을 감는 장치 등에 적용된다). 이 경우에는 원인과 효과 사이의 전반적인 대등한 관계를 설정하기가 쉽다. 물체가 떨어지는 높이 (h) 는 그것이 떨어질 때 얻는 속도를 완전히 결정한다. 질량 m의 물체가 수직으로 떨어지든, 경사진 면을 굴러 내려오든, 또는 오락용 궤도차를 따라 내려오든 간에 얻어지는 속도 (v) 와 운동에너지 ($mv^2/2$) 는 떨어진 높이 h ($v = \sqrt{2gh}$) 에만 의존되는 것이며 그 물체를 원래의 높이로 돌려보낼 수 있는 능력을 지니고 있다. 이러한 윗방향의 운동에 내포된 중력에 대항하여 행해지는 일은 그 계가 떨어지는 동안에 잃어버린 위치에너지 mgh 를 회복시켜 준다. 또 다른 예는 운동에너지와 위치에너지가 연속적으로 서로 변환하고 있는 진자振子이다.

물론 우리가 땅으로 떨어지는 물체 대신에 상호작용하는 물체들의 계를 다루고 있다면, 그 상황을 쉽게 눈앞에 떠오르게 할 수는 없을 것이다. 하지만 매순간마다 운동에너지의 전체적인 변동은 (계 안의 점들 간의 거리의 변동에 따른) 위치에너지의 변동을 보상하는 것이다. 여기서도 역시 격리된 계의 에너지는 보존된다.

입자들의 상대적 위치에 따르는 위치에너지(또는 퍼텐셜, 흔히 V로 표시됨)는 따라서 기계의 제작자들로 하여금 어떤 기계가 그것의 공간적 배열의 변화의 결과로써 일으킬 수 있는 운동을 측정할 수 있도록 하는 양을 일반화시킨 것이다(예를 들어 질량 m 인 기계 부품의 높이와 변화는 그 부품에 위치에너지 mgh 를 부여한다). 더욱이 위치에너지는 우리로 하여금 기술하고자 하는 계의 다른 점들에 매순간 가해지는 일련의 힘들을 계산할 수 있도록 해준다. 각 점마다 공간좌표 q 에 대한 퍼텐셜의 도함수는 그 좌표의 방향으로 그 점에 가해지는 힘을 나타낸다. 따라서 뉴턴의 운동법칙들은 그 주된 양으로써 힘보다는 퍼텐셜 함수를 이용하여 수식화될 수 있다. 매순간마다 질점의 속도(또는 질량과 속도의 곱인 운동량 p)의 변동은 그 점의 좌표 q 에 대한 퍼텐셜의 도함수에 의하여 측정된다.

19세기에는 이러한 수식화가 새로운 함수인 해밀터니안(H)을 도입함으로써 일반화되었다. 이 함수는 단순히 계의 위치에너지와 운동에너지의 합인 전체에너지이다. 그러나 이 에너지는 더 이상 보통 q 와 dq/dt 로 나타내는 위치와 속도로서 표현되는 것이 아니라, 소위 **정준**正準**변수**canonical variables로 불리는 좌표와 운동량 — 이들의 표준부호는 q와 p이다 — 으로 표현된다. 자유입자와 같은 간단한 경우에는 속도와 운동량($p = mdq/dt$) 간에 간단한 관계가 성립되지만 일반적으로는 그 관계는 보다 복잡한 것이다.

단 하나의 함수인 해밀터니안, $H(p,q)$ 로 계의 동역학을 완전히 기술할 수 있다. 우리의 모든 경험적인 지식은 H 의 형태 속에 들어 있다. 일단 이 함수가 알려지면, 우리는 적어도 원칙적으로는 가능한 모든 문제들을 해결할 수 있는 것이다. 예를 들면 좌표와 운동량의 시간에 따른 변화는 p 또는 q 각각에 대한 H 의 도함수로서 간단히 주어진다. 이와 같은 해밀터니안에 의한 동역학의 수식화는 과학사에서 가장 위대한 업적들 중의 하나이다. 그것은 점차로 전자기 이론을 다룰 수 있도록 확장되었다. 그것은 또한 양자역학에도 이용되었다. 후에 보게 되겠지만 양자역학에서는 해밀터니안 H 의 의미가 일반화되어야 한다는 것이 사실이다. 여기에서는 그것은 더 이상 좌표와 운동량의 간단한 함수가 아니라 새로운 종류의 양인 연산자operator, 演算子가 된다(이 문제는 제7장에서 다시 다룰 것이다). 어쨌든 해밀터니안에 의한 기술은 오늘날에도 여전히 가장 중요한 것이다. 해밀터니안의 도함수들을 통하여 좌표와 운동량의 시간에 따른 변화를 부여하는 방정식들이 소위 정준방정식들이다. 이것들은 모든 동역학적인 변화의 일반적인 성질을 포함하고 있다. 여기서 우리는 자연의 수학화의 승리를 맛보게 된다. 고전동역학이 적용되는 모든 동역학적 변화는 이들 간단한 수학방정식들로 간추려질 수 있다.

이들 방정식들을 이용하여 우리는 위에서 언급한 고전동역학이 내포하는 성질들을 증명할 수 있다. 정준방정식들은 가역적이다. 시간의 반전은 수학적으로 속도의 반전과 대등한 것이다. 이들은 또한 보존적이다. 계의 에너지를 정준변수들 — 좌표와 운동량 — 로 표현하는 해밀터니안은 시간이 지남에 따라 그것이 가져오는 변화에 의하여 그것 자체가 보존된다.

우리는 이미 해밀터니안 형태의 운동방정식들이 유지하고 있는 여러 가지 관점 또는 표현들이 존재한다는 것을 주목하였다. 그것들은 좌표와 운동량에 관한 여러 가지의 선택들에 해당되는 것이다. 동역학의 기본적 문제들 중의 하나는 동역학의 기술을 가능한 한 간단히 할 수 있는 정준변수들인 p와 q 를 어떻게 선택할 것인가 하는 것을 조사하는 바로 그것이다. 예를 들어, 우리는 해밀터니안이 운동에너지로 간추려지고(좌표에는 관계없이) 오직 운동량에만 관계되도록 하는 정준변수들을 찾아볼 수 있다. 놀라운 것은 이 경우에 운동량들은 운동의 상수들이 된다는 것이다. 우리가 본 바와 같이 진실로 운동량의 시간에 따른 변화는 정준방정식에 의하면 좌표에 대한 해밀터니안의 도함수에 의존되는 것이다. 이 도함수가 0이 되면 운동량은 실제로 운동의 상수가 된다. 이것은 자유입자의 계에서 일어나는 것과 비슷하다. 자유입자의 계를 다룰 때 우리는 표현의 변화를 통하여 상호작용을 제거한다. 우리는 이러한 것이 가능한 계를 적분이 가능한 계라고 정의한다. 따라서 어떠한 적분이 가능한 계라 할지라도 각각이 격리된 상태에서 다른 것들과는 아주 독립적으로 아리스토텔레스가 천상의 물체들에 부여했던 영원하고 불변의 운동으로 변화하고 있는 일련의 단위체들로 나타낼 수 있을 것이다 (그림 1).

우리는 이미 동역학에서는 모든 것이 주어졌다는 것을 주목하였다. 여기에서 이 말은 맨 처음 순간부터 운동에 대한 여러 가지의 불변량들의 값이 고정되었음을 의미한다. 아무것도 발생하거나 일어나지 않는다는 것이다. 여기서 우리는 자연에 관한 기술記述이 거의 정적인 상태로 간추려질 때 과학사의 극적인 순간들 중의 하나에 도달하게 된다. 사실상 영리하게 변수들을 변환시키면 모든 상호작용들을 없앨 수 있다. 수세대에 걸쳐 물리학자들과 수학자들은 각 종류의 계들에 대하여 상호작용들을 제거시킬 수 있는 적당한 변수들을 찾으려고 많은 노력을 하였다. 많이 연구된 예로서 3체 문제를 들 수 있으며 아마도 이것은 동역학의 역사에 가장 중요한 문제일 것이다. 지구와 해의 영향을 함께 받고 있는 달의 운동은 이 문제의 한 예이다. 이것을 적분이 가능한 계의 형태로 표현하고자 하는 수없이 많은 시도들이 19세기 말에 브런스Bruns와 푸앵카레가 이것이 불가능하다는 것을 보여 줄 때까지 이루어졌다. 이것은 놀라운 것으로 여겨졌으며, 사실상 적분이 가능한 계들에 근거를 둔 동역학의 모든 단순한 외삽법에 종지부를 찍게 되었다. 브런스와 푸앵카레의 발견은 동역학계들이 동형同型이 아님을 보여 주었다. 단순하고 적분이 가능한 계들은 정말로 서로 상호작용을 하지 않는 단위체들로 간추려지지만 일반적으로는 상호작용은 제거될 수 없는 것이다. 이러한 발견은 비록 당시에는 명확하게 이해되지 못하였으나 그것은 동역학의 세계가 균질적이고 적분이 가능한 계의 개념으로 간추려질 수 있다고 하는 신념의 붕괴를 내포하는 것이었다. 따라서 진화적이고 상호작용의 복잡성을 지닌 자연은 시간이 없고 보편적인 계획으로의 간추려짐을 거부하였다.

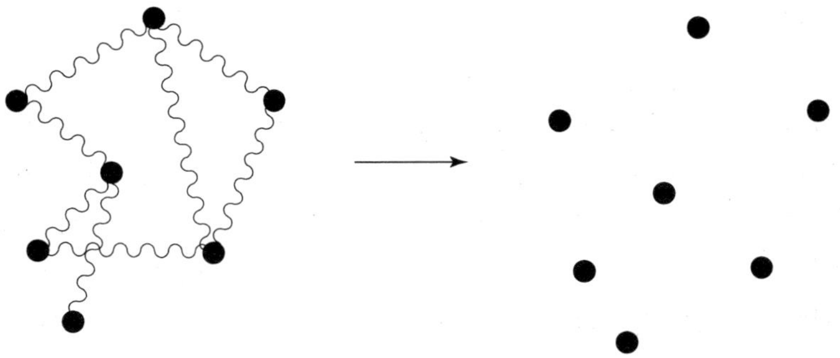

그림 1. 똑같은 동역학계의 두 가지 표현들 (a) 상호작용을 하는 점들의 집합으로서의 표현. 점들 간의 상호작용은 파형의 선들로 표현되어 있다. (b) 각 점이 다른 점들과 독립적으로 행동하는 그러한 집합으로서의 표현. 위치에너지가 제거되었으므로 그들 각각의 운동은 상대적인 위치에 명백하게 의존하지는 않는다.

같은 방향을 가리키는 다른 조짐들로 있었다. 우리는 궤적들이 결정론적인 법칙들에 부응하는 것임을 언급한 바 있다. 초기상태가 일단 주어지면 동역학의 운동법칙들은 각 점에서 미래 또는 과거의 궤적들을 계산할 수 있게 해 준다. 그러나 하나의 궤적은 어떤 특이점들에서 본질적으로 불확정하게 될 수 있다. 예를 들어 강체진자는 정성적으로 다른 두 가지 형태의 행동을 나타낼 수 있다 — 그것은 진동을 하거나 매달린 점 주위를 휙 넘어 돌아갈 수 있다. 만일 처음에 밀어주는 것이 진자의 속도가 0이 되는 수직위치에 도달할 정도로만 된다면 그 진자가 떨어지는 방향에 따라서 운동의 성질은 불확정적인 것이 된다. 무한소의 섭동이라도 그것이 회전 또는 진동하기에 충분할 것이다(운동에 관한 이러한 불안정성의 문제는 제9장에서 충분히 논의될 것이다).

맥스웰이 이미 이들 특이점들의 중요성을 강조했음은 의미심장한 것이다. 총에 사용하는 화약의 폭발에 관한 기술記述을 끝내고 그는 계속하여 다음과 같이 말하였다.

> 그러한 모든 경우에 하나의 공통적인 상황이 존재한다 — 계는 운동으로 변화될 수 있는 위치에너지라는 양을 갖게 된다. 그러나 그것은 계가 어떤 배열상태에 도달할 때까지는 그렇게 변환되기 시작할 수 없는 것이다. 이러한 배열상태에 이르기 위해서는 소요되는 일이 필요하며 이러한 일이 어떤 경우에는 무한히 작을 수도 있지만, 일반적으로는 그러한 변환의 결과로 생기는 에너지와는 아무런 일정한 비례관계도 지니지 않는다. 예를 들면 서리에 의하여 헐거워지고 산벼랑의 특이점에서 균형을 잡고 있는 바윗돌, 커다란 삼림을 태우는 작은 불꽃, 세계를 싸움 속에 몰아넣는 짧은 말, 사람이 그의 의지대로 행동할 수 없게 만드는 작은 양심의 가책, 모든 감자들을 메마르게 하는 작은 병균, 우리를 철학자나 바보로 만드는 작은 싹 등이다. 어떤 등급 이상의 모든 존재는 그것들의 특이점들을 갖고 있다. 등급이 높을수록 특이점들도 많아진다. 이러한 점들에서는 유한한 것으로 치기에는 너무나 작은 물리적 크기를 지닌 영향들이 가장 중요한 결과들을 초래할 수 있다. 인간의 노력으로 이루어진 모든 위대한 결과들은 이러한 특이한 상태들이 발생할 때 이들을 어떻게 잘 이용하는가 하는 데 달려 있다.[14)]

이러한 개념은 그러한 특이점들을 지닌 계들을 규명하는 알맞은 수학적 방법의 결여와, 앞으로 보게 되겠지만 오늘날 우리가 지니고 있는 화학 및 생물학적 지식, 즉 이들 특이점들의 진정한 필수적 역학에 관한 보다 깊은 통찰력의 결여로 인하여 더 이상 다듬어지지 못하였다.

어떻든 간에 라이프니츠의 단자Monad, 單子들의 시절로부터(제4절의 결론을 보라) 오늘날에 이르기까지(예를 들면 보어의 모형에서 전자들의 정상상태와 같은 것 — 제7장을 보라) 적분이 가능한 계들은 동역학계들에 대한 매우 우수한 모형이었으며 물리학자들은 해밀턴 방정식들의 사실상 매우 특별한 계층의 것에 관한 성질들을 연장하여 모든 자연적 과정들을 다루려고 시도해 왔다. 이것은 충분히 이해할 만한 것이다. 그 계층의 적분이 가능한 계들은 최근까지 철저하게 파헤쳐진 유일한 것이다. 더욱이 모든 문제들을 제기할 수 있는 닫혀진 계는 그것이 그 문제들이 무의미하다고 정의하지 않는 한 언제나 매력적인 것이다. 동역학은 그러한 언어이다. 완벽하며 그것은 정의에 의하여 그것이 기술하는 세계와 같은 차원을 지니는 것이다. 동역학에서는 간단하든 복잡하든 간에 모든 문제들이 서로 닮은 것이라고 가정한다. 그것은 동역학이 그 문제들을 같은 일반적인 형태로 언제나 나타낼 수 있기 때문이다. 따라서 모든 문제들은 그들의 해법의 관점에서도 역시 서로 닮은 것이며, 더욱이 적분과정의 복잡성의 차이에 의한 결과로서는 아무런 새로운 것이 나타날 수 없다고 결론짓고 싶은 것이다. 이제 우리는 이와 같은 본질적인 균질성이 틀렸다는 것을 알게 되었다. 더욱이 기계론적인 세계관은 모든 관측대상물들이 어떻게든 운동과 연관시켜 설명될 수 있는 한은 받아들여질 수 있는 것이었다. 이제는 더 이상 그렇지 않다. 예를 들면 불안정한 입자들은 운동과 관련지을 수 있는 에너지를 지니고 있지만, 비가역과정과 보다 밀접한 관계를 지닌 매우 다른 종류의 관측대상물인 수명 또한 지니고 있다. 이들에 관해서는 제4장과 제5장에서 기술할 것이다. 새로운 관측대상물을 이론과학에 도입해야 할 필요성은 과거에도 그리고 오늘날에도 아직 우리를 기계론적인 세계관으로부터 벗어나게 하는 원동력들 중의 하나였다.

4. 라플라스의 악마

위에서 논의한 동역학적인 기술로부터의 외삽은 하나의 상징을 지니고 있다 — 라플라스가 상상한 악마로서 이것은 어떤 주어진 순간에 우주의 일부를 이루고 있는 각 질량의 위치와 속도를 관측할 수 있으며 과거와 미래를 향한 그것의 진화를 추론할 수 있다. 물론 누구도 물리학자가 라플라스의 악마가 지닌 지식으로부터 어느 날 혜택을 받으리라고는 결코 꿈꾸지 않았다. 라플라스 자신도 이러한 허구적인 것을 오직 우리의 무식한 정도와 어떤 과정들의 경우 통계적인 기술의 필요성을 보여 주기 위해서 이용하였을 뿐이다. 라플라스의 악마의 문제점은 사건의 경과에 대한 결정론적인 예측이 사실상 가능한가 하는 문제에 관계되는 것이 아니라 그러한 것이 원리적으로 합당하게 가능한가 하는 것이었다. 이러한 가능성은 동역학법칙과 초기조건들에 근거를 둔 특징적인 이중성을 지닌 기계론적인 기술記述에 내포되어 있는 것으로 보인다.

사실상 동역학계가 결정론적인 법칙에 의하여 지배된다는 사실은 비록 실제로는 우리의 초기상태에 대한 무지로 인하여 결정론적인 예측의 어떠한 가능성도 배제되기는 하지만 라플라스의 악마가 보는 바대로 우리의 무지로 인한 경험적인 한계들과는 구분되는 계의 객관적 진실을 가능케 한다. 고전동역학의 내용으로는 결정론적인 기술은 실제로는 이루어질 수 없을지도 모르는 것이다. 그럼에도 불구하고 그것은 일련의 점차로 정확한 기술들을 정의하는 하나의 극한으로서 존재하는 것이다. 동역학법칙과 초기조건들로 이루어진 이러한 이중성의 일관성이 바로 고전역학의 부활과정에서 도전을 받게 된다. 이것에 관해서는 제9장에서 기술할 것이다. 우리는 운동이 너무 복잡해지고 궤적들이 너무 변하기 때문에 정밀도가 어떻든 어떠한 관측이라도 정확한 초기조건들을 결정할 수 없다는 것을 보게 될 것이다. 그러나 그 순간에 고전역학의 토대를 이루었던 이중성은 무너지게 된다. 우리는 오직 궤적들의 다발에 관한 평균적인 행동만을 예측할 수 있다.

현대과학은 자연과의 물활론적物活論的인 연합의 붕괴로부터 탄생하였다. 인간은 아리스토텔레스적인 세계에서 삶과 지식의 존재로서의 위치를 차지하고 있는 것으로 보인다. 세상은 그가 원하는 대로 만들어졌다. 최초의 실험적 대화는 또 다른 연합, 이번에는 기독교의 합리적인 신과의 연합으로부터 부분적이나마 사회적이고 철학적인 정당성을 부여받았다. 동역학이 과학의 모형이 되었고 아직도 그러한 만큼 이러한 역사적 상황이 내포하는 의미들의 어떤 것들은 오늘날에도 남아 있다.

과학은 아직도 신이나 악마의 관점으로부터 보여진 세계에 관한 기술記述의 예언자적인 선언이다. 그것은 뉴턴, 즉 새로운 모세의 과학이며 그에게는 이 세계의 진실이 밝혀진 것이다. 그것은 드러난 과학이며 그것이 인간 사회의 활동의 결과라고 규명하고 있는 어떠한 사회적이고 역사적인 내용에 대해서도 낯선 것으로 보인다. 이런 형태의 영감에 의한 논설은 물리학 역사의 전반에 걸쳐서 찾아볼 수 있다. 그것은 매번의 개념적 쇄신 때 — 물리학이 통합되는 것으로 보이는 매번의 기회 — 마다 함께 등장하였으며 실증주의의 신중한 가면이 벗겨지곤 했다. 그때마다 물리학자들은 앙페르의 아들이 너무나 분명히 말했던 것을 반복하였다. 이 말 — 보편적 인력, 에너지, 장론, 또는 소립자들 — 은 창세의 말이다. 매번 — 라플라스의 시대나 19세기 말이나 또는 오늘날까지도 — 물리학자들은 물리학이 닫혀진 책 또는 곧 그렇게 될 것이라고 선언하였다. 자연이 항거를 계속하고 있는 최후의 보루가 단 한 군데 있었다. 이것이 무너지면 자연은 무방비상태가 되고 우리의 지식에 의하여 정복되고 예속될 것이다. 그들은 따라서 고대신앙의 의식을 무의식적으로 반복하고 있었다. 그들은 새로운 모세의 출현과 아울러 과학에서의 새로운 구세주적인 시대의 도래를 선언하고 있었다.

혹자는 이러한 예언자적인 주장, 즉 이러한 좀 순진한 열성을 무시해 버리고 싶을 것이다. 그리고 자연과의 대화가 새로운 이론적 언어들, 새로운 문제들, 그리고 새로운 해답들을 찾는 것과 아울러 똑같이 진행되어 왔다는 것은 사실이다. 그러나 우리는 과학자의 실제 업적과 그가 그 업적을 판단하고 해석하며 그리고 수정하는 방법과의 엄격한 분리를 받아들이지 않는다. 그것을 받아들인다는 것은 과학을 역사가 없는 결과들의 축적으로 비하시키는 것이며 과학자들이 추구하는 바, 즉 그들이 얻으려고 노력하는 이상적인 지식, 그리고 그들이 때때로 다투고 서로 대화할 수 없게 되는 이유들을 외면하는 것이다.[15)]

현대과학의 신화에 의하여 생긴 불가사의를 명확히 설명한 사람은 또 다시 아인슈타인이었다. 그는 도대체 과학이 존재한다는 것 그리고 자연과 인간의 영혼이 수렴하는 것을 우리가 찾아낸다는 것은 기적이며 단 하나의 진정으로 경악할 만한 양상이라고 말하였다. 이와 비슷하게 19세기 말에 뒤부아 레이몽Du Bois Reymond은 라플라스의 악마가 현대과학의 논리의 화신, 바로 그것이라고 하였으며, 「모르겠다, 우리도 모르겠다.」라고 중얼거렸다. 우리는 언제나 과학의 세계와 이러한 과학을 알고 파악하고 창조하는 영혼과의 관계에 대하여 완전히 무식할 것이다.[16)]

자연은 천 가지의 목소리로 말하고 있으며, 우리는 겨우 듣기 시작했을 뿐이다. 그럼에도 불구하고 거의 2세기 동안 라플라스의 악마는 우리의 상상을 괴롭혀 왔으며, 모든 것들이 무의미하다고 하는 악몽을 가져왔다. 만일 정말로 이 세상이 결국 우리와 마찬가지로 똑같은 과학을 소유하고 있으며 보다 예리한 감각과 우수한 계산 능력을 소유한 악마가 순간적인 상태의 관측으로부터 시작하여 그것의 미래와 과거를 계산할 수 있는 것이라면, 그리고 만일 우리가 기술할 수 있는 간단한 계들과 악마가 필요한 보다 복잡한 계들을 정성적으로 세분화시킬 수 없다면, 이 세상은 오직 거대한 동의어同意語 반복일 뿐이다. 이것은 우리가 조상들로부터 물려받은 과학의 도전이며 오늘날 우리가 쫓아 버려야만 될 마술이다.

1. 이 점에 관하여 T. HANKINS, "The Reception of Newton's Second Law of Motion in the Eighteenth Century," *Archives Internationales d'Histoire des Sciences*, Vol. 20 (1967), pp. 42-65, and I. B. COHEN, "Newton's Second Law and the Concept of Force in the Principia," *The Annus Mirabilis of Sir Isaac Newton, Tricentennial Celebration, The Texas Quarterly*, Vol. 10, No, 3 (1967), pp. 25-157을 보라. 그 다음의 네 문단들은 무엇이 원자론과 보존이론들에 관계되는 것인가 하는 것으로서 W. SCOTT, *The Conflict Between Atomism and Conservation Theory* (London : Macdonald, 1970) 에 근거를 둔 것이다.
2. A. KOYRÉ, *Galileo Studies* (Hassocks, Eng. : The Harvester Press, 1978), pp. 89-94.
3. 그의 역학의 역사에 관한 저서인 *The Science of Mechanics : A Critical and Historical Account of Its Development* (La Salle, Ill. : Open Court Publishing Company, 1960) 에서 에른스트 마하 (Ernst Mach) 는 궤적들의 과학이며, 동시에 기술자 (技術者) 의 계산들로서의 현대 동역학의 이러한 이중적인 유대를 강조하였다.
4. 이것이 적어도 현재까지 「비과학적」이라고 무시되었거나 경멸되어 온 뉴턴의 방대한 양의 「연금술적인 논문들」을 연구하기 시작한 오늘날의 역사학자들의 결론이다. B. J. DOBBS, *The Foundations of Newton's Alchemy* (Cambridge : Cambridge University Press, 1975) ; R. WESTFALL, "Newton and the Hermetic Tradition" in *Science, Medicine and Society*, ed. A. G. DEBUS (London : Heinemann, 1972) ; and R. WESTFALL, "The Role of Alchemy in Newton's Career," *Reason, Experiment and Mysticism*, ed. M. L. RIGHINI BONELLI and W. R. SHEA (London : Macmillan, 1975) 를 보라. 이들 논문들의 수집에 핵심적인 역할을 한 케인즈 경 (Lord Keynes) 이 요약한 바와 같이 (Dobbs, op. cit. , p. 13에 인용되어 있다) 「뉴턴은 이성의 시대의 첫 번째 사람은 아니었다. 그는 바빌로니아인들과 수메르인들 중의 마지막 사람이었으며 1만년 이전에 우리의 지적인 유산을 건설하기 시작한 사람들과 똑같은 눈으로 가시적이고 지적인 세계를 내다본 위대한 영혼을 지닌 마지막 사람이었다.」
5. 앞서 인용한 돕스 (B. J. Dobbs) 는 또한 그것에 의하여 두 가지 물질들이 서로 「사귈만해지게」하는 「중재자」의 역할을 조사하였다. 여기서 괴테의 저서인 《선택된 친화력들 (*Elective Affinities*)》(Engl. trans. Greenwood, 1967) 에서 중재자의 중요성을 상기할 수 있다. 무엇이 화학에 관계되는가 하는 것에 관한 한 괴테는 뉴턴

과 별로 다르지 않다.

6. 뉴턴의 「실수」에 관한 이야기는 행킨스(Hankins) 의 전기인 *Jean d'Alembert*, pp. 29-35에 수록되어 있다.
7. G. L. BUFFON, "Réflexions sur la loi d'attraction," appendix to *Introduction à l'histoire des minéraux* (1774), Tome 9 of *Oeuvres Complètes* (Paris : Garnier Frères), pp. 75, 77.
8. G. L. BUFFON, *Histoire naturelle. De la Nature, Seconde Vue* (1765), quoted in H. METZGER, *Newton, Stahl, Boerhaave et la doctrine chimique* (Paris : Blanchard, 1974), pp. 57-58.
9. 프랑스의 화학이 어떻게 뷔퐁(Buffon) 적인 것이 되었는가 하는 것은 A. THACKRAY, *Atom and Power : An Essay on Newtonian Matter Theory and the Development of Chemistry* (Cambridge, Mass. : Harvard University Press》, 1970), pp. 199-233에 기술되어 있다. 베르톨레(Berthollet) 의 《화학적 통계(*Statique chimique*)》에서 뷔퐁의 계획은 달성되었으며 또한 종말을 고하게 되었다. 이것은 그의 추종자들이 화학반응들을 뉴턴적인 개념들과 양립될 수 있는 용어들로서 이해하려는 시도를 포기하였기 때문이었다.
10. 우리는 여기서 뉴턴이 프랑스에서 성공한 까닭이나 또는 실패한 까닭을 설명하고자 하는 것이 아니라 이러한 사건들과 과학의 전문화 과정의 단계들 간의 적어도 연대순적인 관계를 강조하고자 하는 것이다. 크로슬런드(M. Crosland) 의 *The Society of Arcueil : A View of French Science at the Time of Napoléon* (London : Heinemann. 1960) 과 그의 또 다른 저서인 Gay Lussac (Cambridge : Cambridge University Press, 1978) 을 보라.
11. 토머스 쿤은 우리가 오늘날 알고 있는 대로의 과학적 활동의 주요 특성으로서 미래의 과학자들의 양성을 담당하는 — 그들 자신의 재생을 보장하는 — 과학기관들의 이러한 역할을 책정하였다. 이러한 문제는 M. Crosland, R. Hahn, and W. Farrar in *The Emergence of Science in Western Europe*, ed. M. CROSLAND (London : Macmillan, 1975) 에서도 역시 다루어져 있다.
12. 프랑스에서 가스통 바슐라르(Gaston Bachelard) 와 같은 철학자들에 의하여 그렇게도 경멸되었던 「세속적」인 흥미의 역할은 18세기 과학의 개방적인 특성의 징후라고 여겨져야 할 것이다. 어떤 의미에서 우리는 적어도 과학적 **문화**에 관한 한 19세기 동안의 퇴보에 관하여 참으로 말할 수 있는 것이다. 그리고 우리는 오늘날 비전문가들에 의하여 과학적 문제들이 논의되었던 지역적인 학자들의 집단의 다중성으로부터 배울 수 있게 된다.
13. K. J. SCHLANGER, *Les métaphores de l'organisme* (Paris : Vrin,1971), p. 108에

인용되어 있다.

14. J. C. MAXWELL, *Science and Free Will*, in CAMPBELL and GARNETT, op. cit., p. 443. L. CAMPBELL & W. GARNETT, *The Life of James Clerk Maxwell* (London : Macmilllan, 1882).
15. 이 문제는 프랑스의 철학자인 미셸 세레 (Michel Serres) 의 주요 주제들 중의 하나이다. 예를 들어 그의 저서인 *La naissance de la physique dans le texte de Lucrèce* (Paris : Minuit, 1977) 에서 「조건들」을 보라. 세레의 책들은 존스 홉킨즈 대학교의 프랑스학과의 헌신적인 노력으로 이제 영문 번역판으로 읽어볼 수 있다. M. SERRES, *Hermes : Literature, Science, Philosophy* (Baltimore : The Johns Hopkins University Press, 1982) 를 보라.
16. 라플라스의 악마의 운명에 관하여 E. CASSIRER, *Determinism and Interdeterminism in Modern Physics* (New Haven, Conn. : Yale University Press, 1956), pp. 3-25 를 보라.

3장

두 문화

1. 디드로와 삶의 논설

진보사상의 역사에 관한 그의 흥미 있는 저서에서 니스베트Nisbet는 다음과 같이 적고 있다.

> 서양문명의 진보사상보다 더 중요한, 아마도 그만큼 중요한 사상은 거의 삼천여 년 동안 단 한 가지도 없었다![1]

진보사상을 위해서는 지식의 축적보다 더 강력한 지원은 없었다. 이렇게 점차로 증가하는 지식의 장관壯觀이야말로 진정코 성공적인 인간의 집합적 노력의 훌륭한 예인 것이다. 18세기 말과 19세기 초에 이루어진 놀랄 만한 발견들을 돌이켜 보자. 열·전기·자기, 그리고 광학에 관한 이론들. 이미 18세기에 분명하게 세워진 과학 발전에 관한 사상이 19세기를 지배하였다는 것은 놀라운 일이 아니다. 하지만 우리가 지적한 바와 같이 서양문화에서의 과학의 위치는 불안정한 상태에 놓여 있었다. 이것은 계몽주의의 절정기로부터 사상사에 극적인 양상을 보여 주는 것이다.

우리는 이미 양자택일을 말한 적이 있다. 그것은 낯선 결론으로 보이는 것에도 불구하고 과학을 받아들이든가 또는 반反과학적인 형이상학으로 돌아서든가 하는 것이다. 우리는 또한 현대인이 느끼는 고독함, 즉 파스칼, 키에르케고르 또는 모노에 의하여 기술된 외로움을 강조하였다. 우리는 하이데거의 형이상학의 반反과학적인 암시에 관하여 언급하였다. 이제 우리는 디드로, 칸트, 헤겔로부터 시작하여 화이트헤드와 베르그송에 이르기까지 서양의 지성사의 몇 가지 면들을 보다 완전하게 논의하고자 한다. 이들은 모두 현대과학의 범위를 분석하고 제한하려고 시도하였으며 아울러 그러한 과학으로는 극히 낯선 것으로 보이는 새로운 전망을 열려고 시도하였다. 오늘날 그러한 시도들이 대체로 실패하였다는 것은 흔히 인정되고 있다. 예를 들어 세계를 현상권과 본체권으로 나누는 칸트의 분할이나 베르그송에 의하여 그것의 중요성이 과학의 것에 견줄 만한 지식으로 향한 또 다른 경로로서의 「직관」과 같은 것을 받아들이는 사람은 거의 없을 것이다. 그러나 이러한 시도들은 우리가 물려받은 유산의 일부이다. 사상사는 이것들에 대한 언급이 없이는 이해될 수 없는 것이다.

우리는 또한 무엇이 진실인가 하는 것과 무엇이 과학적으로 유용한가 하는 것의 분리에 근거를 두고 있는 과학적 실증주의에 관하여 짤막하게 논의할 것이다. 처음에는 이러한 실증주의적인 견해가 우리가 이미 언급하였고 벌린에 의하여 「반反계몽주의」라고 기술된 형이상학적인 견해에 분명히 반대되는 것으로 보였을 것이다. 그러나 그들의 근본적인 결론은 똑같은 것이다. 우리는 진실한 지식의 기본으로서의 과학을 거부하여야 한다. 비록 우리가 동시에 그것의 실질적인 중요성을 인정하거나 실증론자들이 한 바와 같이 다른 어떠한 인식활동의 가능성을 부정한다 하여도.

우리는 무엇이 문제가 되고 있는가 하는 것을 이해하기 위하여 이러한 모든 발전과정들을 기억해야만 한다. 과학은 어느 정도까지 인간을 포함한 자연을 이해할 수 있는 기초가 되는 것일까? 오늘날의 진보사상의 의미는 무엇인가?

계몽시대의 거장들 중의 한 사람인 디드로는 물론 반反과학사상의 대변자가 아니다. 오히려 그의 과학에 대한 그리고 지식의 가능성에 대한 확신은 완전한 것이었다. 그러나 바로 그렇기 때문에 과학이 자연에 대한 일관된 전망을 이룩하기 이전에 생명을 이해해야 한다는 것이다.

우리는 이미 현대과학의 탄생이 활력론자의 영감과 특히 아리스토텔레스의 궁극적인 목표를 포기하는 것으로 이루어졌음을 언급하였다. 그러나 생명체의 조직화에 관한 문제는 그대로 남아 있었으며 고전과학의 난제가 되었다. 뉴턴의 승리가 한창일 때 디드로는 이 문제가 물리학에 의하여 억눌려졌음을 강조하였다. 그는 이 문제가 물리학자들이 깨어 있는 동안은 생각할 수 없지만 꿈속에서 그들을 괴롭히는 것이라고 생각하였다. 물리학자인 달랑베르는 다음과 같이 꿈꾸고 있다.

「생명점…… 아니야, 그것은 틀려. 시작할 때는 아무것도 없고 그리고는 생명점이라. 이 생명점이 다른 것과 연결되고 또 다른 것과 연결되고 그리고 이렇게 연속적인 연결들로 통합된 존재가 이루어진다. 나는 하나의 통합체이고 그것만은 확실한데……. (그렇게 중얼거리는 사이에 그는 그 자신을 두루 느꼈다.) 하지만 이런 통합체가 어떻게 생긴 것일까?」

「철학자 양반, 좀 들어보시오. 덩어리나 자그마하고 예민한 신체의 조직이라면 이해할 수가 있어요. 그러나 하나의 동물이라니!…… 하나의 단위체인 전체의 계이며 그 자신이 통합체임을 의식하고 있는 개체라니! 도저히 알 수가 없구나. 아니야, 알 수가 없구나.」[2)]

달랑베르와의 상상적인 대화를 통하여 디드로는 일인칭으로 기계론적인 설명이 부적당함을 나타내고 있다.

이 달걀을 보시오. 이것으로써 당신은 신학의 모든 학파와 세상의 모든 교회들을 팽개칠 수 있을 것이오. 이 달걀은 무엇이오? 균이 그 안으로 들어가기 전까지는 둔감한 덩어리일 뿐이오……. 어떻게 이러한 덩어리가 새로운 조직으로, 감수성으로, 생명으로 진화하는 것이오? 열을 통해서이지요. 무엇이 그 안에서 열을 발생시키는 것이오? 운동이지요. 운동의 계속적인 효과는 무엇이겠소? 내 물음에 대답하는 대신에 좀 앉으시오. 그리고 우리 같이 우리 눈으로 이들 효과들을 한순간에서 다음 순간까지 쫓아가 봅시다. 우선 반점이 하나 움직이고 있으며 실이 자라면서 색깔을 띠게 되는군요. 또 살이 생기게 되고 주둥이와 날갯죽지, 눈, 발 등이 눈에 띄는군요. 그리고 노란 물체가 풀어져 나와서 창자가 되고 — 그리고 생명체가 되는군요……. 이제 벽이 무너지고 새가 나타나오. 걷고, 날고, 고통을 느끼고, 도망치고, 다시 돌아오고, 불평하고, 괴로워하고, 사랑하고, 갈망하고, 즐기며 그것은 당신의 모든 사랑을 경험하며 당신이 하는 모든 일을 하게 되오. 그래도 당신은 데카르트와 마찬가지로 그것이 단순히 흉내 내는 기계라고 하겠습니까? 뭐라구요, 어린아이들까지도 당신을 비웃을 것이며 철학자들은 그것이 만일 기계라면 당신 또한 기계라고 내답할 것이오. 그러나 만일 당신이 당신과 동물과의 유일한 차이점이 조직에 있다고 인정한다면 그래도 당신은 올바른 정신을 갖고 신념에 따라 행동하는 것이 되오. 그러나 그렇다면 당신이 말한 것과는 반대로 일정한 방식으로 배열되고 다른 불활성 물질에 의하여 잉태되었으며 열과 운동의 영향을 받는 하나의 불활성 물질로부터 당신은 감수성·생명·기억·의식·정열·사고 등을 얻게 된다는 결론에 이르게 되오……. 그저 당신 자신의 주장을 들어보시오. 그러면 당신은 그것이 얼마나 비참한 것인가 하는 것을 느낄 것이오. 모든 것을 설명할 수 있는 간단한 가정 — 모든 물체에 공통적인 성질 또는 물체의 조직화의 결과로서의 감수성 — 을 거부함으로써 당신은 상식의 면전에서 거짓말을 하고 있으며 신비와 모순과 허황됨의 나락으로 빠져들어 가고 있음을 느끼게 될 것이오.[3)]

합리적 역학, 즉 물질적인 자연은 단지 비활성의 질량과 운동에 지나지 않는다는 주장에 반대하여 디드로는 물리학에 있어서 가장 고대의 영감의 근원들 중의 하나인 태아의 성장, 세분화, 그리고 조직화에 호소하였다. 살이 생기고 부리, 눈, 창자 등도 생기는 점진적인 조직화는 생물학적인 「공간」에서 일어난다. 분명히 균질적인 환경으로부터 세분화된 형체가 복잡하고 협조적인 과정들을 통하여 정확하게 알맞은 시간과 장소에서 나타난다는 것이다.

어떻게 비활성의 질량이, 심지어 중력의 상호작용에 의하여 생동감을 갖게 된 뉴턴의 질량까지도, 조직적이고 활동적인 국지적인 구조들을 향한 출발점이 될 수 있는가? 우리는 뉴턴의 계가 이 세계의 계임을 보아왔다. 아무런 국지적인 배열도 특별한 주체를 가질 수 없다. 일반적인 관계들로 연결된 물체들 간의 우연한 근접 이상의 것은 없다.

그러나 디드로는 절망하지 않는다. 과학은 단지 시작되고 있을 뿐이다. 합리적 역학은 단지 너무나 추상적인 첫 번째 시도일 뿐이다. 태아의 장면은 그것이 주장하는 보편성을 반박하기에 충분한 것이다. 이것이 바로 어째서 디드로가 오일러, 베르누이, 달랑베르와 같은 위대한 「수학자들」의 업적을 이집트의 피라미드들 — 경외감을 불러일으키며 그것들의 제작자들의 천재성에 대한 증인들이며 지금은 생명 없는 폐허로서 버려졌고 외로이 서 있는 — 에 비유했는가 하는 까닭이다. 살아 있고 수확이 풍성한 진정한 과학은 다른 곳에서 이루어질 것이다.[4)]

더욱이 그에게는 조직화된 생명체에 관한 이러한 새로운 과학이 이미 시작된 것으로 보였다. 그의 친구인 돌박d'Holbach은 화학을 부지런히 공부하였고 디드로 자신은 의학을 선택하였다. 의학에서와 마찬가지로 화학에서의 문제도 비활성의 물체를 스스로 조직화되어 생명체를 이룰 수 있는 **활동적**인 물체로 대체시키는 것이었다. 디드로는 물체가 감수성이 있어야만 한다고 주장하였다. 심지어 돌멩이까지도 그것을 구성하고 있는 분자들이 다른 것보다는 어떤 특정한 배합을 적극적으로 추구하고 따라서 그들의 좋고 싫음을 지배한다는 의미에서 감각을 지니고 있다는 것이다. 그리고 전체적인 유기체의 감수성은 그것의 부분들이 지닌 감수성들을 단지 합친 것으로서 이것은 마치 전체적으로 합치된 행동을 보여 주고 있는 벌떼가 하나의 벌과 또 다른 벌 사이의 상호작용의 결과인 것과 같다는 것이다. 그리하여 디드로는 인간의 영혼은 벌집의 영혼이 존재하는 것 이상으로는 존재하지 않는다고 결론짓고 있다.[5)]

물리학과 보편적인 운동법칙들에 대한 디드로의 활력론자적인 항의는 따라서 어떠한 형태의 유심론자적인 이중성에 대한 그의 거부로부터 비롯된 것이다. 자연은 인간의 존재 바로 그것이 이해될 수 있는 그러한 방식으로 기술되어야 한다는 것이다. 그렇지 않으면 기계론적인 세계관에서 일어나는 것처럼 자연에 관한 과학적 기술記述은, 영혼을 지니고 있으며 그로 인하여 자연과는 낯선 자동화로서의 인간 속에서 상대를 발견하게 될 것이다.

디드로가 당시의 물리학에 대항하기 위하여 택한 물질적 자연주의의 두 겹의 근거, 즉 화학적이고 의학적인 그것은 18세기에도 다시 등장하게 된다. 생물학자들이 동물기계, 균들의 이미 존재함, 그리고 생명체들의 사슬 — 이 모든 문제들은 신학과 밀접한 관계가 있다[6)] — 등에 관하여 숙고하는 동안 화학자들과 의사들은 화학과 생명 모두에서 실제 과정들의 복잡성과 직접 마주쳐야만 하였다. 18세기 후반의 화학과 의학은 물리학자들의 계의 영혼을 반대하고 자연적 과정들의 다양성을 고려하는 과학을 옹호하기 위하여 투쟁하였던 사람들에게는 특권적인 과학들이었다. 물리학자는 순수한 영혼, 즉 조숙한 어린이가 될 수 있지만 의사나 화학자는 경험이 풍부한 어른이어야만 한다. 그는 신호를 해독하고 실마리를 발견할 수 있어야만 한다. 이런 의미에서 화학과 의학은 예술이다. 이것들은 판단과 응용 그리고 끈질긴 관찰을 필요로 한다. 화학은 광인狂人의 정열이다. 이것은 뉴턴주의자들의 추상적인 제국주의에 항거하여 화학을 유창하게 변호한 디드로의 《백과전서(*Encyclopédie*)》를 위하여 쓴 논문에서 베넬Venel이 결론지은 말이다.[7)] 디드로의 시대에는 물리학자들이 생명과정들을 평화로운 기구들로 간추리고 보편적인 법칙들을 조용히 들추어내는 방법에 대하여 화학자들과 의사들이 항의를 제기하는 일이 흔했다는 사실을 강조하기 위하여 우리는 활력론의 아버지이며 처음으로 일관된 화학 체계를 고안한 유명한 인물인 슈탈Stahl을 환기시키고자 한다.

슈탈에 의하면 보편적인 법칙들은 이들이 생명체를 죽음으로 몰아넣고 부패시키는 의미에서만 생명체에 적용되는 것이다. 생명체를 구성하고 있는 물질은 너무 연약하고 너무 쉽게 분해되는 것이므로 만일 이것이 물체에 관한 보통의 법칙들에 의해서만 지배된다면 이것은 한순간도 부패나 분해를 견디지 못할 것이다. 만일 하나의 생명체가 물리학의 일반적인 법칙들에도 불구하고 돌이나 그 밖의 생명력 없는 물체의 수명과 비교하여 아주 짧은 수명이나마 생존하려면 그 생명체는 그 자신 속에 그것의 신체의 구조와 결에 대한 조화로운 평형을 유지하는 「보존의 원리」를 지녀야만 한다. 그 구성물질의 극도의 부패가능성으로 볼 때, 생명체의 놀라운 장수는 따라서 「자연적이고 영원하고 내재하는 원리」의 작용을 나타내는 것이다. 또한 생명력이 없는 물체에 관한 법칙들로는 낯설고 이러한 법칙들이 내포하는 바로는 필연적인 끊임없이 활발한 부패에 항거하고 끊임없이 투쟁하는 특별한 목표가 작용하는 것을 나타내고 있다.[8)]

우리에게는 이러한 생명의 분석이 가깝게도 들리고 아득하게도 들린다. 그것은 생명의 특이점과 위태로움을 예리하게 인식함에 있어서 우리에게 가까운 것이다. 그것은 슈탈이 아리스토텔레스와 마찬가지로 생명을 생성이나 진화가 아닌 정적인 용어인 보존으로서 정의하기 때문에 우리에게 멀게 느껴진다. 하지만 슈탈이 사용했던 용어들은 최근의 생물학 문헌에서 찾아볼 수 있다. 예를 들면 효소들이 부패와 「전투를 벌이며」 육체로 하여금 물리학이 피할 수 없다고 한 죽음을 떨쳐 버리도록 한다. 여기서도 역시 생물조직체는 자연의 법칙들에 항거하며 단 하나의 「정상적」인 경향은 죽음으로 이르는 것이다(제5장을 보라).

실제로 슈탈의 활력론은 물리학의 법칙들이 부패와 해체를 향한 진화로 판명하는 한 관련성이 있는 것이다. 오늘날 「활력론적인 원리」는 생명체를 「지배하는」 유전정보 속에 보존되어 있는 연속적인 희한한 돌연변이들로 대체되었다. 하지만 분자생물학으로부터 시작된 어떤 추론에 의하면 생명은 자연의 영역으로 되돌려 보내지고 있다 — 생명은 물리학의 기본 법칙들과 양립하는 것이나 순전히 우발적인 것으로 결론짓고 있다. 이것은 모노에 의해서 명확하게 표현되었다. 생명은 「물리학의 법칙들을 따르는 것이 아니고 그것들과 양립하는 것이다. 생명은 그것의 특이성을 우리가 인정해야만 되는 하나의 사건이다.」

그러나 물체로부터 생명으로의 전이는 또한 다른 방법으로 생각될 수 있는 것이다. 앞으로 보게 되겠지만 평형상태에서 멀리 떨어지면 새로운 자생적 조직화의 과정들이 일어난다(이러한 문제들은 제5장과 제6장에서 자세히 검토될 것이다). 이와 같은 방법으로 생물조직체는 자연적인 과정으로써 나타나기 시작한다.

그러나 이러한 최근의 발전들이 이루어지기 훨씬 이전에 생명에 관한 문제점들은 변형되어 버렸다. 정치적으로 변화된 유럽에서는 지적인 전망이 반反계몽주의와 밀접하게 연결된 낭만주의 운동이 보여 주는 바와 같이 개조되었다.

슈탈은 자동화의 비유를 비판하였나. 왜냐하면 생명체와는 달리 자동화의 목적은 그 자신 안에 놓여져 있지 않으며 그것의 조직은 그것의 제작자에 의하여 강요되었기 때문이다. 디드로는 생명에 관한 연구를 과학의 영역 바깥에 놓기는커녕 그것이 그가 생각하기에는 아직도 요람기에 있는 과학의 미래를 대표하는 것으로 보였다. 몇 년 후에 그러한 견해는 도전을 받게 된다.[9] 운동법칙들에 의하여 기술되는 기계적인 변화와 활동은 이제 인위적이고 죽음과 비슷한 뜻을 나타내는 것이 되어 버렸다. 그것에 반하여 우리가 이제 매우 친숙해진 복합체 안에 통일된 것으로서 생명·자발성·자유 그리고 영혼 등의 개념들이 있다. 이러한 대립은 한편으로는 계산과 조작 또 한편으로는 영혼의 자유로운 사색활동 간의 대립에 견줄 만한 것이었다. 사색을 통하여 철학자는 자연의 핵심부에서 일어나고 있는 영적인 활동에 접하게 된다. 과학자에게는 자연에 대한 그의 관심이 자연을 일련의 조작할 수 있고 측정할 수 있는 대상들로 삼는 것으로 간추려질 것이다. 그는 따라서 자연을 소유하게 되고 지배하고 조절할 수 있게 되나 그것을 이해할 수는 없게 된다. 따라서 자연을 이해할 수 있다는 것은 과학이 미치는 거리 밖에 놓이게 된다.

우리는 여기서 철학사에 관심을 두자는 것이 아니라 단지 이 순간에 과학에 대한 철학적 비판이 더욱 거세어져서 반反과학의 어떤 현대적인 형태를 닮은 정도를 강조하고자 하는 것뿐이다. 그것은 더 이상 어린이들까지도 웃게 만들도록 — 디드로의 말을 빌자면 — 큰소리로 반복하기만 하면 될 그러한 비교적 순진하고 근시안적인 일반화를 논박하는 문제가 아니라 자연에 대한 실험적이고 수학적인 지식을 이루어 낸 접근방식에 대한 논박에 관한 문제이다. 과학적인 지식은 그것의 한계점으로 인하여 비판되고 있는 것이 아니라 그것의 성질로 인하여 비판을 받고 있으며 다른 접근방식에 근거를 둔 경쟁적인 지식이 발표되고 있다. 지식은 두 가지의 대립되는 질문 방식들로 쪼개지고 있다.

철학적 견지에서 볼 때, 디드로로부터 낭만주의자에 이르는 전환, 보다 정확하게는 과학에 대한 이러한 두 가지 형태의 비판자세들 중의 하나로부터 다른 것으로의 전환은 칸트의 선험철학 속에서 찾아볼 수 있다. 그 핵심적인 요점은 칸트파의 비판가가 과학 전반을 그것의 뉴턴적인 실현으로 규정지었다는 것이다. 그것은 따라서 과학 그 자체에 반대하지 않고는 고전과학에 대한 반대가 불가능한 것이라고 낙인을 찍어 버렸다. 뉴턴의 물리학에 대한 어떠한 비판도 따라서 자연에 대한 합리적인 이해를 비하시키고 다른 형태의 지식을 추구하는 것을 목표로 하고 있다고 여겨져야만 할 것이다. 칸트의 접근방식은 오늘날까지도 지속되고 있는 거대한 반향을 불러일으켰다. 그러므로 우리는 《순수이성비판》에 나타난 그의 견해를 요약하고자 한다. 그것은 계몽시대의 진보주의자들의 견해와는 대립되는 것으로서 우리가 방금 정의한 과학에 관한 폐쇄적이고 제한적인 개념을 나타내는 것이다.

2. 칸트의 비판적 비준

자연과 과학을 연결짓는 합리적인 원칙으로 여겨졌던 신神이 사라짐으로써 어지러이 내버려진 지적인 전망에 어떻게 하여 질서를 회복시킬 수 있겠는가? 비유적인 방법을 제외하고는 과학이 창세의 언어를 해독할 수 있는 것이라고 더 이상 주장할 수 없게 된 이 마당에 어떻게 과학자들이 전반적인 진실에 접할 수 있을 것인가? 신은 이제 침묵을 지키고 있으며 적어도 인간의 이성과 같은 언어로는 이야기하지 않는다. 더욱이 시간이 제거되어 버린 자연 속에는 우리의 주관적 경험의 무엇이 남아 있겠는가? 자유, 운명 또는 윤리적인 가치들의 의미는 무엇일까?

칸트는 실재에 관해서 두 가지의 수준들이 있다고 주장하였다. 즉, 과학에 해당되는 현상적인 수준과 윤리학에 해당되는 본체적인 수준이 그것들이다. 현상적인 질서는 인간의 영혼에 의하여 창조되는 것이다. 본체적인 수준은 인간의 지성을 초월하는 것이며 그의 윤리적이고 종교적인 생애를 지탱하는 영적인 실재에 해당되는 것이다. 어떤 의미에서는 칸트의 해결책이 윤리학의 실재와 고전과학이 표현하는 대로의 객관적 세계의 실재를 동시에 주장하는 사람들에게는 유일한 것이다. 신 대신에 이제는 인간 자신이 그가 자연에서 인지하는 질서의 근원이다. 칸트는 과학적 지식과 과학에 의하여 기술되는 현상적 세계로부터 인간의 소외됨을 함께 정당화하려고 한다. 이러한 전망으로부터 우리는 칸트의 철학이 고전과학의 철학적 내용을 명백히 하고 있음을 알 수 있다.

칸트는 비판철학의 주제를 선험적인 것으로 정의하고 있다. 그것은 경험의 대상들에 관심을 두고 있는 것이 아니라 이들 대상들에 대한 체계적인 지식이 가능하다고 하는(이것은 그를 위하여 물리학의 존재로서 증명되었다) 선험적 사실에 근거를 두고 있으며, 이러한 방식의 지식의 가능성에 대한 선험적인 조건들을 말해 주고 있다.

그렇게 하기 위해서는 외부세계로부터 우리가 받는 직접적인 감각과 객관적이고 「합리적」인 방식의 지식을 구별해야만 한다. 객관적인 지식은 수동적이 아니다. 그것은 그 대상들을 형성한다. 우리는 어떤 현상을 경험의 대상으로 삼을 때, 실제로 그것을 경험하기 전에 그것이 주어진 일련의 원리들을 따를 것이라고 하는 것을 선험적으로 가정한다. 그것이 지식의 가능한 대상으로 인지되는 한에 있어서는 그것은 우리의 영혼의 종합적인 활동의 산물이다. 우리는 우리들 자신을 우리들의 지식의 대상들 중에서 찾게 되며 따라서 과학자는 그 자신이 그가 자연에서 발견하는 보편적 법칙들의 근원이 된다.

경험에 대한 선험적 조건들은 또한 경험의 대상들의 존재를 위한 조건들이다. 이것은 칸트의 「선험적」 고찰이 이룩한 「코페르니쿠스적 전회」를 요약한 유명한 말이다. 주체는 더 이상 자신을 지배하는 법칙들과 자신을 해독할 수 있는 언어를 발견하기 위하여 자신의 대상 주위에서 「맴돌지」 않게 된다. 이제 주체는 그 자신이 바로 중심에 놓이게 되며, 자신의 법칙들을 강요하며, 그리고 인지된 세계는 그 주체의 언어로 말하게 된다. 따라서 뉴턴의 과학이 이 세계를 외적인, 거의 신적인 견지로부터 기술할 수 있다는 것은 놀라운 일이 아니다.

인지된 모든 현상들이 우리의 영혼의 법칙들에 의하여 지배된다고 하는 것이 이러한 대상들에 관한 구체적인 지식들이 쓸모없다는 것을 의미하지는 않는다. 칸트에 의하면 과학은 자연과 대화를 나누는 것이 아니라 그 자신의 언어를 자연에 강요하는 것이다. 하지만 그것은 매 경우마다 이러한 일반적인 언어로 표현된 독특한 전언傳言을 발견해야만 한다. 선험적인 개념의 지식은 그것만으로는 헛된 것이고 공허한 것이다.

칸트의 견해로 볼 때, 과학적 신화의 상징인 라플라스의 악마는 환상이다. 그러나 그것은 **합리적**인 환상이다. 비록 그것이 제한적인 과정의 결과이며 그로 인하여 정당화될 수 없는 것이지만 그래도 그것은 과학의 추진력인 정당한 신념 — 그 전체로서의 자연은 과학자들이 해독하는 데 성공한 법칙들을 마땅히 따라야 한다는 — 의 표현이다. 그것이 어디로 가든가 어떠한 질문을 하든 간에 과학은 그것이 만일 똑같은 대답이 아니라면 적어도 같은 종류의 대답을 얻게 될 것이다. 가능한 모든 해답을 포함하는 보편적인 구문론Syntax은 단 하나만 존재한다.

선험철학은 따라서 모든 실증적인 지식의 명확한 형태를 찾아내었다고 하는 물리학자의 주장을 비준하였다. 하지만 동시에 그것은 과학에 대한 철학의 지배적인 위치를 확보해 주었다. 더 이상 과학적 활동의 결과들에 대한 철학적 중요성을 추구할 필요가 없게 되었다. 선험적인 입장에서 보면, 그러한 결과들은 사실상 아무런 새로운 것으로도 이르게 할 수 없는 것이다. 그것의 결과들이 아닌 과학 그 자체가 철학의 주제이다. 반복적이고 폐쇄적인 활동으로 여겨진 과학은 선험적인 사색을 위한 안정한 토대를 마련해 주고 있다.

그러므로 비록 그것이 과학의 모든 주장들을 비준하고는 있지만 칸트의 비판철학은 실제로는 과학적 활동을 손쉽게 쓸모없는 것으로 생각되는 문제들에 국한시키고 있다. 그것은 과학에게 현상의 단조로운 언어를 해독하는 따분한 임무만을 내맡겨 버리는 반면에 그 자신은 인간의 「운명」에 관한 문제 — 인간이 무엇을 알 수 있으며, 무엇을 해야 하며, 무엇을 바라야 하는가 하는 것 — 를 차지하였다. 과학에 의하여 연구되는 세계, 실증적인 지식으로 접할 수 있는 세계는 「단지」 현상의 세계일 뿐이다. 과학자는 사물을 그 자체로서는 알 수 없을 뿐 아니라 그가 묻는 질문들은 인류의 실제 문제들과는 관계없는 것이다. 아름다움, 자유, 그리고 윤리학 등은 실증적인 지식의 대상이 될 수 없다. 이것들은 철학의 영역인 본체적인 세계에 속하는 것으로서 현상적인 세계와는 별로 관계가 없는 것이다.

우리는 과학적 기술記述에서의 인간의 적극적인 역할을 강조하는 칸트의 출발점을 받아들일 수 있다. 조사 중에 있는 법칙에 의하여 가상적으로 지배되는 상황을 선택하고 명확한 실험적 해답을 줄 수 있도록 하게 하는 예술로서의 실험 방법에 관해서는 이미 많은 것이 언급되었다. 매 실험마다 어떤 원리들이 미리 가정되었고 따라서 이것들은 그 실험에 의하여 확립될 수는 없는 것이다. 그러나 우리가 이미 본 바와 같이 칸트는 훨씬 더 앞서고 있다. 그는 가능한 과학적 견해들의 다양성과 미리 가정된 원리들의 다양성을 부정하고 있다. 고전과학의 신화와 마찬가지로 칸트는 과학이 자연에서 해독하는 독특한 언어, 즉 물리학이 근거를 두고 있으며 따라서 인간의 이해의 범주들로 규명되는 일련의 독특한 선험적인 법칙들을 추구하고 있다. 따라서 칸트는 과학자의 적극적인 선택의 필요성 — 특수한 이론적 언어에 해당되는 것으로 그 안에서 명확한 질문이 이루어지고 실험적 해답이 찾아지는 그러한 문제성 있는 상황의 선택을 위한 필요성 — 을 부정하고 있다.

칸트의 비판적인 비준은 과학적인 노력을 조용하고 체계적이며 그 자신 안에 폐쇄된 것으로 정의하고 있다. 그렇게 함으로써 철학은 분쟁을 지지하고 영속시키고 있으며 실증적인 지식의 전 분야를 과학에게로 비하시켜 내주어 버리고, 반면에 철학 자체는 자연과는 낯선 것으로 생각되는 자유와 윤리학의 분야를 보유하고자 하는 것이다.

3. 자연의 철학? 헤겔과 베르그송

과학과 철학 간의 칸트적인 휴전은 허약한 것이었다. 칸트주의 이후의 철학자들은 과학과는 성질이 다르며 사실상 그것에 적대적인 지식의 경로를 미리 가정하는 새로운 과학철학에 동조하여 이 휴전을 파괴시켰다. 어떠한 실험적인 대화로부터도 해방된 공론空論이 극도로 성행하였으며, 이것은 과학자들과 철학자들 간의 대화를 위하여 매우 불행한 결과를 초래하였다. 대부분의 과학자들에게 과학철학은 거만하고 사실을 마구 짓밟는 황당한 공론과 같은 것으로 여겨졌으며, 실제로 흔히 사실에 의하여 틀리다는 것이 증명되곤 하였다. 그 반대쪽의 대부분의 철학자들에게는 과학철학은 자연을 다루는 데 있어서와 그리고 과학과 경쟁하는 데 내재된 위험의 상징이 되어버렸다. 과학과 철학 그리고 인문학들 사이의 불화는 따라서 서로 경멸하고 두려워함으로써 더욱 깊어갔다.

자연에 대한 이러한 사변적思辨的인 접근방식의 예로서 우선 헤겔을 살펴보자. 헤겔의 철학은 우주적인 차원을 지니고 있다. 그의 체계 안에는 점차로 증가하는 수준의 복잡성이 구분되어 있고 자연의 목적이 그것의 영적인 요소의 궁극적인 자아실현으로 되어 있다. 자연의 역사는 인간의 출현 — 그 자신을 파악하고 있는 영혼의 등장과 아울러 이룩되는 것이다.

헤겔의 자연철학은 뉴턴의 과학이 부정하는 모든 것을 체계적으로 포함시키고 있다. 특히 그것은 역학에 의해서 기술되는 단순한 양상과 생명체와 같은 보다 복잡한 실체들의 행동 간의 정상적인 차이에 의존하고 있다. 그것은 이러한 수준들을 간추릴 수 있는 가능성을 부정하고 있으며 그 차이들이 단지 겉보기뿐이며 자연이 근본적으로 균질하고 단순하다고 하는 생각을 거부하고 있다. 그것은 계층의 존재를 인정하고 있으며 이 계층의 각 수준은 그 이전의 것을 미리 가정해야 한다고 주장하고 있다.

중력의 상호작용으로부터 인간의 정열에 이르기까지 펼쳐진 세계를 포용하는 전경全景을 기술한 **물질의 소설**의 뉴턴적 저자들과는 달리 헤겔은 그의 수준들(그 자신의 해석과는 매우 다르지만 우리는 이러한 수준들이 자연에 있어서 점차로 증가하는 복잡성과 새로운 각 수준마다 그 중요성이 더욱 풍부해지는 시간에 대한 개념에 해당되는 것으로 볼 수 있다) 간의 구분이 당시의 수학적인 자연과학에 **역행**하는 것임을 너무나 잘 알고 있었다. 그러므로 그는 이러한 과학의 중요성을 제한하려고 하였으며 수학적인 기술記述이 가장 손쉬운 경우에만 국한되는 것임을 보이려고 하였다. 역학이 수학화될 수 있는 것은 그것이 단지 물체에 공간적이며 시간적인 성질들만을 부여하기 때문이라는 것이다. 「벽돌은 그것이 단지 벽돌이기 때문에 사람을 죽이는 것이 아니라 오직 그것이 획득한 속도 때문이다. 이것은 사람이 공간과 시간에 의하여 죽게 된다는 것을 의미한다.」[10] 사람은 우리가 운동에너지($mv^2/2$)라고 부르는 것 — 질량과 속도가 서로 교환될 수 있는 것이라고 정의하는 추상적인 양에 의하여 죽게 된다는 것이다. 똑같은 살인적인 효과가 한 가지를 줄이고 다른 것을 증가시킴으로써 이루어질 수 있다.

이러한 상호교환성이야말로 바로 헤겔이 수학화의 조건으로 삼은 것이며 이것은 보다 넓은 범위의 물리적 성질들을 포함한 「보다 고차원적인」 존재에 대하여 역학적인 수준의 기술記述이 불가능해질 때에는 더 이상 만족될 수 없는 것이다.

어떤 의미에서는 헤겔의 체계가 시간과 복잡성에 관한 핵심적인 문제들에 대한 일관적인 철학적 대응책을 마련해 주고 있다. 그러나 수세대에 걸쳐 과학자들에게는 그것은 증오와 경멸의 요약을 나타내는 것이었다. 불과 수년 만에 헤겔의 자연철학 속에 담겨진 본질적인 어려움은 그의 체계가 근거를 두고 있는 과학적인 배경의 쇠퇴로 인하여 더욱 심화되었다. 헤겔은 물론 뉴턴의 체계에 대한 그의 거부를 당시의 과학적인 개념들에 근거를 두고 있었다.[11] 그리고 그러한 개념들이 바로 놀라운 속도로 망각 속에 빠져들게 되었다. 고전과학을 대신하는 것에 대한 실험적이고 이론적인 뒷받침을 추구하던 19세기 초보다 더 불우한 시기를 상상하기는 어려울 것이다. 비록 이 당시가 과학에 관한 실험적 범위가 놀라우리만큼 확장되었고(제4장을 보라) 뉴턴의 과학에 모순되는 것으로 보이는 이론들이 급증했던 시기로 특징지어지기는 하지만 대부분의 그러한 이론들은 등장한지 불과 수년 만에 사라져야만 하였다.

19세기 말에 이르러 베르그송이 당시의 과학에 대신할만한 것으로 받아들여질 수 있는 것을 탐색하였을 때, 그는 사변적인 지식의 형태로서의 직관을 택하였다. 그러나 그는 낭만주의자들의 그것과는 매우 다르게 나타내었다. 그는 분명히 말하기를 직관은 어떤 체계를 세울 수는 없지만 언제나 편파적이고 일반화될 수 없는 결과들, 즉 매우 조심스럽게 다루어져야 할 결과들만을 이루어내는 것이라고 하였다. 이와는 대조적으로 일반화라는 것은 「지성」의 속성으로서 고전과학의 가장 위대한 업적이다. 베르그송의 직관은 집중력으로서 사물의 특이점 속으로 깊이 침투해 들어갈수록 더욱 어려워지는 시도이다. 물론 교신을 위해서는 직관은 언어에 의존해야만 한다 — 「전파되기 위해서는 그것은 생각들을 하나의 전달 수단으로 이용해야만 할 것이다.」[12] 이러한 과정은 직관에 의하여 극도의 인내와 신중을 기하여 이루어지게 되며 동시에 「실재를 포용」[13]하기 위하여 이미지와 비유들이 축적된다. 따라서 일반적인 용어들과 추상적인 생각들로는 교신될 수 없는 것을 점점 더 정확한 방법으로 제안하게 된다.

과학과 직관적인 형이상학은 「똑같이 정확하고 분명한 것들이거나 또는 그렇게 될 수 있다. 이것들은 모두 실재 그 자체와 관계가 있다. 그러나 각각은 실재의 오직 반만을 지니고 있으므로 우리는 원하기만 한다면 그것들에게서 과학의 두 가지의 세분화된 분야들 또는 형이상학의 두 부분들 — 만일 이것들이 사고思考행위의 서로 상이한 방향들을 지정하지 않았다면 — 을 볼 수 있게 된다.」[14]

이러한 두 가지의 상이한 방향들에 관한 정의는 또한 과학적 진화의 역사적인 결과라고 생각될 수 있다. 베르그송에게는 그것은 더 이상 당시의 물리학을 대신할만한 과학적인 것을 찾는 문제가 아니었다. 그의 견해로는 화학과 생물학이 분명히 역학을 그것들의 모형으로 선택한 것이었다. 화학과 의학의 미래를 위하여 품었던 디드로의 희망은 따라서 좌절되었다. 베르그송의 견해로는 과학은 전체적인 것이며 따라서 전체로서 판단되어야만 한다는 것이다. 그리고 이것이 바로 그가 과학을, 물질을 지배하는 것을 목표로 하는 실질적인 지성의 산물이며 추상과 일반화에 의하여 이러한 지배를 이룩하는 데 필요한 지성적인 범주들을 발전시키는 것이라고 나타낼 때 한 일이다. 과학은 이 세계를 이용해야 할 우리의 필수적인 요구의 산물이며, 그것의 개념들은 대상들을 조작하고 예측하고 재현이 가능한 작용들을 이룩하기 위한 필요성에 의하여 결정된다. 이것이 어째서 합리적 역학이 과학의 정수 바로 그것인 실질적인 구현을 나타내는가 하는 까닭이다. 그 밖의 과학들은 보다 모호하며 탐색하는 영역이 비활성적이며 비조직적일수록 더욱 성공적인 접근방식의 어색한 나타냄들이다.

베르그송에게는 과학적 합리성의 모든 한계점들이 단 하나의 결정적인 것으로 간추려질 수 있게 된다. 즉 그것은 **지속기간**duration을 이해할 수 없다는 것이다. 왜냐하면 그것은 시간을 결정론적인 법칙에 의하여 연결된 일련의 순간적인 상태들로 간추리기 때문이다.

「시간은 발명품이거나 전혀 아무것도 아니다.」[15] 자연은 변화이며 새로운 것에 대한 계속적인 가다듬기이며 또한 미리 설정된 모형이 없이 본질적으로 개방된 발전과정에서 창조되는 완전한 존재이다. 「생명은 시간에 따라 발전하며 견디어 낸다.」[16] 이러한 발전 속에서 지성이 파악할 수 있는 유일한 부분은 그것이 조작이 가능하고 계산이 가능한 요소들의 형태로 고정시키고 순간들의 단순한 나란히 늘어세움으로 보이는 시간에 관하여 설명하는데 성공한 것들뿐이다.

그러므로 물리학은 「이러한 시간과 궤적상의 가동장치 T의 위치를 이루게 하는 사건들과의 동시성들의 결합에 국한된다. 그것은 이들 사건들을 매순간마다 새로운 형태를 갖추며 그리고 그 사건들과 그것의 새로운 어떤 것들을 교신하는 전체적인 것으로부터 분리시킨다. 물리학은 그 사건들이 생명체 전체의 밖에 놓여졌을 때 그러한 것처럼, 즉 공간에 펼쳐진 시간 속에 놓여진 것처럼 추상적인 것으로 그 사건들을 생각하고 있다. 물리학은 오직 너무 심각한 변형을 겪지 않고 그렇게 격리된 사건들이나 또는 사건들의 계들만을 다룬다. 왜냐하면 오직 이러한 것들만이 스스로 물리학의 방법들이 적용될 수 있게 하기 때문이다. 우리의 물리학은 그러한 계들을 어떻게 격리시키는가 하는 것이 알게 된 때로부터 비롯된 것이다.」[17)]

지속기간 그 자체를 이해하는 데 이르면 과학은 무기력해진다. 필요로 하는 것은 직관, 즉 「영혼에 의한 영혼의 직접적인 전망」이다.[18)] 「순수한 변화, 즉 실재의 지속기간은 영적인 것이다. 직관은 영혼, 지속기간, 순수한 변화를 달성하는 것이다.」[19)]

우리는 과연 칸트 이후의 자연철학이 실패한 것과 같은 방법으로 베르그송이 실패했다고 말할 수 있겠는가? 그가 창조하기를 바랐던 직관에 근거를 둔 형이상학이 구체화되지 않았다는 점에서 그는 실패하였다. 다행히도 그는 헤겔과는 달리 전체적으로 굳게 확립된 과학 — 숭배되고 있던 고전과학 — 에 판단을 맡김으로써 사실상 아직도 우리의 문제들인 그러한 문제들을 규명할 수 있었다는 점에서는 실패한 것이 아니었다. 그러나 칸트주의 이후의 비판가들처럼 그는 당시의 과학을 일반적인 과학으로 규명하였다. 따라서 그는 과학에 단지 사실상의 한계들을 정당하게 부여하였다. 그 결과 그는 단번에 과학과 그 밖의 지적인 활동들의 각각의 영역을 위한 현상을 정의하려고 하였다. 따라서 그에게 열려진 유일한 전망은 서로 반목하는 접근방식들이 기껏해야 단지 공존할 뿐인 방법을 도입하는 것이었다.

결론적으로 비록 베르그송이 고전과학의 업적을 요약한 방법이 아직도 어느 정도까지는 받아들여질 수 있는 것이라 하여도 우리는 더 이상 그것이 과학적 활동의 영원한 한계들이라는 말로서는 받아들일 수 없는 것이다. 그보다는 우리는 그것이 현재 과학이 겪고 있는 변형상태에 의하여 수행되기 시작한 하나의 계획으로 보고 있다. 특히 우리는 운동과 연결된 시간이 물리학에서의 시간의 의미를 모두 파악된 것으로 하지는 않는다는 것을 알고 있다. 따라서 베르그송이 비판했던 한계점들은 과학적 접근방식이나 추상적인 사고를 포기함으로써가 아니라 고전동역학의 개념들의 한계점들을 인식하고 보다 일반적인 상황들에 유효한 새로운 체제확립을 발견함으로써 극복되기 시작하고 있다.

4. 과정과 실재 : 화이트헤드

우리가 강조한 바와 같이 칸트, 헤겔, 그리고 베르그송에 공통적인 요소는 고전과학의 접근방식과는 다른 실재로의 접근방식을 추구하는 것이다. 이것은 또한 단연코 칸트 이전의 것인 화이트헤드의 철학의 근본적인 목표이다. 그의 가장 중요한 저서인 《과정과 실재 (*Process and Reality*)》에서 그는 우리를 다시금 고전주의시대의 위대한 철학자들과 엄밀한 개념적 실험방법의 추구에 접하게 한다.

화이트헤드는 인간의 경험을 자연에 속한 과정, 즉 물리적인 존재로서 이해하려고 하였다. 이러한 도전은 그로 하여금 한편으로는 주관적인 경험을 의식, 사고 및 감각인식으로 정의하는 철학적 전통을 거부하고 또 한편으로는 모든 물리적인 존재를 즐거움, 감정, 충동, 식욕 그리고 갈망 등으로 생각하게 하였다 — 이것은 즉 17세기에 등장하였으며 그가 「과학적 물질주의」라고 부르는 것과 대결하는 것이었다. 베르그송과 마찬가지로 화이트헤드는 따라서 17세기의 과학에 의하여 발전된 이론적 계획의 기본적인 부적당함을 지적하게 되었다.

> 17세기에는 마침내 수학자들의 용도를 위하여 수학자들에 의하여 짜여진 과학적 사고의 계획이 마련되었다. 수학적인 생각의 커다란 특징은 추상적인 것들을 다룰 수 있는 능력이다. 그리고 그것들로부터 당신이 생각하고자 하는 그러한, 추상적인 것들이기만 하면 완전히 만족스러운, 명쾌한 예시적인

추리를 연이어 드러낼 수 있는 능력이다. 한편으로는 물체의 공간과 시간에서의 위치를 나타내고 또 한편으로는 영혼으로 하여금 감지하고 고통스러워하고 추리할 수 있게 하지만 방해하지는 않도록 하는 과학적인 추상화의 커다란 성공은 그러한 것들을 사실의 가장 구체적인 표현으로 받아들이게끔 하는 임무를 철학에게 떠맡겨 버렸다.

그리하여 현대철학은 망쳐져 버렸다. 그것은 세 종류의 극단주의자들 사이에서 복잡한 방식으로 흔들리고 있다. 이들은 물체와 영혼을 같은 기반에서 받아들이고 있는 이원론자들과 영혼을 물체 속에 집어넣거나 물체를 영혼 안에 집어넣는 두 종류의 일원론자들이다. 그러나 추상화에 대한 이러한 요술놀이는 결코 잘못 주어진 구체성을 17세기의 과학적 계획으로 귀속시킴으로써 야기된 고유한 혼란을 극복할 수 없는 것이다.[20)]

그러나 화이트헤드는 이러한 것이 단지 일시적인 상황이라고 생각하였다. 과학은 혼란의 포로로 남겨지게 되어 있지는 않은 것이다.

우리는 이미 과학에 반대되지 않는 방향으로 자연철학을 설립할 수 있는가 하는 문제를 제기한 바 있다. 화이트헤드의 우주론은 그렇게 하기 위한 가장 야심적인 시도이다. 화이트헤드는 과학과 철학 간에 아무런 기본적인 모순을 찾지 못하였다. 그의 목적은 인간의 경험과 물리적인 과정들에 관한 문제가 일관성 있게 다루어질 수 있는 개념적 분야를 정의하고 그 문제가 해결될 수 있는 조건들을 결정하는 것이었다. 이루어져야만 될 것은 돌에서부터 사람에 이르기까지 모든 형태의 존재를 특징짓는 데 필요한 원리들을 세우는 것이었다. 화이트헤드의 의견으로는 이러한 보편성이야말로 그의 과업을 「철학」으로 정의하는 것이었다. 각각의 과학이론이 이 세계의 복잡성으로부터 독특한 일군의 관계들을 선택하고 추상화시키는 반면에, 철학은 인간의 경험의 어떤 특별한 영역도 선호할 수 없는 것이다. 개념적인 실험방법을 통하여 철학은 모든 차원의 경험들, 그것들이 물리학, 심리학, 생물학, 윤리학 등 어떤 것에 속하든 간에 이들을 수용할 수 있는 일관성을 이룩해야만 하는 것이다.

화이트헤드는 만일 자연을 구성하고 있는 요소들이 모든 변화와 상호작용들을 거치는 동안 그들의 주체를 유지하는 영구적이고 개별적인 실체들이라고 정의된다면, 자연의 창조적인 진화는 결코 생각될 수 없다는 것을 아마 누구보다도 예리하게 이해하였을 것이다. 그러나 그는 또한 모든 영구함을 환상으로 만들고, 생성의 미명하에 존재를 부정하고, 연속적이고 항상 변화하는 흐름을 위하여 실체들을 거부하는 것이 철학을 위하여 언제나 대기중인 함정 — 「설명해 치우는 눈부신 재주에 몰두하는 것」[21]에 다시 한 번 빠지게 됨을 의미한다고 하는 것을 이해하고 있었다.

그러므로 화이트헤드에게는 철학의 임무가 영속성과 변화를 조화시키고 사물을 과정으로 생각하고 생성이 태어나고 죽는 개별적인 주체들인 실체들을 형성한다는 것을 나타낼 수 있어야 하는 것이었다. 화이트헤드의 체계에 대한 자세한 설명은 이 책의 범위를 넘어선 것이다. 다만 그가 관계의 철학 — 어떠한 자연의 요소도 변화하는 관계들의 영구적인 지지支持가 되지 못한다. 각각의 관계는 그것의 주체를 다른 것과의 관계들로부터 부여받아야 한다 — 과 혁신적인 생성의 철학 사이의 연결을 보여 주었다는 것을 강조하고자 한다. 그것의 창세과정에서 각 실존체는 세계의 다중성을 통합한다. 왜냐하면 그것은 이러한 다중성에 추가로 일군의 관계들을 첨부하기 때문이다. 각각의 새로운 실체의 창조 시에 「다수는 하나가 되며 하나만큼 증가하게 된다.」[22]

이 책의 결론에서 우리는 다시 화이트헤드의 영속성과 변화에 관한 문제에 접하게 된다. 그때는 물리학에서 제기된 문제로서이다. 우리는 그들의 세계와의 비가역적 상호작용에 의하여 형성된 실체들에 관하여 언급하는 것이다. 오늘날 물리학은 단위체들과 관계들 상이에 구분과 상호의존성을 함께 주장해야 할 필요를 발견하였다. 물리학은 이제 상호작용이 실제의 것이기 위해서는 관련된 사물들의 「본성」이 이러한 관계들로부터 유도되어야 하는 반면에, 동시에 그러한 관계들도 사물들의 「본성」으로부터 유도되어야 한다는 것을 인정하고 있다. 이것이 예를 들어 모든 입자들의 보편적 연결성을 주장하는 소립자 물리학에서의 「가죽끈」 철학에 의하여 표현된 「자기 일관성 있는」 기술記述들의 선구자이다. 그러나 화이트헤드가 《과정과 실재》를 쓴 당시에는 물리학의 상황이 매우 달랐으며 그의 철학은 오직 생물학에서만 반향을 불러일으켰다.[23)]

베르그송의 경우와 마찬가지로 화이트헤드의 경우도 우리에게 과학의 개방, 폭넓힘만이 과학과 철학 간의 양분상태를 끝낼 수 있게 하는 것이라고 확신케 하고 있다. 과학의 이러한 폭넓힘은 오직 우리가 시간에 대한 우리의 개념을 수정함으로써 가능한 것이다. 시간을 부정하는 것 — 그것을 단지 가역적 법칙의 전개로 간추리는 것 — 은 자연의 생명체, 특히 인간을 만들어 낸다는 가정과 합치되는 자연에 관한 개념을 정의할 수 있는 가능성을 포기하는 것이다. 그것은 우리로 하여금 반反과학적 철학과 낯선 과학 중에서 선택하게끔 하는 것이다.

5. 「모르겠다, 모르겠다」 실증주의자의 안간힘

고전과학이 내포하고 있는 고전적 합리성의 난점들을 극복하는 또 하나의 방법은 과학적으로 가장 수확이 큰 것을 「진실」한 것으로부터 분리하는 것이었다. 이것은 또 한 가지 형태의 칸트적 쪼갬이다. 그가 1865년에 행한 「자연과학의 목표에 관하여」라는 연설에서 키르히호프Kirchoff는 과학의 궁극적인 목표는 모든 현상을 운동으로 간추리는 것이며, 운동은 이어서 이론 역학에 의하여 기술되는 것이라고 말하였다. 화학자이며 의사이고 또한 물리학자이며 생리학자이기도 하며 유럽 과학의 중심이 되고 있던 당시의 독일 대학을 지배하였던 헬름홀츠Helmholtz도 이와 비슷한 말을 하였다. 그는 「자연의 현상들은 공간에서의 조건들에만 의존하는 불변의 기동력들을 지닌 물질적 입자들의 운동으로서 설명되어야 한다.」[24)]고 하였다.

따라서 자연과학의 목표는 모든 관측들을 뉴턴에 의하여 세워지고 라그랑주나 해밀턴 그리고 그 밖의 유명한 물리학자들과 수학자들에 의하여 확장된 법칙들로 간추리는 것이었다. 이러한 힘들이 어째서 존재하며 뉴턴의 방정식에 들어가는지는 묻는 것이 아니었다. 어쨌든 우리는 물체와 힘과 같은 개념들을 동역학의 법칙들을 세우는 데 사용하기는 하였으나 그것들을 「이해」할 수는 없었다. 그 어째서 하는 것, 즉 힘과 질량의 본질은 우리에게 숨겨진 채로였다. 뒤 부아 레이몽은 위에서 언급한 바와 같이 우리의 지식의 한계를 간략하게 표현하였다. 「모르겠다, 모르겠다」 과학은 우주의 신비에 접할 수 있도록 하지 않고 있다. 그러면 과학은 무엇인가?

우리는 이미 마하의 영향력 있는 견해를 설명하였다. 과학은 생명을 위한 다윈적인 투쟁의 일부이다. 그것은 우리의 경험을 조직화하는 데 도움을 준다. 그것은 사고의 경제를 가져오게 한다. 수학적 법칙들은 가능한 실험들의 결과를 요약하는 데 편리한 약속들에 지나지 않는다. 19세기 말에 과학적 실증주의는 지성적인 매력을 크게 발휘하였다. 프랑스에서는 그것이 뒤엥Duhem과 푸앵카레와 같은 탁월한 사상가들의 업적에 영향을 끼쳤다.

「경멸스러운 형이상학」의 제거를 위하여 한걸음 더 나아간 것이 비엔나 학파이다. 여기서는 과학이 모든 실증적인 지식을 통괄하고 있으며 철학은 이러한 실증적 지식에 질서를 유지하기 위하여 필요한 것이다. 이것은 과학에 대한 모든 합리적 지식과 질문들의 과격한 복종을 의미하는 것이었다. 유명한 신新실증주의 철학자인 라이헨바하Reichenbach가 「시간의 방향」에 관한 책을 쓸 때 그는 다음과 같이 말하였다.

> 시간에 관한 문제를 해결하는 데는 물리학 이외의 다른 방법은 없다. 어떠한 다른 과학보다도 물리학은 시간의 본성에 관심을 기울여 왔다. 만일 시간이 객관적인 것이라면 물리학자는 그 사실을 발견했을 것임에 틀림없다. 만일

> 생성이라는 것이 있다면 물리학자는 그것을 틀림없이 알 것이다. 그러나 만일 시간이 주관적이고 존재가 시간이 없는 것이라면 물리학자는 실재에 관한 그의 구현에서 시간을 무시하고 세계를 시간의 도움 없이 기술할 수 있었을 것임에 틀림없다……. 물리학을 공부함이 없이 시간의 본성을 추구하는 노력은 가망 없는 것이다. 만일 시간에 관한 철학적 문제에 해답이 있다면 그것은 수리물리학의 방정식으로 씌어지게 될 것이다.[25)]

라이헨바하의 책은 시간에 관한 주제에 대하여 물리학이 무엇을 말해야 하는가 하는 것을 알고자 하는 사람에게는 매우 흥미 있는 것이다. 하지만 이것은 철학자들이 아닌 과학자들이 어떻게 시간에 관한 문제를 생각하는가 하는 자연철학에 관한 책으로서는 그다지 중요한 것이 아니다.

그러면 철학의 역할은 무엇인가? 흔히 철학은 과학의 과학이 되어야 한다고 말한다. 그렇다면 철학의 목적은 과학의 방법을 분석하고 사용된 개념들을 공리화하고 명확히 하는 것이 된다. 그러한 역할은 예전의「과학의 여왕」을 그들의 하녀와 같은 것으로 만든다. 물론 개념들을 이와 같이 명확히 함으로써 더 이상의 진보가 허용될 수 있는 가능성도 있다. 이러한 방법으로 이해된 철학이 다른 방법들 — 논리학, 의의학意義學 — 을 사용함으로써 과학 그 자체의 지식과 비교될만한 새로운 지식을 얻어 낼 수 있게 될 것이라는 것이다. 이러한 희망이 바로 영미학자들에게 크게 유행하는「분석철학」을 지탱하는 것이다. 우리는 그러한 추구의 흥미를 극소화시키고자 하지는 않는다. 그러나 여기서 우리가 관심을 갖고 있는 문제들은 매우 다른 것이다. 우리는 현존하는 지식을 명확히 하거나 공리화하려는 것이 아니고 이러한 지식의 근본적인 간격들을 메우는 것을 목표로 하고 있다.

6. 새로운 출발

이 책의 제1부에서 우리는 한편으로는 고전과학이 가능케 했던 자연과의 대화를, 그리고 다른 한편으로는 과학의 위태로운 문화적 위치를 기술하였다. 어떤 타개책이 있는 것일까? 이 장에서 우리는 지식에 관한 또 다른 방법들에 이르려는 시도들을 논의하였다. 우리는 또한 과학을 실재로부터 분리시키려는 실증주의적 견해도 고찰하였다.

과학모임에서 가장 커다란 흥분의 순간들은 흔히 과학자들이 아무런 실질적인 용도가 없으며 살아남을 가치가 없을 것 같은 문제들 — 양자역학에 관한 가능한 해석이나 시간에 관한 우리의 개념 속에서의 팽창하는 우주의 역할과 같은 토픽들 — 을 논의할 때 나타난다. 만일 과학을 상징적인 미적분학으로 간추려 버리는 실증주의적 견해가 받아들여진다면 과학은 그 매력을 상당히 잃어버릴 것이다. 이론적 개념들과 적극적인 지식 간의 뉴턴적 종합은 무너지게 될 것이다. 우리는 그리스와 로마 시대부터 익숙해졌던 상황, 즉 한편으로는 기술적技術的이고 실질적인 지식과 다른 쪽으로는 이론적 지식 간의 메울 수 없는 간격이 존재하는 그러한 상황으로 되돌아가게 될 것이다.

고대인들에게 자연은 지혜의 근원이었다. 중세의 자연은 신神을 말하였다. 현대에는 자연이 너무나 침묵을 지키고 있으므로 칸트는 과학과 지혜, 과학과 진실 등은 완전히 분리되어야 한다고 생각하였다. 우리는 지난 두 세기 동안 이러한 양분법과 함께 살아왔다. 이제는 그러한 양분법에 종지부를 찍어야 할 때가 되었다. 적어도 과학에 한해서는 이러한 일이 생길 만큼 때가 무르익었다. 현재의 우리의 전망으로 볼 때, 지식에 관한 재통합을 향한 첫걸음은 19세기에 열에 관한 이론, 열역학 법칙들의 발견이었다. 열역학은 「복잡성의 과학」의 첫 형태로서 등장하였다. 이것이 이제 우리가 그것의 설립과정으로부터 최근의 발전에 이르기까지 기술하고자 하는 과학이다.

1. R. NISBET, *History of the Idea of Progress* (New York : Basic Books, 1980), p. 4.
2. D. DIDEROT, *d'Alembert's Dream* (Harmondsworth : Eng. : Penguin Books, 1976), pp. 166-67.
3. D. DIDEROT, "*Conversation Between d'Alembert and Diderot,*" *d'Alembert's Dream*, pp. 158-59.
4. D.DIDEROT, *Pensées sur l'Interprétation de la Nature* (1754), *Oeuvres Complètes*, Tome II (Paris : Garnier Fréres, 1875), p. 11.
5. 디드로는 《*Dream*》에서 이러한 견해를 의사인 보르되 (Bordeu) 의 것으로 돌리고 있다.
6. 예를 들어 A. LOVEJOY, *The Great Chain of Beings* (Cambridge, Mass. : Harvard University Press, 1973) 를 보라.
7. 역사학자인 길리스피 (Gillispie) 는 디드로가 그의 저서인 《*Encyclopédie*》에서 대중화한 대로 수학적인 물리학에 대한 항거와 아카데미의 폐쇄와 라브와제의 죽음으로 나타난 바와 같이 이러한 공식적인 과학에 대한 적개심 사이의 관계를 제안하였다. 이것은 매우 논란의 여지가 많은 점이지만 확실한 것은 프랑스에서의 뉴턴의 성공은 장인 (匠人) 들에 대한 국립아카데미의 최종적인 승리를 의미하는 나폴레옹 시대의 공공기관들과 일치한다는 것이다. C. C. GILLISPIE, "The Encyclopedia and the Jacobin Philosophy of Science : A Study in Ideas and Consequences," *Critical Problems in the History of Science*, ed. M. CLAGETT (Madison, wis. : University of Wisconsin Press, 1959), pp. 255-89 를 보라.
8. G. E. STAHL, "Véritable Distinction à établir entre le mixte et le vivant du corps humain," *Oeuvres médicophilosophiques et pratiques*, Tome II. (Montpellier : Pitrat et Fils, 1861), esp. pp. 279-82.
9. 슈탈 (Stahl) 과 낭만주의자들 간에 이루어진 「조직화」의 의미의 변환에 관한 설명은 J. SCHLANGER, *Les métaphores de l'organisme*을 보면 된다.
10. *Philosophy of Nature*, § 261.
11. 이것이 나이트 (Knight) 가 그의 저서인 "The German Science in the Romantic Period," *The Emergence of Science in Western Europe* 에서 내린 결론이다.
12. H. BERGSON, *La pensée et le mouvant in Oeuvres* (Paris : Editions du Centenaire, PUF, 1970), p. 1285 ; trans, The Creative Mind (Totowa, N. J. : Littlefield, Adams, 1975), p. 42.

13. Ibid., p. 1287 ; trans., p. 44.
14. Ibid., p. 1286 ; trans., p. 44.
15. H. BERGSON, *L'évolution créatrice in Oeuvres*, p. 784 ; trans. *Creative Evolution* (London : Macmillan, 1911), p. 361.
16. Ibid., p. 538 ; trans., p. 54.
17. Ibid., p. 784 ; trnas., p. 361.
18. BERGSON, *La pensée et le mouvant*, p. 1273 ; trans., p. 32.
19. Ibid., p. 1274 ; trans., p. 33.
20. A. N. WHITEHEAD, *Science and the Modern World*, p. 55.
21. A. N. WHITEHEAD, *Process and Reality : An Essay in Cosmology* (New York : The Free Press, 1969), p. 20.
22. Ibid., p. 26.
23. 조세프 니덤과 와딩턴은 모두 전체로서의 유기체를 **실증적인** 방법으로 기술하기 위한 그들의 노력에 관하여 미친 화이트헤드의 영향의 중요성을 인정하였다.
24. H. HELMHOLTZ, *Über die Erhaltung der Kraft* (1847), trans. in S. BRUSH, *Kinetic Theory*, Vol. 1, *The Nature of Gases and Heat* (Oxford : Pergamon Press, 1965), p. 92. 또한 Y. ELKANA, *The Discovery of the Conservation of Energy* (London : Hutchinson Educational, 1974) 와 P. M. HEIMANN, "Helmholtz and Kant : The Metaphysical Foundations of Über die Erhaltung der Kraft." *Studies in the History and Philosophy of Sciences*, Vol. 5 (1974), pp. 205-38 을 보라.
25. H. REICHENBACH, *The Direction of Time* (Berkeley : University of California Press, 1956), pp. 16-17.

제2부

복잡성의 과학

4장

에너지와 산업시대

1. 열 : 중력의 적수

불은 사물을 변화시킨다. 시대를 초월한 지혜는 언제나 화학을 「불의 과학」으로 연결시켜 왔다. 불은 18세기 실험과학의 일부가 되었으며, 과학이 전에는 기계론적인 세계관이 미명 아래 거부하였던 비가역성과 복잡성과 같은 주제들을 다시 생각하게끔 하는 개념적인 변환을 가져오게 하였다.

불은 물체를 변형시킨다. 불은 화학반응과 융해 및 증발 과정에 이르게 한다. 불은 연료를 태우며 열을 방출한다. 이러한 모든 상식들 중에서도 19세기의 과학은 연소 과정이 열을 생산하고 그 열은 부피의 증가를 가져오게 되며 그 결과 연소 과정이 일을 생산한다고 하는 단 하나의 사실에 집중되었다. 불은 따라서 새로운 종류의 기계이며 산업사회가 토대를 구축한 기술적 혁신인 열기관을 가져다 주는 것이다.[1)]

제임스 와트James Watt가 그의 증기기관에 마지막 손질을 가하고 있던 같은 대학에서 애덤 스미스Adam Smith가 그의 《부국론(*Wealth of Nations*, 富國論)》

을 집필하며 산업성장의 전망과 결정요소들에 관한 자료를 수집하고 있었다는 것은 흥미로운 일이다. 하지만 애덤 스미스가 찾아낼 수 있었던 석탄의 유일한 용도는 단지 노동자들에게 열을 공급해 주는 것이었다. 18세기에는 아직도 바람, 물, 그리고 동물과 이들에 의하여 움직이는 간단한 기계들만이 생각할 수 있는 동력원들이었다.

영국의 증기기관의 급속한 전파는 열의 기계적인 효과에 관하여 새로운 흥미를 불러일으켰고 이러한 흥미로부터 태어난 열역학은 따라서 열이 「기계적 에너지」를 생산할 수 있는 가능성에 관심을 두고 있는 것만큼은 열의 **본성**에 관해서 염두에 두지 않았다.

우리는 이제레의 지사知事였던 장 조세프 푸리에Jean-Joseph Fourier 남작이 고체 속에서 열의 전파에 관한 그의 수학적 기술記述로 프랑스 학술원상을 수상한 1811년에 이 「복잡성의 과학」이 탄생한 것이라고 제안하는 바이다.

푸리에가 밝힌 결과는 놀라울 정도로 단순하고 깔끔한 것이었다. 즉, 열의 흐름은 온도의 기울기에 비례한다는 것이다. 놀라운 사실은 이렇게 간단한 법칙이 그 상태가 고체이건 액체이건 기체이건 간에 물체에 적용된다는 것이다. 더욱이 이 법칙은 물체의 화학적 조성이 무엇이든 간에 — 철이든 금이든 간에 — 여전히 유효한 것이다. 열의 흐름과 온도 기울기 간의 비례상수만이 각 물질에 따라 고유한 값을 갖게 된다.

명백히 푸리에의 법칙의 보편적 성질은 뉴턴의 법칙으로 표현되는 동적인 상호작용과는 직접적으로 관련되지 않는 것이며, 따라서 그것의 설립은 새로운 형태의 과학의 출발점으로 생각될 수 있다. 실제로 열의 전파에 관한 푸리에의 수학적 기술의 단순성은 분자론적 관점으로 생각되는 물체의 복잡성과는 매우 뚜렷한 대조를 이루고 있다. 고체·기체·액체 등은 거대한 수의 분자로 이루어진 거시적인 계들이지만 그러나 열전도도傳導度는 단 하나의 법칙으로 기술된다. 푸리에가 그의 결과를 수식화한 것은 라플라스 학파가 유럽의 과학을 지배할 당시였다. 라플라스, 라그랑주와 그들의 추종자들은 푸리에의 이론을 비판하는 데 헛되이 힘을 모았으나 결국 후퇴하지 않을 수 없었다.[2] 라플라스의 꿈은 그 전성기에 처음으로 좌절을 맛보게 되었다. 모든 각도에서 운동의 기계론적 법칙과 마찬가지로 수학적으로 엄밀하면서도 뉴턴적인 세계와는 완전히 낯선 그러한 물리적 이론이 창조된 것이다. 이때부터 수학·물리학 그리고 뉴턴적인 과학은 더 이상 같은 뜻을 갖지 않게 되었다.

열전도법칙의 설립은 오랫동안 영향을 미쳤다. 신기하게도 프랑스와 영국에서는 그것이 우리 시대에 이르는 서로 다른 역사적 경로의 출발점이었다.

프랑스에서는 라플라스의 꿈의 실패가 실증주의자의 과학에 대한 분류를 오귀스트 콩트Auguste Comte가 도입한 잘 정의된 구획들로 바꾸어 놓았다. 과학에 관한 콩트의 분류는 미셸 세레에 의하여 잘 분석되었다[3] — 물리학에서 공존하고 있는 두 가지의 보편적인 것들인 열과 중력이다. 콩트가 후에 말한 바와 같이 더욱 불행한 것은 이들이 서로 적대적이라는 것이다. 중력은 비활성의 질량에 작용하게 되며 이 질량은 그것이 얻은 또는 전파한 운동에 의하지 않고는 어떠한 다른 방법으로도 중력에 의하여 영향을 받음이 없이 중력에 **따르는** 것이다. 열은 물체를 **변형시키며** 상태의 변화를 결정하고 고유한 성질들을 수정하도록 한다. 이것은 어떤 의미에서는 18세기의 반反뉴턴적인 화학자들과 질량에 부여된 순수한 공간적이고 시간적인 행동과 물체의 특유한 활동 간의 차이를 강조한 모든 사람들에 의한 항의를 확인한 것이었다. 이러한 구별은 콩트에 의하여 질서 — 평형 — 에 관한 공통적인 신호 아래 모두 놓여진 과학들의 분류를 위한 토대로서 이용되었다.

그 반면에 영국에서는 열전파에 관한 이론이 지식의 여러 분야들을 통합하려는 시도를 단념하는 것을 의미하는 것이 아니라 비가역과정들에 관한 이론의 발전적인 설립을 위한 새로운 노선의 추구를 시작하게 하였다.

균일하지 않은 온도 분포를 지닌 격리된 물체에 적용된 푸리에의 법칙은 점차로 시작되는 열평형을 기술한다. 열전파의 효과는 온도 분포가 균일해질 때까지 점점 같아지게 하는 것이다. 이러한 것이 비가역과정이라는 것은 누구나 알고 있다. 1세기 전에 보어하베Boerhave는 열은 언제나 퍼져나가고 평준화된다고 강조하였다. 많은 수의 입자들 간의 상호작용을 포함한 복잡한 현상에 관한 과학과 시간적인 비대칭성의 발생은 따라서 처음부터 연결된 것이다. 그러나 열전도는 그것이 우선 공학적인 견지에서 본 소산消散의 의미와 연결되기 전에는 비가역성의 본성에 관한 연구의 출발점이 되지 못하였다.[4)]

19세기 초에 틀이 잡힌 이 새로운 「열의 과학」의 구조를 좀 더 자세하게 살펴보자. 역학과 마찬가지로 열의 과학은 물리적 **대상**에 관한 본래의 개념과 기계들 또는 **기관들**의 정의를 동시에 내포하고 있다 — 기계적 일을 생산하는 독특한 방식에서의 원인과 효과를 규명하고 있는 것이다.

열을 포함하는 물리적 과정들을 조사하는 데는 동역학의 경우같이 그 구성요소들의(기체나 고체 조각의 1cm^3 정도의 부피 안에는 10^{23}개의 분자들이 존재한다) 위치와 속도로서 계를 정의하는 것이 아니라 온도·압력·부피 등과 같은 **일군의 거시적인 매개 변수**들로서 계를 정의하게 된다. 그 밖에도 우리는 계와 그 주위 환경과의 관계를 기술하는 **경계조건**들을 고려해야만 한다.

예를 들어 거시적 계의 특성들 중의 하나인 비열比熱을 생각해 보자. 비열은 계의 부피 또는 압력을 일정하게 유지시키면서 온도를 1도 올리는 데 필요한 열량의 척도가 된다. 비열을 — 예를 들어 일정한 부피하에서 — 조사하려면 그 계는 먼저 그 주위 환경과 상호작용을 하도록 해야 한다. 그 계는 일정량의 열을 받아야 하며 동시에 그 부피는 일정하게 유지되고 그 압력은 변할 수 있게 된다.

보다 일반적으로 계는 **기계적** 작용(예를 들어 압력이나 부피는 피스톤 장치에 의하여 고정될 수 있다), **열적** 작용(일정량의 열이 계에 가해지거나 제거될 수 있다. 또는 계 자체가 열교환을 통하여 주어진 온도에 이르게 할 수 있다) 또는 **화학** 작용(계와 주위 환경 사이에 생기는 반응물질과 생성물질의 흐름) 등의 영향을 받는다. 우리가 이미 언급한 바와 같이 압력, 부피, 화학조성組成, 그리고 온도는 거시적인 계를 정의하는 고전적인 물리화학적 매개 변수들이다. **열역학**은 이러한 성질들의 변화들 간의 상관관계에 대한 과학이다. 동역학적인 대상들과 비교할 때 열역학적 대상들은 따라서 새로운 관점에 이르게 한다. 이 이론의 목표는 계의 변화들을 입자들 간의 상호작용들로서 예측하려는 것이 아니고, 대신에 우리가 외부에서 강요하는 수정들에 대하여 계가 어떻게 반응할 것인가 하는 것을 예측하는 것이다.

기계적인 기관은 그것이 외부세계로부터 받은 위치에너지를 일의 형태로 다시 돌려준다. 원인과 효과가 모두 같은 본성을 지니고 있으며 적어도 이상적으로는 서로 대등하다. 이와는 대조적으로 **열**기관은 펴짐dilatation과 팽창expansion과 같은 계의 기계적 성질들의 변환을 포함하는 상태들의 물질적 변화들을 내포하고 있다. 생산된 기계적인 일은 단순한 움직임의 전달로서가 아니라 진정한 변환과정의 결과로 보아져야만 되는 것이다. 따라서 열기관은 단지 수동적인 장치가 아니다. 엄밀히 말하자면 그것은 운동을 **생산**한다. 이것은 새로운 문제점의 근원이 된다. 즉 계가 운동을 생산할 수 있는 능력을 **회복**하기 위해서는 그 계는 그것의 초기 상태로 되돌려져야만 한다. 따라서 **두 번째**의 과정이 필요하게 되며, 이 두 번째의 상태의 변화는 운동을 생산하는 변화를 **보상**하는 것이다. 열기관에서는 첫 번째 과정과는 반대인 이 두 번째 과정이 계가 초기의 온도·압력·부피를 다시 찾을 때까지 계를 식히는 과정을 내포한다.

열기관의 효율, 즉 행해진 일과 **두 가지의 서로 보상되는 과정들을 생산하기 위하여** 계에 공급되어야 하는 열의 비율에 관한 문제가 바로 비가역과정의 개념이 물리학에 도입되는 곳이 된다. 이러한 측면에서 푸리에의 법칙의 중요성에 관하여 후에 다시 기술할 것이다. 우선은 에너지 보존원리의 필수적인 역할에 관하여 기술해 보자.

2. 에너지 보존원리

우리는 이미 고전동역학에서의 에너지의 핵심적인 위치를 강조한 바 있다.

해밀터니안(운동에너지와 위치에너지의 합)은 정준 변수들 — 좌표와 운동량 — 로 표현되며 그 자체는 운동하는 동안에 일정하게 유지되는 반면 이들 변수들의 변화를 가져오게 한다. 동역학적인 변화는 위치에너지와 운동에너지의 각각의 중요성을 단지 수정하는 것뿐이며 그들의 전체는 보존한다.

19세기 초는 전례 없이 실험에 열성적이던 시기로 특징지을 수 있다.[5] 물리학자들은 운동이 공간에서의 물체들의 상대적 위치에 변화를 가져오는 것 이상의 일을 한다는 것을 깨닫게 되었다. 실험실에서 규명된 새로운 과정들은 궁극적으로 물리학의 모든 새로운 분야들을 역학과 같은 보다 전통적인 분야와 연결짓는 그러한 조직망을 서서히 형성하였다. 이러한 연결들 중의 하나가 갈바니Galvani에 의하여 우연히 발견되었다. 그 이전에는 정전하靜電荷만이 알려져 있었다. 개구리의 몸통을 이용하여 갈바니는 최초의 실험적 전류를 만들었다. 곧이어 볼타Volta는 개구리의 「갈바니」 수축은 사실상 그것을 통해 흐르는 전기 **흐름**의 효과임을 인식하였다. 1800년에 볼타는 화학전지를 만들었다. 따라서 전기는 화학반응에 의하여 생산될 수 있게 되었다. 그리고 나서 발견된 것이 전기분해이다. 즉 전류는 화학적 친화도를 수정할 수 있으며 따라서 화학반응이 일어나도록 한다. 그러나 이 전류는 빛과 열을 생산할 수 있는 것이다. 그리고 1820년에 외르스테드Oersted는 전류에 의하여 생기는 자기磁氣적인 효과들을 발견하였다. 1822년에 제벡Seebeck은 거꾸로 열이 전기를 생산할 수 있음을 보였으며, 1834년에 물체를 어떻게 전기에 의하여 식힐 수 있는가 하는 것을 보여 주었다. 그리고 나서 1831년에 패러데이Faraday가 자기효과의 방법에 의하여 전류를 유도하였다. 새로운 효과들의 전체적인 조직망이 점차로 드러나게 되었다. 과학적인 수평선은 전례가 없는 속도로 팽창하고 있었다.

1847년에 줄Joule에 의하여 결정적인 단계가 이루어졌다. 화학, 열의 과학, 전기, 자기, 그리고 생물학 간의 연결은 「전환Conversion」으로 인식되었다. 「어떤 것」이 정량적으로 보존되고 반면에 그것이 정성적으로 변환된다고 가정하는 전환이라고 하는 생각은 기계적인 운동과정에서 일어나는 것을 일반화시키고 있다. 이미 우리가 본 바와 같이 전체에너지는 보존되지만 위치에너지는 운동에너지로 전환되고 그 역도 성립한다. 줄은 물리화학적 변환들을 위하여 일반적인 **당량**equivalent, 當量을 정의하였으며 따라서 보존되는 양을 측정할 수 있게 하였다. 이 양은 후에 「에너지」라고 알려지게 되었다.[6] 그는 주어진 양의 물의 온도를 1도 올리는 데 필요한 기계적 일을 측정함으로써 첫 번째의 당량을 설정하였다. 여러 가지의 새로운 발견들의 와중에서 통합적인 요소가 발견된 것이다. 물리적·화학적 그리고 생물학적 계들에 의하여 겪는 여러 가지의 변환을 통한 에너지의 보존은 새로운 과정들을 탐색하는 데 길잡이 원리를 마련하게 되었다.

에너지 보존의 원리가 19세기 물리학자들에게 너무나도 중요했던 것은 의심할 여지가 없는 것이었다. 많은 물리학자들에게 그것은 자연의 전부를 통합하는 것을 의미하였다. 줄은 이러한 확신을 영어로 적은 문장에서 다음과 같이 표현하였다.

> 사실상 자연현상들은 기계적이고 화학적인 것이든 또는 생기적인 것이든 간에 거의 모두가 공간을 통한 인력의 연속적인 전환, 즉 생명력(운동에너지)과 열이 서로 상대방의 것으로 전환되는 것으로 이루어져 있다. 따라서 우주의 질서가 유지되는 것이다 — 아무것도 혼란해지지 않고 아무것도 결코 잃은 것이 없으며 전체 기구는 복잡한 대로 부드럽고 조화롭게 작동한다. 그리고 비록 에제키엘Ezekiel의 무서운 환상과 같이 「바퀴가 바퀴의 한가운데 있으며」 모든 것이 거의 수없이 많은 종류의 원인들, 효과들, 전환들 그리고 배열들에 관한 명백한 혼란과 난해함 속에서 복잡하게 얽혀 있는 것처럼 보일지라도 사실은 가장 완전한 규칙성이 보존되어 있는 것이다 — 그 전체가 신神의 지엄한 의지에 의하여 지배되는 것이다.[7]

독일인들인 헬름홀츠, 마이어Mayer 그리고 리비히Liebig 등의 경우는 — 이들은 모두 줄의 신념을 엄격히 말하여 실증주의자의 관습이라는 이유로 거부하였을 그러한 문화에 속하였다 — 더욱 주목할 만한 것이었다. 그들의 발견이 이루어졌을 당시에 이 셋 중의 어느 누구도 엄격히 말하여 물리학자가 아니었다. 그 반면에 이들 모두는 호흡에 관한 생리학에 관심을 갖고 있었다. 이것은 라브와지에 이래로 생명체의 기능이 산소의 연소, 열의 방출, 그리고 근육작용 등과 같이 정확한 물리적이고 화학적인 용어들로 기술될 수 있는 전형적인 문제가 되어 버렸다. 그것은 따라서 낭만주의적 생각에 적대적이며 실험적인 과학에 기여하기를 바라는 생리학자들과 화학자들의 흥미를 끄는 문제였다. 그러나 이들 세 과학자들이 어떻게 호흡과 그리고 나서는 자연의 전부가 어떤 근본적인 「당량當量」에 의하여 지배되는 것이라고 결론을 내리게 되었는가 하는 전말로부터 판단해 볼 때, 우리는 독일의 철학적 전통이 그들에게 실증주의적 입장과는 매우 색다른 개념을 불어넣었다고 말할 수 있겠다. 즉, 그들은 모두 주저함 없이 자연의 전부가 그 세부에 이르기까지 이 단 하나의 보존원리에 의하여 지배되는 것이라고 결론지었다.

마이어의 경우가 가장 주목할 만한 것이었다.[8)] 자바에 있는 네덜란드의 식민지에서 젊은 의사로 일하고 있던 그는 그의 환자들 중의 한 사람에게서 정맥 피의 선명한 붉은색을 주목하였다. 이것은 그로 하여금 더운 열대성 기후에서는 주민들이 체온을 유지하기 위하여 산소를 덜 태워도 된다고 결론짓게 하였다. 이것은 그들의 피가 밝은색을 띠게 하는 결과를 가져오는 것이었다. 마이어는 이어서 에너지의 근원인 산소의 소모, 그리고 열의 손실과 육체노동에도 불구하고 체온을 유지하는 데 관계되는 에너지의 소모와 균형을 밝혀내었다. 그러나 이것은 상당한 비약이었다. 왜냐하면 피의 색은 환자의 「게으름」 때문일 수도 있었기 때문이다. 그러나 마이어는 한걸음 더 나아가 산소의 소모와 열의 손실 간의 균형은 단지 모든 현상에 깔려 있는 파괴될 수 없는 「힘」의 존재의 특수한 구현일 뿐이라고 결론지었다.

자연현상들이 변환을 통하여 일정하게 유지되고 있는 저변의 실재의 산물이라고 보는 이러한 경향은 너무나도 칸트를 상기시키는 것이다. 칸트의 영향은 일부 생리학자들의 또 다른 생각, 즉 철학적 고찰로서의 활력론과 과학적 방법론의 문제 간의 구분에서도 또한 찾아볼 수 있다. 그러한 생리학자들에게는 비록 생명체의 기능에 「활기찬」 힘이 깔려 있다 할지라도 생리학의 대상은 본질적으로 순수하게 물리화학적인 것이어야 했다. 언급된 두 가지의 관점들에서 볼 때, 18세기에 수리물리학에 의하여 이루어진 체계적인 형태를 비준한 칸트주의는 또한 19세기에 물리학의 부흥을 가져온 근원들 중의 하나로 규명될 수 있다.[9)]

헬름홀츠는 매우 솔직하게 칸트의 영향을 인정하였다. 그에게는 에너지 보존원리가 단지 모든 과학이 근거를 두고 있는 일반적인 선험적 필요조건이 물리학에서 구현된 것에 지나지 않는 것이었다 — 자연적인 변환들에는 기본적인 불변성이 깔려 있다고 하는 가정이다.

> 과학의 문제는 우선 자연의 특별한 과정들이 일반적인 규칙들로 설명될 수 있고 유도될 수 있는 법칙들을 찾는 것이다.
>
> 우리는 이러한 행위에서 자연의 모든 변화에는 충분한 원인이 있어야 한다는 신념에 의하여 정당화되고 사실상 강요되고 있다. 우리가 그것들로서 자연현상들을 설명하는 가장 가까운 원인들은 그 자체들로서 변할 수도 있고 변하지 않을 수도 있다. 전자의 경우에 위의 신념은 우리로 하여금 변화를 설명할 수 있는 원인들을 추구하도록 한다. 그리고 따라서 우리는 변할 수 없고 그러므로 외적인 조건들이 동일한 모든 경우에 똑같은 불변의 효과들을 나타내어야만 하는 궁극적인 원인들을 마침내 찾아낼 때까지 계속한다. 이론적인 자연과학의 궁극적인 목표는 따라서 자연현상들의 최종적이고 불변의 원인들을 발견하는 것이다.[10)]

에너지 보존원리와 함께 역학의 최종적인 일반화로 이르게 되는 시대인 물리학의 새로운 황금기에 대한 생각이 떠오르기 시작하였다.

문화적인 연관성들은 멀리 미치는 것이었으며 에너지의 변환기관으로서의 사회와 인간에 대한 개념도 포함되어 있었다. 그러나 에너지 전환이 이야기의 전부일 수는 없다. 그것은 평화스럽고 조절할 수 있는 자연의 양상을 나타내는 것이었지만 그 밑에는 또 다른 더욱 「활동적」인 수준이 있어야만 하는 것이다. 니체Nietzsche는 단순한 보존이나 전환을 훨씬 넘어선 창조와 파괴의 반향을 탐지한 사람들 중의 하나였다. 실제로 온도 차이나 위치에너지의 차이와 같은 차이만이 역시 차이들인 결과들을 나타낼 수 있는 것이다.[11] 에너지의 보존은 단지 차이를 파괴하는 것이며 동시에 또 다른 차이를 창조하는 것이다. 자연의 능력은 따라서 당량들의 사용에 의하여 숨겨지게 된다. 그러나 자연에는 증기기관의 보일러, 화학변환, 생명과 죽음, 그리고 당량과 에너지 보존을 넘어선 또 다른 양상이 존재한다.[12] 여기서 우리는 열역학의 가장 독창적인 기여인 비가역성의 개념에 도달하게 된다.

3. 열기관들과 시간의 화살

기계장치들과 기관차의 뜨겁게 단 보일러와 같은 열기관들을 비교할 때, 우리는 단숨에 고전시대와 19세기의 기술 간의 간격을 알아볼 수 있다. 하지만 물리학자들은 처음에는 이러한 간격을 무시할 수 있는 것으로 생각하였으며 증기기관에 사용된 연료가 영원히 사라져 버린다고 하는 필수적인 사실을 무시한 채로 열기관들이 기계적인 것들과 마찬가지로 기술될 수 있는 것이라고 생각하였다. 그러나 그러한 만족은 곧 불가능해졌다. 고전역학에 있어서 자연의 상징은 시계였다. 산업시대에 이르러 그것은 소진되어 버릴지도 모른다는 위험을 언제나 안고 있는 에너지의 저장소가 되었다. 세계는 마치 화덕처럼 타고 있으며 에너지는 비록 보존되기는 하지만 또한 소산되고 있는 것이다.

비가역에 관한 최초의 정량적인 표현에 이르게 한 열역학 제2법칙의 독창적인 설립은 에너지 보존원리의 일반적 설립이 마이어(1842년) 와 헬름홀츠(1847년)에 의하여 이루어지기 전인 1824년에 사디 카르노Sadi Carnot에 의하여 이루어졌다. 카르노는 기계적인 기관들에 관하여 권위 있는 기술을 한 바 있는 그의 아버지 라자르 카르노Lazare Carnot의 업적을 가깝게 따르며 열기관을 분석하였다.

기계적인 기관의 기술에서는 운동이 주어진 것으로 가정된다. 현대적인 언어로 말하자면, 이것은 에너지와 운동량의 보존에 해당된다. 운동은 단지 변환되어 다른 물체로 전달되는 것이다. 그러나 사디 카르노에게는 기계적 기관과 열기관 간의 비유는 자연스러운 것이었다. 왜냐하면 그는 당시의 대부분의 과학자들과 함께 열은 기계적 에너지와 마찬가지로 보존된다고 가정하였기 때문이다.

한 수준에서 다른 수준으로 떨어지는 물은 물레방아를 움직일 수 있다. 이와 비슷하게 사디 카르노는 두 개의 열원들을 가정하였다. 그중 하나는 기관의 계에 열을 공급하는 것이며, 다른 하나는 다른 온도에서 전자가 공급한 열을 흡수하는 것이다. 서로 다른 온도를 지닌 두 열원들 사이에서 기관을 통한 열의 **운동** — 불의 추진력 — 이 기관을 작동하는 것이다.

카르노는 그의 아버지가 한 질문들을 되풀이하였다.[13] 어떤 기계가 가장 높은 효율을 지닐 것인가? 손실의 근원들은 무엇인가? 일을 생산함이 없이 열을 전파하는 과정들은 무엇인가? 기계적인 기계로부터 최대의 효율을 얻기 위해서는 그것이 충격, 마찰 또는 불연속적인 속도의 변화들 — 요약하자면 다른 속도로 움직이는 물체들을 갑자기 접촉시킴으로써 야기되는 모든 것들을 최소로 줄이는 기능을 하도록 제조되어야 한다고 라자르 카르노는 결론지었다. 그렇게 함으로써 그는 당시의 물리학을 단지 적용하였을 뿐이었다. 다시 말해서 연속적인 현상들만이 보존되는 것이며 운동에 있어서의 모든 급격한 변화는 「생명력」의 비가역적인 손실을 가져오게 된다는 것이다. 이와 비슷하게 이상적인 **열기관**은 다른 **속도**로 움직이는 물체들 간의 모든 접촉을 피하는 대신 다른 **온도**에 있는 물체들 간의 모든 접촉을 피해야만 될 것이었다.

그러므로 다른 온도에 있는 두 물체들 간에 직접적인 열의 흐름으로 인하여 아무런 온도의 변화가 일어나지 않는 순환과정이 고안되어야만 했다. 그러한 흐름들은 아무런 기계적 효과가 없기 때문에 그것들은 단지 효율의 감소를 가져오게 되는 것이다.

이상적인 카르노의 순환과정은 다른 온도에 있는 물체들 간에 아무런 접촉도 없이 다른 온도에 있는 두 열원들 사이에 열을 전달하는 역설적인 결과를 달성한 매우 교묘한 장치이다. 이것은 네 과정들로 나누어져 있다. 두 등온과정들의 각각에서는 계가 두 열원들 중의 하나와 접촉하고 있어서 그 열원의 온도로 유지된다. 뜨거운 열원과 접촉하고 있으면, 계는 열을 흡수하고 팽창하며 차가운 열원과 접촉할 때는 열을 잃고 수축한다. 두 등온과정들은 계가 열원들로부터 격리되는 두 과정들에 의하여 연결된다 — 열은 더 이상 계 안으로 들어가거나 계를 떠나지 않게 되지만 계의 온도는 팽창과 수축 각각의 결과로서 변하게 된다. 부피는 계가 한 열원의 온도로부터 다른 열원의 온도로 될 때까지 계속하여 변하게 된다.

이상적인 열기관에 관한 이러한 기술에서 그것이 실현될 수 있는 근거를 이루고 있는 비가역적 과정들에 대한 언급이 없는 것은 매우 주목할 만한 것이다. 석탄이 타고 있는 화덕에 관한 언급이 없는 것이다. 이 모형은 두 열원들 간의 온도 차이를 유지할 수 있도록 하는 연소의 효과에만 관심을 두고 있다.

1850년에 클라우지우스Clausius는 카르노의 순환과정을 에너지 보존에 의하여 마련된 새로운 전망으로부터 기술하였다. 그는 두 열원들이 필요한 것과 카르노에 의하여 주어진 이론적 효율의 공식이 열기관의 독특한 문제점을 표현하는 것임을 발견하였다. 즉, 기관을 초기의 기계적이고 열적인 조건들로 회복시키기 위하여 전환(이 경우 찬 열원과 접촉시켜 식히는 것)을 보상하기 위한 과정이 필요하다는 것이었다. 계의 상태에 미치는 두 과정들의 영향들, 열원들 간의 열의 흐름과 열이 일로 전환되는 것 사이의 새로운 당량 관계들이 이제 에너지 보존을 나타내는 균형 관계들에 추가되었다. 기계적 효과와 열적인 효과를 연결하는 새로운 과학인 열역학이 등장하게 된 것이다.

클라우지우스의 업적은 우리가 자연이 마련해 준 소진될 수 없는 것으로 보이는 에너지원을 아무 제한도 없이 사용할 수 없다는 것을 명백하게 보여

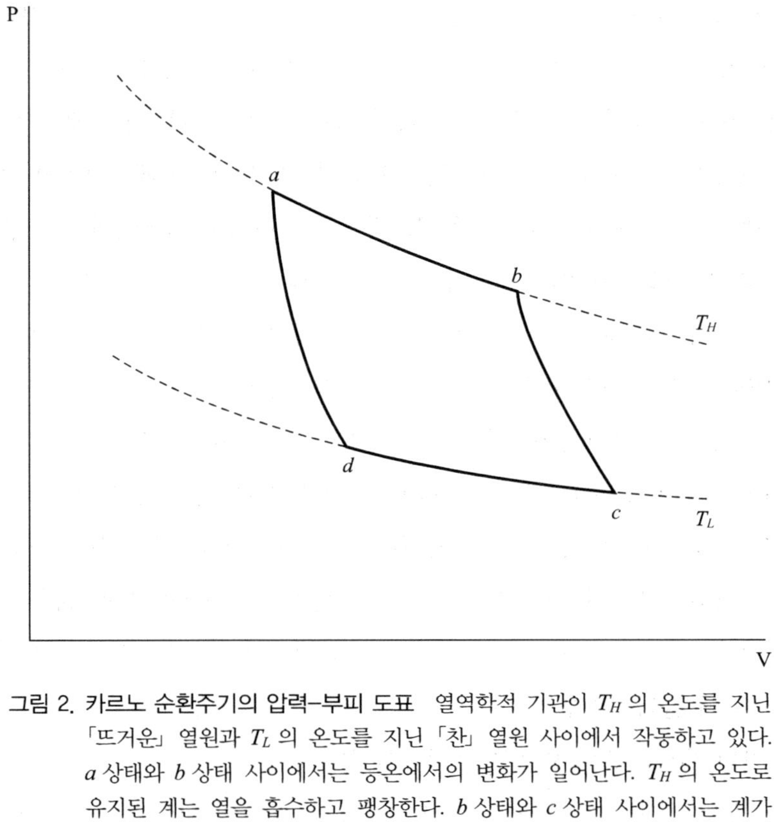

그림 2. 카르노 순환주기의 압력-부피 도표 열역학적 기관이 T_H 의 온도를 지닌 「뜨거운」 열원과 T_L 의 온도를 지닌 「찬」 열원 사이에서 작동하고 있다. *a* 상태와 *b* 상태 사이에서는 등온에서의 변화가 일어난다. T_H 의 온도로 유지된 계는 열을 흡수하고 팽창한다. *b* 상태와 *c* 상태 사이에서는 계가 열적인 격리상태에서 계속 팽창한다. 그리고 계의 온도는 T_H 에서부터 T_L 로 떨어진다. 이 두 단계들에서 기계적 에너지가 생산된다. *c* 상태와 *d* 상태 사이에서는 두 번째의 등온변화가 일어난다. 계는 T_L 의 온도로 유지된 채로 압축되고, 열이 방출된다. *d* 상태와 *a* 상태 사이에서는 계가 다시 격리된 채로 압축되며 이때 온도는 T_H 로 증가한다.

준 것이다. 에너지가 보존되는 모든 과정들이 가능한 것은 아니다. 예를 들어 에너지의 차이는 적어도 대등한 에너지 차이의 파괴 없이는 창조될 수 없는 것이다. 따라서 이상적인 카르노의 순환과정에서 산출된 일의 대가는 한 열원에서 다른 열원으로 전달된 열에 의하여 지불되는 것이다. 한편으로는 산출된 기계적 일과 다른 쪽으로는 열의 전달로써 표현되는 결과는 당량에 의하여 연결된다. 이러한 당량은 양쪽 방향으로 유효한 것이다. 역으로 작동하면, 같은 기계는 산출된 일을 소모하는 반면에 초기의 온도 차이를 회복할 수 있다. 단 하나의 열원을 이용해서는 아무런 열기관도 만들 수 없다.

클라우지우스는 카르노와 마찬가지로 모든 실제의 기관들이 이론에 의하여 예측된 이상적인 수치보다 더 낮은 효율을 갖게 하는 손실에 대하여는 별로 관심을 기울이지 않았다. 그의 기술은 카르노의 것과 같이 이상화된 것에 해당되는 것이었다. 그것은 열기관들의 산율yield, 産率에 대하여 자연이 강요하는 한계의 정의에 이르게 하는 것이다.

그러나 18세기 이래로 이상화된 것들의 지위가 변하였다. 종전과 같이 에너지 보존원리에 근거를 두고 있으나 이 새로운 과학은 이상화된 것들뿐만 아니라 「손실들」을 포함한 자연 그 자체까지도 기술하는 것이라고 주장되었다. 이것은 그것으로써 물리학에 비가역성이 도입되는 새로운 문제점을 제기하였다. 실제의 기관에서 무엇이 일어나는가 하는 것을 어떻게 기술하는가? 에너지 균형 속에 어떻게 손실을 포함시킬 것인가? 그것들은 어떻게 효율을 낮추는가? 이러한 질문들이 열역학 제2법칙에 이르는 길을 닦아 놓았다.

4. 기술技術로부터 우주론까지

앞에서 본 바와 같이 카르노와 클라우지우스에 의하여 제기된 문제점은 보존과 보상에 근거를 둔 이상적인 기관들의 기술記述에 이르게 하였다. 그 밖에도 그것은 에너지의 소산과 같은 새로운 문제점들을 제기할 수 있는 기회를 마련해 주었다. 푸리에의 업적을 높이 평가했던 윌리엄 톰슨William Thomson은 이 문제점의 중요성을 재빨리 파악하였으며 1852년에 그는 처음으로 열역학 제2법칙을 확립하게 되었다.

카르노가 열기관의 출력 손실의 가능한 원인으로 규명한 것은 푸리에의 열전파였다. 더 이상 이상적인 것이 아니고 「실제」의 순환과정인 카르노의 순환과정은 따라서 19세기에 발견된 **두 가지의 보편적인 것들** — 에너지 보존과 열전파 — 이 수렴하는 점이 되었다. 이 두 가지의 발견들을 결합하여 톰슨은 그의 새로운 원리를 확립하였다 — 자연에는 기계적 에너지를 분해시키려는 **보편적인 경향**이 존재한다는 것이다. 우주론적인 뜻을 명백히 내포하고 있는 「보편적」이라는 단어에 주의하라.

라플라스의 세계는 영원한 것이었으며 이상적인 영구기관이었다. 왜냐하면 톰슨의 우주론은 단지 새로운 이상적인 열기관을 반영한 것이 아니라 에너지가 보존되는 세계에서 비가역적인 열전파의 결과들을 포함하고 있기 때문이다. 이러한 세계는 어느 정도의 비가역적 낭비와 쓸데없는 소산을 치르고서야 열이 운동으로 전환되는 그러한 기관으로서 기술된다. 자연에서 효과를 나타내는 차이들은 점점 줄어든다. 이 세계는 그것이 하나의 전환으로부터 또 다른 것으로 가며 「열사熱死상태」인 열적인 평형의 마지막 상태를 향해감에 따라 그것의 차이들을 모두 써 버린다. 푸리에의 법칙에 의하면, 결국에는 기계적 효과를 발생시키는 온도의 차이들이 더 이상 존재하지 않게 된다.

이리하여 톰슨은 기관에 관한 기술技術로부터 우주론에 이르는 아찔한 도약을 하였다. 그가 확립한 제2법칙은 에너지 보존, 기관, 푸리에의 법칙과 같은 당시의 과학용어들로 되어 있다. 더욱이 문화적 상황이 중요한 역할을 하였다는 것은 분명하다. 시간에 관한 문제가 19세기에 새로운 중요성을 갖게 되었다는 것은 일반적으로 받아들여지고 있다. 실제로 시간의 필수적인 역할은 모든 분야들 — 지질학·생물학·언어학 그리고 또한 인류의 사회적 진화에 관한 연구와 윤리학에 이르기까지 — 에서 눈에 띄기 시작하였다. 그러나 시간이 물리학에 도입된 독특한 형태인 균질성과 죽음으로 향하는 경향은 우리로 하여금 생물학과 사회과학에 의하여 기술되는 진보적인 복잡화와 다양화보다는 고대의 신화적이고 종교적인 원형을 더욱 연상케 한다. 이러한 고대의 주제들로의 복귀는 당시의 사회적이고 경제적인 격동의 문화적 반향으로 볼 수 있다. 자연과의 상호작용에 관한 기술적技術的 방식의 빠른 변환과 19세기에 겪은 꾸준히 빨라지는 변화의 속도는 깊은 우려를 낳게 하였다. 이러한 우려는 아직도 우리에게 남아 있으며 「0의 성장」의 사회나 과학연구의 잠정적인 중지를 위한 반복되는 제안들로부터 우리의 붕괴되고 있는 우주에 관한 「과학적 진실」들의 발표에 이르기까지 여러 가지의 형태를 취하고 있다. 천체물리학에 관한 오늘날의 지식은 아직도 빈약하고 매우 문제점이 많은 형편이다. 왜냐하면 이 분야에서는 중력의 효과들이 필수적인 역할을 하고 있으며, 문제점들은 열역학과 상대론을 동시에 사용할 것을 내포하고 있다. 하지만 이 분야의 대부분의 교과서들은 모두 최후의 종말을 예측하고 있다. 최근의 어느 교과서의 결론은 다음과 같다.

> 우리가 알고 있는 바와 같이 우주의 가차 없는 붕괴는 확실한 것으로 보이며 모든 질서 있는 활동을 지탱하는 조직은 인간으로부터 은하계에 이르기까지 천천히 그러나 필연적으로 멈추어 가고 있으며 심지어는 중력에 의한 완전한 붕괴로 인하여 망각 속으로 사라져 버릴지도 모른다는 것이 불쾌한 진실로 보인다.[14)]

다른 사람들은 좀 더 낙관적이다. 우주의 에너지에 관한 훌륭한 논문에서 프리먼 다이슨Freeman Dyson은 다음과 같이 적었다.

> 그러나 생명은 우리가 여태까지 상상했던 것보다 더 큰 역할을 할지도 모른다고 생각될 수 있다. 모든 난관에도 불구하고 생명은 그 자신의 목적에 맞게 우주를 꿰어 맞추는 데 성공할지도 모른다. 그리고 생명이 없는 우주의 설계는 20세기의 과학자들이 추측하려고 하는 것만큼은 생명과 지성의 가능성으로부터 멀리 떨어져 있지 않을지도 모른다.[15)]

호킹Hawking과 그 밖의 사람들에 의하여 이루어진 중요한 발전에도 불구하고 우리의 우주에서 일어나고 있는 대규모의 변환들에 관한 우리의 지식은 아직도 부적당한 채이다.

5. 엔트로피의 탄생

1865년에 기술技術로부터 우주론으로 도약하는 것은 클라우지우스의 차례였다. 처음에 그는 그가 일찍이 내렸던 결론들을 단지 재설립하였을 뿐이었다. 그러나 그렇게 하는 동안 그는 새로운 개념인 **엔트로피**를 도입하였다. 그의 첫째 목표는 보존과 가역성에 관한 개념들을 분명히 구별하는 것이었다. 가역성과 보존이 일치하는 기계적 변환들과는 달리 물리화학적 변환은 비록 그것이 되돌려질 수 없는 것이라 하여도 에너지가 보존될 수 있는 것이다. 이것은 예를 들어 운동이 열로 전환되는 마찰의 경우나 푸리에가 기술한 대로의 열전도의 경우에 진실이다.

우리는 이미 계의 상태의 함수 — 그것으로 상태가 정의될 수 있는 매개변수들(압력·부피·온도)[16)]의 값에만 의존되는 함수 — 인 에너지에 관하여 잘 알고 있다. 그러나 우리는 에너지 보존원리에서 더 나아가 카르노 순환과정에 있어서의 「유용한」 에너지 교환과 비가역적으로 낭비된, 「소산된」 에너지를 구별하여 나타낼 수 있는 방법을 찾아야만 한다.

이것이 바로 클라우지우스의 새로운 함수인 엔트로피entropy의 — 일반적으로 S로 나타내는 — 역할이다.

분명히 클라우지우스는 기관이 그 순환과정의 마지막에는 초기상태로 되돌아가야 한다는 명백한 조건을 단지 새로운 형태로 표현하고자 했을 뿐이었다. 엔트로피의 처음 정의는 보존을 중심으로 이루어졌다. 즉, 각 순환과정의 마지막에는 그것이 이상적이든 아니든 간에 계의 상태의 함수인 엔트로피가 초기의 값으로 되돌아가야 한다는 것이다. 그러나 엔트로피와 에너지 사이의 평행선은 우리가 이상화하는 것을 포기하는 순간 끝나 버리고 만다.[17)]

이제 짧은 시간 간격 dt 동안에 엔트로피의 변화 dS를 생각해 보자. 이상적인 기관과 실제의 기관은 그 상황이 매우 다르다. 첫 번째 경우에는 dS가 완전히 기관과 그 주위환경 간의 교환들에 의하여 표현될 수 있다. 우리는 열이 계 안으로 흘러 들어오는 대신 계가 열을 주어 버리는 실험들을 할 수 있다. 해당되는 엔트로피의 변화는 단지 그 부호가 바뀔 뿐이다. 엔트로피의 이러한 기여는 — 앞으로 d_eS로 부를 것이다 — 따라서 그것이 양이나 음의 부호를 가질 수 있다는 의미에서 **가역적**이다. 실제 기관에서는 상황이 매우 달라진다. 이 경우 가역적인 교환들 이외에도 계 안에는 열손실, 마찰 등과 같은 **비가역적** 과정들이 있다. 이들은 계 안에서 엔트로피의 증가 또는「엔트로피 생산」을 가져오게 한다. d_iS로 부를 이러한 엔트로피의 증가는 바깥세계와의 열교환을 뒤집는 것을 통하여는 그 부호를 바꿀 수 없다. 모든 비가역과정들(열전도와 같은)과 마찬가지로 엔트로피 생산은 언제나 같은 방향으로 진행된다. 다시 말하면, d_iS는 오직 양이거나 0(비가역과정들이 없을 때)이 될 수 있을 뿐이다. d_iS의 양의 부호는 단지 관습에 의하여 선택되었을 뿐이며, 음의 부호가 선택될 수도 있었다. 중요한 점은 그 변화가 단조로운 것으로서 엔트로피 생산은 시간이 지남에 따라서 부호를 바꿀 수 없다는 것이다.

d_eS와 d_iS의 표현은 독자들로 하여금 첫 번째 것은 바깥세계와의 교환

(e) 을 의미하고 두 번째 것은 계의 내부 (i) 의 비가역과정들을 의미한다는 것을 상기시키기 위하여 선택된 것이다. 그러므로 엔트로피 변화 dS 는 아주 다른 물리적 의미를 지닌 d_eS 와 d_iS 의 두 항들의 합이다.[18)]

엔트로피 변화를 두 부분으로 이렇게 분해하는 것의 독특한 양상을 파악하기 위해서는 우리의 수식화를 에너지에 적용해 보는 것이 유용하다. 이제 에너지를 E 로 나타내고 짧은 시간 dt 동안의 변화를 dE 로 나타내자. 물론 우리는 아직도 dE 가 에너지 교환으로 인한 d_eE 항과 에너지의 「내부생산」과 연결된 d_iE 항의 합과 같다고 쓸 수 있다. 그러나 에너지 보존 원리에 의하면 에너지는 결코 「생산」되는 것이 아니라 단지 한 곳에서 다른 곳으로 전달되는 것일 뿐이다. 에너지의 변화 dE 는 따라서 d_eE 로 간추려지게 된다. 그 반면에 그릇 안에 담겨진 수소분자들의 양量과 같이 보존되지 않는 양의 경우에는 이 양이 그릇에 수소를 가해주거나 또는 그릇 안에서 일어나는 화학반응을 통하여 변할 수 있게 된다. 그러나 이 경우에는 「생산」의 부호가 결정되지 않는다. 상황에 따라서 우리는 수소원자들을 다른 화학성분들로 바꾸어 줌으로써 수소분자들을 생산할 수도 있고 파괴할 수도 있다. 제2법칙의 독특한 양상은 생산항인 d_iS 가 언제나 양이라는 사실이다. 엔트로피의 생산은 계 안에서 비가역적인 변화들이 일어나고 있음을 나타내는 것이다.

클라우지우스는 엔트로피의 흐름 d_eS 를 계가 받은(또는 내어 준) 열로써 정량적으로 나타낼 수 있었다. 가역성과 보존의 개념들에 의하여 지배되고 있던 세계에서 이것은 그의 주된 관심사였다. 엔트로피 생산에 관련된 비가역과정들에 관하여 그는 단지 $d_iS/dt > 0$ 이라는 부등식의 존재를 말하였을 뿐이다. 그렇지만 중요한 발전을 이룩한 것이다. 왜냐하면 우리가 만일 카르노의 순환과정을 떠나 다른 열역학적인 계들을 생각한다 하여도 역시 엔트로피의 흐름과 엔트로피의 생산 간에 구별을 할 수 있기 때문이다. 그 주변환경과 아무런 교환도 하지 않는 격리된 계에서는 엔트로피의 흐름은 정의에 의하여 0이 된다. 단지 생산항만 남게 되며, 계의 엔트로피는 오직 증가하거나 일정하게 유지될 수만 있다. 그러면 여기서 그것은 더 이상 가역적 변환의 근사로서의 비가역적 변환에 관한 문제가 아니며, 증가하는 엔트로피는 계의 **자발적인 진화**에 해당되는 것이다. 따라서 엔트로피는 에딩턴이 적절하게 표현한 바와 같이 「진화의 지표」 또는 「시간의 화살」이 된다. 모든 격리된 계에서는 미래는 엔트로피가 증가하는 방향이다.

어떤 계가 전체로서의 우주보다 더 잘 「격리」되겠는가! 이러한 개념이 1865년에 클라우지우스에 의하여 우주론적으로 확립된 열역학의 두 법칙들의 근거를 이루고 있다.

세상의 에너지는 일정하다.
세상의 엔트로피는 최댓값을 향하여 증가한다.[19]

격리된 계의 엔트로피가 최댓값을 향하여 증가한다는 표현은 열역학을 탄생하게 한 기술적技術的인 문제점을 훨씬 넘어선 것이다. 증가하는 엔트로피는 더 이상 손실과 같은 뜻이 아니며, 이제는 계 안의 **자연적인 과정들**을 설명하는 것이다. 이들은 계를 궁극적으로 최대 엔트로피의 상태에 해당되는 열역학적 「평형」에 이르게 하는 과정들이다.

제1장에서 우리는 동역학의 보편적 법칙들에 관한 뉴턴의 발견에 관련된 놀라운 요소를 강조한 바 있다. 여기서도 역시 놀라운 요소는 명백하다. 사디 카르노가 이상적인 열기관들에 관한 법칙들을 확립할 때, 그는 그의 업적이 물리학에서의 개념적 혁명을 가져오리라고는 상상도 하지 못하였을 것이다.

가역적인 변환들은 그것들이 계에 작용할 수 있는 가능성 또한 그것을 조종할 수 있는 가능성을 정의한다는 의미에서 고전과학에 속하는 것이다. **동역학적인 대상**은 그 초기조건들을 통하여 조종될 수 있는 것이다. 이와 비슷하게 열역학적 대상은 그것의 가역적 변환들로 정의되었을 때 그것의 경계 조건들을 통하여 조종될 수 있는 것이다. 즉, 온도·부피 또는 압력이 점차로 변화하는 열역학적 평형에 있는 계는 어떠한 것이라도 일련의 평형상태들을 거치게 되며 이러한 조작의 어떠한 뒤집음도 그 계를 초기상태로 되돌려 놓을 수 있게 한다. 그러한 변화의 가역적인 본성과 경계조건들을 통한 대상의 조종은 상호의존적인 과정들이다. 이러한 상황으로 미루어 보아 비가역성은 「부정적」인 것이다. 즉, 그것은 계가 조종을 벗어나자마자 일어나는 「조종되지 않은」 형태로 나타나게 된다. 그러나 거꾸로 말하면 비가역적 과정들은 실험장치들을 사용하여 자연을 이용하고자 할 때, 자연이 나타내는 자발적이고 고유한 활동의 마지막 흔적들이라고 생각될 수 있다.

따라서 소산의 「부정적」 성질은 동역학적 대상들과는 달리 열역학적 대상들은 오직 부분적으로만 조종될 수 있다는 것을 보여 주고 있다. 때때로 그것들은 자발적인 변화 속으로 「도망쳐 버린다.」

열역학적 계에서는 모든 변화들이 동등하지 않다. 이것이 $dS = d_eS + d_iS$ 의 표현이 뜻하는 바이다. 평형을 향한 자발적인 변화인 d_iS 는 경계조건들(예를 들어, 주변의 온도와 같은 것) 의 수정에 의하여 결정되고 조종되는 변화인 d_eS 와는 다른 것이다. 격리된 계에서 평형은 비평형상태들의 「인력자 attractor」처럼 보인다. 따라서 우리의 처음 주장은 인력자의 상태를 향한 진화는 다른 모든 변화들, 특히 경계조건들에 의하여 결정되는 변화들과 다르다고 말함으로써 일반화될 수 있겠다.

막스 플랑크Max Planck는 자연에서 찾을 수 있는 두 가지 종류의 변화들 사이의 차이점을 자주 강조하였다. 자연은 어떤 상태들을 「선호」하는 것으로 보인다고 플랑크는 썼다. 엔트로피의 비가역적 증가인 d_iS/dt 는 계를 「끌어당기는」 상태 — 계가 선호하며 그 자신의 「자유의사」로는 그것으로부터 움직이지 않으려는 그러한 상태 — 로 계가 접근해가는 것을 기술한다. 「이러한 관점에서 볼 때, 자연은 마지막 상태가 처음의 상태보다 덜 매력적인 그러한 과정들이 일어나지 않도록 한다. 가역과정들은 극한적인 경우들이다. 이러한 과정들에서는 자연은 초기상태들과 마지막 상태들에 대하여 같은 경향을 나타내고 있다. 이것이 어째서 이들 사이의 진행이 양쪽 방향으로 이루어질 수 있는가 하는 까닭이다.」[20)]

동역학의 언어와 비교해 볼 때, 이러한 언어는 얼마나 낯선 것인가! 동역학에서는 계가 딱 한 번 주어지고 그 출발점이 결코 잊혀지지 않는(초기조건들이 모든 시간에서 궤적을 결정하기 때문이다) 그러한 궤적에 의하여 변화한다. 그러나 격리된 계에서는 모든 비평형적인 상황들이 같은 종류의 평형상태를 향한 진화를 발생시킨다. 평형에 도달했을 때 계는 그 초기조건들 — 그것이 마련된 방법들 — 을 잊어버리고 만다. 따라서 평형상태에 있는 계의 비열이나 압축률은 계가 마련된 방법에 무관한 성질이다. 이 다행스러운 상황은 물체의 물리적 상태에 관한 연구를 매우 간단하게 해 주는 것이다. 사실상 복잡한 계들은 거대한 숫자의 입자들로 이루어져 있다.* 동역학적 견지에서 볼 때, 그러한 계들의 어떤 상태도 재생시킨다고 하는 것은 생길 수 있는 동역학적 상태들의 무한히 많은 종류들로 미루어 보아 실질적으로 불가능한 것이다.

우리는 이제 두 가지의 근본적으로 다른 기술방법들에 직면하고 있다. 즉, 운동의 세계에 적용되는 동역학과 엔트로피 증가를 향한 진화의 고유한 방향을 지닌 복잡한 계들의 과학인 열역학이 그것들이다. 이러한 이중성은 어떻게 즉각적으로 이들 기술방법들이 연관되어 있는가 하는 문제, 열역학법칙들이 설립된 이래 논란이 되어 온 그러한 문제를 제기하고 있다.

* 물리화학에서는 아보가드로(Avogadro) 수를 흔히 사용한다 — 이것은 물체「1몰(mol)」 안에 있는 분자들의 숫자이다(1몰은 언제나 같은 숫자의 입자들, 즉 1그램의 수소 안에 포함되어 있는 원자들의 숫자만큼 입자들을 포함하고 있다). 이 숫자는 6×10^{23} 정도이며 이것은 고전열역학의 법칙들에 의하여 지배되는 계들을 형성하고 있는 입자들의 숫자의 특징적인 크기에 해당된다.

6. 볼츠만의 질서원리

열역학 제2법칙은 두 가지의 근본적인 요소들을 포함하고 있다. (1) 어떤 과정들의 불가능성을 나타내는 「부정적」인 것(열은 뜨거운 열원으로부터 흐르는 것이며 그 역은 성립하지 않는다) 과 (2) 「긍정적」이고 건설적인 것이다. 두 번째 것은 첫 번째 것의 결과이다. 그것은 어떤 과정들의 불가능성이며 이것은 우리로 하여금 격리된 계들에게 균일하게 증가하는 엔트로피라는 함수를 도입하도록 하는 것이다. 격리된 계들에서는 엔트로피가 인력자와 같이 행동하고 있다.

열역학의 설립이 어떻게 동역학과 화해될 수 있는 것일까? 19세기말에 대부분의 과학자들은 이것이 불가능하다고 생각하는 것으로 보였다. 열역학의 원리들은 새로운 과학의 토대를 이루는 새로운 법칙들이었으며, 이것들은 전통적인 물리학으로 간추려질 수 없는 것이었다. 에너지의 정성적인 다양성과 그것의 소산을 향한 경향은 모두 새로운 공리들로 받아들여져야만 했다. 이것은 물리학의 필수적인 사명이라고 그들이 생각하는 것 — 자연현상들의 복잡성을 운동의 법칙들로 표현되는 기초적인 행동의 단순성으로 간추리는 것 — 을 포기하기를 거부한 「원자론자」들에 대립되는 「에너지론자」들의 주장이었다.

사실상 미시적인 수준으로부터 거시적인 수준으로의 전환에 관한 문제는 물리학 전반의 발전에 뛰어난 성과를 거두게 한다는 것이 판명되었다. 처음으로 여기에 도전한 사람이 볼츠만이었다. 그는 새로운 개념들이 궤적들의 물리학으로 하여금 열역학으로 기술되는 상황을 다룰 수 있도록 연장되게끔 발전되어야 한다고 느꼈다. 맥스웰Maxwell의 발자취를 따라 볼츠만은 이러한 개념적인 혁신을 확률이론에서 추구하였다.

확률이 복합적인 현상들의 기술에 역할을 할 수 있다는 것은 놀라운 일이 아니었다. 맥스웰 자신도 사회학에서 「평균」 인간을 고안해 낸 케틀레Quételet

의 업적에 의하여 영향을 받은 것으로 보인다. 혁신적인 것은 근사의 방법으로서가 아니라 오히려 설명원리로서 확률을 물리학에 도입한 것이며, 이것을 이용하여 계가 확률의 법칙들이 적용될 수 있을 만큼 많은 구성요소들로 이루어진 덕분에 새로운 형태의 행동양식을 나타낼 수 있다는 것을 보여준 것이다.

이제 확률개념이 물리학에서 적용되는 간단한 예를 살펴보자. N개의 입자들로 구성된 앙상블ensemble이 똑같은 두 개의 구획들로 나누어져 있는 상자 속에 들어 있다. 문제는 구획들 간의 입자들의 여러 가지 가능한 분포들에 관한 확률 — 첫째 구획에서 N_1 개의 입자들(그리고 둘째 구획에서는 $N_2 = N - N_1$ 개의 입자들)을 찾을 수 있는 확률 — 을 구하는 것이다.

조합組合에 관한 해석학을 이용하면, N개 입자의 각각 다른 분포가 이루어질 수 있는 방법의 수를 쉽게 계산할 수 있다. 따라서 만일 $N = 8$이면 8개의 입자들을 한쪽에 넣을 수 있는 방법은 단 하나뿐이다. 그러나 1개의 입자를 한쪽에 넣고 7개를 다른 쪽에 넣으려면 고전물리학에서 가정하는 것처럼 입자들이 구별되는 것이라고 할 때 8가지 다른 방법들이 있다. 더 나아가 양쪽에 8개의 입자들을 똑같이 분포시키려면 $8!/4!4! = 70$가지의 다른 방법들이 있다(여기서 $n! = 1 \cdot 2 \cdot 3 \cdots\cdots (n-1) \cdot n$이다). 마찬가지로 N의 값이 무엇이든 어떤 주어진 분포 N_1, N_2를 이룰 수 있을 방법의 수를 나타내며 물리학에서 **색상**complexion이라고 불리는 상황의 수인 P를 정의할 수 있다. 그것의 표현은 $P = N!/N_1!N_2!$이다.

어떤 주어진 구성요소들의 수에 색상의 수가 클수록 N_1과 N_2 사이의 차이가 작아진다. 그것은 구성요소들이 양쪽에 똑같이 분포되었을 때 최댓값을 갖는다. 더욱이 N의 값이 커질수록 서로 다른 방식들의 분포에 해당되는 색상들의 수간에 차이가 커진다. 거시적인 계들에서 볼 수 있는 10^{23} 정도의 N의 값에 대하여는 가능한 분포들의 절대다수가 $N_1 = N_2 = N/2$의 분포에 해당되는 것이다. 따라서 많은 수의 입자들로 구성된 계들에 대하여는 균등분포에 해당되는 상태와는 다른 모든 상태들은 거의 생길 수 없는 것이다.

볼츠만은 처음으로 엔트로피의 비가역적 증가가 분자들의 무질서도의 증가에 관한 표현이며 P의 최댓값에 해당되는 상태와 비교할 때, 비대칭성은 색상들의 수를 감소시키므로 어떠한 초기의 비대칭성에 대한 점차적인 망각의 표현으로 생각될 수 있는 것이라고 깨달았다. 볼츠만은 따라서 엔트로피 S를 색상들의 수로 규명하는 것을 목표로 하였다. 엔트로피는 각각의 거시적 상태를, 이 상태를 이루는 방법들의 수로써 특징짓는다. 볼츠만의 유명한 공식 $S=k \log P^{*}$는 이러한 생각을 정량적인 형태로 표현한 것이다. 이 공식의 비례상수 k는 볼츠만 상수로 알려진 보편적인 상수이다.

볼츠만의 결과들은 비가역적인 열역학적 변화가 증가되는 확률의 상태들을 향한 변화이며, 더욱이 인력자 상태가 최대확률에 해당되는 거시적인 상태임을 의미하는 것이다. 이것으로 우리는 뉴턴을 훨씬 넘어서게 된다. 최초로 물리적인 개념이 확률로써 설명된 것이다. 그것의 효용은 곧 명백해진다. 확률은 계가 모든 초기의 대칭성들, 모든 특별한 분포들(예를 들어, 한 덩어리의 입자들이 계의 한구석에 몰려 있다거나 또는 서로 다른 온도의 두 기체들이 섞였을 때 생기는 속도분포와 같은 것들)을 잊어버리는 것을 알맞게 설명할 수 있는 것이다. 이러한 망각이 가능한 것은 계에 관하여 독특한 어떠한 진화라 할지라도 그것은 궁극적으로 무질서와 최대의 대칭성을 지닌 거시적인 상태에 해당되는 미시적 상태들 중의 하나에 이르게 하기 때문이다. 이러한 거시적인 상태들은 가능한 미시적 상태들의 절대다수에 해당되는 것이다. 일단 이 상태에 도달하면, 계는 이 상태로부터 오직 짧은 거리만을 짧은 시간 동안만 움직이게 될 것이다. 다시 말하면 계는 인력자 상태의 주변에서 단지 요동하게 될 뿐이다.

볼츠만의 질서원리는 계가 가질 수 있는 가장 확률이 큰 상태가 계 안에

---

*이 로그 표현은 엔트로피가 더해지는 양이고($S_{1+2}=S_1+S_2$), 반면에 색상들의 수는 곱해지는 양($P_{1+2}=P_1 \cdot P_2$)임을 나타내고 있다.

서 동시에 수많은 사건들이 일어나며 그들이 서로 통계적으로 보상하게 되는 그러한 상태임을 내포하고 있다. 우리의 첫 번째 예의 경우에는 초기의 분포가 무엇이든 계의 진화는 궁극적으로 균등한 분포인 $N_1 = N_2$ 에 이르게 된다. 이 상태는 계의 비가역적인 거시적 진화를 끝나게 한다. 물론 입자들은 한쪽으로부터 다른 쪽으로 계속 움직이게 될 것이나, 평균적으로 볼 때, 어떤 주어진 순간에 한쪽 방향으로 움직이는 입자들의 수는 다른 쪽 방향으로 움직이는 입자들의 수와 같아진다. 그 결과로 이들의 움직임은 평형상태인 $N_1 = N_2$ 주변에서 오직 잠깐 동안의 작은 요동만을 일으킬 뿐이다. 따라서 볼츠만의 확률적인 해석은 평형열역학으로 연구된 인력자의 특이성을 이해할 수 있도록 해 준다.

이것이 이야기의 전부는 아니며 우리는 이 책의 제3부에서 보다 자세한 논의를 할 것이다. 여기서는 몇 마디로써 충분하다. 고전역학에서는(그리고 후에 보게 되겠지만 양자역학에서도 역시) 모든 것은 초기상태들과 운동의 법칙들에 의하여 결정된다. 그러면 어떻게 자연의 기술記述에 확률이 끼어드는가? 여기서 계의 정확한 동역학적 상태에 관한 우리의 무지를 환기시키는 것이 보통이다. 이것이 엔트로피에 관한 주관론적인 해석이다. 그러한 해석은 비가역적 과정들이 마찰이나 또는 보다 일반적으로는 열기관의 작동에서의 손실에 해당되는 단지 귀찮은 존재들이라고 생각될 때는 받아들여질 수 있는 것이다. 그러나 오늘날은 상황이 바뀌었다. 앞으로 보게 되겠지만 비가역적 과정들은 매우 커다란 건설적인 중요성을 지니고 있다. 즉 생명은 이러한 과정들이 없이는 불가능하다는 것이다. 따라서 주관론적인 해석은 매우 의심스러운 것이다. 우리들 자신이 우리의 무식으로 인한 결과이며 우리가 오직 거시적 상태들만을 관측한다는 사실의 결과란 말인가.

더욱이 열역학과 동시에 그것의 확률적 해석에서는 모두 시간에서의 비대칭성이 나타나고 있다. 즉, 엔트로피는 과거를 향한 것이 아니라 미래를 향한 방향으로 증가한다. 이러한 것은 우리가 시간의 전환에 대하여 불변인 동역학 방정식들을 생각할 때 불가능한 것으로 보인다. 앞으로 보게 되겠지만 제2법칙은 동역학과 양립되는 선택의 원리이며 그것으로부터 추론될 수 있는 것은 아니다. 그것은 동역학적 계가 가질 수 있는 가능한 초기조건들을 제한하는 것이다. 제2법칙은 따라서 고전 또는 양자 동역학의 기계론적 세계로부터 급격히 달라지는 것을 의미한다. 이제 볼츠만의 업적을 되돌아보기로 하자.

여태까지 우리는 전체에너지와 마찬가지로 입자들의 수가 경계조건들에 의하여 고정된, 격리된 계들을 논의하였다. 그러나 볼츠만의 설명은 주위환경과 상호작용하는 열려진 계들에도 확장될 수 있다. 계의 온도 T가 주위환경과의 열교환에 의하여 일정하게 유지되는 것과 같은 경계조건들로 정의되는 닫혀진 계에서는 평형이 최대 엔트로피로써 정의되는 것이 아니라 비슷한 함수인 자유에너지 ($F=E-TS$) 의 최댓값으로 정의된다. 여기서 E는 계의 에너지이고 T(물의 어는 점이 273℃이고 끓는 점이 373℃인 소위 켈빈Kelvin 축척으로 측정된) 는 온도이다.

이 공식은 평형이 에너지와 엔트로피 간의 경쟁의 결과임을 의미하고 있다. 온도는 두 가지 요인들의 상대적인 비중을 결정하는 것이다. 저온에서는 에너지가 큰 비중을 갖게 되며 결정結晶과 같은 **질서 있고** (약한 엔트로피의) **낮은 에너지의** 구조들이 형성된다. 이러한 구조들 안에서는 각 분자들이 그 이웃분자들과 상호작용을 하고 있으며, 이때 관계된 운동에너지는 각 분자가 그 이웃분자들과 상호작용함으로써 생기는 위치에너지와 비교할 때 작은 것이다. 우리는 각 입자가 그 이웃입자들과의 상호작용에 의하여 사로잡혀 있다고 상상할 수 있다. 그러나 고온에서는 엔트로피가 지배적이며 따라서 분자들의 무질서도度가 커지게 된다. 상대적인 운동의 중요성이 증가하며 결정의 규칙성이 파괴된다. 온도가 증가함에 따라 우선 액체상태가 되고 그리고는 기체상태가 된다.

격리된 계의 엔트로피 S와 고정된 온도하에 있는 계의 자유에너지 F는

「열역학적 퍼텐셜」의 예이다. S 또는 F와 같은 열역학적 퍼텐셜의 극대小값은 그러한 계가 — 그 계의 경계조건은 이들 퍼텐셜의 정의에 해당된다 — 자발적으로 향하게 되는 인력자 상태를 정의한다.

볼츠만의 원리는 또한 구조들의 공존(액체상과 고체상과 같은) 이나 결정화된 생성물질과 용액 중에서의 같은 생성물질 간의 평형을 연구하는 데도 이용될 수 있다. 그러나 평형구조는 분자의 수준에서 정의된다고 하는 것을 기억하는 것이 중요하다. 분자 안에 들어 있는 원자의 지름과 같은 크기인 10^{-8}cm 정도의 범위에 걸쳐 분자 간에 상호작용하는 것이 결정의 구조를 안정하게 만들고 그것의 거시적인 성질을 나타내고 있다. 반면에 결정의 크기는 구조의 고유한 성질이 아니다. 그것은 평형상태의 결정상結晶相에 있는 물체의 양에 의존되는 것이다.

7. 카르노와 다윈

평형열역학은 많은 수의 물리화학적 현상들에 관한 만족스런 설명을 마련해 준다. 하지만 우리는 평형구조의 개념이 우리가 자연에서 접하게 되는 다른 구조들을 포함하는가 하는 질문을 하게 된다. 그 대답은 명백히 부정적이다.

평형구조들은 미시적인 요소들(분자들, 원자들) 의 활동에 대한 통계적인 보상의 결과들로 볼 수 있다. 정의에 의하여 그것들은 전체적인 수준에서 비활성적이다. 이런 까닭에 그것들은 또한 「불멸」의 것이다. 일단 그것들이 형성되면 그것들은 그 주위환경과 더 이상 상호작용함이 없이 격리되고 무한히 유지될 수 있다. 그러나 우리가 생물학적 세포나 또는 도시를 조사해 보면 상황은 매우 달라진다. 이런 계들은 열려져 있을 뿐만 아니라 열려져 있기 때문에 이들은 존재하는 것이다. 이들은 바깥세계로부터 오는 물질의 흐름과 에너지에 의하여 살고 있다. 우리는 결정을 격리시킬 수는 있다. 그러나 도시와 세포들은 주변환경과 단절되면 죽게 된다. 이들은 그것으로부터 이들이 생계수단을 뽑아내는 세계의 중요한 부분을 이루고 있으며 그들이 끊임없이 변환시키는 흐름들로부터 분리될 수 없는 것이다.

그러나 열역학적 평형의 모형들에 대하여 심각하게 생소한 것은 생명의 본성만은 아니다. 유체역학과 화학반응들은 흔히 바깥세계와 물체 및 에너지의 교환을 내포하고 있다.

볼츠만의 질서원리가 그러한 상황들에 대하여 어떻게 적용될 수 있는가 하는 것을 알기는 어려운 일이다. 계가 시간이 지남에 따라 더욱 균일해진다는 사실은 색상들로써 이해할 수 있다. 초기조건들에 의하여 창조된「차이」들이 잊혀진 균일한 상태에서는 색상들의 수가 최대가 될 것이다. 그러나 자발적인 대류현상은 이러한 관점으로는 이해할 수 없는 것이다. 대류의 흐름은 합치성, 즉 거대한 수의 분자들의 협력을 필요로 한다. 볼츠만의 용어로는 그것은「거의 일어날 수 없는」상태이다. 만일 대류가「기적」으로 생각되어야 한다면 가장 간단한 유기체 안에서 존재하는 고도의 독특한 양상들을 지닌 생명에 관해서는 무엇이라고 말해야 될 것인가?

평형상태의 모형들의 적절함에 관한 문제는 뒤집힐 수 있는 것이다. 평형을 이루기 위하여 계는 자연을 구성하고 있는 흐름들로부터「보호」되어야 한다. 그것은 자신을 만들어 낸 연금술사에게 다음과 같이 말한 괴테의《파우스트》에 나오는 난쟁이와 같다.「통조림으로 만들어지든가」또는 병 속에 넣어져야만 할 것이다.「이리로 와서 당신의 젖가슴으로 부드럽게 누르시오. 하지만 유리가 깨질지도 모르니 너무 세게 누르지는 마시오. 이것이 사물이 존재하는 방법이오. 자연스러운 것은 전 세계가 거의 그것을 충족시키지 못하는 것이오. 하지만 인공적인 것은 닫혀진 공간을 필요로 하오.」우리에게 익숙한 세계에서는 평형은 드물고 위태로운 상태이다. 평형을 향한 진화까지도 우리의 것과 같은 세계, 즉 계의 부분적인 격리가 가능하기 위하여 태양으로부터 충분히 멀리 떨어져 있으며(태양의 온도에서는「통조림으로 만들기」가 불가능하다) 그러나 비평형이 상례로 되어 있고 평형과 비평형이 공존하는 「미지근한」 세계를 뜻하는 것이다.

그러나 오랫동안 물리학자들은 결정의 비활성적인 구조가 예측할 수 있고 재생시킬 수 있는 유일한 물리적 질서로서 정의될 수 있으며, 평형은 물리학의 기본법칙들로부터 추론될 수 있는 유일한 진화로서 접근될 수 있는 것이라고 생각하였다. 따라서 열역학적 기술記述로부터의 외삽인 어떠한 시도도 생물학과 사회과학에 의하여 기술되는 진화의 종류를 드물고 예측할 수 없는 것으로 정의하게 되는 것이었다. 예를 들어 다윈의 진화 — 드문 사건들의 통계적인 선택 — 가 어떻게 볼츠만이 기술하는 모든 특이성들, 모든 드문 배열들의 통계적인 사라짐과 화해될 수 있을 것인가? 로저 캘르와Roger Caillois가 물은 것처럼 「과연 카르노와 다윈이 모두 옳을 수 있겠는가?」[21)]

다윈적인 접근방식이 볼츠만에 의하여 탐색된 경로와 본질적으로 얼마나 비슷한가 하는 것을 주목하는 것은 흥미 있는 일이다. 이것은 우연의 일치만은 아닐 것이다. 우리는 볼츠만이 다윈을 무척 존경했음을 알고 있다. 다윈의 이론은 종種들의 자발적인 요동에 관한 가정으로부터 시작된다. 그리고는 선택이 비가역적인 생물학적 진화로 이르게 한다. 그러므로 볼츠만과 마찬가지로 무질서함이 비가역성에 이르게 하는 것이다. 하지만 그 결과는 매우 다르다. 볼츠만의 해석은 초기조건들의 망각, 초기구조들의 「파괴」를 의미하고 있는 반면에 다윈적인 진화는 자생적 조직화 — 항상 증가하는 복잡성 — 와 연관되는 것이다.

여태까지의 우리의 주장을 요약하면, 평형열역학이 자연의 복잡성에 대한 물리학의 최초의 반응이라는 것이다. 이 반응은 에너지의 소산, 초기조건들의 망각, 그리고 무질서를 향한 진화로서 표현되는 것이다. 영원하고 가역적인 궤적들의 과학인 고전동역학은 진화의 개념에 의하여 지배되던 19세기가 당면한 문제들에는 생소한 것이었다. 평형열역학에서의 시간에 대한 관점은 다른 과학들의 그것과는 대립되는 상황에 처해 있었다. 즉, 열역학에서의 시간은 분해와 죽음을 의미하는 것이다. 우리가 본 바와 같이 디드로는 이미 다음과 같은 질문을 하였다. 감각을 부여받은 조직화된 존재들인 우리가 동역학을 따르는 비활성적인 세계의 어느 곳에 끼어들어야 하는가? 우리를 한 세기 이상 괴롭혔던 또 다른 질문이 있다. 열역학이 기술하는 세계이며 항상 증가하는 무질서의 세계에서 생명체의 진화가 어떤 의미를 갖는 것인가? 평형을 향한 시간인 열역학적 시간과 증가되는 복잡성을 향한 진화가 일어나고 있는 시간 사이의 관계는 무엇인가?

베르그송이 옳았을까? 시간은 혁신의 매개체 바로 그것인가 아니면 전혀 아무것도 아니란 말인가?

1. 이러한 문제들의 새로움에 관하여는 W. SCOTT, *The Conflict Between Atomism and Conservation Theory*, Book II를 보라. 그리고 이러한 개념들이 창조된 산업적인 측면에 관하여는 D. CARDWELL, *From Watt to Clausius* (London, Heinemann), 1971를 보라. 이와 관련하여 특히 흥미 있는 것은 한편으로는 산업적인 문제들에 의하여 결정되는 욕구와 또 다른 편으로는 조작상의 정의들에 의한 실증론자의 단순화 사이의 수렴이다.
2. J. HERIVEL, *Joseph Fourier : The Man and the Physicist* (Oxford : Clarendon Press, 1975). 이 전기에서 우리는 다음과 같은 신기한 정보를 알게 된다. 즉, 푸리에가 나폴레옹과 함께 한 이집트 여행으로부터 열이 영원히 떨어지지 않는 병에 걸려 오게 된다는 것이다.
3. 특히 콩트 (Comte) 의 *Philosophie Premiére* (Paris : Herman, 1975) 의 서론과 *La Traduction* (Paris : Minuit, 1974) 에서 "Auguste Comte auto-traduit dans l'encyclopédie", 그리고 "Nuage," *La Distribution* (Paris : Minuit, 1977) 을 보라.
4. C. SMITH, "Natural Philosophy and Thermodynamics : William Thomson and the Dynamical Theory of Heat," *The British Journal for the Philosophy of Science*, Vol. 9 (1976). pp. 293-319 and M. CROSLAND and C. SMITH, "The Transmission of Physics from France to Britain 1800-1840," *Historical Studies in the Physical Sciences*, Vol. 9 (1978). pp. 1-61.
5. 그 후에 일어나는 것에 관하여는 Y. ELKANA, *The Discovery of the Conservation of Energy Principle*과 또한 원래는 *Critical Problems in the History of Science*에 발표되었으며, 최근에는 T. KUHN, *The Essential Tension* (Chicago : University of Chicago Press. 1977) 에 수록된 토머스 쿤의 유명한 논문 "Energy Conservation as an Example of Simultaneous Discovery" 를 보라.
6. 엘카나 (Elkana) 는 에너지의 개념인 느린 구체화를 따랐다. 그의 책과 "Helmholtz's Kraft : An Illustration of Concepts in Flux," *Historical Studies in the Physical Sciences*, Vol. 2 (1970), pp. 263-98 을 보라.
7. J. JOULE, "Matter, Living Force and Heat," *The Scientific Papers of James Prescott Joule*, Vol. 1 (London : Taylor & Francis, 1884). pp. 265-76 (quotation, p. 273).
8. 마이어의 훌륭한 두 논문 "On the Forces of Inorganic Nature"와 "The Motions of Organisms and Their Relation to Metabolism,"의 영문 번역이 *Energy : Historical Development of a Concept*, ed. R. B. LINDSAY (Stroudsburg, Pa. : Benchmarks

Papers on Energy I, Dowden, Hutchinson & Ross, 1975) 에 실려 있다.

9. E. BENTON, "Vitalism in the Nineteenth Century Scientific Thought : A Typology and Reassessment," *Studies in History and Philosophy of Science*, Vol. 5 (1974), pp. 17-48.
10. H. HELMHOLTZ, "Uber die Erhaltung der Kraft," op. cit., pp. 90-91.
11. G. DELEUZE, *Nietzsche et la philosophie* (Paris : PUF, 1973), pp. 48-55.
12. 졸라(E. Zola) 의 "Docteur Pascal," *Feux et signaux de brume*, Paris : Grasset (1975), p. 109에 관한 이러한 연구에서 미셸 세레는 다음과 같이 적었다.「새로운 것이 나타났을 때 실질적으로 끝나가고 있던 세기는 태양계의 장엄한 안정성과 더불어 열렸으며, 이제 불의 가차없는 비하에 대한 놀라움으로 가득 차게 되었다. 따라서 격렬하고도 명확한 곤경에 처하게 되었다. 이러한 곤경은 영원하며 양의 값을 지닌 것으로 여분이 없는 완벽한 주기, 즉 태양에 관한 우주론인가 또는 그렇지 않다면 그것의 차이를 잃어버린 비가역적이고 역사적이며 경멸되어 온 누락된 주기 — 대안이 없이 꺼져 버리거나 또는 파괴되어야만 하는 불의 열적 진화론인 불에 관한 우주론인가 하는 것이다. 혹자는 라플라스를 동경하지만 반면에 카르노와 그 밖의 사람들은 우리가 평화롭게 잘 수 있는 아늑한 처소를 영원히 부숴버렸다. 우리는 꿈을 꾸고 있는 중이며 그것은 확실하다. 그러자 또 다른 문을 통하여 그리고 같은 문의 또 다른 틈을 통하여 되돌아 온 문화적 의고주의(擬古主義) 가 강력하게 되살아났다. 영원한 불꽃이며 정화하는 화염인가 또는 악마의 불꽃인가?」
13. 카르노(Carnot) 부자간의 연속성은 Cardwell (*From Watt to Clausius*) 과 Scott (*The Conflict Between Atomism and Conservation Theory*) 에 의하여 강조된 바 있다.
14. P. DAVIES, *The Runaway Universe* (New York : Penguin Books, 1980), p. 197.
15. F. DYSON, "Energy in the Universe," *Scientific American*, Vol. 225 (1971), pp. 50-59.
16. 역학에서 나타나는 것과는 달리 특히 중요한 것은 열역학적 계의 그저 아무 상황이나「상태」로서 특징지어질 수는 없다는 것이며 이와는 정반대라는 것이다. E. DAUB, "Entropy and Dissipation," *Historical Studies in the Physical Sciences*, Vol. 2 (1970). pp. 321-54 를 보라.
17. 그의 저서인 *Scientific Autobiography* (London : Williams & Norgate, 1950) 에서 막스 플랑크는 그가 처음으로 열의 특유함을 강조하고 열이 다른 형태의 에너지로 전환되는 것이 비가역성의 문제를 제기하는 것이라고 지적하였을 때 그가 얼마나 고립되었는가 하는 것을 회고하였다. 오스트발트(Ostwald) 와 같은 에너지

론자들은 모든 형태의 에너지에 똑같은 지위를 부여하기를 원하였다. 그들에게는 두 높이들 사이에서 물체가 떨어지는 것은 서로 다른 온도를 지닌 두 물체 사이에서 열의 흐름과 똑같은 종류의 생산적인 차이에 의하여 일어나는 것으로 보였던 것이다. 따라서 오스트발트의 비교는 기계적 운동과 같은 이상적으로 가역적인 과정과 열확산과 같은 고유하게 비가역적인 과정 간의 핵심적인 구분을 무시한 것이었다. 그렇게 함으로써 그는 사실상 우리가 라그랑주(Lagrange)의 것으로 돌린 것과 비슷한 입장을 취하게 된 것이다. 라그랑주는 에너지 보존이 이상적인 경우들 그러나 엄밀하게 다루어질 수 있는 그러한 경우들에만 속하는 성질로 생각한 반면에, 오스트발트는 에너지 보존이 어떠한 자연적 변환이든 간에 그것의 성질로 생각하였다. 그러나 그는 에너지 **차이들**의 보존(오직 차이만이 또 다른 차이가 생길 수 있도록 하기 때문에 모든 변환들에 요구되는 것이다)을 추상적인 이상, 그러나 합리적인 과학의 유일한 대상으로 정의하였다.

18. 엔트로피 변분(變分)이 두 개의 다른 항들로 나누어지는 것은 I. Prigogine, *Etude thermodynamique des Phénoménes irréversibles*, Thése d'agrégation présentée á la faculté des sciences de l'Université Libre de Bruxelles 1945 (Paris : Dunod, 1947)에서 도입되었다.
19. R. CLAUSIUS, *Ann. Phys.* Vol. 125 (1865), p. 353.
20. M. PLANCK, "The Unity of the Physical Universe," *A Survey of Physics, Collection of Lectures and Essays* (New York . E. P. Dutton, 1925), p. 16
21. R. CAILLOIS, "La dissymétrie," *Cohérences aventureuses*, Collection Idées (Paris : Gallimard, 1973), p. 198.

5장

열역학의 세 단계들

1. 선속線束과 힘

이제 앞의 장에서 주어진 제2법칙의 기술記述로 되돌아가 보자.[1] 엔트로피의 개념은 진화의 기술記述에서 중추적인 역할을 하는 것이다. 이미 본 바와 같이 그것의 변화는 두 항들 — 계와 그 밖의 세계 사이의 교환들과 연결된 d_eS 항과 계 안의 비가역적 현상들의 결과인 생산항 d_iS — 의 합으로 적을 수 있다. d_iS 항은 그것이 0이 되는 열역학적 평형을 제외하고는 언제나 양의 값을 갖는다. 격리된 계들에서는 ($d_eS = 0$) 평형상태가 최대 엔트로피의 상태에 해당된다.

제2법칙이 물리학에서 갖는 의미를 인식하기 위하여 우리는 엔트로피 생산 d_iS 또는 단위 시간당의 엔트로피 생산 $P = d_iS/dt$ 에 관련된 여러 가지의 비가역적 현상들에 관한 보다 자세한 기술記述을 필요로 한다.

우리에게는 화학반응들이 특별한 의미를 지닌 것이다. 열전도와 아울러 그것들은 비가역과정들의 원형을 이루는 것이다. 그들의 본래의 중요성 이외에도 화학적 과정들은 생물학에서 근본적인 역할을 하고 있다. 살아 있는 세포는 끊임없이 대사代謝 활동을 하고 있다. 그곳에서는 세포가 생명을 유지하도록 하는 물질을 변환시키고 기본적인 생물학적 분자들을 합성하고 그리고 찌꺼기 부산물을 제거하기 위하여 수천 가지의 화학반응들이 동시에 일어나고 있다. 서로 다른 반응속도들과 세포 안의 반응지점들 모두에 관하여 이러한 화학적 활동은 고도로 조정된 것이다. 따라서 생물학적 분자들은 질서와 활성을 결합하고 있다. 이와는 대조적으로 평형상태는 그것이 예를 들어 결정結晶에서와 같이 구조를 이룰 수 있다 하여도 비활성적인 것으로 남아 있게 된다. 화학적 과정들이 우리에게 결정의 행동과 세포의 행동을 구별할 수 있는 열쇠를 마련해 줄 수 있을까?

우리는 화학반응들을 동역학적이고 열역학적인 이중적인 관점으로부터 생각해야 할 것이다.

동역학적인 관점으로부터 보면 반응속도가 근본적인 양이다. 반응속도론의 고전적 이론은 화학반응의 속도가 관여하고 있는 반응물질들의 농도들에 비례한다는 가정에 근거를 두고 있다. 실제로 반응이 일어나는 것은 분자들 간의 충돌에 의한 것이며 충돌 횟수가 반응분자들의 농도들의 곱에 비례한다고 가정하는 것은 매우 자연스러운 일이다.

예를 들기 위하여 이제 $A+X \rightarrow B+Y$와 같은 간단한 반응을 생각해보자. 이 「반응방정식」은 성분 A의 분자가 X의 분자와 마주칠 때마다 반응이 일어나서 B의 분자와 Y의 분자가 생성되는 어떤 확률이 존재하는 것을 의미한다. 관련된 분자들에 그러한 변화를 일으키는 충돌은 「반응성 충돌」이다. 보통 모든 충돌들 중의 매우 작은 부분(예를 들면 $1/10^6$) 만이 이런 종류에 속한다. 대부분의 경우에 분자들은 본래의 성질을 유지하며 단지 에너지만을 교환할 뿐이다.

화학반응속도론은 반응에 관련된 서로 다른 생성물질의 농도의 변화를 다룬다. 이러한 속도론은 운동이 뉴턴의 방정식으로 기술되는 것처럼 미분 방정식으로 기술된다. 그러나 이 경우에 우리는 가속도를 계산하는 것이 아니라 농도의 변화속도를 계산하는 것이며, 이러한 속도는 반응물질의 농도의 함수로써 표현된다. X의 농도의 변화속도인 dX/dt 는 따라서 용액 속의 A와 X의 농도의 곱에 비례한다 — $dX/dt = -kAX$ 이며 k 는 온도나 압력과 같은 양들과 관련된 비례상수이다. 또한 이것은 $A + X \rightarrow B + Y$ 의 반응에 이르게 하는 반응성 충돌의 분율에 대한 척도를 마련해 주는 것이다. 이 예에서는 X의 분자가 없어질 때마다 A의 분자가 역시 없어지고 B 의 분자와 Y 의 분자가 생기게 되므로 농도의 변화속도는 다음과 같은 관계를 지니게 된다. $dX/dt = dA/dt = -dY/dt = -dB/dt$.

그러나 만일 X의 분자와 A의 분자 간의 충돌이 화학반응을 일으킬 수 있는 것이라면 Y와 B의 분자들 간의 충돌은 역반응을 일으킬 수 있는 것이다. 두 번째 반응인 $B + Y \rightarrow A + X$ 는 따라서 기술한 계 안에서 일어나고 있으며 X의 농도에 부수적인 변화를 가져오게 된다. $dX/dt = k'BY$. 화합물의 농도의 전체 변화는 정반응과 역반응의 균형에 의하여 주어지게 된다. 우리의 예에서는 $dX/dt(= -dY/dt = \cdots\cdots) = -kAX + k'BY$ 가 된다.

만일 그대로 내버려 두면 그 안에서 화학반응들이 일어나고 있는 계는 화학평형의 상태를 향하여 간다. 화학평형은 따라서 「인력자」 상태의 대표적인 예이다. 그것의 초기의 화학조성이 무엇이든 간에 계는 정반응과 역반응이 서로 통계적으로 보상되어 농도들의 전체적인 변화가 더 이상 없는 ($dX/dt = 0$) 이러한 마지막 단계에 자발적으로 도달하게 된다. 이러한 보상은 평형에서의 농도들의 비가 $AX/BY = k'/k = K$ 로 주어지는 것을 의미한다. 이 결과는 「질량작용의 법칙」 또는 굴트베르크Guldberg와 바게Waage의 법칙으로 알려진 것이며 K는 평형상수이다. 질량작용의 법칙에 의하여 결정된 농도들 간의 비는 온도의 균일성 (격리된 계의 경우에서) 이 열적인 평형에 해당되는 것과 같이 화학평형에 해당되는 것이다. 해당되는 엔트로피 생산은 0이 된다.

화학반응들에 관한 열역학적 기술記述을 다루기 전에 동역학적인 기술에 있어서의 그 밖의 양상을 잠깐 생각해 보자. 화학반응의 속도는 반응분자들의 농도와 열역학적 매개변수들(예를 들어 압력과 온도)에 의하여 영향을 받을 뿐만 아니라 계 안에서 그들 자신은 그 과정에서 변함이 없이 반응속도를 수정하는 화학물질들의 존재에 의해서도 영향을 받는다. 이런 종류의 물질은 「촉매」로 알려져 있다. 촉매들은 예를 들어 속도상수들인 k 나 k' 의 값을 수정하며 심지어는 계가 새로운 「반응경로」를 따르게 하기도 한다. 생물학에서는 이러한 역할이 특별한 단백질인 「효소」들에 의하여 행하여지고 있다. 이 거대한 분자들은 주어진 반응의 속도를 수정할 수 있도록 하는 공간적 배열을 지니고 있다. 흔히 이들은 극도로 선택적이며 오직 한 가지의 반응에만 영향을 준다. 효소들의 촉매효과에 관한 가능한 기구는 반응에 참여하는 서로 다른 분자들이 달라붙음으로써 서로 접촉하고 반응할 수 있는 가능성을 증가시키는 「반응자리」들을 제시하는 것이다.

특히 생물학에서 매우 중요한 형태의 촉매작용은 생성물질의 존재가 그 자신의 합성에 필요한 것이다. 다시 말하면, X 분자를 생산하기 위하여 우리는 이미 X 를 포함하고 있는 계로부터 시작해야만 한다. 예를 들면 X 분자는 매우 자주 효소를 활성화시킨다. 그 자신이 효소에 달라붙음으로써 그것은 반응자리가 이용될 수 있는 그러한 특별한 배열상태를 안정화시킨다. 그러한 자체촉매작용autocatalysis에 해당되는 반응에는 $A+2X \rightarrow 3X$ 와 같은 것이 있다 — X 분자의 존재하에 A 분자가 X 분자로 바뀌게 되는 것이다. 이 반응은 다음과 같은 반응 「고리」에 의하여 상징적으로 나타낼 수 있다.

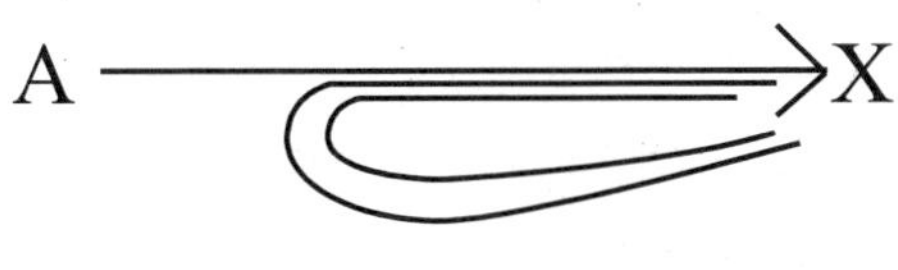

이러한 「반응고리」를 포함하는 계들의 중요한 양상들 중의 하나는 그 안에서 일어나는 변화를 기술하는 운동방정식들이 비선형$_{\text{非線型}}$ 미분방정식들이라는 것이다.

위에서와 똑같은 방법을 적용시키면 $A+2X \rightarrow 3X$ 의 반응에 관한 동역학 방정식은 $dX/dt = kAX^2$ 이 되며 이때 X 의 농도의 변화율은 그것의 농도의 제곱에 비례한다.

생물학에서 매우 중요한 또 다른 형태의 촉매반응은 교차촉매작용$_{\text{crosscatalysis}}$이다. 예를 들면 $2X+Y \rightarrow 3X$, $B+X \rightarrow Y+D$ 와 같은 것으로 그림 3에서 보는 바와 같이 고리로써 나타내진다.

이것은 교차촉매작용의 경우로서 X 는 Y 로부터, 동시에 Y 는 X 로부터 생성된다. 촉매작용이 반드시 반응속도를 증가시키는 것은 아니다. 오히려 그것은 역시 적당한 되먹임고리들로 나타낼 수 있는 저해작용$_{\text{inhibition}}$에 이르게 할 수도 있다.

촉매과정들을 포함한 화학적 과정들을 기술하는 비선형미분방정식들의 독특한 수학적 성질들은 후에 보게 되지만 평형에서 멀리 떨어진 화학적 과정들의 열역학에서 극히 중요한 것이다. 그 밖에도 이미 언급한 바와 같이 분자생물학에서는 이러한 고리들이 대사기능에서 필수적인 역할을 한다는 것이 확립되어 있다. 예를 들면 핵산과 단백질의 관계는 교차촉매작용의 효과로서 기술될 수 있는 것이다 — 핵산은 단백질을 생산할 수 있는 정보를

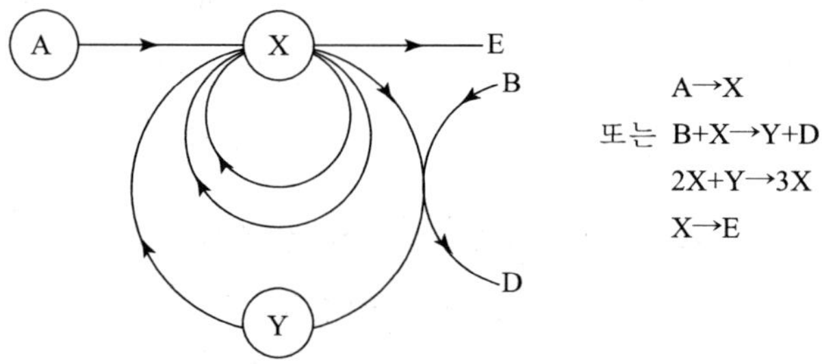

그림 3. 이 그림은 「브뤼셀레이터」 반응들에 관한 반응경로들을 나타낸 것이며 본문에 보다 상세하게 기술되어 있다.

포함하고 있으며 단백질은 이어서 핵산을 생산하게 된다.

화학반응들의 속도 이외에도 우리는 또한 열전달과 물질의 확산과 같은 다른 비가역과정들의 속도도 생각해야 한다. 비가역과정들의 속도는 또한 **선속**線束이라 불리며 J로 나타내진다. 속도 또는 선속의 형태를 유도할 수 있는 일반적 이론은 없다. 화학반응의 속도는 이미 주어진 예들에서 증명될 수 있는 바와 같이 분자기구에 의존하는 것이다. 비가역과정들의 열역학에서는 두 번째 형태의 양을 도입한다 — 속도나 선속 J 이외에 선속을 「유발」시키는 「일반화된 힘」 X를 사용한다. 가장 간단한 예는 열전도에서 찾아볼 수 있다. 푸리에의 법칙에 의하면 열선속 J는 온도 기울기에 비례한다. 이 온도 기울기는 열선속을 유발시키는 「힘」이다. 정의에 의하여 선속과 힘은 열적 평형상태에서 모두 0이 된다. 앞으로 보게 되지만 엔트로피 생산 $P = d_iS/dt$는 선속과 힘들로부터 계산될 수 있다.

이제 화학반응에 해당되는 일반화된 힘의 정의를 살펴보자. $A+X \rightarrow B+Y$의 반응을 상기해 보라. 우리는 평형에서 농도들 간의 비가 어떻게 질량작용의 법칙에 의하여 주어지는가 하는 것을 보았다. 테오필 드 동데르Théophile De Donder가 보여 준 대로 「화학적 힘」인 「친화도affinity」 $\mathcal{A}$가 도입될 수 있으며 이것은 온도 기울기가 어느 방향으로 열이 흐를 것인가를 결정하는 것과 마찬가지로 화학반응의 속도의 방향을 결정하는 것이다. 우리가 살펴보고 있는 반응의 경우에는 친화도가 $\log KBY/AX$에 비례하며 여기서 K는 평형상수이다. 친화도 $\mathcal{A}$가 질량작용의 법칙에 따라 $AX/BY = K$가 되는 평형상태에서 0이 되는 것은 곧 분명해진다. 친화도는 우리가 계를 평형으로부터 멀리 떨어지게 하면(그 절대값이) 증가하게 된다. 우리는 $A+X \rightarrow B+Y$의 반응을 통하여 일단 생긴 B 분자들의 일부를 계로부터 제거해 보면 이것을 알 수 있다. 친화도는 계의 실제상태와 평형상태 간의 거리를 측정하는 것이라고 말할 수 있다. 더욱이 이미 언급한 바와 같이 그것의 부호는 화학반응의 방향을 결정하는 것이다. 만일 $\mathcal{A}$가 양이면 B와 Y의 분자들이 「너무 많은」 것이며 순반응은 $B+Y \rightarrow A+X$의 방향으로 진행된다. 반면에 $\mathscr{A}$가 음이면 B와 Y의 분자들이 「너무 적은」 것이며 순반응은 반대방향으로 진행된다.

우리가 정의한 대로의 친화도는 화학물체들 간의 선택적 관계 — 분자들의 「좋아함」과 「싫어함」— 를 해독한 연금술사들에 의하여 기술된 고대의 친화도를 보다 정확한 것으로 만드는 방법이다. 화학적 활성이 기계적인 궤적으로, 동역학법칙들의 엄숙한 지배하로 간추려질 수 없다는 생각은 처음부터 강조된 것이었다. 우리는 디드로를 길게 인용할 수 있다. 후에 니체는 좀 다른 상황에서이지만 화학적 물체들이 도덕률과 비슷한 법칙들에 의하여 지배되는 것처럼 「화학적 법칙」들을 이야기하는 것은 우스꽝스러운 것이라고 주장하였다. 그의 항변에 의하면 화학에서는 아무런 구속 조건이 없으며 각 물체들은 제멋대로 행동한다는 것이다. 그것은 「존경」에 관한 문제가 아니라 권력투쟁에 관한 문제이며 강자가 약자를 무자비하게 지배하는 것에 관한 문제이다.[2] 친화도가 0이 되는 화학평형은 이러한 투쟁의 해결책에 해당되는 것이다. 이러한 관점에서 볼 때, 열역학적 친화도의 선택성은 따라서 오래된 문제인 동역학법칙의 합법적이고 무심한 세계와 화학반응들이 속하는 자발적이고 생산적인 활동의 세계의 구별에 관한 문제를 현대적인 언어로 바꾸어 놓은 것이 된다.[3]

이제 우리는 물리학과 화학 간의 기본적인 개념적 구별을 강조하고자 한다. 고전물리학에서 우리는 적어도 마찰이 없는 진자의 운동과 같은 가역적 과정들을 생각할 수 있다. 동역학에서 비가역과정들을 무시하는 것은 언제나 이상화시키는 것에 해당되지만 적어도 어떤 경우에는 의미 있는 것이 된다. 화학에서의 상황은 매우 다르다. 여기서는 화학을 정의하는 과정들 — 반응속도로 특징지어지는 화학변환들 — 이 비가역적이다. 이러한 까닭으로 화학은 과거와 미래가 대등한 역할을 하는 고전적 또는 양자역학의 바탕에 깔려 있는 이상화로 간추려질 수 없는 것이다.

예측할 수 있는 바와 같이 모든 가능한 비가역과정들은 엔트로피 생산 과정에서 나타난다. 이들의 각각은 그것의 속도나 선속 J 에 해당되는 힘 X 를 곱한 것을 통하여 들어가게 된다. 단위시간당의 전체 엔트로피 생산인 $P = d_iS/dt$ 는 이러한 기여들의 합이 된다. 이들의 각각은 JX 형태의 곱으로 나타난다.

우리는 열역학을 세 가지의 커다란 분야로 나눌 수 있으며, 이들에 관한 연구는 열역학의 발전에서 연속적인 세 단계에 해당되는 것이다. 엔트로피 생산, 선속 그리고 힘은 **평형상태에서** 모두 0이 된다. 열역학적 힘이 「약한」, **평형에서 가까운** 지역에서는 속도 J_k 가 힘의 선형함수가 된다. 세 번째 분야는 「비선형」 지역으로 불리며 이것은 이 지역에서 속도이 일반적으로 더욱 복잡한 힘의 함수가 되기 때문이다. 이제 평형에서 가까운 상황에 적용되는 선형열역학의 일반적인 양상을 우선 강조하고자 한다.

2. 선형열역학

1931년에 라르스 온사거Lars Onsager는 처음으로 선형이며 평형에서 가까운 지역을 기술하는 비평형 열역학에서의 일반적인 관계를 발견하였다. 이것이 유명한 「상반相反관계reciprocity relation」이다. 이를 정성적으로 말하자면 만일 「하나」라는 힘이 — 예를 들어, 온도 기울기에 해당되는 — 「둘」이라는 선속(예를 들어, 확산과정) 에 영향을 미친다면 「둘」이라는 힘 (농도 기울기)도 역시 「하나」라는 선속 (열의 흐름) 에 영향을 미친다는 것이다. 이것은 실제로 증명된 것이다. 예를 들어 열의 기울기가 물체의 확산과정을 유발시키는 각 경우마다 우리는 농도 기울기가 계를 통한 열의 선속이 생기게 할 수 있다는 것을 알 수 있다.

온사거 관계의 **일반성**은 중요한 것이다. 예를 들어 비가역과정이 기체, 액체 또는 고체 상태 중 어떤 상태의 매체에서 일어나든 간에 상관이 없다. 상반성의 표현은 어떠한 미시적인 가정에도 관계없이 독립적으로 유효한 것이다.

상반관계는 비가역과정에 관한 열역학에서의 첫 번째 결과로서 이는 이 분야가 잘못 정의된 무인지경이 아니라 그 풍부함이 평형상태의 열역학에 견줄 만한 충분히 연구할 가치가 있는 분야임을 나타내는 것이었다. 평형열역학은 19세기의 성취물이며 비평형 열역학은 20세기에 발전된 것으로 온사거의 관계는 평형으로부터 비평형으로 관심이 바뀌는 중요한 시점을 나타내는 것이다.

선형비평형 열역학의 분야에서 두 번째의 일반적인 결과를 여기서 언급하고자 한다. 우리는 그 극한값들이 열역학적 진화가 비가역적으로 향하게 되는 평형상태들에 해당되는 열역학적 퍼텐셜들에 관하여 이미 말한 바 있다. 격리된 계들의 엔트로피 S와 주어진 온도에 있는 닫힌 계의 자유에너지 F가 그러한 것이다. 평형에서 가까운 상태에 있는 계에 관한 열역학에서도 그러한 퍼텐셜 함수가 도입된다. 이러한 퍼텐셜이 바로 **엔트로피 생산** P 그 자신이라는 것은 주목할 만한 것이다. 최소 엔트로피 생산의 정리는 사실상 온사거의 관계들이 유효한 범위 내에서 — 선형 지역에서 — 계가 그것에 가해진 구속조건과 양립되는 **최소** 엔트로피 생산에 의하여 특징지어지는 정상상태를 향하여 진화하고 있음을 보여 주는 것이다. 이러한 구속조건은 경계조건에 의하여 결정된다. 이는 예를 들어 서로 다른 온도로 유지되고 있는 계의 두 점에 해당될 수도 있고 반응을 계속 유지시키며 그 생성물질을 제거하는 물질의 선속에 해당될 수도 있다.

그렇다면 계가 진화해 가는 정상상태는 필연적으로 0이 아닌 속도로 소산과정이 일어나고 있는 비평형상태가 된다. 그러나 그것은 정상상태이므로 계를 기술하는 온도나 농도 등과 같은 모든 양이 시간에 무관한 것이 된다. 이와 비슷하게 계의 엔트로피도 이제 시간에 무관한 것이 된다. 그러므로 그것의 시간에 대한 변화 dS는 0이 된다. 그러나 우리는 엔트로피의 시간에 대한 변화가 두 개의 항으로 구성되어 있음을 보았다 — 엔트로피 흐름인 d_eS 와 양의 엔트로피 생산인 d_iS 가 그것이다. 따라서 $dS=0$ 은 $d_eS=-d_iS<0$ 임을 내포하는 것이다. 주위환경으로부터 오는 열이나 물질의 선속은 음의 엔트로피 흐름인 d_eS 를 결정하지만 이것은 그러나 계 안의 비가역과정으로 인한 엔트로피 생산 d_iS 에 대응되는 것이다. 음의 선속 d_eS 는 계가 바깥세계로 엔트로피를 전달하는 것을 의미한다. 그러므로 정상상태에서는 계의 활동이 그 주위환경의 엔트로피를 계속해서 증가시키는 것이다. 이것은 모든 정상상태에 대하여 사실이다. 하지만 최소 엔트로피 생산의 정리는 그 이상의 것을 말해 주고 있다. 계가 향해 가는 특별한 정상상태는 주위환경으로 전달되는 엔트로피가 주어진 경계 조건과 양립될 수 있을 만큼 작은 그러한 상태이다. 이러한 상황에서 평형상태는 경계조건이 엔트로피 생산을 0이 되도록 할 때 생기는 특별한 경우이다. 바꾸어 말하면 최소 엔트로피 생산의 이론은 일종의 「관성慣性」을 표현하는 것이다. 경계조건이 계를 평형에 이르지 못하게 할 때 계는 차선의 행동을 하게 된다. 즉, 계는 최소 엔트로피 생산의 상태로 가게 된다 — 이것은 「가능한 한」 평형에 가까운 상태로 가게 된다는 것이다.

선형열역학은 따라서 계를 유지하는 선속과 양립될 수 있는 최소한의 활동수준을 향해 가는 계의 안정되고 예측할 수 있는 행동을 기술한다. 평형열역학과 마찬가지로 선형열역학도 엔트로피 생산이라는 퍼텐셜로 기술될 수 있다는 것은 평형을 향한 진화와 정상상태를 향한 진화에서 모두 초기조건들이 잊혀진다는 것을 내포하고 있다. 초기조건이 무엇이든 간에 계는 마침내 주어진 경계조건에 의하여 결정된 상태에 이르게 될 것이다. 그 결과로써 경계조건에 있어서의 어떠한 변화에 대한 그러한 계의 반응은 완전히 예측할 수 있게 된다.

우리는 선형 범위에서는 기본적으로 평형상태에서와 똑같은 상황이 유지된다는 것을 알고 있다. 비록 엔트로피 생산이 0이 되지는 않지만 그것은 비가역적 변화가 일반적인 법칙들로부터 완전히 추론될 수 있는 상태를 향한 진화로써 규명되는 것을 막지 못한다. 이러한 「생성」은 필연적으로 어떠한 차이와 어떠한 선택성도 파괴되는 것에 이르게 한다. 카르노인가 또는 다윈인가? 제4장에서 언급된 역설은 그대로 남아 있다. 한편으로는 자연적인 조직체들의 등장과 다른 쪽에는 초기조건에 대한 「망각」과 그 결과로 나타나는 해체를 향한 경향 사이에는 아직도 아무런 연결이 없다.

3. 평형으로부터 멀리 떨어진 상태

비선형 열역학의 뿌리에는 처음에는 실패로 보였던 매우 놀라운 것이 자리 잡고 있다. 수많은 노력에도 불구하고 선속이 더 이상 힘의 선형함수가 아닌 계에 대하여 최소 엔트로피 생산의 정리를 일반화시키는 것은 불가능한 것으로 보였다. 평형으로부터 멀리 떨어진 상태에서도 계는 역시 어떤 정상상태를 향하여 진화할 수 있으나 일반적으로 이 상태는 더 이상 적당히 선택된 어떤 퍼텐셜(평형에서 가까운 상태들에 관한 엔트로피 생산과 같은)로써 특징지어질 수 없게 된다.

아무런 퍼텐셜 함수도 없다는 것은 새로운 문제점을 야기시킨다. 계가 진화해 가는 상태들의 안정성에 관하여 우리는 무엇을 말할 수 있는가? 실제로 인력자 상태가 엔트로피 생산과 같은 퍼텐셜의 최솟값에 의하여 정의되는 한 그것의 안정성은 보장되는 것이다. 요동이 계를 이 최솟값으로부터 멀어지게 하는 것은 사실이다. 그러나 열역학 제2법칙은 인력자 상태로 되돌아갈 것을 강요하고 있다. 계는 따라서 요동에 대하여 「면역」되어 있는 것이다. 그러므로 우리가 퍼텐셜을 정의할 때는 언제나 계가 단번에 정적인 상황으로 이르게 하는 진화를 따르는 「**안정된 세계**」를 기술하고 있는 것이다.

하지만 계에 작용하는 열역학적 힘이 선형지역을 넘어서게 되면 정상상태의 안정성이나 또는 그것의 요동에 대한 독립성은 더 이상 당연한 것으로 받아들여질 수 없게 된다. 안정성은 더 이상 물리학의 일반적 법칙의 결과가 아니다. 우리는 정상상태가 계나 또는 그 주위환경에 의하여 생기는 서로 다른 종류의 요동에 대하여 반응하는 방법을 조사해야만 한다. 어떤 경우에는 분석에 의하여 어떤 상태가 「불안정」하다는 결론에 이르게 된다 — 그러한 상태에서는 어떤 요동이 줄어드는 대신에 증폭되어 전체 계를 침범하게 되어 그 계가 최소 엔트로피 생산에 해당되는 정상상태와는 정성적으로 매우 다른 새로운 지역을 향하여 진화하도록 강요한다.

열역학은 평형을 지배하는 형태의 질서로부터 벗어나기 쉬운 계에 관하여 초기의 일반적 결론에 이르게 한다. 이러한 계는 「평형으로부터 멀리 떨어져」 있어야만 한다. 불안정성이 가능한 경우에 우리는 평형으로부터의 거리이며, 그곳에서 요동이 평형이나 평형에서 가까운 계에 특징적인 「정상적」인 안정된 행동과는 다른 새로운 행동에 이르게 할 수 있는 문턱을 확인해야만 한다.

이 결론이 어째서 그토록 흥미 있는 것인가?

이런 종류의 현상은 유체역학과 유체의 흐름에 관한 분야에서 잘 알려져 있다. 예를 들면 유체에서 선속이 어떤 유속에 일단 도달하면 난류가 생긴다는 것은 오래전부터 알려진 것이다. 미셸 세레는 최근에 다음과 같은 것을 상기시켰다.[4] 즉 초기 원자론자들은 난류에 관하여 지대한 관심을 갖고 있었으므로 난류를 루크레티우스적인 물리학의 영감의 기본적 근원으로 생각하는 것이 정당한 것으로 보였다는 것이다. 루크레티우스가 적은 바에 의하면 불확실한 시간과 장소에서 원자의 영원하고 보편적인 추락은 때때로 아주 살짝 벗어남 — 클리나멘$_{\text{clinamen}}$ — 에 의하여 흐트러지게 된다는 것이다. 그로 인하여 생긴 소용돌이가 이 세계와 모든 자연적 사물을 생기게 한다. 이러한 자발적이고 예측이 불가능한 벗어남인 클리나멘은 특별히 도입된 것으로서 루크레티우스의 물리학의 주요 약점 중의 하나로 흔히 비판되고 있다.

사실은 그 반대가 진실이다 — 클리나멘은 층層 흐름이 불안정해져서 자발적으로 난류로 바뀌는 것과 같은 사건을 설명하려고 시도한 것이다. 오늘날 유체역학의 전문가들은 평균적인 흐름에 가해진 분자들의 무질서에 의한 효과를 나타내는 섭동을 도입함으로써 유체의 안정성을 시험하고 있다. 우리는 루크레티우스의 클리나멘으로부터 그리 멀리 떨어져 있지 않은 셈이다!

오랫동안 난류는 무질서 또는 소음으로 규명되어 왔다. 오늘날 우리는 그렇지 않다는 것을 알고 있다. 실제로 난류의 운동이 거시적인 축척으로는 불규칙적이고 혼란스러운 것으로 보이지만 반면에 미시적인 축척으로는 고도로 조직적인 것이다. 난류에 관계되는 다수多數의 공간 및 시간의 축척들은 수없이 많은 분자들의 합치된 행동에 해당되는 것이다. 이런 방식으로 볼 때, 층 흐름으로부터 난류로의 전이는 자생적인 조직화의 과정이다. 층 흐름에서는 분자들의 열적인 운동에 속하던 계의 에너지 일부가 거시적인 조직적 운동으로 전달되고 있는 것이다.

「베나르Bénard의 불안정성」은 자발적인 자생적 조직화 현상을 나타내는 정상상태의 불안정성에 관한 또 하나의 놀라운 예이다. 이 불안정성은 수평의 액체 층에 형성된 수직의 온도 기울기로 인한 것이다. 액체 층의 아랫면을 윗면보다 더 높이 주어진 온도로 가열한다. 이러한 경계조건의 결과로써 지속적인 열의 선속이 이루어져서 바닥으로부터 맨 위까지 움직이게 된다. 부과된 기울기가 어떤 문턱값에 도달했을 때 액체의 휴지休止 상태 — 열이 대류가 없이 전도에 의해서만 전달되는 정상상태 — 가 불안정해지게 된다. 분자 집단의 합치적인 운동에 해당되는 대류가 생기게 되어 열의 전달속도를 증가시킨다. 따라서 주어진 값의 구속조건(온도의 기울기)에 대하여 계의 엔트로피 생산은 증가된다. 이것은 최소 엔트로피 생산의 정리와는 대조적인 것이다. 베나르의 불안정성은 장관을 이루는 현상이다. 발생된 대류현상은 실제로 계의 복잡한 공간적인 조직화로 구성되어 있다. 수백만 개의 분자들이 합치적으로 움직이며 특성적인 크기를 지닌 육각형의 대류세포들을 형성한다.

제4장에서 우리는 엔트로피를 색상의 수인 P로 표현된 확률과 연관시키는 볼츠만의 질서원리를 소개하였다. 이러한 관계를 여기에도 적용시킬 수 있겠는가? 분자들의 속도에 관한 각 분포에는 해당되는 색상들의 수가 존재한다. 이 숫자는 각 분자에 어떤 속도를 부여함으로써 우리가 속도분포를 구현시킬 수 있는 방법의 수를 나타내는 것이다. 이러한 주장은 제4장에서 우리가 색상의 수를 두 상자 사이의 분자들의 분포로써 표현한 것과 유사한 것이다. 여기서도 역시 색상의 수는 무질서 — 속도가 넓게 분산되는 것 — 가 존재할 때 커진다. 이와는 대조적으로, 합치적인 운동은 많은 분자들이 거의 같은 속력으로(속도들의 작은 분산) 움직이고 있음을 의미하는 것이다. 그러한 분포에는 너무나 작은 색상들의 수가 해당되므로 자생적 조직화의 현상이 일어날 기회가 거의 없는 것으로 보인다. 하지만 그러한 현상은 일어나고 있다! 따라서 우리는 각 분자의 상태에 관한 동등한 사전事前 확률의 가정을 수반하는 색상들의 수에 관한 계산이 잘못된 것임을 알게 된다. 새로운 행동의 기원에 관한 한 그것의 무관성은 특히 명백하다. 베나르의 불안정성의 경우에는 미시적인 대류인 요동이 볼츠만의 질서원리의 적용에 의하여 퇴화되어야 하는 것이지만 그러나 이와는 반대로 그것은 계 전체로 밀어닥칠 때까지 증폭된다. 부과된 기울기의 임계값을 넘어서면 따라서 새로운 분자들의 질서가 자발적으로 이루어진다. 그것은 외부세계와 에너지를 교환함으로써 안정화되는 거대한 요동에 해당된다.

평형으로부터 멀리 떨어진 조건하에서는 우리가 관찰하는 구조가 색상의 최댓값에 해당되지 않는다는 의미에서 볼츠만의 질서원리의 저변에 깔려 있는 확률의 개념이 더 이상 유효하지 않게 된다. 그러한 구조는 또한 자유에너지 $F=E-TS$의 최솟값과도 연관지을 수 없다. 고르게 평준화되는 것과 초기조건을 망각하려는 경향은 더 이상 일반적인 성질이 아닌 것이다. 이러한 상황에서 생명의 기원에 관한 해묵은 문제가 다른 전망으로부터 나타난다. 생명이 볼츠만의 질서원리와 양립될 수 없는 것은 틀림없는 사실이지만 평형으로부터 멀리 떨어진 조건하에서 일어날 수 있는 종류의 행동과 양립될 수 없는 것은 아니다.

고전열역학은 결정結晶과 같은 「평형구조」의 개념에 이르게 한다. 베나르의 세포들도 역시 구조들이기는 하지만 매우 다른 성질을 지니고 있다. 그것이 바로 어째서 우리가 그러한 상황에서 한편으로는 구조와 질서 그리고 다른 쪽으로는 소산이나 소모 사이의, 처음에는 역설적인 것 같지만 밀접한 연관을 강조하기 위하여 「소산구조」의 개념을 도입하였는가 하는 까닭이다. 제4장에서 우리는 열의 전달이 고전열역학에서 소모의 근원으로 여겨진다는 것을 보았다. 베나르의 세포에서는 그것은 질서의 근원이 된다.

비평형조건하에서 계의 외부세계와의 상호작용은 이러한 방법으로 물체의 새로운 동역학적 상태 — 소산구조 — 를 형성하는 데 출발점이 될 수 있는 것이다. 소산구조는 사실상 초분자적 조직체의 한 형태에 해당되는 것이다. 비록 결정의 구조를 기술하는 매개변수들이 결정을 구성하고 있는 분자들의 성질로부터 유도된 것이며 특히 그들 간의 인력과 척력의 범위로부터 유도된 것이지만 모든 소산구조들과 마찬가지로 베나르의 세포들은 본질적으로 그들을 만들어 낸 비평형의 전반적인 상황을 반영하는 것이다. 그들을 기술하는 매개변수는 거시적인 것으로 결정 안의 분자들 간의 거리인 10^{-15}cm 정도의 크기가 아니라 수 cm 정도의 크기를 갖는다. 이와 비슷하게 시간의 축척도 달라진다 — 이들은 분자적인 시간들(약 10^{-15}초에 해당되는 각 분자들의 진동 주기들과 같은 것)에 해당되는 것이 아니라 거시적인 시간들, 초, 분, 시간 등에 해당된다.

이제 화학반응의 경우로 되돌아가자. 여기에는 베나르의 문제와는 근본적인 차이점이 있다. 베나르 세포에서는 불안정성이 간단한 기계적 근원을 지니고 있다. 우리가 액체의 층을 밑에서부터 가열하면 액체의 아랫부분은 밀도가 낮아지게 되어 무게중심이 올라간다. 따라서 어떤 임계점을 넘어서면 계가 기울어지게 되고 대류가 시작된다는 것은 놀라운 일이 아니다.

그러나 화학적인 계에서는 이런 행태의 기계적인 양상이 존재하지 않는다. 과연 우리는 어떠한 자생적 조직화를 기대할 수 있겠는가? 우리가 머릿속에 떠올리는 화학반응이란 분자들이 공간을 달리면서 혼돈 속에서 제멋대로 충돌하는 것이다. 그러한 생각 속에는 자생적 조직화의 여지가 없으며, 이것이 아마도 화학적 불안정성이 단지 최근에 이르러서야 관심의 대상이 되기 시작한 이유들 중의 하나일 것이다. 그리고 또 다른 차이점이 존재한다. **모든** 흐름들은 평형으로부터 「충분히」 먼 거리에 이르면 난류가 된다(그 문턱은 레이놀즈Reynolds의 수와 같은 차원이 없는 수들에 의하여 측정된다). 화학반응의 경우에 이것은 사실이 아니다. 많은 화학적 계에 있어서 어떠한 구속조건이 부과되든 간에 그리고 어떠한 속도의 화학적 변화가 발생하든 간에 **정상상태는 안정하게 유지되며** 임의의 요동은 평형에서 가까운 범위의 경우와 같이 감쇠된다. 이것은 특히 $A \rightarrow B \rightarrow C \rightarrow D \cdots\cdots$ 형태의 연쇄적인 변환을 나타내는 계의 경우에 사실이며 그것은 선형미분방정식에 의하여 기술될 수 있다.

어떤 화학적 계를 교란시키는 요동의 운명은 따라서 그 계가 진화해가는 새로운 상황들의 종류와 마찬가지로 화학반응의 자세한 반응기구에 의존되는 것이다. 평형에서 가까운 상황과는 대조적으로 평형으로부터 멀리 떨어진 계의 행동은 매우 특정적인 것이다. 여기에는 더 이상 계의 전체적인 행동을 추론할 수 있는 보편적으로 유효한 법칙이 존재하지 않는다. 각 계는 별개의 경우이며 각 군의 화학반응들이 조사되어야만 하고 아마도 정성적으로 다른 행동을 나타내게 될 것이다.

그럼에도 불구하고 하나의 일반적인 결과, 즉 화학적 불안정성의 필요조건이 얻어졌다. 계 안에서 일어나고 있는 연쇄적인 반응 중에서 어떤 조건의 상황하에서 정상상태의 안정성을 위협할 수 있는 유일한 반응단계는 정확하게 「촉매고리」이다 — 이 단계에서는 화학반응의 생성물이 그 자신의 합성에 관여한다. 이것은 흥미로운 결론이다. 왜냐하면 그것은 우리를 현대 분자생물학이 이룩한 근본적인 업적의 일부에 가깝게 접할 수 있게 하기 때문이다(그림 4를 보라).

4. 화학적 불안정성의 문턱을 넘어서

오늘날에는 화학적 불안정성에 관한 연구가 흔히 행하여지고 있다. 이론

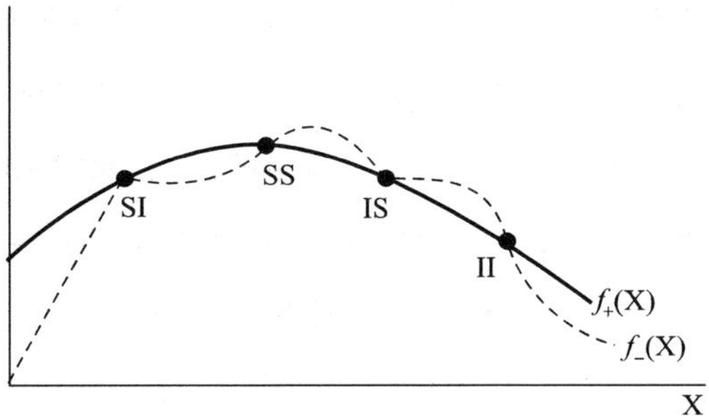

그림 4. 촉매고리는 비선형항에 해당된다. 한 개의 독립변수가 나타나는 문제의 경우에 이것은 그 독립변수가 1보다 큰 지수로 나타나는 항이 적어도 한 개는 생긴다는 것을 의미한다. 이렇게 간단한 경우에는 그와 같은 비선형항과 정상상태의 잠재적 불안정성 사이의 관계를 쉽게 알 수 있다.

이제 시간에 따른 진화가 $dX/dt = f(X)$ 로 주어지는 독립변수 X를 생각해 보자. $f(X)$ 를 득과 실을 각각 나타내며 0이거나 양수인 두 개의 함수인 $f_+(X)$와 $f_-(X)$ 로 분해하여 $f(X) = f_+(X) - f_-(X)$ 가 되도록 하는 것은 언제나 가능하다. 이렇게 하면 정상상태 $(dX/dt = 0)$ 는 $f_+(X) = f_-(X)$ 가 되는 값에 해당된다.

그러한 상태는 f_+ 와 f_- 를 나타내는 두 도표의 교차점으로써 주어진다. 만일 f_+ 와 f_- 가 선형이면 교차점은 한 개밖에 있을 수 없다. 그 밖의 경우에는 교차점의 형태에 따라 그 정상상태의 안정성을 언급할 수 있다.

네 가지의 경우가 가능하다.

SI: 음의 요동에 대하여 안정하며 양의 요동에 대하여 불안정하다. 만일 계가 SI의 왼쪽으로 약간 벗어나면 f_+ 와 f_- 간의 양의 차이가 이러한 벗어남을 줄여서 SI로 되돌아가게 한다. 오른쪽으로의 벗어남은 확대될 것이다.

SS: 양과 음의 요동에 대하여 안정하다.

IS: 양의 요동에 대해서만 안정하다.

II: 양과 음의 요동에 대하여 불안정하다.

적이고 실험적 연구들이 모두 많은 연구소들과 실험실에서 추구되고 있다. 나중에 분명해지겠지만 이러한 조사들은 실제로 넓은 범위의 과학자들 — 수학자, 물리학자, 화학자, 생물학자들뿐만 아니라 경제학자와 사회학자들까지 포함한 — 에게 흥미가 있는 것이다.

평형으로부터 멀리 떨어진 조건들에서는 화학적 불안정성의 문턱을 넘어서 여러 가지의 새로운 현상들이 나타난다. 이들을 구체적인 방법으로 기술하기 위하여 지난 10년간 브뤼셀에서 개발되어 단순화된 이론적 모형으로부터 시작하는 것이 편리하다. 미국의 과학자들은 이 모형을 「브뤼셀레이터Brusselator」라고 불러왔으며, 이 이름은 과학문헌에서 사용되고 있다(이 분야에서는 지리적인 연관성이 상례가 되어 버린 듯하다. 브뤼셀레이터 이외에도 「오레고네이터Oregonator」가 있고 가장 최근에는 「팔로알토네이터Paloaltonator」도 있다!). 이제 브뤼셀레이터에 관하여 간단히 기술해 보기로 한다. 불안정성을 나타내는 데 필요한 단계들은 이미 지적된 바 있다(그림 3을 보라). A로부터 합성되며 E의 형태로 분해되는 생성물 X는 교차촉매반응의 관계에 연결되어 Y를 생성한다. X는 3분자 단계에서 Y로부터 생성되지만 역으로 Y는 X와 생성물 B 간의 반응에 의하여 합성된다.

이 모형에서 반응물질인 A, B, D 그리고 생성물질인 E의 농도는 주어진 매개변수 —「조절물질」— 이다. 이 계의 행동은 A를 일정하게 유지시키고 B의 값을 증가시키면서 탐색된다. 그와 같은 계가 진화해 갈 것으로 보이는 정상상태 — $dX/dt = dY/dt = 0$인 상태 — 는 $X_0 = A$와 $Y_0 = B/A$인 농도에 해당된다. 이것은 운동방정식을 적어 놓고 정상상태를 찾아냄으로써 쉽게 증명될 수 있다. 그러나 이 정상상태는(다른 것은 모두 똑같이 유지하면서) B의 농도가 어떤 임계문턱을 넘어서자마자 더 이상 안정하지 않게 된다. 임계문턱에 도달한 이후에 그 정상상태는 불안정한 「초점focus」이 되고, 계는 이 초점을 떠나 「극한주기limit cycle」에 도달하게 된다.

X와 Y의 농도들은 정상상태의 값들을 유지하는 대신에 잘 정의된 주기

를 지니며 진동하기 시작한다. 진동주기는 반응속도를 특징짓는 동역학적 상수와 계 전반에 걸쳐 부과된 경계조건(온도, A, B의 농도 등)에 모두 의존된다.

임계문턱을 넘어서면 계는 요동의 결과로 인하여 자발적으로 정상상태인 $X_0 = A$, $Y_0 = B/A$ 를 떠나게 된다. 초기조건이 무엇이든 간에 계는 그 주기성이 안정한 극한주기를 향하여 접근해 간다. 따라서 우리는 주기적인 화학적 과정 — 화학시계 — 을 얻게 된다. 이제 잠깐 멈추고 이러한 현상이 얼마나 뜻밖이었는가 하는 것을 강조하고자 한다. 가령 「빨강색」과 「파랑색」의 두 종류의 분자들이 있다고 하자. 분자들의 혼란한 운동 때문에 우리는 주어진 순간에 그릇의 왼쪽 부분에 예를 들어 빨강 분자들이 더 많은 것을 기대하게 된다. 그리고 나서 잠시 후에는 파랑색의 분자들이 더 많이 나타나 보

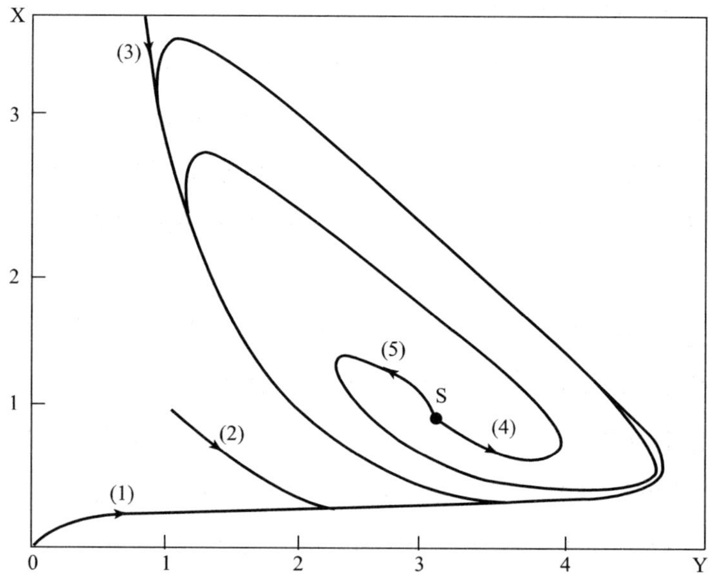

그림 5. 이 도표는 Y성분의 농도에 따른 X성분의 농도를 나타내는 것이다. 이 순환주기의 초점(점 S)은 정상상태이며, $B>(1+A^2)$ 일 때 불안정하다. 모든 궤적은(이중에 5개가 그려져 있다) 초기상태가 무엇이든 간에 똑같은 순환주기에 도달하게 된다.

이곤 할 것이다. 우리에게는 그릇이 「자주색」으로 보이게 될 것이며, 때때로 빨강색이나 또는 파랑색으로 불규칙하게 번쩍이게 될 것이다. 그러나 화학시계에서 생기는 것은 이것이 아니다. 여기서는 계가 모두 파랑색이었다가 갑자기 빨강색으로 바뀌고 다시 파랑색으로 바뀐다. 이러한 모든 변화들이 규칙적인 시간 간격을 두고 일어나기 때문에 이것은 합치적인 과정이 된다.

수십억 개의 분자들의 활동으로부터 유래되는 이러한 정도의 질서는 믿을 수 없는 것으로 보이며, 사실상 화학시계들이 관측되지 않았다면 아무도 그러한 과정이 가능하다고 믿으려고 하지 않았을 것이다. 단번에 색을 바꾸기 위해서는 분자들은 「교신」할 수 있는 방법을 지녀야만 한다. 계는 전체로서 행동을 해야만 한다. 우리는 화학에서 신경생리학에 이르기까지 너무나 많은 분야에서 명백하게 중요한 교신이라고 하는 이 중요한 단어를 반복하여 접하게 될 것이다. 소산구조들은 아마도 교신을 위한 가장 간단한 물리적 기구들 중의 하나를 도입하는 것이다.

가장 간단한 종류의 기계적 진자인 용수철과 화학시계 사이에는 흥미 있는 차이점이 존재한다. 화학시계는 그것의 궤적이 따라가는 극한주기에 해당되는 잘 정의된 주기를 지니고 있다. 그 반면에 용수철은 진폭에 의존하는 주파수를 지니고 있다. 이러한 관점에서 볼 때 화학시계는 용수철보다 더 신뢰할 수 있는 시계라고 할 수 있다.

하지만 화학시계가 유일한 형태의 자생적 조직화는 아니다. 여태까지는 확산이 무시되었다. 모든 물질은 반응공간에 걸쳐 고르게 분포되어 있는 것으로 가정되었다. 이것은 이상화된 것이며 작은 요동이 언제나 농도의 차이를 이루게 하며 따라서 확산이 일어나게 된다. 따라서 우리는 화학반응식에 확산을 첨가해야 한다. 브뤼셀레이터의 확산반응식은 이 계에 허용된 놀라운 범위의 행동을 보여 주고 있다. 실제로 평형상태와 평형에서 가까운 상태에서는 계가 공간적으로 균일하게 유지되는 반면, 계 전반에 걸친 화학물질의 확산은 평형에서 멀리 떨어진 지역에서 초기의 공간적 대칭성을 파괴하는 요동의 증폭을 포함한 새로운 형태의 불안정성의 가능성을 초래한다. 시간적 진동에 해당되는 화학시계는 따라서 계에 허용된 유일한 종류의 소산구조가 아닌 것이다. 오히려 예를 들어 이제는 시간과 공간에 모두 의존하는 진동이 나타날 수 있다. 이것은 주기적으로 계를 통하여 지나가는 X와 Y의 농도의 화학적 파동에 해당된다. 그 밖에도 특히 X와 Y의 확산상수들이 서로 매우 다를 때, 계는 정상상태의 시간적으로 무관한 행동을 보여 주게 될 것이며, 안정한 공간적 구조가 나타나게 될 것이다(그림 6).

여기서 다시 한번 멈추어서 공간적 구조의 자발적인 형성이 평형물리학의 법칙과 볼츠만의 질서원리에 얼마나 모순되는가 하는 것을 강조하고자 한다. 그러한 구조에 해당되는 색상의 수는 역시 균일한 분포상태에서의 수와 비교할 때 매우 작은 것이다. 하지만 비평형과정은 고전적인 관점으로는 불가능한 것으로 보이는 상황에 이르게 할 수도 있는 것이다.

주어진 일군의 경계조건과 부합되는 서로 다른 소산구조의 수는 그 문제가 1차원 대신 2차원 또는 3차원에서 조사되면 더 커질 수도 있다. 예를 들어 원형의 2차원 공간에서 공간적 구조를 지닌 정상상태는 우선적인 축의 발생에 의하여 특징지어질 수 있다. 이것은 특히 우리가 태아의 형태 형성의 처음 단계 중의 하나가 계 안에 어떤 기울기를 형성하는 것임을 상기할 때 새로운 극히 흥미 있는 대칭파괴과정에 해당되는 것이다. 이러한 문제는 이 장의 뒷부분과 제6장에서 다시 다루게 될 것이다(그림 7).

여태까지는 「조절물질」(A, B, D, 그리고 E) 이 반응계 전반에 걸쳐 균일하게 분포되어 있다고 가정해 왔다. 만일 이러한 단순화를 포기한다면 추가로 새로운 현상이 나타날 수 있다. 예를 들면 계가 그것을 기술하는 매개변수의 함수인 「자연적 크기」를 갖게 된다. 이러한 방법으로 계는 그 자신의 고유한 크기를 결정한다 — 계가 주기적인 농도의 파동에 의하여 공간적으로 구조를 이루었다가 없어졌다가 하는 지역을 결정한다.

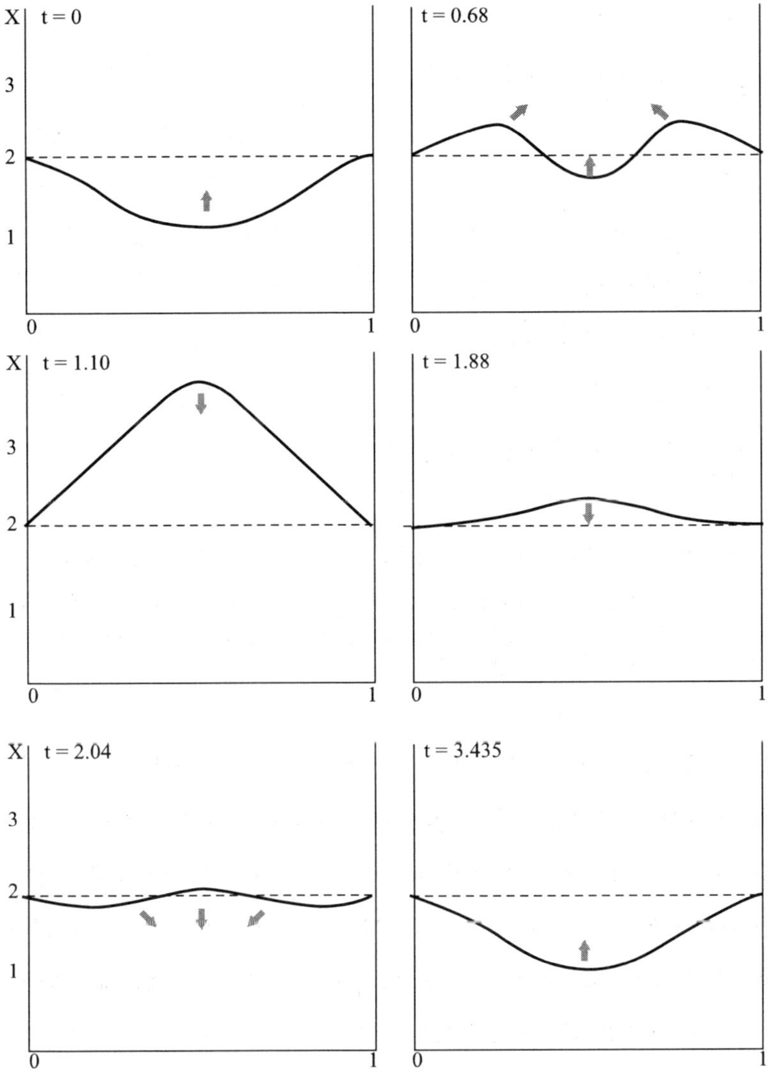

그림 6. 컴퓨터로 모의 수치실험을 하여 얻은 화학적 파동으로서 「브뤼셀레이터」의 3분자 모형에서 X성분의 농도의 공간적 분포상태가 진화하는 연이은 단계를 나타내고 있다. 시간 $t = 3.435$에서 $t = 0$ 때와 같은 분포가 다시 얻어진다. A와 B의 농도는 각각 2와 5.45이다 ($B > [1 + A^2]$). X와 Y의 확산계수는 각각 8×10^{-3}과 4×10^{-3}이다.

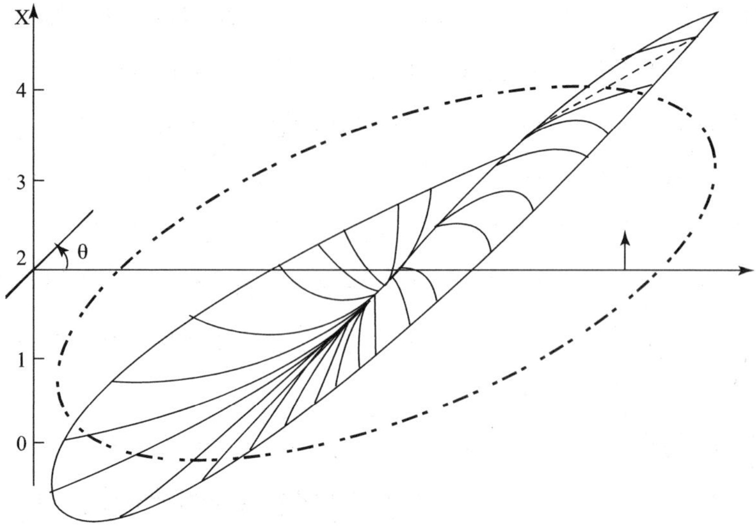

그림 7. 컴퓨터 모의 수치실험에 의하여 얻은 것으로 우선적인 축을 지닌 정상상태를 나타내고 있다. X의 농도는 수평면상에서 기하학적 좌표인 ρ와 θ의 함수이다. 균일한 불안정한 해(解)(X_0, Y_0)에 가해진 교란의 위치는 화살표로 나타나 있다.

이러한 결과는 평형으로부터 멀리 떨어진 상태에서 일어날 수 있는 다양한 현상에 비하면 아직도 매우 불충분한 것이다. 우선 평형으로부터 멀리 떨어진 다중상태의 가능성에 대하여 언급해 보자. 주어진 경계조건에 대하여 한 개 이상의 정상상태 — 예를 들어, 한 상태에서는 화학물질 X가 풍부하고 다른 상태에서는 부족한 — 이 나타날 수 있다. 한 상태에서 다른 상태로의 이동은 생물학적 계에서 기술된 바와 같이 조절기구에서 중요한 역할을 하는 것이다.

리아푸노프Lyapounov와 푸앵카레의 고전적 업적 이래 초점과 같은 특성적인 점이나 극한주기와 같은 특성적인 선은 수학자들에게 안정된 계의 「인력자」로 알려졌다. 인력자를 화학반응계에 적용하면 새로운 현상이 나타난다. 주목할 만한 것은 반응-확산 계의 불안정성을 다룬 첫 논문으로 1952년에 튜링Turing에 의하여 발표되었다. 최근에는 새로운 형태의 인력자들이 판명되었다. 이것들은 독립적인 변수들의 수가 증가할 때만 나타난다(브뤼셀레이터에서는 X와 Y의 두 개의 독립적인 변수들이 있다). 특히 우리는 주기적인 행동에 해당되지 않는 「이상한 인력자」들도 얻을 수 있다.

하오 바이-린의 계산의 일부를 요약한 그림 8은 외부에서 추가로 X를 주기적으로 공급함으로써 브뤼셀레이터를 일반화시킨 모형에 관하여 계산한 이와 같은 매우 복잡한 인력자의 선들에 관한 감을 잡게 한다. 놀라운 것은 우리가 기술한 대부분의 가능성들이 많은 생물학적 상황들에서와 마찬가지로 무기화학에서도 관찰되었다는 것이다.

무기화학에서 가장 잘 알려진 예는 1960년 초에 발견된 벨루소프-자보틴스키Belousov-Zhabotinsky 반응이다. 이것에 대응하는 반응기구로서 노이스Noyes와

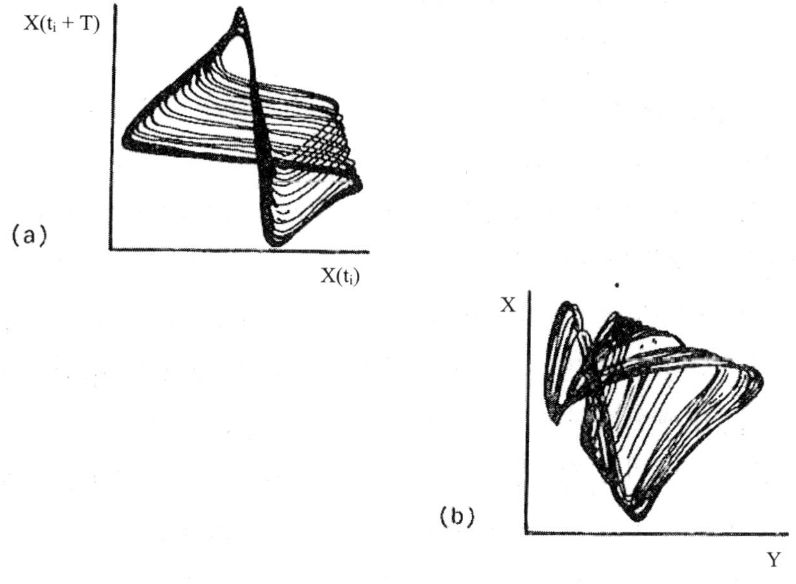

그림 8. (a) 벨루소프-자보틴스키 반응에서 시간 t_i와 t_i+T에서의 브롬화이온의 농도. [cf. R. H. Simoyi, A. Wolf, and H. L. Swinney, Physical Review Letters, Vol. 49 (1982), p. 245 ; 또한 J. Hirsch, "Condensed Matter Physics"와 컴퓨터에 관하여는 Physics Today (May 1983), pp. 44-52를 보라.]
(b) 브뤼셀레이터에서 X성분이 외부로부터 주기적으로 공급될 때 하오 바이-린(Hao Bai-lin)이 계산한 인력자의 선들(개인적인 교신으로부터).

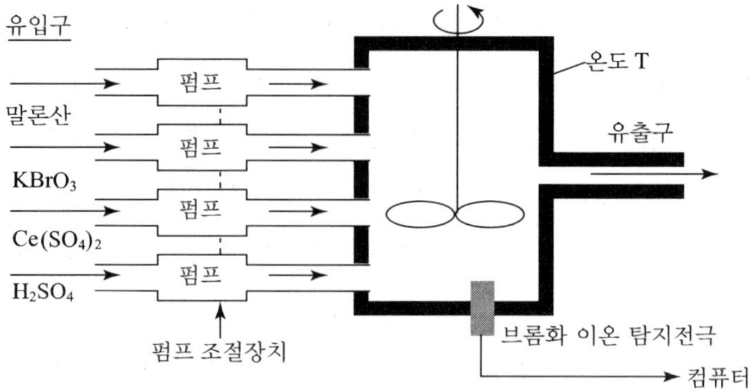

그림 9. 벨루소프-자보틴스키 반응에서의 진동현상을 연구하기 위하여 사용된 화학반응장치의 개략적인 도표(반응장치 안에는 계가 균일하게 유지되도록 하기 위한 저어 주는 장치가 있다). 이 반응에는 30가지도 넘는 생성물질과 중간 생성물질들이 있다. 서로 다른 반응경로들의 진화는(다른 요인들 중에서도) 펌프에 의하여 조절되는 유입량에 의존된다.

그의 동료들에 의하여 소개된 오레고네이터는 좀 더 복잡하지만 본질적으로 브뤼셀레이터와 유사한 것이다. 벨루소프-자보틴스키 반응은 세륨, 망간 또는 페로인과 같은 알맞은 촉매의 존재하에서 유기산(말론산)이 브롬산 칼륨에 의하여 산화되는 것으로 구성되어 있다.

여러 가지의 실험적 조건들이 설정되면 같은 계 안에서 다른 형태의 자생적 조직화 — 화학시계, 안정한 공간적 세분화, 또는 거시적인 거리에 걸친 화학적 활동의 파동의 형성 — 들이 이루어질 수 있다.[5)]

이제 가장 큰 관심거리를 살펴보기로 하자. 그것은 이러한 결과들이 생명을 지닌 계들들 이해하는 데 연관성이 있는가 하는 것이다.

5. 분자생물학과의 만남

이 장의 앞부분에서 우리는 평형으로부터 멀리 떨어진 조건들하에서는 여러 가지 형태의 자생적 조직화의 과정들이 일어날 수 있음을 보았다. 이들은 화학적 진동의 발생이나 공간적인 구조들에 이르게 할 수 있다. 우리는 이러한 현상들이 나타나기 위한 기본적 조건이 촉매효과들의 존재임을 보았다.

비록 「비선형」 반응들의 효과들 (반응 생성물의 존재) 이 그들의 「원인」에 대하여 되먹이는 작용을 하고 있으며 또한 무기물의 세계에서는 비교적 흔하지 않지만 분자생물학에서 발견된 바에 의하면 이들은 생명을 지닌 계들에 관한 한 실질적으로 아주 보편적인 것이다. 자체촉매반응 (*X* 의 존재가 그 자신의 합성을 가속시키는 것), 자체방해 (*X*의 존재가 그것을 합성하는 데 필요한 촉매반응을 막아버리는 것), 그리고 교차촉매반응 (두 가지의 서로 다른 일련의 반응들에 속하는 두 개의 생성물들이 서로의 합성을 활성화시키는 것) 은 대사기능의 일관성을 보장하는 고전적인 조절기구를 마련하는 것들이다.

이제 흥미로운 차이점을 강조해 보자. 무기화학에서 알려진 예를 보면 관련된 분자들은 단순하지만 반응기구는 복잡하다. 벨루소프-자보틴스키 반응에서는 약 30개의 화합물들이 규명되었다. 그 반면에 많은 생물학적인 예에서는 반응기구는 간단하지만 분자들 (단백질, 핵산 등) 은 매우 복잡하고 특정적이다. 이것은 우연이라고 할 수 없는 것이다. 여기서 우리는 물리학과 생물학의 차이를 나타내는 초기 요소와 마주치게 된다. 생물학적 계들은 과거를 지니고 있다. 그들을 구성하고 있는 분자들은 진화의 결과이다. 그들은 매우 특정한 형태의 조직화 과정들을 발생시키기 위한 자체촉매반응기구에 참여하도록 선택된 것이다.

대사작용의 활성화와 방해에 관한 조직을 기술하는 것은 생물학적 계들의 기능적인 논리를 이해하는 데 필수적인 단계이다. 이것은 필요한 순간에 합성이 시작되는 것과 사용되지 않는 생성물이 세포 안에 축적되는 화학반응들을 중지시키는 것을 포함한다.

분자생물학이 유전정보의 전달과 활용에 관하여 설명할 수 있는 기본적인 기구는 그 자체가 되먹임 고리인「비선형」 기구이다. 세포의 조직과 기능에 필요한 여러 가지의 기본적 단백질들을 합성하는 데 요구되는 모든 정보를 연이은 형태로 포함하고 있는 디옥시리보핵산DNA은 이러한 정보가 서로 다른 단백질 서열들의 형태로 번역되는 연달은 반응들에 참여하고 있다. 합성된 단백질 중에서 어떤 효소들은 서로 다른 변환 단계들뿐만 아니라 세포들이 증식하는 것과 똑같은 속도로 유전정보가 복사되는 DNA 복사의 자체촉매반응의 기구도 활성화시키거나 조절하는 되먹임 작용을 나타낸다.

여기서 우리는 두 가지 과학들이 서로 수렴하는 주목할 만한 경우를 보게 된다. 여기서 얻어진 이해는 물리학과 생물학에 있어서의 상보적인 발전에 필요하다. 하나는 복잡한 것을 향한 것이고 또 다른 것은 기본적인 것을 향한 것이다.

실제로 물리학의 관점에서 보면, 우리는 이제 평형열역학으로 기술할 수 있는 이상적인 상황에서 멀리 떨어진「복잡한」상황들을 조사하고 있다. 그 반면에 분자생물학은 생체구조를 비교적 적은 수의 기본적인 생체분자들과 연관시키는 데 성공하였다. 화학적 기구들의 다양성을 조사함으로써 그것은 대사반응의 사슬들의 복잡함과 각 대사작용의 사슬들의 핵심적인 단계와 결부되어 있는 효소들의 촉매작용의 교묘하고 복잡한 조절, 방해 및 활성화의 논리를 발견하였다. 이러한 방법으로 분자생물학은 평형으로부터 멀리 떨어진 조건하에서 일어날 수 있는 불안정성의 미시적인 토대를 마련해 준다.

어떤 의미에서는 생체계들은 잘 조직된 공장처럼 보인다. 이들은 한편으로는 다중적인 화학적 변환들이 일어나는 자리이며, 다른 한편으로는 생화학적 물질이 매우 불균일한 분포를 이루는 주목할 만한「공간－시간적」인 조직을 나타내는 것이다. 이제 우리는 기능과 구조를 연결시킬 수 있다. 최근 수년간 매우 많이 연구되었던 두 가지의 예들을 간략하게 살펴보기로 하자.

우선 글루코스가 분해되고 에너지가 풍부한 물질인 ATP (아데노신 삼인산) 가 합성되는 대사반응들의 사슬이며 모든 살아 있는 세포들에게 공통적으로 필수적인 에너지의 근원을 마련해 주는 해당解糖작용을 생각해 보자. 분해되는 각 글루코스 분자에 대하여 두 분자의 ADP (아데노신 이인산) 가 두 분자의 ATP로 전환된다. 해당작용은 생물학의 해석적인 접근 방식과 평형으로부터 멀리 떨어진 조건에서의 안정에 관한 고찰이 얼마나 서로 보완적인가 하는 것을 보여 주는 좋은 예이다.[6)]

생화학적 실험들에 의하여 해당작용의 순환과정과 관련된 농도들의 시간적 진동이 존재한다는 것이 발견되었다. 이러한 진동은 반응서열 중에서 ADP에 의하여 활성화되고 ATP에 의하여 방해받는 핵심적인 단계에 의하여 결정된다는 것이 알려졌다. 이것은 대사기능을 조절하는 데 매우 적합한 대표적인 비선형현상이다. 실제로 세포가 그것의 비축된 에너지를 뽑아낼 때마다 그것은 인산결합들을 활용하며 ATP는 ADP로 전환한다. 따라서 세포 안에서의 ADP의 축적은 심한 에너지의 소모를 의미하며 새로이 에너지를 보충할 필요가 있게 된다. 그 반면에 ATP의 축적은 글루코스가 보다 느린 속도로 분해될 수 있다는 것을 의미한다.

이 과정에 대한 이론적 조사는 이러한 기구가 실제로 진동현상인 화학시계를 나타낼 수 있다는 것을 보여 주었다. 진동을 나타내는 데 필요한 화학적 농도들과 순환과정의 주기에 관하여 이론적으로 계산된 값들은 실험결과와 일치하고 있다. 해당작용에서의 진동은 ATP의 농도에 의존하며 따라서 간접적으로 다른 많은 대사사슬들에 의존하는 세포의 모든 에너지의 과정을 조절하게 된다.

우리는 더 나아가서 해당작용의 경로에서 어떤 핵심적인 효소들에 의하여 조절되는 반응들이 평형으로부터 멀리 떨어진 조건하에 있음을 보일 수 있다. 그러한 계산은 베노 헤스Benno Hess[8)]에 의하여 보고되었으며, 그 이래로 다른 계들에까지 확대되었다. 보통의 조건하에서 해당작용의 순환과정은 화학시계에 해당되지만 이러한 조건들이 변화하면 현존하는 이론적 모형들의 예측과 완전히 일치되게 공간적인 무늬가 형성되는 것을 유발시킬 수 있다.

생체계는 열역학적인 관점에서 볼 때 매우 복잡한 것으로 보인다. 어떤 반응들은 평형에서 가깝고 다른 것들은 그렇지 않다. 생체계 안의 모든 것이 「살아 있는」 것은 아니다. 생체계를 거치는 에너지의 흐름은 대체로 잔잔하게 움직이지만 때때로 그것이 포함하고 있는 에너지의 일부분을 방출하는 폭포로 곤두박질하는 강의 흐름과 어느 정도는 닮은 것이다.

이제 안정성의 관점에서 역시 조사되어 온 또 하나의 생물학적 과정으로서 점균류인 아크라시알레스Acrasiales 아메바(딕티오스텔리움 디스코이데움 Dictyostelium discoideum)의 응집현상을 살펴보자. 이 과정은[9A)] 단세포 생물학과 다세포 생물학의 경계에 있는 흥미 있는 경우이다. 이 아메바들이 살고 있으며 증식하고 있는 주위환경의 영양분이 부족해질 때 이들은 놀라운 변환을 일으키게 된다(그림 A를 보라). 격리된 세포들에서 시작하여 이들은 수만 개의 세포들로 구성된 덩어리를 형성하기 위하여 합쳐진다. 그리고 나서 이러한 「헛 원형체Pseudo-plasmodium」는 계속 모양을 바꾸면서 세분화된다. 그리고 세포들의 3분의 1 정도로 구성되며 풍부한 섬유소를 포함하고 있는 「발foot」이 형성된다. 이 발은 홀씨[胞子]들의 둥근 덩어리를 지탱하고 있으며 이 홀씨들은 알맞은 영양매체와 접하자마자 곧 서로 떨어져서 퍼지고 증식함으로써 새로운 아메바의 주거지를 이루게 된다. 이것은 환경에 대한 적응의 놀라운 예이다. 이 집단은 한 지역에서 얻을 수 있는 자원을 고갈시킬 때까지 산다. 그리고 나서 그것은 다른 환경을 침입할 수 있는 이동성을 얻기 위한 방편으로 탈바꿈을 하게 된다.

응집과정의 첫 단계에 관한 연구에서 밝혀진 바에 의하면, 이 과정은 자발적으로 생긴 것으로 보이는 「인력중심」을 향하여 모여드는 아메바들의 맥동하는 움직임으로 인하여 아메바 수에 있어서의 변위의 파동이 생김으로써 시작되는 것이다. 실험적 연구와 모형의 설정에 의하여 이러한 이동은 인력중심이 되는 아메바와 후에는 교체기구를 통하여 다른 세포들에 의하여 주기적으로 생산되는 핵심 물질인 고리형 AMP의 농도 기울기가 주위환경에 세포질의 점균류 곰팡이들의 응집현상은 화학적 시계가 필수적인 역할을 하고 있는 생물학적 계의 자생적 조직화 현상에 관한 특별히 놀라운 예를 보여 주고 있다. 그림 A를 보라.

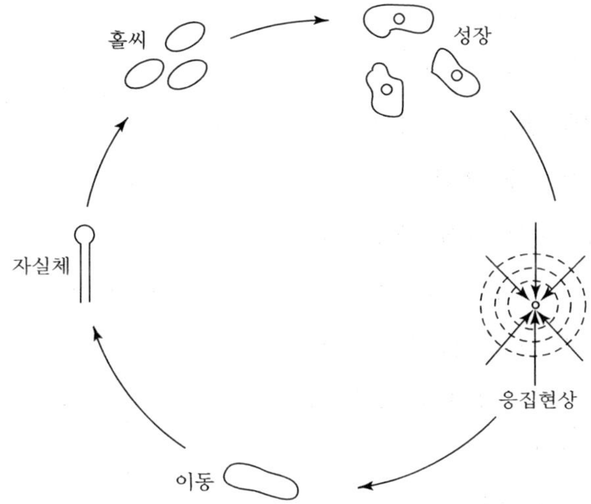

그림 A. 홀씨의 밖으로 나오게 되면 아메바는 단세포 유기체와 같이 성장하고 번식한다. 이러한 상황은 주로 박테리아에 의하여 공급되는 먹이가 고갈될 때까지 지속된다. 그리고 나서 아메바는 더 이상 재생하지 않게 되며 8시간 정도 지속되는 중간상태에 접어든다. 이 시기가 끝날 무렵에 아메바는 응집현상의 중심처럼 행동하는 세포들 주위에서 응집하기 시작한다. 이 응집현상은 중심에서 방출되는 화학주성적chemotactic, 化學走性的인 신호에 대한 응답으로서 일어나는 것이다. 이렇게 형성된 응집덩어리는 자실체子實體 형성을 위한 조건들이 만족될 때까지 이동한다. 그리고 나서 세포들의 덩어리는 홀씨들의 덩어리가 타고 넘어가야 하는 줄기를 형성하기 위하여 세분화된다.

딕티오스텔리움 디스코이데움의 경우에는 응집현상이 주기적인 방식으로 진행된다. 응집과정에 관한 영화를 보면 중심을 향하여 몇 분 간격의 주기성을 지닌 아메바의 동심원적인 파동들이 존재함을 알 수 있다. 화학주성적인 요인의 본질은 알려져 있다. 그것은 고리형 아데노신 일인산(cAMP)으로서 호르몬에 의한 조절과 같은 수많은 생화학적 과정들에 관련된 물질이다. 응집 중심들은 cAMP의 신호들을 주기적인 방식으로 방출하고 있다. 다른 세포들은 중심을 향하여 움직임으로써 그리고 신호들을 응집영역의 변두리까지 중계함으로써 응답한다. 화학주성적인 신호들의 중계에 관한 기구의 존재는 각 중심들로 하여금 약 105개의 아메바들의 응집을 조종할 수 있게 한다.

응집과정의 모형을 분석해 보면 두 가지 형태의 분기현상이 있음을 알게 된다. 첫 번째 것은 응집현상 그 자체가 공간적 대칭성의 파괴를 나타내는 것이고, 두 번째의 분기현상은 시간적 대칭성을 파괴한다.

처음에는 아메바들은 균일하게 분포되어 있다. 그것들 중의 일부가 화학주성적 신호들을 분비하기 시작하면 cAMP의 농도에 국지적인 요동이 나타난다. 계의 어떤 매개변수(cAMP의 확산계수, 아메바의 운동성 등)의 임계값에 이르면 요동은 증폭된다. 균일한 분포는 불안정해지고 아메바는 공간에서의 불균일한 분포를 향하여 진화한다. 이 새로운 분포는 응집중심들 주위의 아메바들의 축척에 해당된다.

그림 B. 딕티오스텔리움 디스코이데움의 응집현상의 주기성에 관한 근원을 이해하기 위해서는 화학주성적인 신호의 합성에 관한 기구를 연구할 필요가 있다. 실험적인 관찰에 근거를 두고 우리는 그림 B의 체계에 의하여 이 기구를 기술할 수 있다.

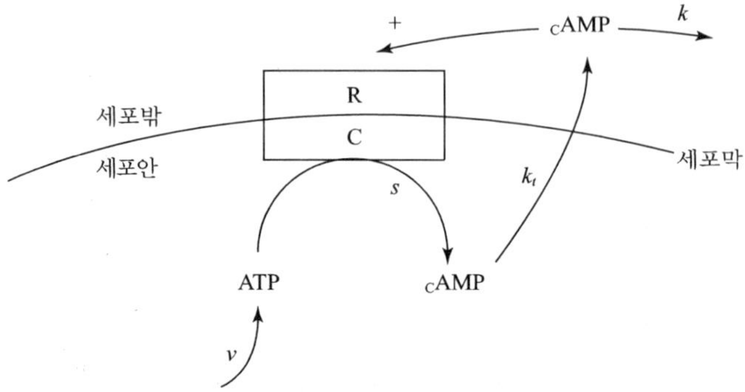

세포의 표면에서 수용체(收容體)(R)는 cAMP의 분자를 붙잡는다. 수용체는 세포밖의 매체에 접하게 되며 세포 내의 ATP를 cAMP로 변환시키는 효소인 아데닐산 고리화 효소(adenylate cyclase, C)와 기능적으로 연결되어 있다. 이렇게 합성된 cAMP는 막을 통하여 세포 밖의 매체 속으로 운반되며 그곳에서 아메바가 분비하는 효소인 포스포디에스테르 가수분해효소(phosphodiesterase)에 의하여 분해된다. 실험결과들에 의하면 세포 밖의 cAMP가 막의 수용체에 결합되면 아데닐산 고리화 효소를 활성화시키게 된다(+로 나타낸 양의 되먹임).

이러한 자체촉매 작용적 조절에 근거를 두고 cAMP 합성에 관한 모형의 분석을 통하여 응집현상이 일어나는 동안 관찰된 서로 다른 형태의 행동들을 하나로 통합할 수 있게 된다.[9B)]

그림 C. 이 모형에서 두 개의 핵심적인 매개변수들은 아데닐산 고리화 효소의 농도(s)와 포스포디에스테르 가수분해효소의 농도(k)이다. 그림 C(A. Goldbeter and L. Segel, Differentiation, Vol.17 [1980], pp.127-135에서 따온 것임)는 s와 k로 이루어진 공간에서 모형화된 계의 행동을 보여 주고 있다.

k와 s의 서로 다른 값들에 대하여 세 개의 지역들이 구별될 수 있다. A지역은 안정하며 들뜨게 할 수 없는 정상상태에 해당된다. B지역은 안정하지만 들뜨게 할 수 있는 정상상태에 해당된다. 계는 cAMP의 농도에서의 작은 교란들을 맥동하는 방식으로 증폭시킬 수 있다(그리고 따라서 cAMP 신호들을 중계할 수 있다). C지역은 불안정한 정상상태 근처에서의 지속적인 진동이 일어나는 지역에 해당된다.

화살표는 굶주림이 시작된 후에 나타나는 것으로 관측된 포스포디에스테르 가수분해효소의 농도(k)와 아데닐산 고리화 효소의 농도(s)의 증가에 해당되는 가

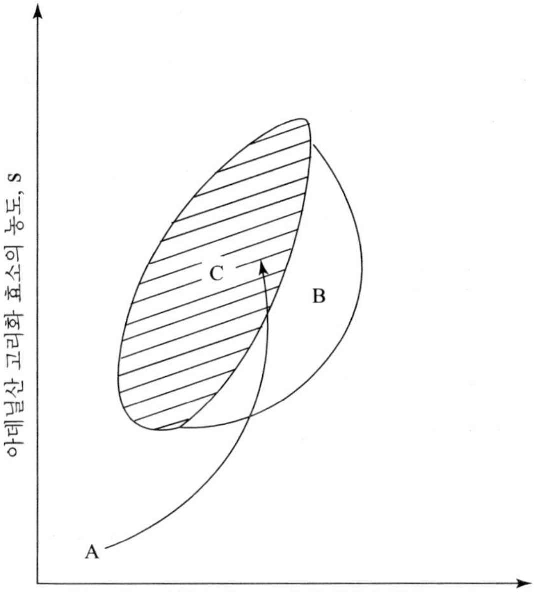

능한 「성장경로」를 나타내는 것이다. A, B, C의 지역들을 가로질러 가는 것은 관찰된 행동의 변화에 해당되는 것이다. 세포들은 처음에는 세포 밖의 cAMP 신호들에 응답할 능력이 없다. 그 뒤로는 세포들은 이러한 신호들을 중계하여 마침내 자체적인 방식으로 이러한 신호들을 주기적으로 합성할 수 있게 된다. 따라서 응집 중심들은 굶주림이 시작된 후에 C지역 안에 위치한 점으로 매개변수들인 s와 k가 보다 빨리 도달한 그러한 세포들이 될 것이다.

존재하는 것에 대한 세포들의 반응이라는 것이 밝혀졌다. 여기서 우리는 또 다시 화학시계들의 놀라운 역할을 보게 된다. 이미 우리가 강조한 바와 같이 이들은 새로운 교신방법들을 마련해 주는 것이다. 이 경우에는 자생적 조직화의 기구가 세포들의 교신을 가져온다.

우리가 강조하고 싶은 또 다른 양상이 있다. 점균류의 응집은 「요동을 통한 질서」라고 부를 수 있는 대표적인 예이다. AMP를 내주는 인력중심이 생긴다는 것은 정상적인 영양상태의 주위환경에 해당되는 대사영역이 불안정해짐을 나타내는 것이다 — 영양상태의 환경이 고갈되기 시작한다는 것이다. 이와 같이 먹이가 부족한 조건하에서 어떤 주어진 아메바라도 우선적으로 고리형 AMP를 방출하고 따라서 인력중심이 된다는 사실은 요동들의 제멋대로의 행동에 해당된다. 그리고 나서 이러한 요동은 증폭되고 매체를 조직화한다.

6. 분기현상과 대칭파괴

이제 자생적 조직화 현상의 나타남과 이러한 문턱을 넘어섰을 때 생기는 과정들을 좀 더 자세히 살펴보자. 평형이나 평형에서 가까운 상태에서는 어떤 조절매개변수들의 값들에 의존하는 단 하나의 정상상태가 존재한다. 예를 들어 제4절에서 기술한 브뤼셀레이터에서의 물질 *B*의 농도와 같은 이러한 조절매개변수를 λ라고 하자. 이제 *B*의 값이 증가함에 따라 계의 상태가 어떻게 변화하는가를 살펴보기로 한다. 이와 같은 방법으로 계는 평형으로부터 점점 멀리 떨어지게 된다. 어떤 점에서 우리는 「열역학 가지thermodynamic branch」의 안정성의 문턱에 도달한다. 그러면 우리는 흔히 「분기점」이라고 부르는 것에 도달하는 것이다(이들이 바로 맥스웰이 결정론과 자유선택의 관계에 대한 생각에서 그것들의 역할을 강조한 점들이다[제2장의 3을 보라]).

이제 전형적인 분기그림을 생각해 보자(그림 10). 분기점 *B*에서 열역학 가지는 요동들에 대하여 불안정해진다. 조절매개변수 λ의 어떤 값 λ_c에서 계는 세 개의 서로 다른 정상상태들인 *C*, *E*, *D*에 있게 될 것이다. 이 상태들 중에서 둘은 안정하고 하나는 불안정하다. 매우 중요하게 강조해야 될 것은 이러한 계들의 행동이 그들의 역사에 의존한다는 것이다. 만일 우리가 조절매개변수 λ의 값을 천천히 증가시킨다면 우리는 아마도 그림 10의 *A*, *B*, *C*의 경로를 따라가게 될 것이다. 반면에 *X*의 농도가 큰 값에서 시작하고 조절매개변수의 값을 일정하게 유지한다면 아마도 *D*점에 도달하게 될 것이다. 도달하는 상태는 계의 과거역사에 의존하게 된다. 여태까지는 역사가 생

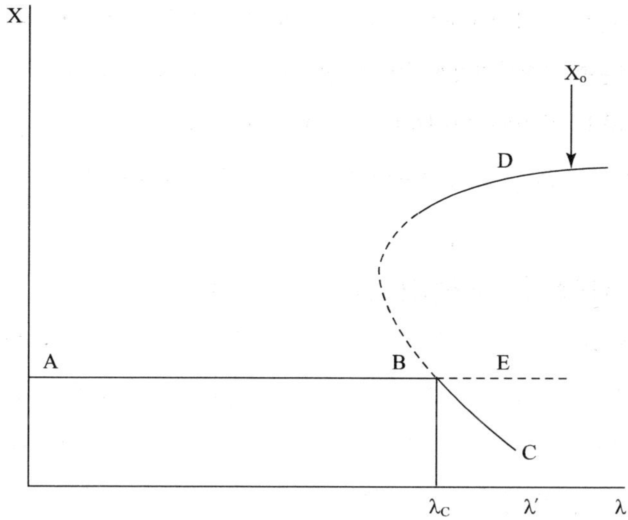

그림 10. **분기현상 도표** 이 도표는 X의 정상상태 값들을 분기매개변수 λ의 함수로 나타낸 것이다. 연속적인 선들은 안정한 정상상태들이고 점선들은 불안정한 정상상태들이다. D 가지에 도달하는 유일한 방법은 E 가지에 해당되는 X의 값보다 더 큰 농도인 X_0에서부터 시작하는 것이다.

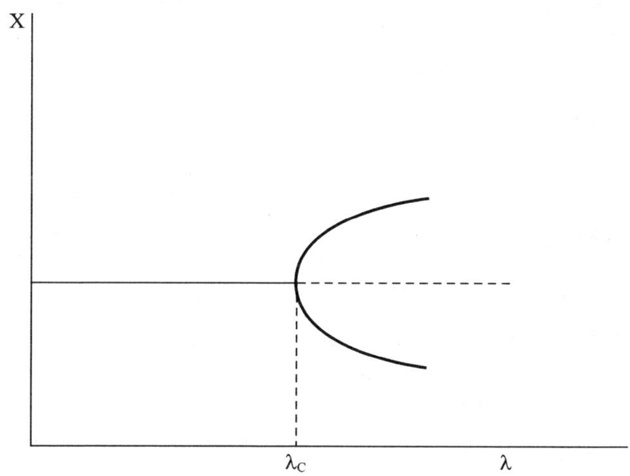

그림 11. **대칭분기현상 도표** X는 λ의 함수로 나타나 있다. $\lambda<\lambda_c$이면 단 한 개의 안정된 정상상태가 존재한다. $\lambda>\lambda_c$이면 각 λ의 값에 대하여 두 개의 안정한 정상상태가 존재한다(그 이전에 안정됐던 상태는 불안정해진다).

물학적이나 사회적인 현상들을 해석하는 데 흔히 이용되어 왔다. 그러나 간단한 화학적 과정들에서도 그것이 중요한 역할을 한다는 것은 매우 뜻밖이다.

그림 11에 나타난 분기그림을 생각해 보자. 이것은 분기점에서 두 개의 새로운 안정한 해들이 나타난다는 점에서 앞의 그림과는 다른 것이다. 따라서 새로운 의문이 제기된다.

분기점에 도달했을 때 계는 어디로 갈 것인가? 여기서 우리는 두 가능성 사이에서 「선택」을 하게 된다. 이들은 그림 12와 그림 13에 나타낸 것과 같

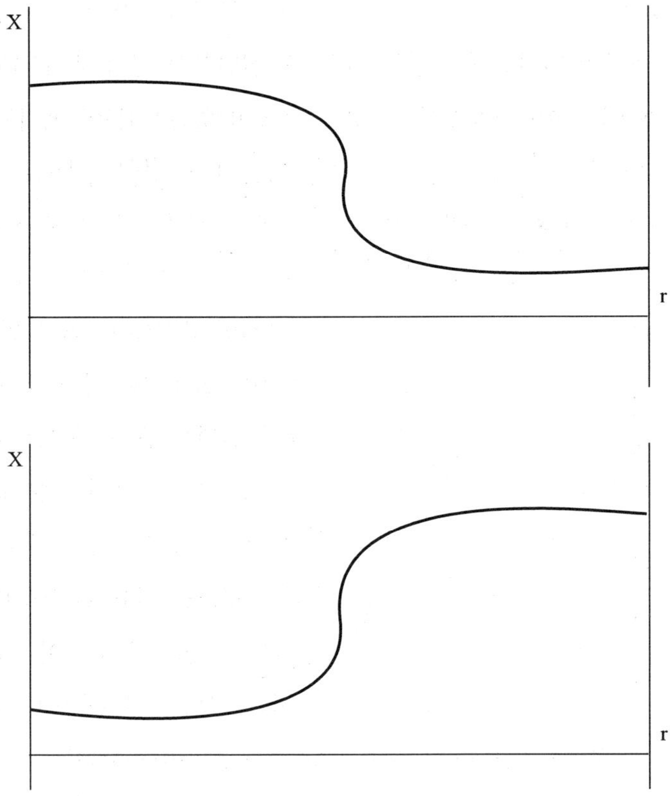

그림 12, 13. 그림 11의 두 개의 가지들 각각에 해당되는 것으로서 화학성분 X의 두 가지의 가능한 공간적 분포들이다. 그림 12는 X성분이 왼쪽에서 큰 농도를 지니고 있으므로 「왼쪽」 구조에 해당되며, 그림 13은 이와 마찬가지로 「오른쪽」 구조에 해당된다.

이 화학물질 X의 공간에서의 비균일적인 두 가지 분포들의 어느 것이라도 나타내는 것이다. 이 두 구조들은 서로 거울상들이다. 그림 12에서는 X의 농도가 왼쪽에서 더 큰 값을 가지며 그림 13에서는 오른쪽에서 큰 값을 갖는다. 어떻게 계가 왼쪽과 오른쪽을 선택할 것인가? 여기에 돌이킬 수 없는 제멋대로의 요소가 존재한다. 거시적인 방정식으로는 계가 택할 경로를 예측할 수 없다. 미시적인 기술방법으로도 도움이 되지 않는다. 그리고 또한 왼쪽과 오른쪽의 구별도 없다. 우리는 주사위를 굴리는 것과 매우 유사한 우연적인 사건들에 접해 있다.

만일 우리가 실험을 여러 번 반복하고 계를 분기점 너머로 끌고 간다면 계의 절반은 왼쪽의 배치상태가 될 것이며, 또 절반은 오른쪽 배치상태가 될 것을 기대하게 될 것이다. 여기서 또 하나의 흥미 있는 의문이 제기된다. 우리 주변의 세계에서 어떤 기본적인 간단한 대칭들이 파괴되는 것으로 보인다.[10] 조개껍질들이 흔히 어떤 나사선성을 선호한다는 것은 누구나 관찰해 보았다. 파스퇴르Pasteur는 비대칭성에서 그리고 대칭파괴로부터 생명의 특징적인 것을 찾아냈을 정도였다. 오늘날 우리는 가장 기본적인 핵산인 DNA가 왼손잡이의 나선 형태를 하고 있음을 알고 있다. 어떻게 이러한 비대칭성이 생겼을까? 평범한 대답에 의하면 그것은 두 가지의 가능한 결과들 중의 하나를 우연히 선호하는 독특한 사건으로부터 생긴다는 것이다. 그러면 자체촉매작용의 과정이 시작되어 왼손잡이 구조가 또 다른 왼손잡이 구조들을 만들어 내게 된다. 어떤 사람들은 왼손잡이 구조들과 오른손잡이 구조들 간에 한쪽이 다른 쪽을 전멸시키는 「전쟁」을 상상하기도 한다. 이러한 것들은 우리가 아직도 만족스러운 답을 찾지 못하고 있는 문제들이다. 독특한 사건들에 관하여 이야기하는 것으로는 만족스럽지 못하며 보다 「체계적」인 설명이 필요하다.

최근에 우리는 평형으로부터 멀리 떨어진 조건하에서 물질이 얻게 되는 근본적으로 새로운 성질들에 관한 놀라운 예를 발견하였다 — 중력장과 같은 외부장이 계에 의하여 「감지」될 수 있으며 무늬 선택의 가능성을 창조한다는 것이다.

중력장과 같은 외부장이 어떻게 평형상태를 변화시킬 수 있는가? 그 대답은 볼츠만의 질서원리에 의하여 마련된다. 즉, 관계되는 양은 위치에너지와 열적인 에너지의 비이다. 이것은 지구의 중력장에 대해서는 작은 양이다. 압력이나 대기의 조성의 상당한 변화를 이루기 위해서는 우리는 등산을 해야 한다. 하지만 베나르의 세포를 상기해 보라. 기계적인 전망에서 볼 때 그것의 불안정성은 열적인 선팽창의 결과로 인한 중심의 상승에 있는 것이다. 다시 말하면 중력은 여기에서 필수적인 역할을 하고 있으며 베나르의 세포가 단지 수 밀리미터의 두께를 지니고 있다는 사실에도 불구하고 새로운 구조에 이르게 하는 것이다. 그렇게 얇은 층에 미치는 중력의 영향은 평형상태에서는 무시할 정도이다. 그러나 온도의 차이에 의하여 유도된 비평형상

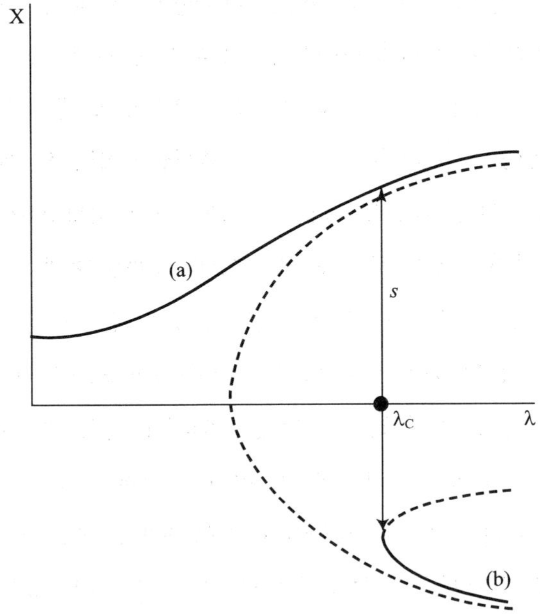

그림 14. 외부의 장(場)이 존재할 때 나타나는 보조된 분기현상. X는 매개변수 λ의 함수로 나타나 있다. 외부장이 없을 때 나타나는 대칭분기현상은 점선으로 나타나 있다. 분기값은 λ_c 이다. 안정한 가지 (b) 는 (a) 가지로부터 유한한 거리만큼 떨어져 있다.

태로 인하여 중력에 의한 거시적인 영향은 이렇게 얇은 층에서까지 볼 수 있게 된다. 비평형은 중력의 영향을 확대시킨다.[11)]

중력은 분명히 반응확산 방정식의 확산흐름을 수정하게 될 것이다. 자세한 계산에 의하면 교란되지 않은 계의 분기점 근처에서는 이것은 매우 극적일 수 있다는 것이다. 특히 우리는 매우 작은 중력장이 무늬선택에 이를 수 있는 것이라고 결론지을 수 있다.

그림 11에 나타낸 분기그림을 지닌 계를 다시 살펴보기로 하자. 중력이 없을 때, $g=0$, 그림 12와 그림 13에서와 같이 비대칭적인「상/하」무늬와 아울러 그것의 거울상인「하/상」무늬가 있다고 하자. 이 두 가지는 똑같은 확률을 지니고 있다. 그러나 g가 고려되면 확산흐름이 g에 비례하는 항을 포함하고 있으므로 분기방정식들이 수정된다. 그 결과 우리는 그림 14에 나타낸 것과 같은 분기그림을 얻게 된다. 원래의 분기현상은 사라져 버렸다 — 이것은 장場의 값이 무엇이든 간에 사실이다. 분기매개변수가 증가함에 따라 하나의 구조 (a)는 연속적으로 나타나며, 반면에 다른 구조 (b)는 유한한 섭동을 통해서만 나타난다. 그러므로 만일 우리가 (a)경로를 따라가면 계가 연속적인 경로를 따라갈 것으로 기대한다. 이러한 기대는 두 가지들 사이의 거리인 s 가 X의 농도에 있어서의 열적인 요동에 비하여 큰 값으로 유지되는 한에는 옳은 것이다. 우리가「보조된」분기현상이라고 부르고 싶은 것이 일어난다. 전과 마찬가지로 λ_c의 값 근처에서 자생적 조직화의 과정이 생길 수 있다. 그러나 이제는 두 가지 가능한 무늬들 중의 하나가 선호되어 선택될 것이다.

중요한 점은 분기현상을 일으키는 화학적 과정에 따라 이 기구가 극도의 예민성을 나타낸다는 것이다. 이 장의 앞부분에서 언급한 바와 같이 물질은 평형상태에서라면 대수롭지도 않을 차이들을 감지한다. 그러한 가능성들은 우리로 하여금 전기장이나 자기장에 반응할 수 있는 것으로 우리가 알고 있는 박테리아와 같은 가장 간단한 유기체들을 생각하게 한다. 보다 일반적으로 그러한 가능성들은 평형으로부터 멀리 떨어진 상태의 화학이 외부조건들에 대한 화학적 과정들의 가능한 「적응」에 이르게 한다는 것을 보여 주고 있다. 이것은 한 구조로부터 다른 구조로의 이동을 결정하기 위하여 경계조건에 대한 커다란 교란이나 수정이 필요한 평형상태와는 매우 커다란 대조를 이루고 있다.

외적인 요동들에 대한 평형으로부터 멀리 떨어진 상태들의 예민성은 계가 그 주위환경에 대하여 자발적으로 이루는 「적응적 조직화」의 또 다른 예이다. 요동하는 외부조건들의 함수인 자생적 조직화의 예를 들어 보자.[12] 생각할 수 있는 가장 간단한 화학반응은 $A=B$ 로 나타낼 수 있는 이성질화 異性質化 반응이다. 우리의 모형에서 생성물 A는 또 다른 반응인 A+빛→A^*→A+열 에도 들어갈 수 있다. A가 빛을 흡수하여 열의 형태로 도로 방출하며 그동안 들뜬 상태인 A^*를 남긴다. 이 두 과정들이 닫혀진 계 안에서 일

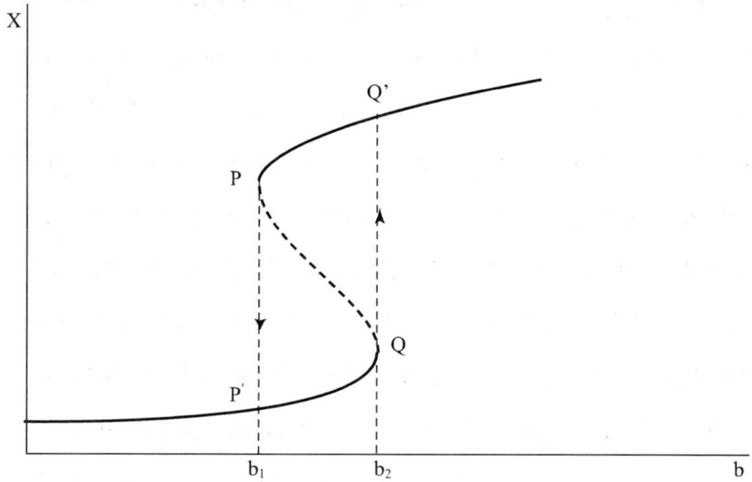

그림 15. 이 그림은 분기매개변수 b의 값이 처음에는 증가하다가 나중에는 감소할 때 「이력」 현상이 어떻게 생기는가 하는 것을 보여 주고 있다. 만일 계가 처음에 아래쪽 가지에 속하는 정상상태에 있다면, 계는 b가 증가함에 따라 그곳에 머물러 있게 될 것이다. 그러나 $b=b_2$ 에서는 불연속적이 될 것이다. 계는 Q로부터 위쪽 가지에 있는 Q' 으로 뛰어 올라간다. 역으로, 위쪽가지의 한 상태로부터 시작한다면, 계는 $b=b_1$ 이 될 때까지는 그곳에 머물러 있다가 P' 로 뛰어내려 온다. 이러한 형태의 이중 안정적인 행동은 레이저, 화학반응 또는 생물학적 막과 같은 많은 분야에서 관측되고 있다.

어난다고 생각하자. 오직 빛과 열만이 외부와 교환될 수 있다. B로부터 A로의 변환은 열을 흡수하므로 이 계에는 비선형성이 존재한다. 그러나 또한 A의 농도가 커질수록 A에 의한 빛의 흡수와 그것이 열로 변환됨이 커지며 온도 역시 올라간다. A는 자신의 생성을 촉진시킨다.

우리는 정상상태에 해당되는 A의 농도가 빛의 강도에 따라 증가하는 것을 발견하리라고 기대한다. 이것은 실제로 그런 경우이다. 그러나 임계점으로부터 시작하여 평형으로부터 멀리 떨어진 상태의 표준적인 현상들 중의 하나가 나타난다 — 다중 정상상태들이 공존하는 것이다. 같은 온도에 대하여 계는 서로 다른 A의 농도들을 갖는 두 개의 서로 다른 안정한 정상상태들에서 발견될 수 있다. 세 번째의 불안정한 상태는 처음 두 상태들 사이의 문턱을 나타내게 된다. 이와 같은 정상상태들의 공존은 잘 알려진 이력현상 hysteresis, 履歷現象을 보여 주게 된다. 하지만 이것이 이야기의 전부는 아니다. 만일 빛의 강도가 일정한 대신 제멋대로 요동치면 상황은 매우 심각하게 달라진다. 두 정상상태들 간의 공존지역은 증가하고 어떤 매개변수들의 값들에 대하여는 세 개의 안정한 정상상태들이 공존하는 것이 가능해진다.

그러한 경우에 흔히 「소음」이라고 불리는 외부선속에 있어서의 무질서한 요동은 성가신 것이기는커녕 새로운 형태의 행동을 나타나게 하며 이것은 결정론적인 선속들하에서는 훨씬 더 복잡한 반응기구들을 내포하게 된다. 선속들에 있어서의 불규칙한 잡음이 어떠한 「자연적인 계」에서든지 피할 수 없는 것으로 생각될 수 있다는 것을 기억하는 것은 중요하다. 예를 들어 생물학적이나 생태학적인 계들에서는 주위환경과의 상호작용을 정의하는 매개변수들이 일반적으로 상수들이라고 생각될 수 없다. 세포와 생태학적 적소는 모두 그들의 생계를 주변환경으로부터 얻어내고 있다. 그리고 습도, pH, 염의 농도, 빛, 영양소들은 영원히 요동치는 환경을 형성하고 있다. 내부활동에 의하여 생기는 요동에 대해서뿐만 아니라 주변환경으로부터 나타나는 요동에 대한 비평형상태들의 예민성은 생물학적인 연구를 위한 새로운 전망을 암시하고 있다.

7. 파생적인 분기현상들과 혼돈으로의 전이

앞의 문단에서는 오직 첫 분기현상 또는 수학자들이 말하는 대로 주主 분기현상에 관해서만 다루었으며, 이것은 우리가 계를 안정성의 문턱 너머로 밀어붙일 때 생기는 것이다. 나타날 수 있는 새로운 해들이 다 없어지기는 커녕 이러한 주 분기현상은 오직 단 하나의 특성적인 시간(극한순환과정의 주기) 또는 단 하나의 특성적인 거리를 도입한다. 화학적이거나 생물학적 계들에서 관찰되는 복잡한 공간적이며 시간적인 활동을 발생시키기 위하여 우리는 분기그림을 더 멀리 따라가 보아야만 한다.

우리는 이미 유체역학적이거나 화학적인 계들에서 수많은 주파수들의 복잡한 상호작용으로부터 나타나는 현상들에 관하여 언급한 바 있다. 평형으로부터 임계거리만큼 떨어졌을 때 나타나는 베나르의 구조들을 생각해 보자. 열적인 평형상태에서 더 멀리 떨어지면 대류의 흐름은 시간적으로 진동하기 시작한다. 평형으로부터의 거리가 더욱 증가하면 더욱 많은 진동 주파수들이 생기게 되며 마침내 평형으로의 전이가 완료된다.[13] 주파수들 간의 상호작용은 커다란 요동의 가능성을 낳게 된다. 분기그림에서 매개변수들의 그러한 값들에 의하여 정의된 「지역」을 흔히 「혼돈상태」라고 부른다. 베나르의 불안정성과 같은 경우에는 질서 또는 합치성이 열적인 혼돈상태와 비평형의 난류성 혼돈상태 사이에 끼어 있다. 실제로 만일 우리가 온도 기울기를 계속해서 증가시키면 대류무늬들이 더욱 복잡해진다 — 진동이 시작되고 대류의 질서 있는 양상이 대체로 파괴된다. 그러나 우리는 「평형의 열적 혼돈상태」와 「비평형의 난류성 혼돈상태」를 혼동해서는 안 되겠다. 평형상태에서 이루어지는 열적인 혼돈상태에서는 모든 특성적인 공간과 시간의 축척들이 분자범위의 것들인 반면에 난류성 혼돈상태에서는 거시적인 시간과 공간의 축척들이 너무 많으므로 계가 혼돈상태에 있는 것으로 보인다. 화학에서는 질서와 혼돈의 관계가 매우 복잡하다. 질서 있는(진동적인) 상황들의 연이은 영역들이 혼돈상태의 영역들 뒤에 나타난다. 이와 같은 것은 예를 들어 벨루소프-자보틴스키 반응에서 유속의 함수로 관측되었다.

많은 경우에 「질서」와 「혼돈」과 같은 단어들의 의미를 풀어헤치는 것은 어려운 일이다. 열대림은 질서 있는 계인가 또는 혼돈상태의 계인가? 어느 특정한 동물종족의 역사는 매우 불확실한 것으로 보이며 다른 종족과 환경적인 사건들에 의존하게 된다. 그럼에도 불구하고 그런대로 예를 들자면 종류의 다양성으로 나타난 열대림의 전반적인 양상은 바로 전형적인 질서에 해당된다고 하는 느낌은 아직도 남아 있다. 이러한 용어에 우리가 궁극적으로 어떠한 정확한 의미를 부여하든 간에 어떤 경우들에서는 잇따른 분기현상들이 특성적인 주파수들의 결정론에 의하여 이들 주파수들의 다중성으로부터 연유하는 무질서도가 증가하는 비가역적 진화를 이루는 것이 확실하다.

「혼돈상태」로 향하는 놀랍게도 간단한 길은 이미 많은 주목을 끌고 있는 「파이겐바움Feigenbaum 서열」이다. 그것은 그 행동이 매우 일반적인 양상에 의하여 특징지어지는 어떠한 계라도 관계되는 것이다 — 정해진 범위의 매개변수의 값들에 대하여 계의 행동은 주기적이며 그 주기는 T이다. 이 범위를 넘어서면 주기는 $2T$가 되고 또 하나의 임계 문턱을 넘어서면 계가 그 자신의 행동을 반복하기 위한 주기는 $4T$가 된다. 따라서 계는 잇따른 주기배가倍加를 나타내는 잇따른 분기현상들에 의하여 특징지어진다. 이것은 간단한 주기적인 행동으로부터 주기가 한없이 배가될 때 생기는 복잡한 비주기적 행동에 이르는 전형적인 경로를 구성하고 있다. 파이겐바움이 발견한 바에 의하면 이러한 경로는 계가 주기배가의 정성적인 성질을 지니고 있는 한 관련된 기구와는 무관한 보편적 수치적인 양상들에 의하여 특징지어진다. 「사실상, 이러한 비주기적인 극한에서는 그와 같은 어떠한 계의 측정할 수 있는 대부분의 성질들이라도 각각의 구체적인 계를 지배하는 방정식들의 자세한 내용을 기본적으로 우회하는 방법에 의하여 결정될 수 있다……」[14)]

그림 16에서 나타낸 것과 같은 다른 경우들에서는 결정론적인 요소들과

확률적 요소들이 모두 계의 역사를 특징지어 주고 있다.

그림 17에서 λ_6 정도의 조절매개변수의 값을 살펴보면 우리는 계가 이미 안정하고 불안정한 가능한 행동들을 풍부하게 지니고 있음을 알 수 있다. 조절매개변수가 커짐에 따라 진화해 가는 「역사적」인 경로는 결정론적인 법칙들이 지배하는 안정한 지역들과 분기점 근처에서 계가 한 개 이상의 가능한 미래들 중에서 「선택」할 수 있는 불안정한 지역들이 연달아 나타나는 것으로 특징지어진다. 가능한 일군의 상태들과 그들 각각의 안정성을 계산할

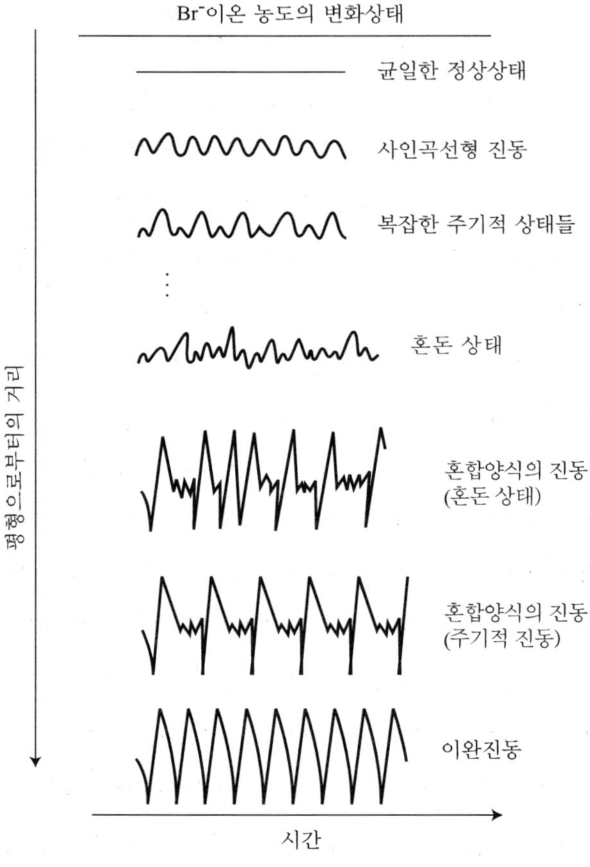

그림 16. 벨루소프-자보틴스키 반응에서 Br^-이온의 시간적인 진동 이 그림은 정성적인 차이점에 해당되는 연이은 지역을 나타내고 있다. 이것은 개략적인 표현이다. 실험결과는 이보다 훨씬 복잡한 배열이 존재함을 보여 주고 있다.

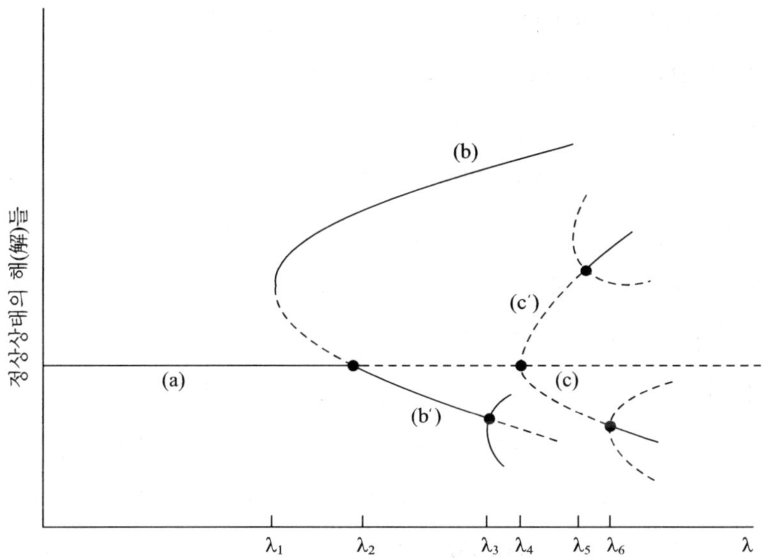

그림 17. 분기현상 도표 정상상태의 해들이 분기매개변수 λ의 함수로 나타나 있다. $\lambda<\lambda_1$ 이면 각 λ의 값에 대하여 단 한 개의 정상상태가 존재한다. 이러한 상태들의 집합은 a가지 (branch) 를 이루고 있다. $\lambda=\lambda_1$ 이면 정상상태들의 두 가지의 또 다른 집합들이 존재한다 (b가지와 b'가지).

b'의 상태들은 불안정하지만 $\lambda=\lambda_2$ 에서 안정해진다. 반면에 a가지의 상태들은 불안정해진다. $\lambda=\lambda_3$ 이면 b' 가지가 다시 불안정해지며 두 개의 또 다른 안정한 가지들이 나타난다.

$\lambda=\lambda_4$ 이면 불안정한 가지는 새로운 분기점을 갖게 되며 이곳에서 두 개의 새로운 가지들이 가능해지고 이들은 각각 $\lambda=\lambda_5$ 와 $\lambda=\lambda_6$ 가 될 때가지 불안정할 것이다.

수 있게 하는 운동방정식들의 결정론적인 성질과 분기점 근처에서 여러 상태들 중에서 「선택」하는 제멋대로의 요동들은 모두 뒤얽혀서 연결되어 있다. 필연과 우연의 이러한 혼합이 계의 역사를 구성하는 것이다.

8. 유클리드로부터 아리스토텔레스까지

소산구조들의 가장 흥미 있는 양상들 중의 하나는 그들의 합치성이다. 계는 마치 그것이 장거리 힘들의 자리인 것처럼 전체로서 행동한다. 분자들 간의 상호작용이 10^{-8}cm 정도의 범위를 초과하지 않는다는 사실에도 불구하고 계는 마치 각 분자들이 계의 전체적인 상태에 관하여 「알고 있는」 것처럼 짜여 있다.

흔히 말하기를 — 그리고 우리가 이미 반복해서 말한 바와 같이 — 현대과학은 그것에 관한 영감의 한 근원이 생물학적 기능들의 조직화와 결속인 아리스토텔레스의 공간이 균일하고 등방적인 유클리드의 공간으로 대체되었을 때 탄생되었다고 한다. 그러나 소산구조들에 관한 이론은 아리스토텔레스의 개념에 더 가까운 것이다. 우리가 화학시계나 농도의 파동 또는 화학적 생성물의 불균일한 분포 등 어떤 것을 다루든 간에 불안정성은 시간적이고 공간적으로 모두 대칭파괴의 효과를 지니고 있다. 극한주기에서는 어떠한 두 순간들도 동등하지 않다. 예를 들어 화학반응은 빛의 파동을 특징짓는 것과 유사한 위상을 지니게 된다. 다시 말하거니와 불안정성에 의하여 한 방향이 선호될 때 공간은 더 이상 등방적이 아니다. 우리는 유클리드의 공간으로부터 아리스토텔레스의 공간으로 옮겨지는 것이다!

공간과 시간적인 대칭의 파괴가 형태형성의 매력적인 현상에 중요한 역할을 하리라는 것은 쉽게 생각할 수 있다. 이러한 현상들은 흔히 성장이 끝났을 때 태아가 실현하게 되는 계획과 같은 어떤 내적인 목적이 관련되어 있음에 틀림없다고 하는 신념에 이르게 한다. 금세기 초에 독일의 태생학자인 한스 드리슈Hans Driesch는 태아의 성장에 어떤 정신적인 「완성작용」이 필요한 것이라고 믿었다. 그는 초기단계에 있는 태아가 매우 심한 교란들에도 견디어 낼 수 있으며 그러한 것들에도 불구하고 정상적으로 기능적인 생체로 성장할 수 있는 능력을 지니고 있다는 것을 발견하였다. 그 반면에 필름을 통하여 태생학적인 성장을 관찰해 보면, 우리는 급격한 재조직화에 해당되는 도약들과 이어서 보다 「평화로운」 양적인 성장기들이 따르게 됨을 「보게」 된다. 다행히도 실수하는 일은 거의 없다. 그러한 도약은 재현될 수 있는 형태로 수행된다. 우리는 진화의 기본적 기구가 탐색의 기구로서의 분기현상들과 특정한 궤적을 안정화시키는 사회적 화학작용들의 선택 사이의 경쟁에 근거를 두고 있는 것이라고 생각할 수 있다. 약 40년 전에 생물학자인 와딩턴Waddington은 그러한 생각을 도입하였다. 그가 안정화된 성장의 경로를 기술하기 위하여 도입한 「크레오드chreod」의 개념은 유연성과 안전의 이중의 절대적 조건들의 결과로 생기는 가능한 성장과정들에 해당되는 것이다.[15] 확실히 이 문제는 매우 복잡한 것이므로 여기서는 단지 간략하게 다루어질 수밖에 없다.

수년 전에 발생학자들은 형태형성의 장場에 관한 개념을 도입하였으며 세포의 세분화는 이 장 내의 그것의 위치에 의존한다고 하는 가설을 내세웠다. 그러나 세포가 어떻게 그것의 위치를 「식별」할 것인가? 자주 논란이 되고 있는 한 생각은 특성물질인 한 개 또는 그 이상의 「모르포겐morphogen」들의 「기울기」에 관한 것이다. 그러한 기울기들은 실제로 평형으로부터 멀리 떨어진 조건하에서 대칭파괴적 불안정성들에 의하여 생길 수 있다. 그것이 일단 생기면 화학적 기울기가 각 세포에 서로 다른 화학적 환경을 마련해 주며, 따라서 그들의 각각이 특정한 단백질군群을 합성하도록 유도한다. 지금 널리 쓰이고 있는 이 모형은 실험적 증거와 일치하는 것으로 보인다. 특히 우리는 초파리에 관한 카우프만Kauffman의 업적에 관하여 언급하고자 한다.[16] 초기상태의 태아 내의 서로 다른 세포들의 집단에서 일어나는 것으로 보이는 또 다른 성장계획들을 택하게 하는 것은 반응-확산계로 알려졌다. 각 구획은 두 가지 선택들의 독특한 조합에 의하여 상술되며 이러한 선택들의 각각은 공간적인 대칭파괴적 분기현상의 결과이다. 이 모형은 원래의 지역과 마지막 지역 간의 「거리」 — 이들의 각각을 상술하는 두 가지 선택들 또는 「스위치」들의 상태들의 차이점들의 수 — 의 함수로서 이식移植의 결과에 관하여 성공적인 예측을 할 수 있게 한다. (그림 18을 보라)

그러한 생각들과 모형들은 태아가 명백히 대칭적인 상태로 성장하기 시작하는 생물학적 계들에서 (예를 들면 Fucus, Acetabularia) 특히 중요하다.

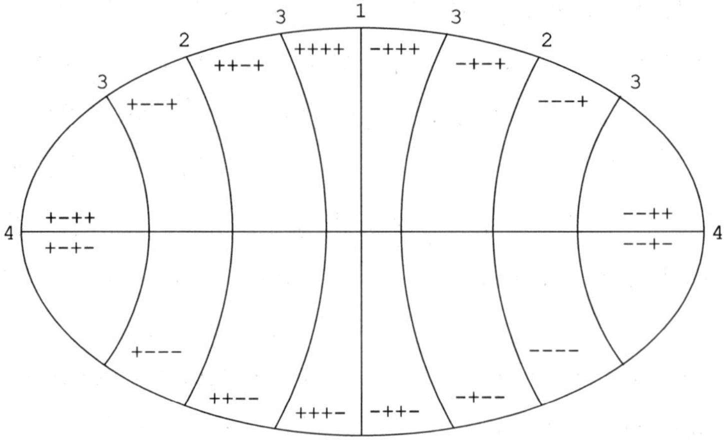

그림 18. 연이은 두 가지 선택들의 결과로 이루어진 초파리 태아의 구조에 관한 개략적인 표현. 보다 상세한 것은 본문을 보라.

초기의 태아가 정말로 균일한가 하는 의문이 생길 수 있다. 그리고 만일 초기의 환경에 작은 비균일성들이 존재한다 하여도 그것들이 주어진 구조를 향한 진화를 야기시키거나 인도하는가? 이러한 질문들에 대한 정확한 대답들은 현재 상태로는 없다. 그러나 한 가지는 확실한 것으로 보인다 — 화학반응들과 운반에 관련된 불안정성이 초기에 균일한 상황에 대칭성을 파괴할 수 있는 유일한 일반적 기구로 보인다는 것이다.

그와 같은 해결책의 가능성, 바로 그것이 우리로 하여금 환원주의자들과 반反환원주의자들의 해묵은 투쟁을 초월하게 하는 것이다. 아리스토텔레스 이래로(그리고 우리는 슈탈, 헤겔, 베르그송, 그리고 그 밖의 반환원주의자들을 인용한 바 있다) 똑같은 신념이 표현되어 왔다. 즉, 여러 가지 수준들의 기술記述을 연결하고 전체와 부분들의 행동 관계를 설명하는 데는 복잡한 조직화의 개념이 요구된다는 것이다. 유일한 「목적」 또는 조직화가 단지 부분에만 있다고 하는 환원주의자들에 대한 응답에서 아리스토텔레스는 그의 형식적인 목적으로, 헤겔은 자연에서의 영혼의 출현으로, 그리고 베르그송은 그의 단순하고 억압할 수 없는 조직창조의 행위로서 전체가 우세한 것이라고 주장한다. 베르그송을 인용해 보자.

> 일반적으로 같은 사물이 한 가지 양상에서는 단순하게 보이고 또 다른 양상에서는 무한히 복잡한 것으로 보일 때 이 두 가지 양상들은 결코 같은 중요성 또는 같은 정도의 실재를 지니고 있지 않다. 그러한 경우들에서는 단순성은 사물 그 자체에 속하는 것이다. 그리고 무한한 복잡성은 우리가 사물을 돌아보면서 얻는 견해에 속하는 것이며 우리의 감각과 지성으로 하여금 사물을 우리에게 나타내 주는 부호들에 속하는 것이다. 보다 일반적으로 말하자면, 무한한 복잡성은 그것에 의하여 우리가 사물을 인위적으로 모방하려고 하지만 다른 본성을 지니고 있기 때문에 사물이 같은 표준으로 잴 수 없는 상태를 유지하도록 해주는 그러한 다른 질서의 요소들에 속하는 것이다. 한 천재 화가가 그의 화폭에 그림을 그려 놓았다. 우리는 여러 가지 색깔의 모자이크 조각들로 그의 그림을 모방할 수 있다. 그리고 우리는 조각들이 더 작고, 더 많고, 그리고 더 다양한 색을 지니고 있을 때 그 모형의 선들과 색상들을 훨씬 더 잘 재현시키게 될 것이다. 하지만 화가가 단순한 것으로 생각한 그림과 아주 똑같은 대등한 것을 얻기 위해서는 무한히 많은 색상들을 나타내는 무한히 작은, 무한히 많은 요소들이 필요할 것이다. 그 단순한 것은 화가가 화폭에 전체로써 옮겨놓기를 원했던 것이며, 분할될 수 없는 직관의 투영으로써 우리에게 보다 강하게 떠오를 때 보다 완벽하게 되는 것이다.[17)]

생물학에서는 환원주의자들과 반환원주의자들 간의 논쟁이 흔히 외적인 목적과 내적인 목적에 관한 주장들 사이의 논쟁으로 나타난다. 따라서 내재하는 조직화의 지성에 관한 생각은(기계적, 열, 인공두뇌를 지닌 기계들과 같은) 시간의 기술技術로부터 빌려온 조직화 모형과 흔히 대립되는 것이며 이는 다음과 같은 불평을 불러일으킨다. 「누가」 외적인 목적에 복종하는 자동화인 기계를 만들었는가?

금세기 초에 베르그송이 강조한 바와 같이 기술적技術的인 모형과 내적인 조직화의 능력에 관한 생기론자의 생각은 모두 미리 존재하는 목표에 즉각적으로 관련시킴이 없이는 진화적인 조직화를 생각할 수 없는 것에 대한 표현들이다. 오늘날 분자생물학의 찬란한 성공에도 불구하고 개념적인 상황은 그대로 머물러 있다. 베르그송의 주장은 「조직자」, 「조절자」, 그리고 「유전계획」과 같은 현대적인 비유들에도 적용될 수 있다. 폴 바이스Paul Weiss와 콘래드 와딩턴Conrad Waddington[18]과 같은 비정통파 생물학자들은 이와 같은 종류의 자격부여가 각 분자들에게 생물학이 이해하려고 하는 전체적인 질서를 이룰 수 있는 능력을 부여하는 것이며, 그렇게 함으로써 그것의 해결을 위한 문제의 설정에 실수를 범하고 있다고 올바르게 비판하였다.

생물학에서의 기술적技術的 비유들이 흥미가 없지 않다는 것은 인정되어야 한다. 하지만 그러한 비유들의 일반적인 유효성은 예를 들어 전자회로에서와 같이 분자 상호작용의 기술記述과 전체적인 행동 간에 기본적인 균일성이 존재한다는 것을 내포하게 될 것이다. 회로의 기능은 그것의 계전기繼電器들의 본성과 위치로부터 추론될 수 있다. 이 두 가지는 모두 같은 축척에 관련되는 것으로 이는 계전기들이 전체 기계를 제작한 같은 기술자에 의하여 고안되고 설치되었기 때문이다. 생물학에서는 이와 같은 것이 상례일 수 없다.

박테리아의 화학주성化學走性에서 보는 바와 같이 생물학적 계에서는 수용체들, 감각 및 조절처리계들, 그리고 원동기 반응들로 구성된 분자기계에 관하여 이야기하지 않을 수 없다. 우리는 매우 독특한 부류의 화합물들을 감지하고 박테리아로 하여금 유인물질의 공간적인 기울기가 큰 쪽으로 헤엄쳐 가게 하거나 배척물질의 기울기가 낮은 쪽으로 헤엄쳐 가게 하는 수용체들을 대략 20개 내지 30개 알고 있다. 이러한 「행동」은 처리계의 결과 — 박테리아의 방향에 변화를 일으키는 몸부림이 켜지거나 꺼지거나 하는 것 — 에 의하여 결정된다.[19]

그러나 그러한 경우들은 그런대로 매력적이기는 하지만 이야기의 전부를 말해 주는 것은 아니다. 사실상 그러한 경우들은 개방성과 적응성에 대항하는 안정성과 재현적인 행동을 강조하는 독특한 종류의 선택적 진화의 최종

생성물로서의 극한적인 경우들로 보아야 할 것이다. 그러한 전망에서 볼 때, 기술적技術的인 비유의 적절성은 원리의 문제가 아니라 기회의 문제이다.

생물학적 질서의 문제는 분자의 활동으로부터 세포의 초분자적인 질서로의 전이를 포함하고 있다. 이 문제가 해결되려면 아직 멀었다.

흔히 생물학적 질서는 맥스웰의 악마를 닮은 효소들에 의하여 창조되고 유지되는 거의 불가능한 물리적 상태로서 단순하게 나타내진다. 이러한 효소들은 악마가 온도와 압력의 차이들을 유지하는 것과 같은 방법으로 계 안의 화학적 차이들을 유지한다. 만일 우리가 이것을 받아들인다면 생물학은 슈탈이 기술했던 그러한 입장에 놓이게 될 것이다. 자연의 법칙들은 오직 죽음만을 허락한다. 슈탈이 주장하는 영혼의 조직화 작용은 핵산들 안에 포함되고 생명이 영원하도록 하는 효소들의 생성에서 표현된 유전정보들로 대체된다. 효소들은 죽음과 생명의 소멸을 연기시킨다.

비가역과정들에 관한 물리학의 입장에서 보면 생물학의 결과들은 명백히 다른 의미와 다른 암시들을 지니고 있는 것이다. 오늘날 우리는 그 구성원들로서의 생물권과 마찬가지로 전체로서의 생물권도 모두 살아 있든 죽었든 간에 평형으로부터 멀리 떨어진 조건들하에 존재하고 있음을 알고 있다. 이러한 상황에서 볼 때, 생명은 자연적 질서의 바깥에 있기는커녕 일어나고 있는 자생적 조직화의 과정들의 최고의 표현으로서 나다난다.

자생적 조직화를 위한 조건들이 일단 만족되면 생명은 베나르의 불안정성이나 떨어지는 돌이 예측될 수 있는 것만큼 예측될 수 있는 것이라고까지 우리는 말하고 싶다. 최근에 발견된 화석형태들의 생명이 최초의 암석 형성과 거의 동시에 생겼다는 것은 주목할 만한 사실이다(현재 알려진 가장 오래된 미소화석은 3.8×10^9 년 전의 것이고, 지구의 나이는 4.6×10^9 년으로 추정되고 있다. 최초의 암석 형성은 역시 3.8×10^9 년 전이다). 이와 같은 생명의 이른 출현은 확실히 생명이 조건들이 허락하기만 하면 나타나는 자발적인 자생적 조직화의 결과라고 하는 생각을 뒷받침하는 근거이다. 하지만 어떠한 정량적인 이론과도 아직은 멀리 떨어져 있음을 우리는 인정해야만 한다.

생명과 진화에 관한 우리의 이해를 다시 돌아보면, 우리는 이제 환원주의의 어떠한 비난에 의해서도 내포된 위험들을 피할 수 있는 보다 나은 입장에 처해 있다. 평형으로부터 멀리 떨어져 있는 계는 조직적인 것으로서 기술될 수 있다. 그것은 계가 기본적인 활동들과 낯설거나 또는 그것들을 초월하는 계획을 실현하기 때문이 아니고 오히려 「알맞은 순간」에 일어나는 미시적 요동의 증폭이 똑같이 가능한 많은 다른 경로들보다 어떤 한 반응경로를 선호하는 결과를 가져오기 때문이다. 따라서 어떤 상황하에서는 개별적인 행동이 결정적인 역할을 할 수 있게 된다. 보다 일반적으로 말하자면 「전체적」인 행동이 일반적으로 그것을 구성하고 있는 기본과정들보다 어떻게든 더 지배적인 것이라고 할 수는 없다는 것이다. 평형으로부터 멀리 떨어진 조건들하에서 자생적 조직화 과정들은 우연과 필연 간의 그리고 요동과 결정론적 법칙들 간의 미묘한 상호작용에 해당되는 것이다. 우리는 분기점 근처에서는 요동이나 제멋대로의 요소들이 중요한 역할을 하는 반면에 분기점들 사이에서는 결정론적인 양상들이 지배적이 될 것이라고 기대한다. 이러한 것들은 우리가 이제 보다 상세히 조사할 필요가 있는 문제들이다.

1. 이 장과 다음 장의 내용에 관하여는 P. GLANSDORFF and I. PRIGOGINE, *Thermodynamic Theory of Structure, Stability and Fluctuations* (New York : John Wiley & Sons, 1971) 과 G. NICOLIS and I. PRIGOGINE, *Self-Organization in Non-Equilibrium Systems* (New York : John Wiley & Sons, 1977) 를 보라. 이 책들에는 더 많은 참고문헌들이 수록되어 있다.
2. F. NIETZSCHE, *Der Wille zur Macht, Sämtliche Werke* (Stuttgart : Kroner, 1964), aphorism 630.
3. 엔트로피 성장에 관한 일반적 법칙에 어떤 정확한 내용이 주어질 수 있겠는가? 드 동데르와 같은 이론물리학자에게는 불확실하며 역학의 합리적인 접근방식으로는 도달할 수 없는 화학적 활성도라는 것이 비가역과정의 유사어가 될 정도로 충분히 신비스러운 것이었다. 따라서 물리학자들이 그것에 관한 질문에 결코 진정한 대답을 하지 못하였던 화학과 비가역성에 관한 새로운 수수께끼는 더 이상 무시할 수 없는 도전의 대상이 되어 버렸다. Th. De Donder, L'*Affinité* (Paris : Gauthier-Villars, 1962) 과 L. Onsager *Phys*. *Rev*. 37, 405 (1931) 를 보라.
4. M. SERRES, *La naissance de la physique dans le texte de Lucréce, op. cit*
5. 화학적 진동들에 관하여 보다 자세한 것은 A. WINFREE, "Rotating Chemical Reactions," *Scientific American*, Vol. 230 (1974), pp. 82-95를 보라.
6. A. GOLDBETER and G. NICOLIS, "An Allosteric Model with Positive Feedback Applied to Glycolytic Oscillations," *Progress in Theoretical Biology*, Vol. 4 (1976), pp. 65-160 ; A. GOLDBETER and S. R. CAPLAN, "Oscillatory Enzymes," *Annual Review of Biophysics and Bioengineering*, Vol. 5 (1976), pp. 449-73.
7. B. HESS, A. BOITEUX, and J. KRUGER, "Cooperation of Glycolytic Enzymes," *Advances in Enzyme Regulation*, Vol. 7 (1969), pp. 149-67 ; 또한 B. HESS, A. GOLDBETER, and R. LEFEVER, "Temporal, Spatial and Functional Order in Regulated Biochemical Cellular Systems," *Advances in Chemical Physics*, Vol. 38 (1978), pp. 363-413 을 보라.
8. B. HESS, *Ciba Foundation Symposium*, Vol. 31 (1975), p., 369.

9A. G. GERESCH, "Cell Aggregation and Differentiation in *Dictyostelium Discoideum*," in *Develpmental Biology*, Vol. 3 (1968), pp. 157-197.

9B. A. GOLDBETER and L. A. SEGEL, "Unified Mechanism for Relay and Oscillation of Cyclic AMP in *Dictyostelium Discoideum*," *Proceedings of the National Academy of Sciences*, Vol. 74 (1977). pp. 1543-47.

10. M. GARDNER, *The Ambidextrous Universe* (New York : Charles Scribner's Sons, 1979) 를 보라.
11. D. K. KONDEPUDI and I. PRIGOGINE, *Physica*, Vol. 107A (1981), pp. 1-24 ; D. K. KONDEPUDI, *Physica*, Vol. 115A (1982), pp. 552-66. 화학은 심지어 거시적인 축척에서 약력(弱力) 들에서의 반전성의 위배를 가져오게 할 수도 있다. D. K. KONDEPUDI and G. W. NELSON, *Physical Review Letters*, Vol. 50, No. 14 (1983), pp. 1023-26 을 보라.
12. R. LEFEVER and W. HORSTHEMKE, "Multiple Transitions Induced by Light Intensity Fluctuations in Illuminated Chemical Systems," *Proceedings of the National Academy of Sciences*, Vol. 76 (1979), pp. 2490-94. 또한 W. HORSTHEMKE and M. MALEKMANSOUR, "Influence of External Noise on Nonequilibrium Phase Transitions," *Zeitschrift für Physik B*, Vol. 24 (1976), pp. 307-13 ; L. ARNOLD, W. HORSTHEMKE, and R. LEFEVER, "White and Coloured External Noise and Transition Phenomena in Nonlinear Systems," *Zeitschcrift für Physik B*, Vol. 29 (1978), pp. 367-73 ; W. HORSTHEMKE, "Nonequilibrium Transitions Induced by External White and Coloured Noise," *Dynamics of Synergetic Systems*, ed. H. HAKEN (Berlin : Springer Verlag, 1980) 을 보라. 생물학적 문제에 대한 적용에 관해서는 R. LEFEVER and W. HORSTHEMKE, "Bistability in Fluctuating Environments : Implication in Tumor Immunology," *Bulletin of Mathematic Biology*, Vol, 41 (1979)를 보라.
13. H. L. SWINNEY and J. P. GOLLUB, "The Transition to Turbulence," *Physics Today*, Vol. 31, No. 8 (1978), pp. 41-49.
14. M. J. FEIGENBAUM, "Universal Behavior in Nonlinear Systems," *Los Alamos Science*, No. 1 (Summer 1980), pp. 4-27.
15. 크레오드(chreod) 의 개념은 와딩턴이 20여 년 전에 제안한 태생학상의 성장에 관한 정성적인 기술(記述) 의 일부이다. 그것은 진실로 분기현상을 나타내는 진화이다. 즉, 태아가 안정한 부분들과 몇 개의 성장경로들 중의 선택이 가능한 부분들이 공존하는「후성적(後成的) 인 주위 환경」속에서 그것을 따라 성장하는 그러한 발전적인 탐험이다. C. H. WADDINGTON, *The Strategy of the Genes* (London : Allen & Unwin, 1957) 를 보라. 와딩턴의 크레오드는 또한 르네 통(René Thom) 의 생물학적 사고의 중추적인 참고가 되고 있다. 따라서 그것들은 두 가지 접근방식들이 만나는 점이 된다. 우리가 제시한 것은 국지적인 기구들로부터 시작하여 그것들이 발생시킬 수 있는 집합적인 행동들의 스펙트럼을 탐색하는 것이며, 통의 접근방식은 전체적인 수학적 실체들로부터 시작하여 정성적으로

다른 형태들과 이들이 내포하는 변환들을 형태형성학의 현상학적 기술(記述)로 연결시키는 것이다.

16. S. A. KAUFFMAN, R. M. SHYMKO, and K. TRABERT, "Control of Sequential Compartment Formation in Drosophila," *Science*, Vol. 199 (1978), pp. 259-69.
17. H. BERGSON, *Creative Evolution*, pp. 94-95.
18. C. H. WDDINGTON, *The Evolution of an Evolutionist* (Edinburgh : Edinburgh University Press, 1975)와 P. WEISS, "The Living System : Determinism Stratified," *Beyond Reductionism*, ed. A. KOESTLER and J. R. SMYTHIES (London : Hutchinson, 1969)를 보라.
19. D. E. KOSHLAND, "A Model Regulatory System : Bacterial Chemotaxis," *Physiological Review*, Vol. 59, No. 4, pp. 811-62.

6장
요동을 통한 질서

1. 요동과 화학

서론에서 우리는 오늘날 물리적 과학들의 재개념화가 일어나고 있음을 주목한 바 있다. 그것들은 결정론적이고 가역적인 과정들로부터 확률적이고 비가역적인 과정들로 옮겨지고 있다. 이러한 전망의 변화는 화학에 현저한 방법으로 영향을 주고 있다. 제5장에서 본 바와 같이 화학적 과정들은 고전 동역학의 궤적들과는 대조적으로 비가역과정들에 해당된다. 반면에 고전적 화학은 계속해서 화학적 진화에 관한 결정론적인 기술에 의존하고 있다. 제5장에서 본 바와 같이 여러 가지 화학적 성분들의 농도를 포함시키는 미분 방정식들을 세워야 할 필요가 있다. 일단 우리가 이러한 농도들을 어떤 초기시간에서 (그리고 확산과 같이 공간에 의존하는 현상들이 관련되었을 때는 적당한 경계 조건들하에서) 알면 우리는 나중 시간에 그 농도가 무엇이 될 것인가 하는 것을 계산할 수 있다. 화학에 관한 이러한 결정론적인 관점이 평형으로부터 멀리 떨어진 과정들과 관련될 때 맞지 않는다는 것은 흥미 있는 일이다.

우리는 요동의 역할을 반복하여 강조한 바 있다. 이제 보다 현저한 양상들의 일부를 여기에 요약해 보고자 한다. 분기점에 이르기만 하면 결정론적인 기술 방법은 맞지 않게 된다. 계 안에서 생기는 요동의 형태는 그 계가 따라갈 가지를 선택하게 된다. 분기점을 넘어 가는 것은 동전을 던지는 것과 같은 확률적 과정이다(제5장을 보라). 여기서 우리는 더 이상 개별적인 화학적 궤적을 따라갈 수 없게 된다. 시간적인 진화의 세부적인 것을 예측할 수 없게 된다. 다시 한번 오직 통계적인 기술記述만이 가능해진다. 불안정성의 존재는 우선 계의 작은 부분에 국한되어 있다가 퍼져 나아가서 새로운 거시적 상태에 이르게 하는 요동의 결과로 볼 수 있는 것이다.

이러한 상황은 분자들이나 원자들에 의하여 기술된 바로서의 미시적 수준과 농도와 같은 전체적인 변수들로 기술된 거시적 수준 간의 관계에 대한 전통적인 견해를 바꾸어 놓는다. 많은 경우에 요동은 단지 작은 수정修正에 해당된다. 예를 들어 부피가 V인 용기에 갇혀 있는 N개의 분자들로 구성된 기체를 생각해 보자. 이 부피를 두 개의 똑같은 부분들로 나누어보자. 이들 중 한쪽에 들어 있는 입자들의 수 X는 무엇인가? 변수인 X는 여기서 「확률」 변수이며 우리는 그 값이 $N/2$ 근처의 값이 될 것이라고 기대한다.

확률이론의 기본적인 정리인 큰 숫자들의 법칙은 요동으로 인한 「오차」를 추정할 수 있게 한다. 이 법칙의 요점은 우리가 X를 측정한다면 $N/2 \pm \sqrt{N/2}$ 정도 크기의 값을 기대해야 한다는 것이다. 만일 N이 큰 값이면 요동에 의하면 생기는 차이인 $\sqrt{N/2}$도 역시 커지게 된다(만일 $N = 10^{24}$ 이면 $\sqrt{N} = 10^{12}$ 이다). 그러나 요동에 의하면 생긴 상대오차는 $(\sqrt{N/2}) / (N/2)$ 또는 $1/\sqrt{N}$의 크기가 되며 따라서 충분히 큰 값의 N에 대하여 0으로 접근하게 된다. 계가 충분히 커지자마자 큰 숫자들의 법칙은 우리로 하여금 평균값과 요동 간의 구분을 명확히 할 수 있도록 해 주며 그리고 후자는 무시할 수 있게 된다.

그러나 비평형과정들에서는 그 정반대의 상황을 찾아볼 수 있다. 요동이 전반적인 결과를 결정한다. 요동은 평균값에 대한 수정인 대신에 이제는 그러한 평균값을 수정하는 것이라고 말할 수 있다. 이러한 것은 새로운 상황이다. 이런 까닭에 우리는 새로운 어구의 사용을 소개하고자 하며 요동으로부터 야기된 상황들을 「요동을 통한 질서」라고 부르겠다. 예를 들기 전에 우리는 이러한 상황의 개념적인 새로움을 설명하기 위하여 일반적인 의견을 피력하고자 한다.

독자들은 양자론의 확률적인 양상들을 매우 놀라운 방법으로 표현하는 하이젠베르크의 불확정성 관계들에 친숙할 것이다. 양자론에서는 위치와 좌표들을 더 이상 동시에 측정할 수 없으므로 고전적인 결정론이 무너지게 된다. 이러한 것은 생체계들과 같은 거시적 사물들의 기술에서는 중요하지 않은 것으로 믿어졌다. 그러나 비평형계들에서의 요동의 역할은 그렇지 않다는 것을 보여 주고 있다. 무질서도는 거시적인 수준에서도 역시 필수적인 것으로 남아 있다. 모든 소립자들에게 파동의 행동을 부여하는 양자론에 대한 또 다른 비유를 들어보는 것도 흥미 있는 일이다. 이미 우리가 본 바와 같이 평형으로부터 멀리 떨어진 화학적인 계들은 역시 합치적인 파동의 행동에 이르게 된다. 이러한 것들이 제5장에서 논의되었던 화학시계들이다. 다시금 양자역학이 미시적인 수준에서 발견했던 일부 성질들이 이제 거시적인 수준에서 나타나고 있다.

화학은 과학의 재개념화에 적극적으로 관련되어 있다.[1)] 우리는 아마도 새로운 연구방향들의 시작 단계에 처해 있을 것이다. 최근의 어떤 계산들이 암시해 주는 바와 같이 반응속도에 관한 생각이 어떤 경우들에서는 반응확률의 분포를 포함하는 통계적 이론으로 대체되어야 할 것이다.[2)]

2. 요동과 상관관계

이제 제5장에서 논의되었던 형태들의 화학반응을 되돌아보도록 하자. 구체적인 예로서 $A \rightleftharpoons X \rightleftharpoons F$ 와 같은 반응들의 사슬을 생각해 보자. 제5장에서의 동역학방정식들은 평균 농도들에 관한 것이다. 이를 강조하기 위하여 이제는 X 대신에 $\langle X \rangle$로 쓰기로 한다. 그리고 나서 우리는 주어진 시간에 이 성분의 농도에 해당되는 X라는 숫자를 찾을 수 있는 확률이 무엇인가 하고 물을 수 있다. 분명히 이 확률은 관련된 여러 가지 분자들의 충돌수와 마찬가지로 요동할 것이다. 분자 X를 생성하는 과정들과 그 분자를 없애는 과정들의 결과로써 이 확률분포 $P(X, t)$ 의 변화를 기술하는 방정식을 적는 것은 쉬운 일이다. 우리는 평형상태의 계들이나 또는 정상상태의 계들에 관하여 그러한 계산을 할 수 있다. 우선 평형상태의 계들에 대하여 얻은 결과들을 언급해 보기로 하자.

평형상태에서 우리는 실질적으로 고전적 확률분포인 프와송Poisson 분포를 되찾게 된다. 이 분포는 전화 통화의 분포, 식당에서 기다리는 시간들, 또는 기체나 액체 속에 있는 입자들의 농도의 요동과 같은 다양한 상황들에서 유효한 것으로서 확률에 관한 모든 교과서에 기술되어 있다. 여기서는 이 분포의 수학적인 표현은 중요하지 않다. 우리는 단지 이것의 두 가지 양상들을 강조하고자 한다. 우선 이것은 이 장의 1에서 공식화하여 설명한 바와 같은 큰 숫자들의 법칙에 이르게 한다. 따라서 커다란 계에서는 실제로 요동이 무시할 만한 것이 된다. 더욱이 이 법칙은 우리로 하여금 공간에서 r 의 거리만큼 떨어져 있는 두 점들에서의 입자들의 수 X 간의 상관관계를 계산할 수 있게 한다. 이 계산의 결과는 평형상태에서는 그러한 상관관계가 없음을 보여주고 있다. 두 분자들 X와 X'를 서로 다른 두 점 r과 r'에서 찾을 수 있는 확률은 X를 r에서 찾을 수 있는 확률과 X'를 r'에서 찾을 확률의 곱이다(우리는 분자 간에 미치는 힘들의 범위보다 큰 거리들을 생각하고 있다).

최근의 연구에서 얻은 가장 뜻밖의 결과들 중의 하나는 비평형상태의 경우들에서는 이러한 상황이 급격히 변한다는 것이다. 첫째로, 분기점에 가까이 접근하면 요동은 비정상적으로 커지며 큰 숫자들의 법칙에 어긋나게 된다. 그렇게 되면 계가 여러 지역들 중에서 「선택」할 것이므로 이와 같은 것은 기대되는 것이었다. 요동은 심지어 거시적인 평균값과 같은 정도의 크기에 달할 수 있다. 그러면 요동과 평균값의 구별이 없어진다. 더욱이 제5장에서 논의한 비선형 화학반응의 경우에는 장거리 상관관계가 나타난다. 거시적인 거리만큼 떨어져 있는 입자들이 연결되는 것이다. 국지적인 사건들이 전체적인 계에 반향을 불러일으킨다. 그러한 장거리 상관관계가 평형으로부터 비평형으로의 전이점 바로 그곳에서 일어난다고 하는 것은 흥미 있는 일이다.[3] 이러한 관점에서 보면 이 전이는 상相전이와 닮은 것이다. 그러나 이러한 장거리 상관관계의 진폭은 처음에는 작지만 평형으로부터의 거리에 따라 증가하며 분기점에서는 무한히 커질 수 있다.

우리는 이런 형태의 행동이 화학시계에 관한 논의에서 언급했던 교신에 관한 문제에 대하여 분자적인 토대를 부여하는 것이므로 매우 흥미 있는 것이라고 생각한다. 거시적인 분기현상 이전에서까지도 이러한 장거리 상관관계들을 통하여 계는 조직화된다. 우리는 이 책의 주된 생각들 중의 하나로 되돌아온 것이다. 즉, 질서의 근원으로서의 비평형이 그것이다. 여기서는 그 상황이 특히 명확하다. 평형상태에서는 분자들이 본질적으로 독립적인 실체들로서 행동한다. 그들은 서로를 무시한다. 우리는 그들을 「최면자hypnon」 또는 「몽유병자」라고 부르고 싶다. 비록 그들의 각각은 우리가 원하는 만큼 복잡한 것일 수 있지만 그들은 서로를 무시한다. 그러나 비평형상태는 그들을 깨우고 평형상태에서는 매우 낯선 합치성을 도입한다. 제9장에서 우리가 전개시킬 비가역과정들에 관한 미시적 이론은 물체에 대하여 이와 비슷한 상황을 부여하게 될 것이다.

물체의 활동은 그 자신이 만들어 낼 수 있는 비평형상태의 조건들과 연관되어 있다. 거시적인 행동에서와 꼭 마찬가지로 요동과 상관관계의 법칙들은 평형상태(프와송 형태의 분포가 나타나는 때)에서 보편적인 것이다. 그들은 평형상태와 비평형상태 간의 경계를 넘어섰을 때 관련된 비선형성의 형태에 따라 매우 독특한 것들이 된다.

3. 요동의 증폭

우선 새로운 구조의 형성에 앞선 요동의 성장을 자세히 추적할 수 있는 두 가지의 예를 들어보자. 그 첫 번째는 기아상태의 위협을 받았을 때 하나의 거대한 세포의 덩어리로 뭉쳐지는 점균류의 응집현상이다. 이것에 관해서는 이미 제5장에서 언급한 바 있다. 또 다른 예는 흰개미들의 둥지의 건설에 있어서의 첫 단계에서 요동의 역할이다. 이것은 그라세Grassé에 의하여 처음으로 기술되었으며 드뇌부르Deneubourg는 여기서 우리의 흥미를 끄는 입장에서 그것을 연구하였다.[4)]

곤충집단에서의 자생적 응집과정 갑충류Dendroctonus micans [scol.]의 유충들이 처음에는 2 mm 간격으로 떨어져 있는 수평으로 놓인 두 장의 유리판 사이에 제멋대로 분포되어 있다. 그 가장자리는 열려 있으며 면적은 400 cm^2이다.

응집과정은 두 가지 요인들 간의 경쟁의 결과로 보인다. 즉, 유충들의 제멋대로의 움직임과 화학물질인 「페로몬pheromon」에 대한 그들의 반응이다. 이 물질은 그들이 먹고 사는 나무에 포함되어 있는 테르펜으로부터 그들이 합성하는 것이며 그들의 각각은 영양상태에 따르는 비율로 이 물질을 내뿜고 있다. 페로몬은 공간에서 확산되며 유충들은 이 물질의 농도 기울기의 방향을 따라 움직인다. 이와 같은 반응은 자체촉매작용의 기구를 마련해 주는 것이다. 왜냐하면 유충들이 덩어리로 모임에 따라 이들은 해당 지역의 매력을 향상시키는 데 기여하기 때문이다. 이 지역에서의 유충들의 국지적인 밀도가 커질수록 기울기가 커지게 되고 그 복잡한 점을 향하여 움직이려는 경향도 더욱 강렬해진다.

이 실험은 유충들의 수의 밀도가 응집과정의 속도뿐만 아니라 그 효율성 — 궁극적으로 덩어리의 일부가 될 유충들의 수 — 까지도 결정한다는 것을 보여 주고 있다. 높은 밀도에서는(그림 A) 하나의 덩어리가 나타나서 실험 장치의 중앙에서 빠르게 커진다. 매우 낮은 밀도에서는(그림 B) 아무런 안정한 덩어리로 나타나지 않는다.

그림 A. 높은 밀도에서의 자생적 응집현상. 시간들은 0분과 21분이다.

더구나 다른 실험들을 통하여 계의 주변 지역에 인위적으로 만들어진 「핵」으로부터 시작하여 덩어리가 생겨나는 가능성을 탐색해 보았다. 이러한 초기의 핵에 있는 유충들의 수에 따라 다른 해결책들이 나타난다(그림 C).

만일 이 숫자가 유충들의 전체 수에 비하여 작으면 덩어리가 생기지 않는다(그림 D). 만일 그것이 크면 덩어리가 커진다(그림 E). 초기 핵의 중간값

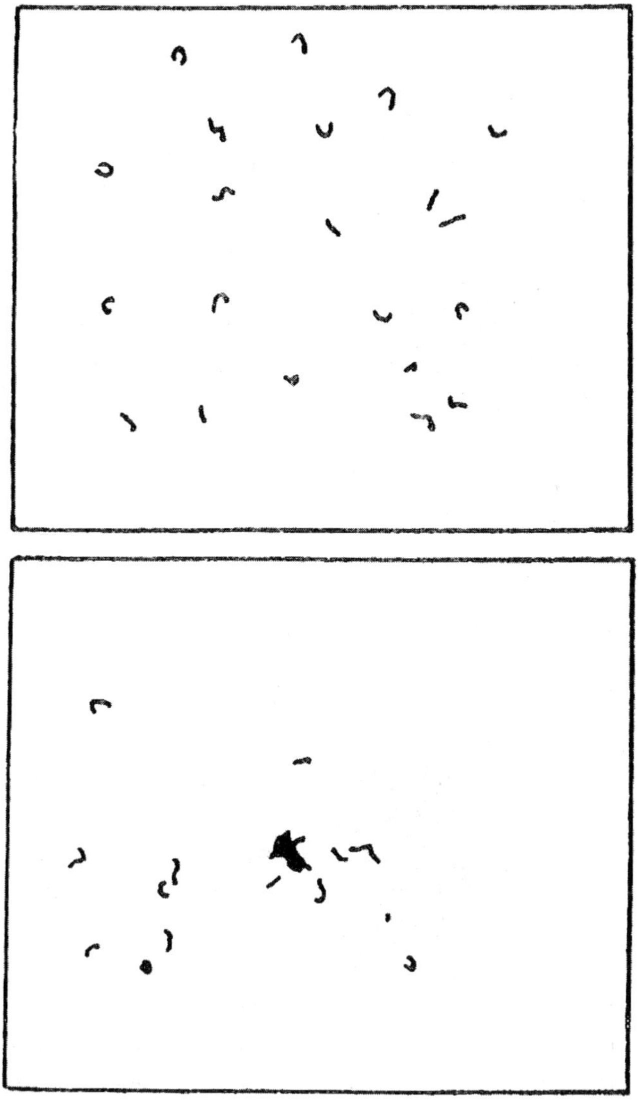

그림 B. 낮은 밀도에서의 자생적 응집현상. 시간들은 0분과 22분이다.

들에 대하여는 새로운 형태의 구조가 생길 수 있다. 두 개, 세 개 또는 네 개의 다른 덩어리들이 나타나서 공존하게 되며, 이때 그 수명은 적어도 관측 시간보다는 길다(그림 F와 G).

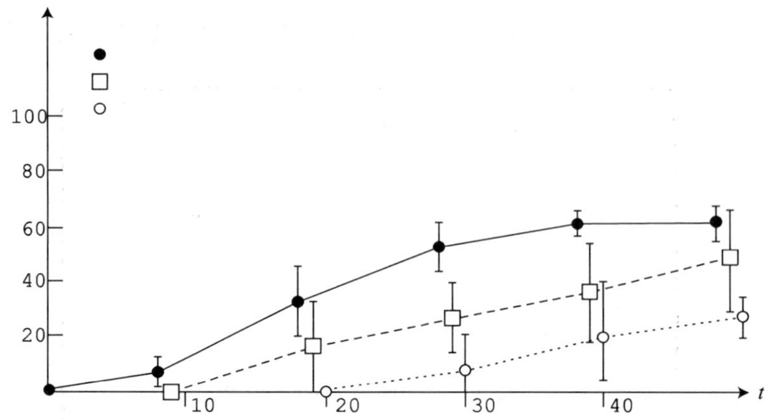

그림 C. 세 가지 서로 다른 밀도에서 중앙에 있는 덩어리에 모여 있는 유충들의 전체 수의 백분율을 시간의 함수로 나타낸 것이다.

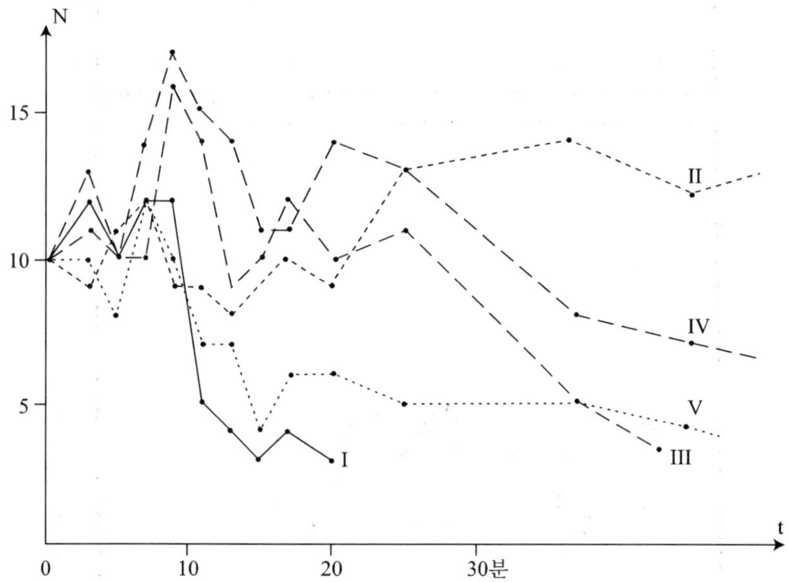

그림 D. 10마리의 유충들이 모여 있던 처음의 덩어리가 부서지는 것을 나타낸 것이다. 전체 유충들의 수는 80이고 N은 덩어리들 안에 모여 있는 유충들의 수이다.

이러한 여러 개 덩어리로 구성된 구조는 균일한 초기조건들을 지닌 실험들에서는 결코 관찰된 적이 없었다. 이들은 분기현상 그림에서 계를 특징짓는 매개변수들의 값과 양립될 수 있는 안정한 정상상태들에 해당되는 것으로 보인다. 그러나 그 값은 균일한 조건들로부터 시작해서는 이 계가 얻을

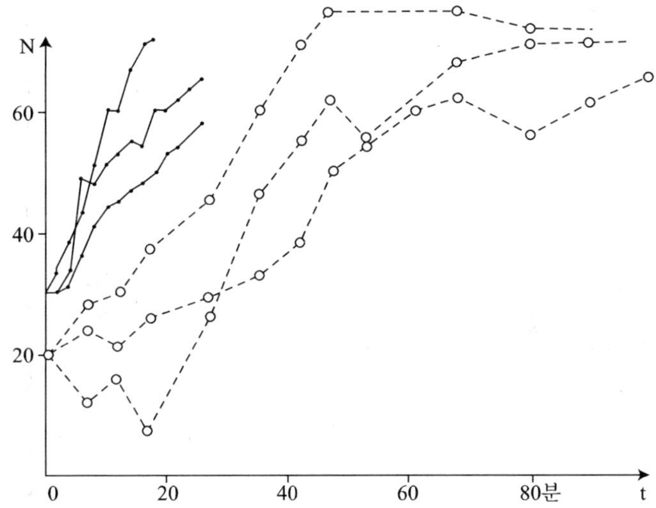

그림 ㄷ. 20마리와 30마리의 유충들로 구성된 초기의 덩어리들이 성장하는 것을 나타낸 것이다. 전체 유충들의 수는 80이다.

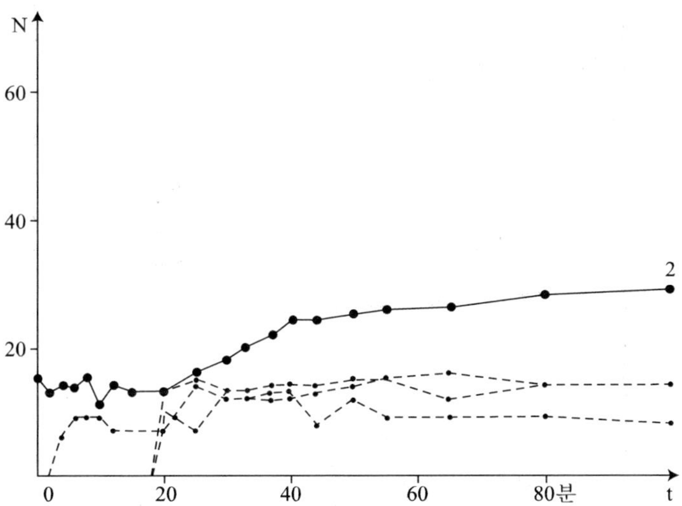

그림 F. 여러 개 덩어리들로 이루어진 해들을 나타낸 것이다. 덩어리의 초기값은 15마리의 유충들이다. 전체 유충들의 수는 80이다.

수 없는 것이다. 핵은 계를 흥분시키며 그러한 여러 개 덩어리의 해解들의 집단에 해당되는 분기현상 그림의 한 지역에서 그 계를 쫓아내는 데 필요한 유한한 교란의 역할을 하는 것이다.

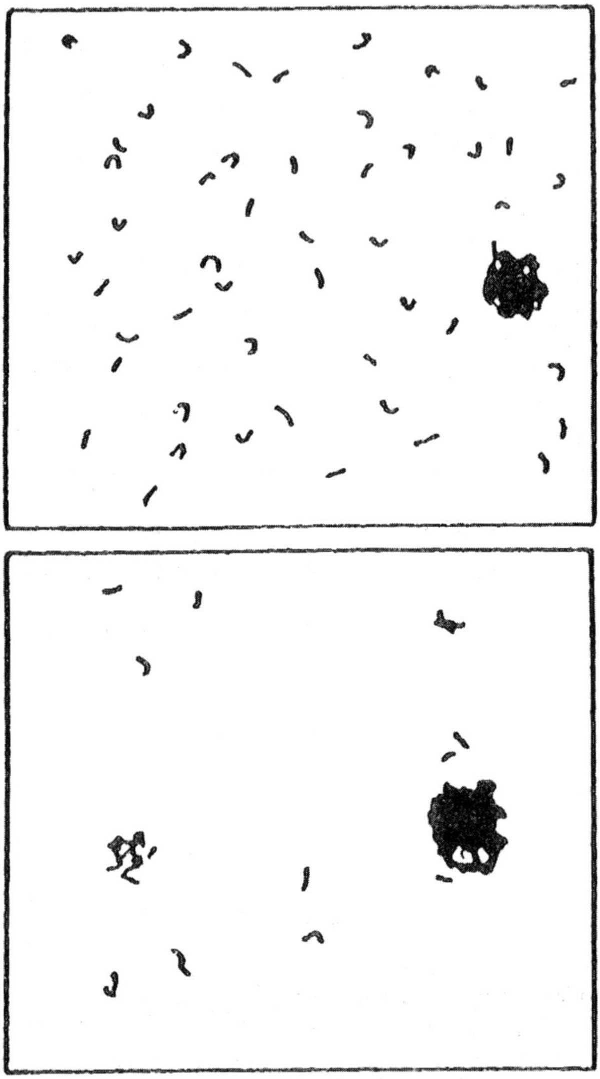

그림 G. 변두리에서 시작된 덩어리(I)의 성장을 나타낸 것으로 이것은 두 번째의 작은 덩어리(II)의 형성을 유도한다.

흰개미들의 둥지의 건설은 어떤 과학자들로 하여금 곤충세계에 존재할지도 모르는 「집합적 영혼」에 관하여 생각하도록 한 합치적인 활동들 중의 하나이다. 그러나 신기하게도 사실상 흰개미들이 그렇게 거대하고 복잡한 건축물인 둥지의 건설에 참가하는 데는 매우 조금밖에 정보가 필요하지 않은 것으로 보인다. 이러한 활동의 첫 단계인 기초의 건설은 흰개미들의 무질서한 행동으로 보이는 것의 결과임이 그라세에 의하여 밝혀졌다. 이 단계에서 그들은 제멋대로 흙덩어리를 운반해서 떨어뜨린다. 그러나 그러는 동안에 그들은 흙덩어리에 다른 흰개미들을 유인하는 호르몬을 분비해 놓는다. 따라서 이 상황은 다음과 같이 나타내질 수 있다. 초기의 「요동」은 흙덩어리들의 약간 큰 농도가 될 것이며, 이는 그 근방의 어떤 지점에서 어떤 순간이나 다른 순간에 필연적으로 생기는 것이다. 이러한 사건의 확대는 약간 큰 호르몬의 농도에 의하여 유인된 흰 개미들의 그 지역에서의 밀도가 증가함으로써 일어나게 된다. 한 지역에서 흰개미들의 수가 많아지게 되면 그들이 그곳에 흙덩어리를 떨어뜨릴 확률이 증가하며 따라서 더욱 큰 호르몬의 농도에 이르게 한다. 이러한 방법으로 호르몬이 뿌려진 범위와 관계되는 거리만큼 떨어져 있는 「기둥」들이 생기게 된다. 최근에 이와 비슷한 예들이 기술된 바 있다.

비록 볼츠만의 질서원리가 우리로 하여금 차이점들이 다져져서 고르게 되고 초기조건들이 잊혀지는 화학적이나 생물학적 과정들을 기술할 수 있게 하지만 그것은 불안정한 상황에서 불과 몇 가지의 「결정決定」들이 많은 수의 상호작용하는 실체들로 구성된 계를 전체적인 구조를 향하여 몰아갈 수 있는 그러한 상황들을 설명할 수는 없다.

유한한 교란에 의하여 새로운 구조가 나타날 때, 한 지역으로부터 다른 지역으로 이르게 하는 요동은 도저히 단번에 초기상태를 뭉개 버릴 수는 없다. 요동은 먼저 한정된 지역에서 자신을 확립해야만 하며 그리고 나서 전

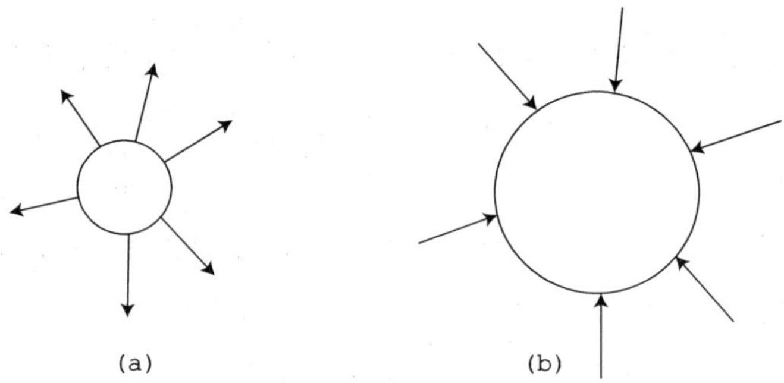

그림 19. 과포화된 증기에서 액체방울의 핵심생성. (a) 임계크기보다 작은 방울, (b) 임계크기보다 큰 방울. 소산과정들에 대하여 문턱이 존재한다는 것은 실험적으로 증명되었다.

체 공간에 침투해야 한다. 즉, **핵심생성**nucleation의 기구가 존재한다. 초기에 요동하는 지역의 크기가 어떤 임계값(화학적인 소산구조들의 경우 이 문턱은 특히 속도상수들과 확산계수들에 의존된다) 보다 큰가 또는 작은가 하는 것에 따라 그 요동은 퇴화하든가 또는 전체 계로 퍼져 나가든가 한다. 우리는 고전적인 상 변화의 이론에서 핵심생성의 현상에 익숙해져 있다. 예를 들어 기체에서는 응축된 방울들이 끊임없이 형성되고 증발한다. 온도와 압력이 액체상태가 안정해지는 점에 도달한다는 것은 방울의 임계크기가 정의될 수 있다는 것을 의미한다(그것은 온도가 낮을수록 그리고 압력이 높을수록 더 작아진다). 만일 방울의 크기가 「핵심생성의 문턱」을 넘어서면 기체는 거의 순간적으로 액체로 변환된다.

더욱이 이론적인 연구들과 수치적인 모의실험들은 핵의 임계크기가 계의 모든 지역들을 연결하는 확산기구들의 효능에 따라 증가하는 것을 보여 주고 있다. 다시 말하면 계 안에서 교신이 더 빨리 이루어질수록 비성공적인 요동의 비율이 커지게 되며 따라서 계는 더욱 안정해진다. 임계크기에 관한 문제의 이러한 양상은 그와 같은 상화에서 요동하는 지역의 주변환경인 「외부세계」가 언제나 요동을 억제하려고 한다는 것을 의미한다. 이들은 요동하는 지역과 외부세계 간의 교신의 유효성에 따라 파괴되거나 증폭될 것이다.

임계크기는 따라서 계의 「통합능력」과 요동을 증폭시키는 화학적 기구들 간의 경쟁에 의하여 결정된다.

이 모형은 암 종양의 발생에 관하여 최근에 생체 외에서 이루어진 실험적 연구의 결과에도 적용된다.[5] 각각의 종양세포는 억제할 수 없이 영구적으로 나타나고 복제를 통하여 성장하는 「요동」으로 보여진다. 그리고 나서 그것은 세포독성을 지닌 세포들의 집단과 마주치게 되는데 이들은 그것을 파괴하는 데 성공하거나 또는 실패한다. 복제와 파괴과정들을 특징짓는 서로 다른 매개변수들의 값에 따라 우리는 종양의 퇴화나 또는 확대를 예측할 수 있다. 이러한 종류의 운동역학적 연구는 세포독성을 지닌 세포들과 종양과의 상호작용에서 뜻밖의 양상들을 인식하게 해 주었다. 세포독성을 지닌 세포들은 죽은 종양세포들과 살아 있는 것들을 혼동할 수 있는 것 같다. 결과적으로 암세포들의 파괴는 더욱 어렵게 된다.

복잡성의 한계에 관한 의문이 때때로 제기된다. 실제로 어떤 계가 더욱 복잡해질수록 그 계의 안정성을 위협하는 요동의 형태가 더욱 많아진다. 그렇다면 어떻게 생태학적인 또는 인간의 조직들과 같이 복잡한 계들이 존재할 수 있겠는가 하는 의문이 제기되었다. 이러한 계들이 어떻게 영원한 혼돈상태를 피하게 되는가? 교신과 확산과정들의 안정화 효과가 이러한 질문에 대한 부분적인 대답이 될 수 있다. 종족들과 개개인이 여러 가지의 다른 방법들로 상호작용하고 있는 복잡한 계들에서는 계의 여러 부분들 간의 확산과 교신이 아마도 능률적일 것이다. 교신을 통한 안정화와 요동을 통한 불안정성 간에는 경쟁이 존재한다. 그 경쟁의 결과가 안정성의 문턱을 결정하는 것이다.

4. 구조적 안정성

우리는 언제 진정한 의미에서의 「진화」에 관하여 말하기 시작할 수 있겠는가? 우리가 살펴본 바와 같이 소산구조들은 평형으로부터 멀리 떨어진 조건들을 필요로 하고 있다. 하지만 반응확산 방정식들은 평형에서 가까운 조건들로 되돌려 놓을 수 있는 매개변수들을 포함하고 있다. 계는 분기현상의 그림을 양쪽 방향에서 탐색할 수 있다. 이와 비슷하게 액체는 층 흐름으로부터 난류로 바뀔 수도 있고 다시 되돌아 갈 수도 있다. 일정한 진화의 양상이 관련되어 있지는 않다.

계의 크기를 분기현상의 매개변수로 포함하고 있는 모형들에서는 그 상황이 매우 달라진다. 여기서는 시간에 따라 비가역적으로 나타나는 성장은 비가역적 진화를 발생시킨다. 그러나 이것은 비록 그것이 형태 형성의 발전과 관련될 수 있다 하여도 특수한 경우에 머무르는 것이다.

생물학적 진화에서이건 생태학적 진화에서이건 또는 사회적 진화에서이건 간에 우리는 상호작용하는 단위체들의 일정한 집합이나 또는 이러한 단위체들의 변환들의 일정한 집합이 주어진 것이라고 받아들일 수도 없는 것이다. 따라서 계의 정의는 그것의 진화에 의하여 수정될 수 있는 것이다. 이러한 종류의 진화에 관한 가장 간단한 예는 구조적 안정성의 개념과 연관되어 있다. 그것은 계의 과정들에 참여함으로써 그 수가 늘어날 수 있는 새로운 단위체들을 도입했을 때 계의 반응에 관한 것이다.

이러한 종류의 변화에 대한 계의 안정성에 관한 문제는 다음과 같이 설정될 수 있다. 즉, 소량으로 도입된 새로운 구성체들은 계의 성분들 간에 새로운 일군의 반응들에 이르게 한다. 그리고 나서 이 새로운 일군의 반응들은 계의 과거의 기능방식과 경쟁하게 된다. 만일 계가 이러한 침입에 관한 한 「구조적으로 안정」하면 새로운 기능방식은 그 자신을 확립시킬 수 없을 것이며 「혁신자innovator」들은 살아남지 못할 것이다. 그러나 만일 구조적인 요동이 그 자신을 성공적으로 강요하게 되면 — 만일 혁신자들의 수가 증가하는 속도가 충분히 빨라서 그들이 파괴되는 대신에 계를 침범하게 된다면 — 전체 계는 새로운 기능방식을 택하게 될 것이다. 그것의 활동은 새로운 「구

문syntax」에 의하여 지배될 것이다.[6)]

이러한 상황의 가장 간단한 예는 단위체들인 *A*와 *B*가 주입되고 있는 계 안에서 중합반응에 의하여 재생되는 고분자의 수이다. 이제 중합반응의 과정이 자체촉매반응 — 이미 합성된 중합체가 똑같은 배열을 지닌 사슬을 형성하는 데 모형으로 사용되는 — 이라고 가정하자. 이런 종류의 합성은 복사할 모형이 없는 합성보다 훨씬 더 빠르다. *A*와 *B*의 특수한 배열로 특징지어지는 각 형태의 중합체는 그것이 촉매작용을 하는 복사품의 합성과정의 속도, 복사과정의 정확도, 그리고 고분자 자신의 평균 수명 등의 척도가 되는 일군의 매개변수들에 의하여 기술될 수 있다. 어떤 조건들하에서는 예를 들어 *ABABABA*……와 같은 배열을 하고 있는 단 한 가지 형태의 중합체가 주종을 이루고 있으며, 다른 중합체들은 이것에 비하여 단지 「요동」에 불과한 것들이 된다. 구조적 안정성의 문제는 복사 중의 실수로 인하여 여태까지 알려져 있지 않았던 배열과 새로운 일군의 매개변수들로 특징지어지는 새로운 형태의 중합체가 계 안에서 나타나서 그 수가 증가하기 시작하여 주종을 이루고 있는 중합체와 단위체들인 *A*와 *B*를 놓고 서로 경쟁할 때마다 야기된다. 여기서 우리는 고전적인 다윈의 사상인 「적자생존」의 기본적인 경우에 접하고 있는 것이다.

이러한 생각들은 아이겐Eigen과 그의 공동 연구자들에 의하여 개발된 생물이전의 진화에 관한 모형의 기초를 이루고 있다. 아이겐 주장의 자세한 내용은 다른 곳에서 쉽게 찾아볼 수 있다.[7)] 요약해서 말하자면, 그의 주장은 자체촉매작용을 하고 있는 집단들이 끊임없이 저지르는 「실수」들에 저항할 수 있는 계는 단 한 가지 형태뿐이라는 것을 보여 주는 것 같다 — 그것은 가능한 어떠한 변종 중합체에도 구조적으로 안정한 중합체의 계이다. 이 계는 두 가지 집단의 중합체 분자들로 구성되어 있다. 첫 번째 집단의 분자들은 「핵산」의 형태로 되어 있다. 각 분자들은 자기 자신을 재생시킬 수 있으며 두 번째 집단의 분자를 합성하는 데 촉매로서 작용한다. 단백질의 형태로 되어 있는 두 번째 집단의 분자들은 각각 첫 번째 집단의 분자의 자생적인 재생과정에서 촉매작용을 한다. 두 집단들의 분자들 간의 이러한 교차촉매작용적인 연관은 하나의 순환과정으로 바뀔 수 있다(각 「핵산」은 「단백질」의 도움으로 자기 자신을 재생시킨다). 그것은 따라서 계속해서 나타나는 높은 재생능력을 지닌 새로운 중합체들을 피하여 안정하게 생존할 수 있게 된다. 실제로 「단백질」과 「핵산」으로 이루어진 자생적인 복제의 순환과정은 아무도 침범할 수 없는 것이다. 따라서 새로운 종류의 진화가 이러한 안정된 토대 위에서 성장하기 시작하며 유전부호를 예고하는 것이다.

아이겐의 접근방식은 확실히 매우 흥미로운 것이다. 충실한 자생적인 재생을 위한 다윈적인 선택은 한정된 능력을 지닌 주변환경 속에서는 확실히 중요한 것이다. 그러나 우리는 이것만이 생물 이전의 진화에 관련된 유일한 양상은 아닐 것이라고 믿고 싶다. 에너지의 흐름과 물질의 임계량들과 관련된 「평형으로부터 멀리 떨어진」 조건들도 역시 중요한 것이다. 생명을 향한 초기 단계들의 일부는 계를 「평형으로부터 멀리 떨어진」 조건들로 밀어붙이기 위하여 화학적 에너지를 흡수하고 변환시킬 수 있는 기구들의 형성과 연관되어 있다고 가정하는 것은 합당한 것으로 보인다. 이러한 단계에서는 생명, 또는 생명 이전의 것은 아마도 너무 희박하여 나중 단계들에서 핵심적인 역할을 하는 다윈적인 선택이 그러한 역할을 하지 못하였다.

이 책의 많은 부분은 미시적인 것과 거시적인 것의 관계를 중심으로 다루었다. 진화론에서 가장 중요한 문제들 중의 하나는 거시적인 구조들과 미시적인 사건들 사이의 궁극적인 되먹임이다. 다시 말해서 미시적인 사건들로부터 나타나는 거시적인 구조들은 이어서 미시적인 기구들의 수정에 이르게 한다. 신기하게도 현재에 보다 잘 이해되고 있는 경우들은 사회적 상황들에 관한 것이다. 우리가 길을 닦고 다리를 놓을 때 우리는 이것이 주민들의 행동에 어떻게 영향을 끼칠 것인가 하는 것을 예측할 수 있고 이것은 이어서 그 지역의 교신 방식들의 또 다른 수정들을 결정하게 될 것이다. 이와 같이 서로 연관된 과정들은 매우 복잡한 상황들을 발생시키며 이들을 이해하는 것이 어떤 종류의 모형화 이전에 필요한 것이다. 이것이 우리가 이제 기술하려는 것이 오직 매우 단순한 경우들에만 국한되는 까닭이다.

5. 물류적(物流的) 진화

사회적인 경우에서는 구조적 안정성의 문제가 많이 적용되고 있다. 그러나 그러한 적용은 필요한 자원들이 오직 한정된 양만 존재하는 주변환경에서 자생적인 복제과정들 간의 경쟁으로써 단순하게 정의된 매우 단순화된 상황을 내포하고 있다는 것을 강조해야 하겠다.

생태학에서는 이러한 문제에 관한 고전적인 방정식을 물류物流방정식이라고 부른다. 이 방정식은 출생률, 사망률 그리고 그 집단이 활용할 수 있는 자원들의 양을 고려하여 N 구성원을 포함한 집단의 진화를 기술하는 것이다. 이 물류방정식은 $dN/dt = rN(K-N) - mN$ 으로 적을 수 있으며 r 과 m 은 고유한 출생 및 사망 상수들이고 K 는 주변환경의 운반능력이다. N 의 초기값이 무엇이든 간에 그것은 시간이 지남에 따라 운반능력과 사망 및 출생상수들의 비율의 차이에 의하여 결정되는 정상상태의 값인 $N = K - m/r$ 에 도달하게 될 것이다. 이 값에 도달하면 주변환경은 포화상태가 되고 매 순간 태어난 수만큼의 구성원들이 죽게 된다 (그림 20).

물류방정식의 겉보기 단순성은 관련된 기구들의 복잡성을 어느 정도까지는 숨기고 있다. 예를 들어 우리는 이미 외부 잡음의 효과에 관하여 언급한 바 있다. 여기서 그것은 특히 단순한 의미를 지니고 있다. 명백히 오직 기후상의 요동들 때문이라면 K, m, 그리고 r 등의 계수들은 상수로 볼 수 없는 것이다. 우리는 그러한 요동들이 생태학적인 평형을 완전히 뒤집어 놓을 수 있으며 심지어 그 집단을 멸종시킬 수도 있다는 것을 알고 있다. 물론 그 결과로서 식량의 비축과 새로운 식민지의 형성 등과 같은 새로운 과정들이 시작될 것이고 궁극적으로는 외적인 요동의 영향들을 어느 정도 피할 수 있도록 진화하게 될 것이다.

그러나 그뿐만이 아니다. 물류방정식을 시간에 대하여 연속적인 것으로 적는 대신에 집단의 수를 고정된 시간 간격들(예를 들어 일년의 간격을 두고)에서 비교해 보자. 이러한 불연속적인 물류방정식은 $N_{t+1} = N_t(1 + rK[1 - N_t/K])$ 의 형태로 적을 수 있으며 N_t와 N_{t+1}은 일년의 간격으로 떨어진 집단의 수들이다(여기서 우리는 사망항을 무시하였다). 메이May가 주목한 바와 같이[8)] 이러한 방정식들의 놀라운 양상은 이들이 단순함에도 불구하고 엄청난 수의 해解들을 갖게 된다는 것이다. 매개변수 r의 값이 $0 \leq r \leq 2$이 되면 연속적인 경우와 마찬가지로 평형상태로 균일하게 접근한다. r의 값이 2.444보다 작으면 극한주기가 나타나서 2년의 주기를 갖는 주기적인 행동을 보여 준다. 그리고 이어서 4년, 8년 등의 주기가 나타나며(만일 r이 2.57보다 크면) 혼돈상태라고 기술할 수밖에 없는 행동까지 나타나게 된다. 여기

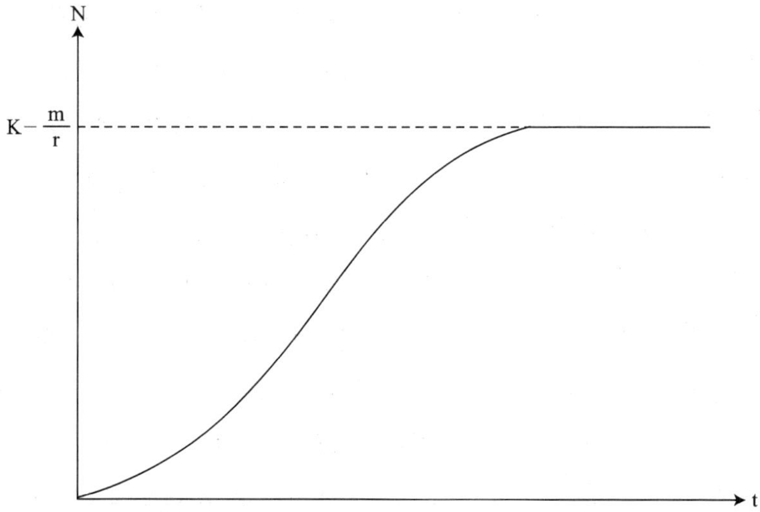

그림 20. 물류곡선을 따라 시간 t의 함수로 주어진 인구 N의 진화. $N = 0$의 정상상태는 N의 요동들에 대하여 불안정한 반면 $N = \mathrm{K} - \mathrm{m/r}$의 정상상태는 안정하다.

서 우리는 제5장에서 기술한 대로 혼돈으로의 전이를 보게 되는 것이다. 이러한 혼돈상태가 자연 속에서 나타나는가? 최근의 연구들에 의하면 자연적인 집단의 수들을 특징짓는 매개변수들이 그들을 혼돈지역으로부터 멀리하도록 하는 것 같다는 것이다. 어째서 그런가? 여기서 우리는 진화론적인 문제들이 컴퓨터 모의실험에 의하여 생긴 수학과 교차함으로써 창조된 매우 흥미로운 문제들 중의 하나에 접하게 된다.

여태까지 우리는 정적인 관점을 취해 왔다. 이제 매개변수들인 K, r, m이 생물학적 또는 생태학적 진화가 이루어지는 동안 변할 수 있는 그러한 기구들을 살펴보기로 하자.

우리는 진화가 이루어지는 동안 생태학적 매개변수들인 K, r, m의 값들이 (많은 다른 매개변수들과 변수들과 마찬가지로 그들이 정량화될 수 있건 없건 간에) 변화할 것이라고 기대해야 한다. 살아 있는 사회들은 현존하는 자원을 활용하거나 새로운 자원을 발견하는(K가 증가한다) 새로운 방법들을 끊임없이 도입하며 그들의 수명을 연장하거나 보다 빨리 번식하는 새로운 방법들을 끊임없이 발견한다. 물류방정식에 의하여 정의된 각 생태학적 평형상태는 따라서 단지 일시적인 것이며 물류학적으로 정의된 적소適所는 일련의 종족들에 의하여 연달아 차지될 것이다. 이들의 각각은 $K - m/r$의 양으로 측정되는 바와 같이 저소를 활용하기 위한 그것의 「적성」이 커짐에 따라 그 이전의 것을 쫓아낼 수 있는 능력을 지닌다(그림 21을 보라). 따라서 물류방정식은 우리가 「적자생존」에 관한 다윈적인 생각을 정량적으로 설정할 수 있는 매우 단순한 상황의 정의에 이르게 한다. 「적자適者는 주어진 시간에 $K - m/r$의 양이 가장 큰 값을 지닌 종족이다.

물류방정식에 의하여 기술되는 문제가 비록 제한적인 것이기는 하지만 그럼에도 불구하고 그것은 자연의 창의성에 관한 놀라운 예들에 이르게 한다.

동작이 느려서 도망칠 수 없기 때문에 발견되지 않은 채로 있어야 하는 쐐기벌레들의 예를 들어보자.

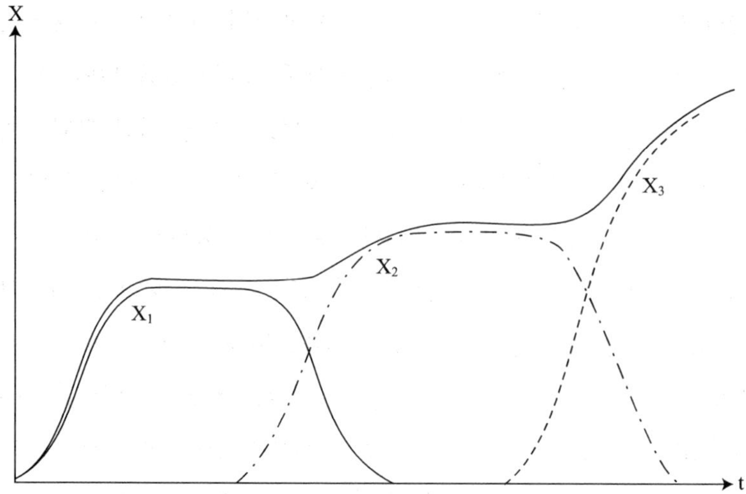

그림 21. 시간의 함수로 주어진 전체인구 X의 진화. 이 집단은 X_1, X_2 그리고 X_3의 종(鍾)으로 구성되어 있으며 이들은 연이어 나타나며 $K-m/r$의 증가하는 값들에 의하여 특징지어진다 (본문을 보라).

무섭게 생긴 모양과 아울러 독물과 자극적인 털과 가시를 이용하는 진화된 전략들은 새들과 그 밖의 잠재적인 약탈자들을 물리치는 데 매우 효과적이다. 그러나 이러한 전략들 중 그 어느 것도 모든 약탈자들에 대하여 언제나 — 특히 약탈자가 매우 배가 고플 때 — 효과적인 것은 없다. 이상적인 전략은 전혀 발견되지 않은 채로 있는 것이다. 어떤 쐐기벌레들은 이러한 이상적인 전략에 접근하고 있으며 수백 가지의 인시류鱗翅類들이 발견되지 않은 채로 있기 위하여 사용하는 전략들의 다양성과 세련됨은 유명한 19세기의 자연주의자인 루이 아가시Louis Agassiz의 말을 생각나게 한다. 「생존의 가능성은 엄청난 것이므로 대자연이 실현하기에 너무나 특별한 것이라는 개념은 거의 없다.」[10)]

우리는 밀턴 러브Milton Love가 보고한 사례를[11)] 제시하지 않을 수 없다. 양羊의 간에 기생하는 흡충류는 개미로부터 양으로 옮겨져서 그곳에서 마침내 그 자신을 재생시킨다. 양이 전염된 개미를 삼키는 경우는 매우 적지만 개미는 놀라운 방법으로 행동한다. 그것은 우선 양과 마주치는 확률을 극대화시키려고 한다. 흡충류는 정말로 그것의 숙주宿主의 「몸을 낚아챈다」. 그것은 개미의 뇌 속으로 파고들어가 그것의 희생물이 자살적인 방법으로 행동할 것을 강요한다. 신들린 개미는 땅바닥에 머물러 있는 대신 풀잎의 끝으로 올라가서 꼼작 않고 양을 기다린다. 이것은 기생충이 문제를 해결하는데 있어서 정말로 믿기 어려우리만큼 「영리」한 해답인 것이다. 어떻게 개미가 선택되었는가 하는 것은 수수께끼로 남아 있다.

생물학적 진화의 다른 상황들도 물류방정식과 비슷한 모형들을 사용하여 조사할 수 있다. 예를 들면 집단의 일부가 전쟁과 같은 비생산적인 활동(예로서 사회적인 곤충들 간의 「전사戰士」들을 들 수 있다)에 전념하는 것이 유리할 수 있는 그러한 종족들의 경쟁의 조건들을 계산할 수 있다. 우리는 또한 그들의 식량자원의 범위를 한정시키는 전문적인 종족이 보다 넓은 범위의 식량자원을 소비하는 비전문적인 종족보다 더 쉽게 살아남을 수 있는 그러한 종류의 주변환경을 결정할 수 있다.[12] 그러나 여기서 우리는 내부적으로 세분화된 집단들의 조직에 관한 매우 다른 문제들에 접하게 된다. 혼동을 피하기 위해서는 명확한 구분이 절대적으로 필요하다. 각 구성원들이 서로 바뀌어질 수 없고 각자가 자신의 기억, 특성, 그리고 경험에 의하여 특수한 역할을 담당하게끔 되어 있는 집단들에서는 물류방정식과 보다 일반적으로는 어떠한 단순한 다윈적인 추론의 적절함도 매우 상대적인 것이 된다. 우리는 이 문제를 다시 다루게 될 것이다.

그림 21에 나타낸 것과 같이 $K-m/r$ 의 값이 증가함에 따라 주어진 일군의 물류방정식에 의하여 정의된 대로 성장과 봉우리를 연달아 보여 주는 그러한 형태의 곡선이 어떤 기술적인 과정들이나 제품들의 증가를 기술하는 데에도 역시 이용된다는 것은 흥미로운 일이다. 여기서도 역시 새로운 기술의 발견이안 새로운 제품의 도입은 어떤 종류의 사회적·기술적, 또는 경제적인 평형을 파괴한다. 이러한 평형상태는 그것들로써 그 쇄신이 경쟁해야만

할 것이며, 그것들이 그 방정식에 의하여 기술되는 상황 속에서 비슷한 역할을 하는 기술들이나 제품들의 성장곡선이 도달하는 극대값에 해당될 것이다.[13] 따라서 한 가지의 예만을 택한다면, 증기선의 보급은 대부분의 범선들을 사라지게 했을 뿐만 아니라, 운송비용을 낮추고 속력을 증가시킴으로써 그것은 해상운송의 수용(「K」)를 증가시켰으며 결과적으로는 배의 수를 증가시켰다. 우리는 여기서 분명히 순수한 경제적 논리에 의하여 지배되는 극도로 단순한 상황을 나타내고 있는 것이다. 실제로 이 경우에는 쇄신이 비록 방법은 다르지만 변하지 않은 채로 남아 있는 기존 욕구를 단지 만족시킨 것을 보인다. 그러나 생태학에서는 인간사회에서와 마찬가지로 많은 쇄신들이 그러한 기존 「적소」가 없이도 성공적이다. 그러한 쇄신들은 그들이 나타난 주변환경을 변형시키고 그들이 파급되어감에 따라 그들 자신의 증식을 위하여 필요한 조건들, 그들의 「적소」를 창조한다. 특히 사회적인 상황들에서는 「수요」의 창조 그리고 심지어는 이러한 수요를 채우려는 「욕구」까지도 흔히 그 수요를 만족시키는 상품이나 기술의 생산과 관련되어 있는 것으로 보인다.

6. 진화론적 되먹임

이러한 차원의 진화론적 과정을 이해하는 첫걸음은 계의 운반능력을 주어진 것으로 받아들이는 대신 그것이 활용되는 방법의 함수로 만들어 줌으로써 이루어질 수 있다.

이러한 방법으로 경제적 활동의 어떤 부수적인 차원들 그리고 보다 특별하게는 「증식효과」들이 나타내질 수 있다. 따라서 우리는 계들이 스스로 가속화되는 성질들과 서로 다른 활동의 수준들 간의 공간적인 세분화를 기술할 수 있다.

지리학자들은 이미 이러한 과정들을 연관시키는 모형을 설정해 놓았다. 그것은 크리스톨러Christaller 모형으로서 경제적 활동의 중심지들의 가장 적당한 분포를 정의하는 것이다. 중요한 중심지들은 각각 그 다음으로 가장 작은 크기의 마을들로 이루어진 고리로 둘러싸이고 또 계속해서 그 다음으로 작은 크기의 고리로 둘러싸인 육각형의 그물조직의 교차점에 있게 된다. 분명히 실제 경우들에 있어서는 그와 같은 규칙적인 계층적 분포는 매우 드문 것이다. 역사적·정치적 그리고 지리적인 요인들이 많기 때문에 공간적인 대칭성이 깨어지게 된다. 그러나 그 밖에도 또 있다. 비록 비대칭적인 발전의 모든 중요한 근원들을 배제하고 균일한 경제적이고 지리적인 공간에서부터 시작한다 하여도 크리스톨러에 의하여 정의된 것과 같은 분포의 발생에 관한 모형화는 그가 기술하는 종류의 정적인 최적화가 그 과정의 가능하지만 매우 있음직하지 않은 결과를 이루게 된다는 것을 말해 주고 있다.

문제가 되는 모형은[14] 크리스톨러의 계산에서 내포하는 변수들의 최소의 집합만을 고려하고 있다. 주민들이 경제적 활동의 국지적 수준들의 함수로써 이동하려고 한다는 기본적인 가정으로부터 시작하여 물류방정식을 확장시킨 일군의 방정식들을 구성한다. 이러한 경제적 활동은 따라서 일종의 국지적인 「운반능력」을 정의하며 여기서는 「고용」 능력으로 간추려진다. 그러나 지역주민은 또한 지역적으로 생산된 상품들의 잠재적인 소비자이다. 사실상 이것은 이중의 양의 되먹임으로서 지역발전을 위한 「도시번창인자」이다. 지역주민과 이미 이룩된 활동수준에 의하여 생긴 경제적 하부구조는 모두 이러한 활동이 증가하는 것을 가속화시킨다. 그러나 각각의 지역적 활동수준은 또한 다른 곳에 있는 이와 비슷한 활동의 중심지들과의 경쟁에 의해서도 결정된다. 생산된 상품이나 노동의 판매는 소비자들에게 운반하는 비용과 「기업」의 규모에 의존된다. 각각의 이러한 기업의 확장은 이러한 확장 자체가 창조하도록 도와주고 그것을 위하여 경쟁하는 수요에 따라 결정된다. 따라서 인구와 제조 또는 노동활동들의 각각의 성장은 강한 되먹임과 비선형성에 의하여 연결되어 있다.

그 모형은 「수준 1」의 (시골의) 활동이 서로 다른 지점들에 존재하고 있

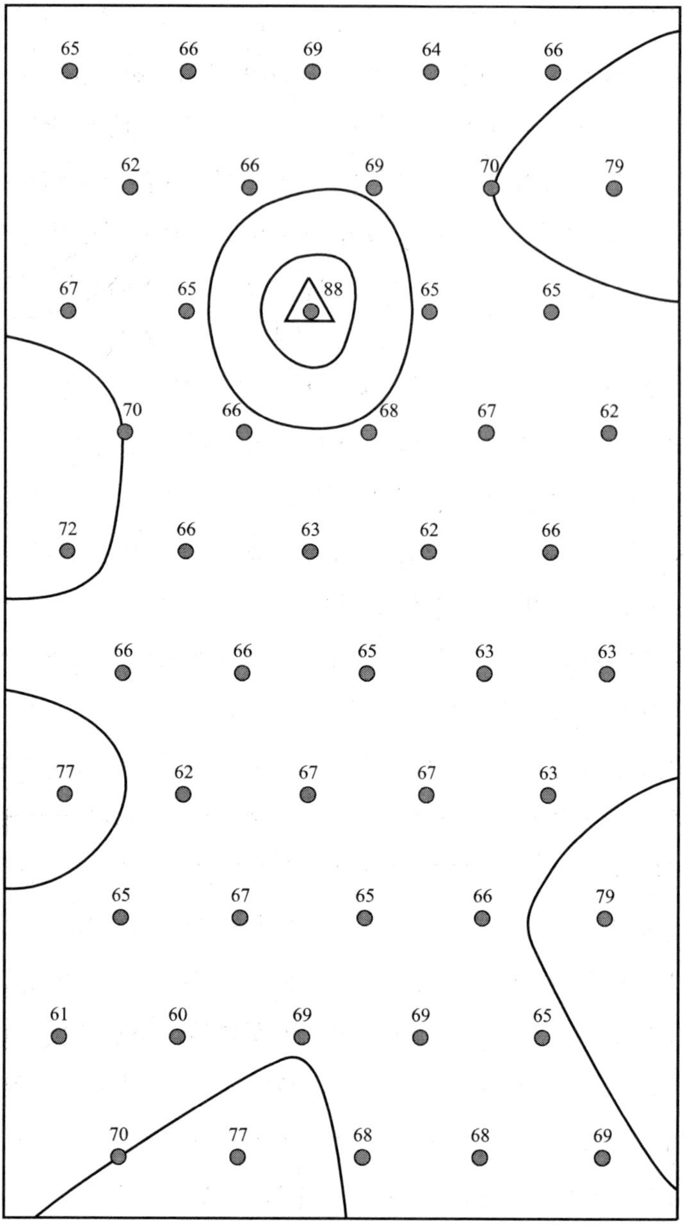

그림 22. **「도시화」의 가능한 역사** ·는 오직 1의 기능만을 지니고 있다. •는 1과 2의 기능들을 지니고 있다. ◬는 1, 2, 3의 기능들을 지니고 있다. [◬]는 가장 큰 중심지들이며, 1, 2, 3, 4의 기능들을 지니고 있다. $t=0$에서(여기에 나타나 있지는 않다) 모

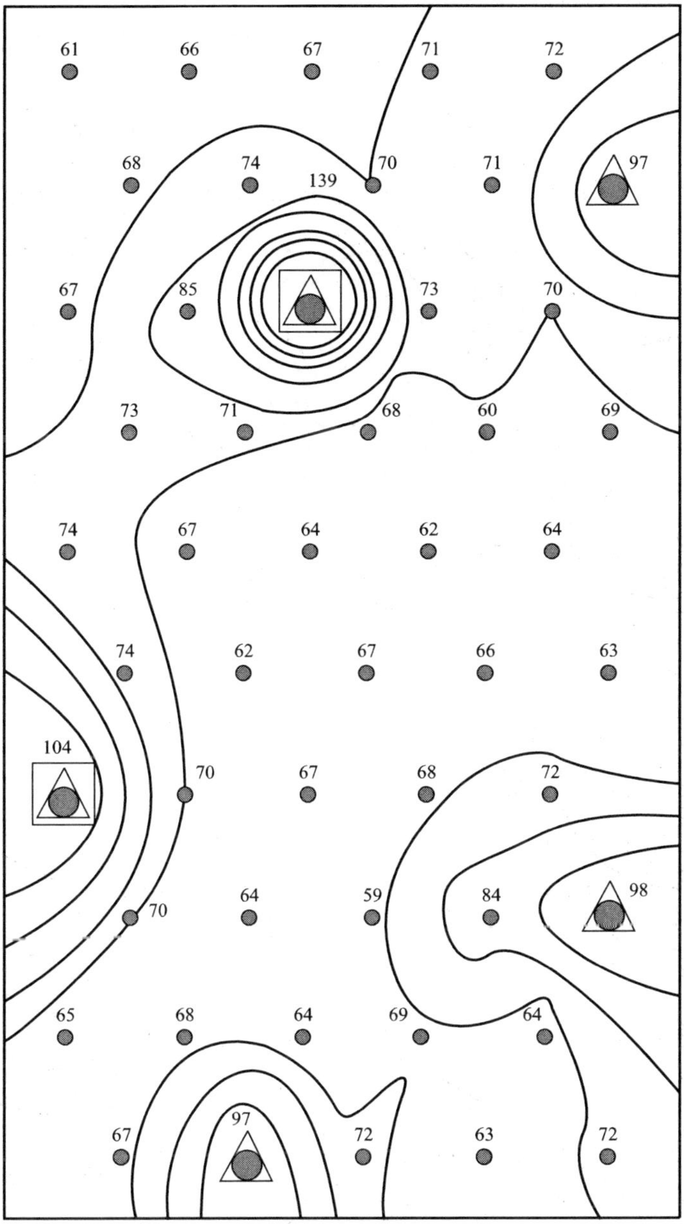

든 점들은 67단위체들의 「인구」를 지니고 있다. C에서 가장 큰 중심지는 최대인구를 지니게 된다(152 단위체들). 그리고는 「도시 확산」이 수반되어 위성도시들이 생기게 된다. 이러한 현상은 두 번째의 주요 중심지 주변에서도 역시 일어난다.

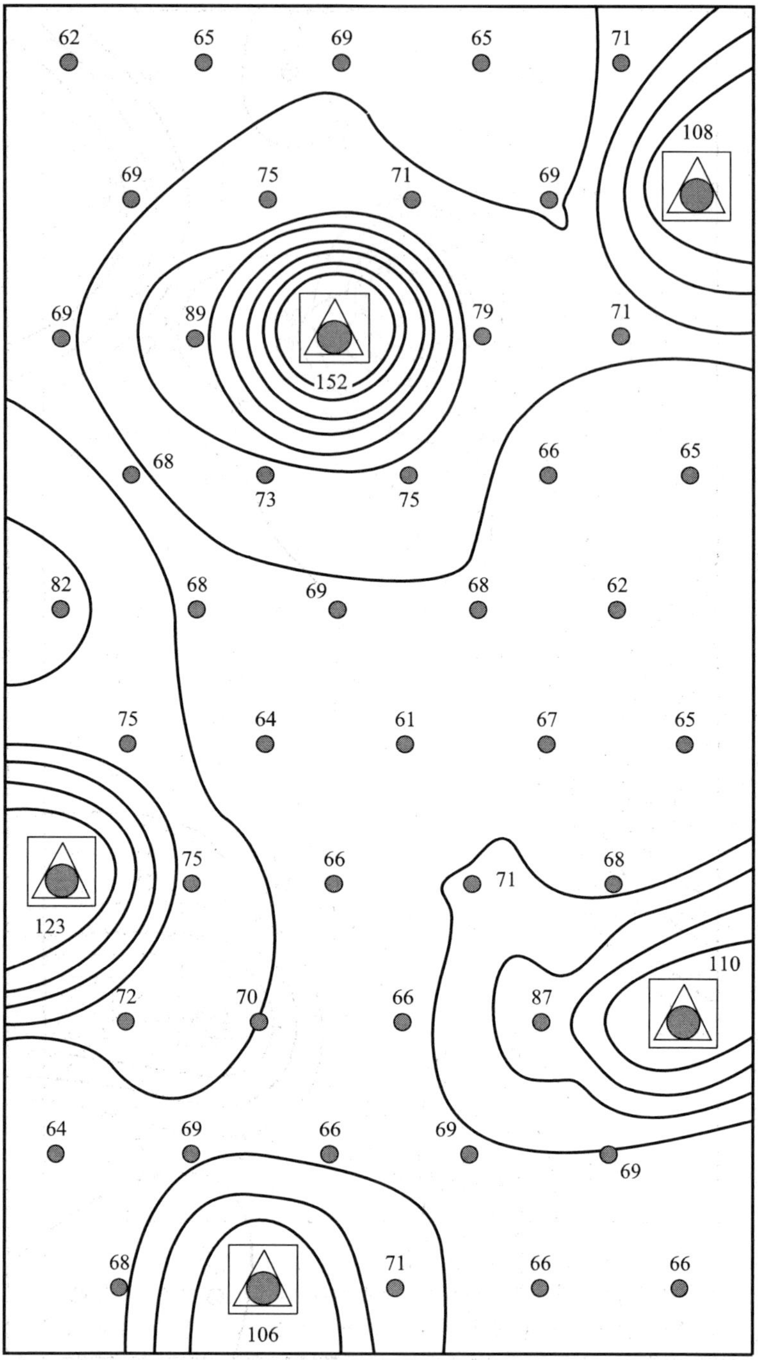
62
65
69
65
71
108
69
75
71
69
69
89
79
71
152
68
66
65
73
75
82
68
69
68
62
75
64
61
67
65
75
66
71
68
123
110
72
70
66
87
64
69
66
69
69
68
71
66
66
106

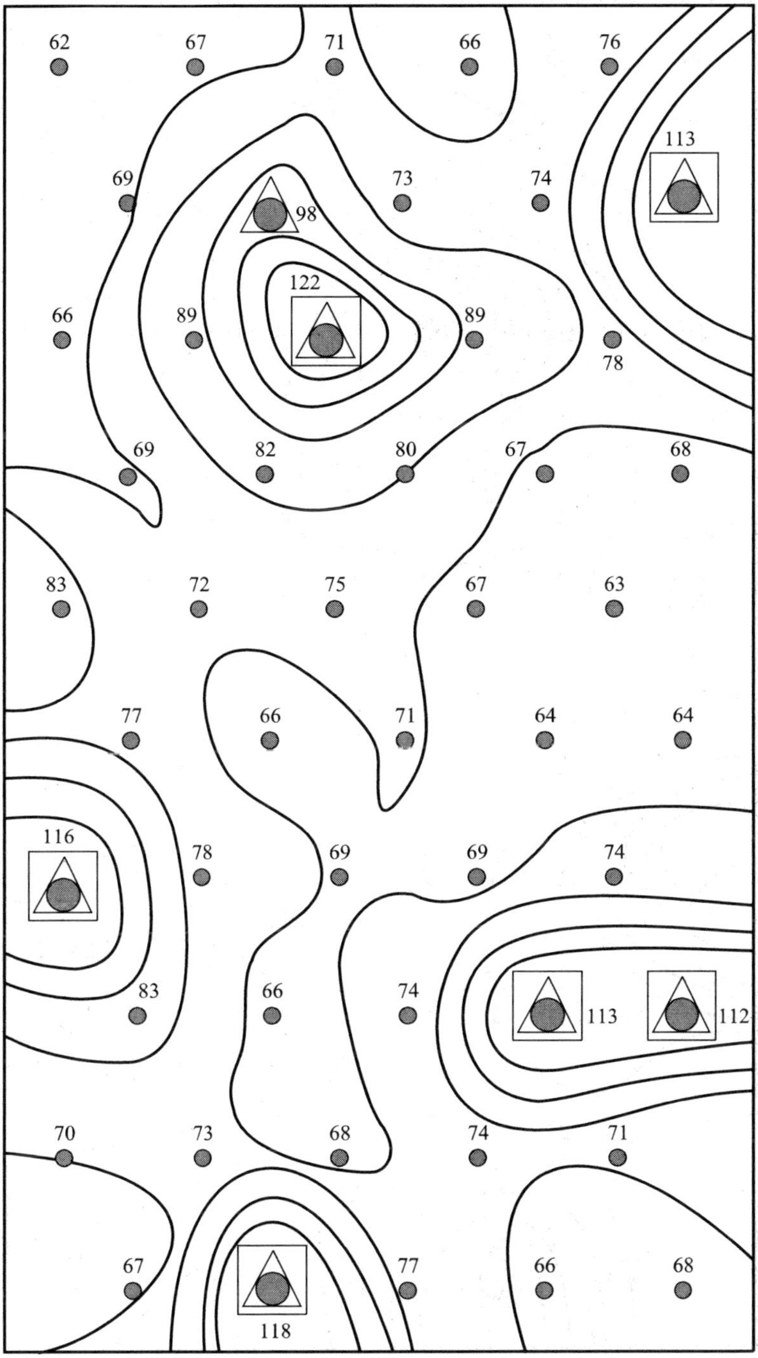
62
67
71
66
76
113
69
98
73
74
122
66
89
89
78
69
82
80
67
68
83
72
75
67
63
77
66
71
64
64
116
78
69
69
74
83
66
74
113
112
70
73
68
74
71
67
77
66
68
118

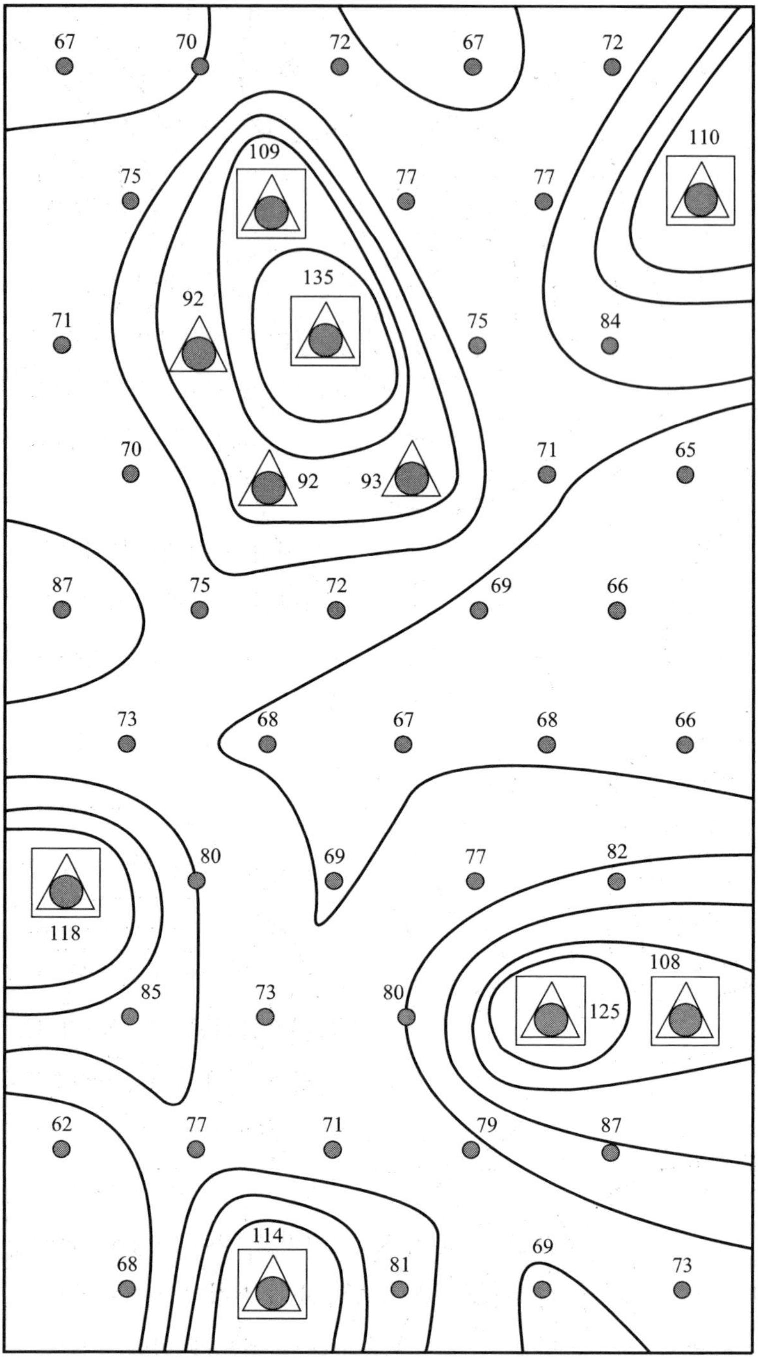
67 70 72 67 72
109 110
75 77 77
135
92
71 75 84
70 92 93 71 65
87 75 72 69 66
73 68 67 68 66
80 69 77 82
118
108
85 73 80 125
62 77 71 79 87
114
69
68 81 73

다는 가상적인 초기조건으로부터 시작된다. 그리고 나서 그 모형은 크리스톨러의 계층에서 「고급」 수준들에 해당되는 활동들이 연이어 일어나는 것을 추적한다. 즉, 보다 큰 범위에서의 수출을 뜻하는 것이다. 비록 초기상태가 매우 균일하다 할지라도 그 모형은 단지 우연 인자들 — 서로 다른 기업들이 시작된 장소와 시간과 같이 모형에 의하여 지배되지 않는 인자들 — 의 작용이 대칭성의 파괴를 일으키기에 충분하다는 것을 보여 준다. 매우 밀집된 활동지역들이 나타나는 반면 다른 지역들은 경제적 활동이 줄어들고 인구도 줄어들게 된다. 서로 다른 컴퓨터 모의실험들은 성장과 쇠퇴, 포획과 지배, 또 다른 발전을 위한 기회의 기간들과 수반되는 기존의 지배 구조들의 다져짐 등을 보여주고 있다.

크리스톨러의 대칭적인 분포가 역사를 무시하는 반면 이 각본은 적어도 최소한의 의미에서는 이 경우 순수하게 경제적인 본성의 「법칙들」과 시작되는 순서를 지배하는 「우연」 간의 상호작용으로써 역사를 고려하고 있다.

7. 복잡성의 모형화

우리의 모형은 그 단순성에도 불구하고 복잡한 예들의 어떤 성질들 특히 다수의 상호작용하는 요소들에 의하여 결정되는 발전을 「지배」하는 어려움을 훌륭하게 보여 준다. 각 구성원의 행동이나 각각의 국지적인 개입은 매우 뜻밖의 전반적인 변화를 가져올 수 있는 집합적인 양상을 지니고 있다. 와딩턴이 강조한 바와 같이 현재 우리는 복잡한 계가 주어진 변화에 어떻게 대응할 것인가 하는 것을 거의 모르고 있다. 때때로 이러한 반응은 우리의 직관에 어긋나고 있다. 우리의 좌절감을 표현하는 「반反」 직관적」이라는 말이 매사추세츠 공대에서 생겨났다. 「그 빌어먹을 것이 마땅히 해야 할 일을 그냥 하지 않는단 말이야!」 와딩턴이 인용한 고전적인 사례를 보면 빈민굴 정화의 계획이 전보다 더 나쁜 상황을 초래한 경우가 있다. 새로운 건물들은 많은 수의 사람들을 그 지역으로 끌어들였지만 그들을 위한 직장이 충분치 않으면 그들은 그대로 가난한 채로 있게 되며 그들의 거처는 더욱더 혼잡하게 된다.[15] 우리는 선형 인과율로써 생각하도록 훈련되어 있으나 이제 우리는 새로운 「사고의 연장tools of thought」을 필요로 한다. 모형들의 가장 큰 혜택들 중의 하나는 바로 우리가 이러한 연장들을 발견하고 이들의 사용법을 배우는 것을 돕는 것이다.

이미 우리가 강조한 바와 같이 물류방정식들은 그것이 동물이든 활동이든 또는 버릇이든 간에 핵심적인 차원이 한 집단의 성장일 때 가장 적합한 것이다. 미리 가정된 것은 주어진 한 집단의 각 구성원이 다른 구성원들 중의 누구와도 동등하다고 볼 수 있다는 것이다. 그러나 이러한 일반적인 동등성은 그 자체로서 그저 단순한 일반적인 사실로 볼 수 있는 것이 아니라 하나의 근사인 것이다. 이 근사의 유효성은 이 집단이 받고 있는 구속조건들과 압력에 따라 그리고 이 집단이 그것들에 대응하는 전략에 따라 결정된다.

예를 들어 생태학자들이 제안한 K와 r 전략들 간의 구분을 살펴보자. K와 r은 물류방정식에 나타나는 매개변수들이다. 비록 이러한 구분은 단지 상대적인 것이지만 그것이 두 집단들 간의 체계적인 상호작용, 먹이와 잡이 간의 상호작용으로부터 연유하는 발산성을 특징지을 때 분명해진다. 이러한 관점에서 보면 먹이 집단의 전형적인 진화는 재생산율 r의 증가일 것이다. 잡이는 그것의 먹이를 포획하는 보다 효과적인 방법들을 향하여 ― K를 개선하는 방향으로 ― 진화할 것이다. 그러나 물류학적인 골격에서 정의된 이러한 개선책은 물류방정식들에 의하여 정의된 상황들을 넘어서는 결과를 가져올 수도 있다.

스티픈 굴드Stephen J. Gould가 말한 것처럼[16] K전략은 개개인들이 점점 더 경험으로부터 배우고 기억들을 저장할 수 있게 되는 것 ― 그들이 보다 긴 성숙과 수련의 기간을 통하여 더욱 복잡해지는 것 ― 을 내포하고 있다. 이것은 이어서 개개인들이 보다 「소중」하며 ― 더 많은 생물학적 투자를 나타낸다 — 동시에 더 오랫동안의 취약기간에 의하여 특징지어짐을 의미하는 것이다. 따라서 「사회적」인 그리고 「가족적」인 유대의 발전은 *K*전략의 논리적인 상대로서 나타나게 된다. 그 시점으로부터 단지 그 집단의 구성원들의 수 이외의 다른 요인들이 점점 더 관련되며 구성원들의 수에 의하여 성공을 측정하는 물류방정식은 오류를 범하게 된다. 우리는 여기서 모형화를 매우 위험하게 만드는 것에 관한 특별한 예를 보는 것이다. 복잡한 계에서는 개체들과 그들 간의 상호작용의 정의가 모두 진화에 의하여 수정될 수 있다. 계의 각각의 상태뿐만 아니라 모형화된 대로의 계의 정의 바로 그것까지도 일반적으로 불안정하거나 또는 적어도 준準안정한 것이다.

우리는 방법론이 조사대상인 사물의 본성에 관한 문제로부터 분리될 수 없는 문제들에 접하게 된 것이다. 우리는 분명히 경험으로부터 배우거나 또는 경험을 확대시킴이 없이 수백만 마리씩 태어나고 죽는 파리들의 집단과 각각의 구성원들이 그 자신의 경험과 그가 살고 있는 집단의 전통의 뒤얽힘인 영장류들의 집단에 관하여 똑같은 질문을 할 수는 없다.

우리는 또한 인류학 그 자체 안에서 집합적인 현상들에 대한 여러 가지 접근방식들 간에 기본적인 선택이 이루어져야만 한다는 것을 발견하게 된다. 예를 들어 구조적 인류학은 논리와 한정된 수학의 수단들이 사용될 수 있는 사회의 어떤 양상들을 특별히 누리고 있음이 잘 알려져 있다. 그러한 양상들은 친척 간의 기본적 구조들이나 신화들의 분석과 같은 것으로서 그것들의 변환들은 흔히 결정의 성장에 비유된다. 따로 떨어진 요소들은 헤아려지고 합쳐진다. 이것은 진화를 커다랗고 부분적으로 혼란스러운 집단들이 관계되는 과정들로서 분석하려는 접근방식과는 대조를 이루고 있다. 우리는 두 가지의 서로 다른 전망들과 두 가지 형태의 모형들을 다루고 있는 것이다. 레비-스트로스Lévi-Strauss는 이들을 각각 「기계적」인 것과 「통계적」인 것이라고 정의하고 있다. 기계적 모형에서는 「요소들이 현상들과 똑같은 축척으로 되어 있으며」 각각의 행동은 사회의 구조적인 조직에 관한 처방들에 근거를 두고 있다. 인류학자는 이러한 행동의 논리를 명백히 하고 있다. 그 반면에 사회학자는 커다란 집단들을 통계적 모형들로 다루고 있으며 평균값들과 문턱들을 정의하고 있다.[17]

기능적 모형으로서만 완전히 정의된 사회는 자연적 계층과 질서에 관한 아리스토텔레스적인 생각에 해당될 것이다. 각각의 관리는 자기가 그것들을 위하여 임명된 임무들을 수행할 것이다. 이러한 임무들은 각 수준에서 전체로서의 사회의 조직의 서로 다른 양상들을 해석하는 것이다. 왕은 건축가에게, 건축가는 계약자에게, 계약자는 노동자들에게 명령을 내린다. 어느 곳에서나 계획 수립자가 일을 하고 있다. 이와는 대조적으로 흰개미들과 그리고 다른 사회적 곤충들은 「통계적 모형」에 접근하고 있는 것으로 보인다. 우리가 이미 본 바와 같이 흰개미들의 둥지 건설 뒤에는 아무런 계획 수립자도 존재하지 않는 것 같다. 이때 구성원들 간의 상호작용들은 어떤 상황하에서는 어떤 형태의 집합적인 행동을 나타내게 하지만 이러한 상호작용들은 모두 순수하게 국지적이며 그 아무것도 어떠한 전반적인 임무에는 관계되지 않는다. 이와 같은 기술記述은 필연적으로 평균값들을 내포하게 되며 안정성과 분기현상들에 관한 문제를 다시금 제기한다.

어떤 사건들이 퇴화하며 어떤 것들이 전체 계에 영향을 줄 것 같은가? 선택의 상황들은 무엇이며 안정성의 지역들은 어떤 것들인가? 계의 크기나 밀도가 분기현상의 매개변수의 역할을 할 수 있으므로 순수하게 정량적인 성장이 어떻게 정성적으로 새로운 선택들에 이르게 할 수 있는가? 이와 같은 질문들은 정말로 야심적인 계획을 요구하는 것들이다. r과 K 전략들에서와 같이 그것들은 우리로 하여금 사회적 행동에 대한 「좋은」 모형의 선택과 역사를 연결시키도록 한다. 한 집단의 진화가 어떻게 그것이 보다 「기계적」인 것으로 이르게 하는가? 이러한 질문은 우리가 이미 생물학에서 접했던 것과 병행되는 것으로 보인다. 예를 들어 대사반응들의 속도와 조절을 지배하는 유전정보의 선택이 어떻게 어떤 경로들을 더 선호하여 발전이 목적을 지니고 있거나 「전언傳言」의 해석으로 보일 정도까지 할 수 있겠는가?

우리는 「요동을 통한 질서」의 개념에 의하여 영감을 받은 모형들이 이러한 질문들에 대하여 우리를 도와줄 것이며 심지어는 우리로 하여금 어떤 상황하에서는 행동에 관한 개별적인 양상과 집합적인 양상 간의 복잡한 상호작용을 보다 정확히 정립할 수 있도록 해 줄 것이라고 믿는다. 물리학자의 관점에서 보면 이것은 한편으로는 모든 개별적인 주도권이 대단치 않은 것이 되어 버리고, 또 한편으로는 개개인이나 하나의 생각 도는 새로운 행동이 전반적인 상태를 뒤엎어 놓을 수 있는 분기현상의 지역들 간의 구분을 포함하고 있다. 그리고 그러한 지역들에서일지라도 증폭현상은 분명히 그저 아무런 개개인이나 생각, 또는 행동에 의하여 일어나는 것이 아니라 오직 「위험한」 그런 것들 — 종전의 지역의 안정성을 보장하는 비선형관계들을 자신들에게 유리하도록 이용할 수 있는 그런 것들 — 에 의해서만 일어난다. 따라서 우리는 **똑같은** 비선형성들이 기본 과정들의 혼돈으로부터 질서가 생기도록 하며 더욱이 또 다른 상황에서는 바로 그 질서를 파괴하고 궁극직으로는 또 하나의 분기현상을 지나 새로운 합치성이 생기도록 한다는 결론에 도달하게 된다.

「요동을 통한 질서」의 모형들은 작은 원인들이 커다란 효과를 나타낼 수 있는 불안정한 세계를 소개하고 있지만, 그러나 이 세계는 임의적인 것이 아니다. 오히려 작은 사건이 확대되는 이유들은 합리적인 추구의 합당한 재료이다. 요동은 계의 활동의 변환을 초래하지 않는다. 맥스웰의 영향을 받은 비유를 들자면, 명백히 성냥은 산불에 책임이 있다. 그러나 성냥을 참조하는 것으로는 불을 이해하는 데 충분하지 않다. 더욱이 요동이 조종될 수 없다는 사실이 우리가 그것의 증폭이 초래하는 불안정성의 까닭을 알아낼 수 없다는 것을 의미하는 것은 아니다.

8. 개방된 세계

여기에서 제기된 문제들의 복잡성에 비추어볼 때 생물 및 사회적인 진화가 전통적으로 해석되어 온 방법이 물리학으로부터 빌려 온 개념들과 방법들을 사용하고 있다는 것은 특별히 불행한 일이라고 하지 않을 수 없다.[18)] — 이러한 개념들과 방법들이 유효한 물리학 분야는 매우 제한되어 있기 때문에 불행한 것이며, 따라서 이들과 사회적 또는 경제적 현상들과의 비유는 전혀 정당화되지 못하는 것이다.

이것에 관한 가장 좋은 예는 최적화에 관한 패러다임이다. 인간 사회의 경영은 선택적인 압력의 작용과 마찬가지로 행동의 어떤 양상들이나 연결의 어떤 방식들을 최적화시킨다. 그러나 최적화가 집단과 개인이 어떻게 생존하는가 하는 것을 이해하는 열쇠라고 생각하는 것은 원인과 효과를 혼동할 위험성이 있는 것이다.

따라서 최적화 모형은 급격한 변환 — 문제의 정의를 바꾸고, 따라서 추구하는 해답의 종류도 바꾸는 변환 — 의 가능성과 궁극적으로 계가 형편없는 방법으로 기능하도록 강요하는 관성적인 구속조건을 모두 무시하고 있다. 애덤 스미스의 보이지 않는 손이나 그 밖에 극대화 또는 극소화의 경계조건으로서의 진보의 정의와 같은 학설과 마찬가지로 이것은 전능하고 합리적인 계산기로서의 자연과 전반적인 진보에 의하여 특징지어지는 합리적인 역사를 자신 있게 나타내는 것이다. 관성과 예기치 않은 사건들을 모두 회복시키기 위해서는 — 역사의 개방적인 특성을 회복시키기 위해서는 — 우리는 그것의 근본적인 불확정성을 받아들여야만 한다. 여기서 우리는 쥐같이 생긴 동물들의 작은 집단인 포유동물들의 발달을 가져오게 한 백악기白堊紀의 대멸종의 명백한 우연성을 하나의 상징으로 이용할 수 있다.[19)]

이것은 일종의 「조감도」인 일반적인 표현이었으며 따라서 매우 흥미 있는 많은 주제들을 생략하고 있다. 불꽃, 플라스마, 레이저는 예를 들어 이론적으로 그리고 실질적으로 매우 흥미 있는 비평형상태의 불안정성을 보여준다. 어디를 돌아보든 우리는 다양성과 쇄신들이 풍부한 자연을 발견하게 된다. 우리가 기술한 개념적인 진화는 그 자체가 점진적인 시간의 재발견에 관한 보다 넓은 역사 속에 놓여진 것이다.

우리는 시간에 관한 새로운 양상들이 물리학에 진보적으로 포함되어 왔으며 그 반면에 고전과학에 고유하게 내포된 전지전능함에 대한 야심이 점차로 거부되었음을 보아왔다. 이 장에서 우리는 물리학으로부터 시작하여 생물학과 생태학을 거쳐서 인간사회로 옮겨 왔다. 그러나 우리는 그 반대의 순서로 진행할 수도 있었다. 사실상 역사는 주로 인간사회에 집중함으로써 시작되었으며, 그 후에야 생명과 지질학의 시간적인 차원에 주의를 기울이게 되었다. 따라서 물리학에 시간을 포함시키는 것은 자연과학과 사회과학 속에 역사를 점진적으로 재삽입하는 데 있어서의 마지막 단계인 것으로 보인다.

신기하게도 각 단계의 과정에서 이러한 「역사화」의 결정적인 양상은 어떤 시간적인 불균일성의 발견이었다. 문예부흥 이래 서양사회는 발전의 서로 다른 단계들에 해당되는 것으로 보이는 서로 다른 집단들과 접해 왔다. 19세기의 생물학과 지질학에서는 화석을 발견하고 분류하며 우리가 공존하고 있는 과거의 기억들을 주변 풍경에서 알아보는 것을 배웠다. 마지막으로 20세기의 물리학은 역시 일종의 화석이며 우리에게 우주의 시작에 관하여 말해 주는 잔여흑체복사를 발견하였다. 오늘날 우리는 우리가 서로 다르지만 맞물려 있는 시간들과 많은 과거들의 화석들이 공존하는 세계 속에 살고 있음을 알고 있다.

이제 또 다른 문제를 살펴보아야 한다. 우리는 생명이 「낙체落體와 같이 자연적」인 것으로 보이기 시작한다고 말하였다. 자생적 조직화의 자연적 과정이 낙체와 무슨 관련이 있는가? 힘과 궤적들의 과학인 동역학과 생명과정들과 이들이 부분을 이루고 있는 자연적 진화의 과학인 복잡성과 생성의 과학 간에 어떤 가능한 연결이 있을 수 있는가? 19세기 말에 비가역성은 마찰, 점성, 가열현상들과 연관되어 있었다. 비가역성은 에너지의 손실과 낭비의 근원에 놓여 있다. 당시에만 해도 비가역성은 단지 우리의 어리석음과 우리의 조잡한 기계들의 결과이며 자연은 근본적으로 가역적인 채로 유지된다고 하는 허구적인 소설에 매달릴 수 있었다. 이제는 그러한 것이 더 이상 가능하지 않다. 오늘날에는 물리학까지도 우리에게 비가역과정들이 건설적이고 필수적인 역할을 하고 있다는 것을 말해 주고 있다.

그러므로 우리는 더 이상 피할 수 없는 문제에 부딪쳐 있다. 복잡성에 관한 이 새로운 과학과 단순하고 기본적인 행동에 관한 과학 간의 관계는 무엇인가? 자연에 대하여 이렇게 대립되는 두 가지 관점들 간의 관계는 무엇인가? 단 하나의 세계에 대하여 두 가지의 과학들, 두 가지의 진실들이 존재하는가? 어떻게 그러한 것이 가능한가?

어떤 의미에서 우리는 다시금 현대과학의 시작 단계로 되돌아온 것이다. 이제 뉴턴의 시대와 마찬가지로 두 가지 과학들 — 법칙들에 따르는 비시간적인 자연을 기술하는 중력의 과학과 불의 과학인 화학 — 이 서로 마주 대하고 있다. 이제 우리는 과학에 의하여 발생된 최초의 종합인 뉴턴적 종합이 어째서 완결될 수 없는가 하는 것을 이해하고 있다. 동역학에 의하여 기술되는 상호작용의 힘들은 물체의 복잡하고 비가역적인 행동을 설명할 수 없는 것이다. **불은 사물을 변화시킨다.** 이러한 옛말에 의하면 화학적 구조들은 불의 창조물들이며 비가역과정들의 결과들이다. 우리가 살고 있는 이 이상한 세계에 대한 합치적인 기술에 이르기 위하여 서로 상반되지만 모두 필요한 두 가지 개념들인 존재와 생성 간의 간격을 우리는 어떻게 메울 수 있을 것인가?

1. G. NICOLIS and I. PRIGOGINE, *Self-Organization in Nonequilibrium Systems* (New York : John Wiley & Sons, 1977).
2. F. BARAS, G. NICOLIS, and M. MALEK MANSOUR, "Stochastic Theory of Adiabatic Explosion," *Journal of Statistical Physics*, Vol. 32, No. 1 (1983), p. 1.
3. 예를 들어, M. MALEK MANSOUR, C. VAN DEN BROECK, G. NICOLIS, and J. W. TURNER, *Annals of Physics*, Vol. 131, No. 2 (1981), p. 283을 보라.
4. J. L. DENEUBOURG, "Application de l'ordre par fluctuation à la description de certaines étapes de la construction du nid chez les termites," *Insectes Sociaux, Journal International pour l'étude des Arthropodes sociaux*, Tome 24, No. 2 (1977), pp. 117-30. 이 첫 번째 모형은 현재 새로운 실험적인 연구와 관련하여 확장되고 있다. O. H. BRUINSMA, "An Analysis of Building Behaviour of the Termite *macrotermes subhyalinus*," *Proceedings of the* VIII *Congress IUSSI* (Waegeningen, 1977).
5. R. P. GARAY and R. LEFEVER, "A Kinetic Approach to the Immunology of Cancer : Stationary States Properties of Effector-Target Cell Reactions," *Journal of Theoretical Biology*, Vol. 73 (1978), pp. 417-38, and private communication.
6. P. M. ALLEN, "Darwinian Evolution and a Predator-Prey Ecology," *Bulletin of Mathematical Biology*, Vol. 37 (1975), pp. 389-405 ; "Evolution, Population and Stability," *Proceedings of the National Academy of Sciences*, Vol. 73, No. 3 (1976), pp. 665-68. 또한 R. CZAPLEWSKI, "A Methodology for Evaluation of Parent-Mutant Competition," *Journal of Theoretical Biology*, Vol. 40 (1973). pp. 429-39 를 보라.
7. 이러한 연구의 현재 상태에 관하여는 M. EIGEN and P. SCHUSTER, *The Hypercycle* (Berlin : Springer Verlag, 1979) 을 보라.
8. R. MAY in *Science*, Vol. 186 (1974), pp. 645-47 ; 또한 R. MAY, "Simple Mathematical Models with very Complicated Dynamics," *Nature*, Vol. 261 (1976), pp. 459-67 을 보라.
9. M. P. HASSELL, *The Dynamics in Arthropod Predator-Prey Systems* (Princeton, N. J. : Princeton University Press, 1978).
10. B. HEINRICH, "Artful Diners," *Natural History*, Vol. 89. No. 6 (1980), pp. 42-51, esp. quote, p. 42.
11. M. LOVE, "The Alien Strategy," *Natural History*, Vol. 89, No. 5 (1980), pp.

30-32.

12. J. L. DENEUBOURG and P. M. ALLEN, "Modéles théoriques de la division du travail des les sociétés d'insectes," *Académie Royale de Belgique, Bulletin de la Classe des Sciences*, Tome LXII (1976), pp. 416-29 ; P. M. ALLEN, "Evolution in an Ecosystem with Limited Resources," op. cit., pp. 408-15.
13. E. W. MONTROLL, "Social Dynamics and the Quantifying of Social Forces," *Proceedings of the National Academy of Sciences*, Vol. 75, No. 10 (1978), pp. 4633-37.
14. P. M. ALLEN and M. SANGLIER, "Dynamic Model of Urban Growth," *Journal for Social and Biological Structures*, Vol. 1 (1978), pp. 265-80, and "Urban Evolution, Self-Organization and Decision-making," *Environment and Planning* A, Vol. 13 (1981), pp. 167-83.
15. C. H. WADDINGTON, *Tools for Thought*, (St. Albans, Eng. : Paladin, 1976), p. 228.
16. S. J. GOULD, *Ontogeny and Phylogeny*, op. cit. Belknap Press, Harvard University Press, 1977.
17. C. LÉVI-STRAUSS, "Methodes et enseignement," *Anthropologie structurale* (Paris : Plon), pp. 311-17.
18. 예를 들어, C. E. RUSSET, *The Concept of Equilibrium in American Social Thought* (New Haven, Conn. : Yale University Press, 1966) 를 보라.
19. S. J. GOULD, "The Belt of an Asteroid," *Natural History*, Vol. 89, No. 1 (1980), pp. 26-33.

제3부

존재로부터 생성으로

7장

시간의 재발견

1. 강조의 변화

화이트헤드는 「학설들 간의 충돌은 재난이 아니라 기회이다.」라고 쓴 바 있다.[1] 만일 이 말이 진실이라면 과학의 역사에서 이보다 더 희망적인 기회들은 거의 없었다. 두 개의 세계, 동역학의 세계와 열역학의 세계가 서로 맞서고 있다.

뉴턴의 과학은 이론적 연구의 서로 수렴하는 노선들과 아울러 수세기에 걸친 실험의 더할 나위 없는 종합의 결과이다. 열역학에서도 이것은 똑같이 사실이다. 과학의 성장은 각각 연이어 더 많은 수의 방수防水된 구획들로 나누어지는 과학 분야들의 균일한 펼쳐짐과는 매우 다른 것이다. 그와는 매우 대조적으로 서로 다른 문제들과 관점들의 수렴은 구획들을 열어젖히고 과학 문화를 뒤흔들어 놓는다. 이러한 전환점들은 그들의 과학적 내용을 넘어서서 지적인 세계에 전반적으로 영향을 끼치는 결과를 초래한다. 역으로 전반적인 문제들은 흔히 과학에 대한 영감의 근원이 되어 왔다.

학설들 간의 충돌인 존재와 생성 간의 투쟁은 새로운 전환점에 도달했으며 새로운 종합이 필요하다는 것을 나타내는 것이다. 오늘날 이러한 종합이 이루어지고 있으며, 모든 면에서 그 이전의 것들과 마찬가지로 예기치 못한 것이다. 우리는 또다시 과학이론에 대한 뉴턴적 개념의 고유한 어려움들을 판명하는 데 기여하고 있는 모든 연구들의 놀라운 수렴을 발견한다.

뉴턴적 과학의 야심은 보편적이고 결정론적이며 관측자에 대한 아무런 참조도 포함하지 않을 만큼 객관적이며 시간의 손아귀에서 벗어나는 기술記述의 수준에 도달할 만큼 완벽한 그러한 자연에 관한 전망을 제시하는 것이었다.

우리는 문제의 핵심에 도달한 것이다. 「시간은 무엇인가?」 우리는 칸트 이래로 전통적인 고전물리학의 정적인 시간과 우리의 생활에서 경험하는 실존적인 시간의 대립을 받아들여야만 하는 것인가? 카르납Carnap에 의하면,

> 아인슈타인은 한때 현재에 관한 문제로 심각하게 걱정하였다고 말한 적이 있다. 그는 현재의 경험이 사람에게 특별한 것이며 과거와 미래와는 본질적으로 다른 것이지만 이러한 중요한 차이점이 물리학의 범주 내에서는 생기지도 않고 생길 수도 없는 것이라고 설명하였다. 이러한 경험이 과학에 의하여 파악될 수 없다는 것이 그에게는 고통스럽지만 그러나 필연적인, 체념적인 것으로 보였다. 나는 객관적으로 일어나는 모든 것들은 과학에서 기술될 수 있다고 말하였다. 한편에서는 사건들의 시간적인 순서가 물리학에서 기술되며 또 한편으로는 과거, 현재, 그리고 미래에 대한 사람의 서로 다른 태도를 포함한 시간에 관한 그의 경험들의 특이성들은 심리학에서 기술될 수 있고(원칙적으로) 설명될 수 있다. 그러나 아인슈타인은 이러한 과학적인 기술記述들이 우리 인류의 욕구를 도저히 만족시킬 수 없는 것이라고 생각하였다. 게다가 과학의 영역의 바로 바깥에 놓여 있는 현재에 관하여 어떤 본질적인 것이 존재한다고 생각하였다.[2)]

이와는 반대방향의 의미에서 베르그송 역시 이중적인 결론에 도달하였다는 것은 흥미로운 일이다(제3장을 보라). 아인슈타인과 마찬가지로 베르그송은

주관적인 시간으로부터 시작하여 물리학에 의하여 객관화된 대로의 자연에서의 시간으로 옮겨갔다. 그러나 그에게는 이러한 객관화는 시간의 비하에 이르게 하는 것이었다. 내부의 실존적인 시간은 과정 속에서 없어져 버리는 정성적인 양상들을 지니고 있다. 베르그송이 물리적인 시간과 실존적인 시간에 관한 개념인 지속기간 사이의 구분을 도입한 것은 바로 이러한 이유에서였다.

그러나 우리는 여기서 멈출 수 없다. 프레이저J. T. Fraser가 말한 바와 같이 「느껴진 시간과 이해된 시간 사이의 결과적인 양분법은 과학 및 산업문명의 보증서이며 일종의 집합적인 정신분열증이다.」[3] 우리가 이미 강조한 바와 같이 고전과학이 영속성을 강조하곤 하던 곳에서 우리는 이제 변화와 진화를 보게 된다. 우리는 칸트가 그 자신이 간직하고 있던 도덕적 법칙에 대한 것과 같은 감탄이 그의 마음을 채워 주던 그러한 궤적들을 더 이상 하늘에서 보지 않는다. 이제 우리는 이상한 대상들을 본다. 퀘이서, 펄서, 폭발하고 쪼개지는 은하계, 함정에 빠뜨린 모든 것들을 비가역적으로 먹어치우는 「검은 구멍」들 속으로 빨려 들어가는 것으로 알려진 별들이 그러한 것들이다.

시간은 생물학, 지질학, 사회과학들에만 침투한 것이 아니라 그것들로부터 시간이 전통적으로 배제되어 왔던 미시적인 그리고 우주적인 두 가지 수준들에까지도 침투하였다. 생명뿐만 아니라 전체로서의 우주도 역시 역사를 지니고 있으며 이는 심오한 의미를 내포하는 것이다.

일반 상대성의 관점으로부터 우주적인 모형을 다룬 최초의 이론적 논문이 1917년에 아인슈타인에 의하여 발표되었다. 그것은 우주에 관한 정적이고 시간이 없는 견해를 나타낸 것으로서 스피노자Spinoza의 전망을 물리학으로 해석한 것이다. 그러나 그리고 나서 예기치 않은 일이 벌어진다. 아인슈타인의 우주론적인 방정식들에는 시간에 의존하는 또 다른 해解들이 존재한다는 것이 분명해졌다. 이와 같은 발견은 러시아의 천체물리학자인 프리드만A. Friedmann과 벨기에 학자인 르메트르G. Lemaitre에 의하여 이루어졌다. 이와 같은 시기에 허블Hubble과 그의 동료들은 은하계의 운동을 연구하고 있었으며 멀리 떨어진 은하계의 속도가 그것이 지구로부터 떨어진 거리에 비례한다는 것을 보여 주었다. 프리드만과 르메트르에 의하여 발견된 팽창하는 우주와의 관계는 명백한 것이었다. 하지만 수년 동안 물리학자들은 우주의 진화에 관한 이와 같은 「역사적」인 기술을 받아들이는 것을 꺼렸다. 아인슈타인 자신이 그것에 관하여 매우 조심스러운 태도를 보였다. 르메트르는 그가 아인슈타인과 우주의 초기상태를 보다 정확히 하고 어쩌면 거기에서 우주선에 관한 설명을 찾을 수 있는 가능성에 관하여 의논하려고 했을 때, 아인슈타인이 아무런 흥미도 나타내지 않았다고 자주 말하였다.

오늘날에는 그것으로써 우리의 우주가 시작된 매우 큰 밀도의 불덩어리의 폭발을 비추어 준 빛인 유명한 잔여흑체복사의 새로운 증거가 있다. 이 전체 이야기는 역사의 또 하나의 역설인 것으로 보인다. 어떤 의미에서는 아인슈타인은 그 자신의 의사에 반하여 물리학의 다윈이 된 것이다. 다윈은 우리에게 인간이 생물학적 진화 속에 자리 잡고 있다는 것을 가르쳐 주었다. 아인슈타인은 우리가 진화하고 있는 우주 안에 자리 잡고 있다는 것을 가르쳐 주었다. 아인슈타인의 생각은 그로 하여금 미국 대륙이 콜럼버스에게 예기치 않은 것이었던 것처럼 그에게도 예기치 않았던 새로운 대륙에 이르게 하였다. 당대의 많은 물리학자들과 마찬가지로 아인슈타인은 자연에 근본적이고 단순한 수준이 존재한다고 하는 깊은 신념에 의하여 인도되고 있었다. 하지만 오늘날 이 수준은 점점 더 실험에 의하여서는 접할 수 없게 되고 있다. 그 행동이 진실로 「단순한」 유일한 대상들은 거시적인 수준에서 우리 자신들의 세계 안에 존재하고 있다. 고전과학은 그 대상들을 이러한 중간범위로부터 조심스럽게 선택하였다. 뉴턴이 골라낸 최초의 대상들 — 낙체, 진자, 행성의 운동 — 은 단순한 것이었다. 그러나 이제 우리는 이러한 단순함이 근본적인 것에 대한 보증서가 아님을 알고 있다. 그것은 나머지의 세계로 귀속될 수 없는 것이다.

이것으로 충분한가? 이제 우리는 안정성과 단순성이 예외적인 것임을 알고 있다. 우리는 사실상 단순하고 안정한 대상들에만 적용되는 개념화를 전체화시키는 전체주의적인 주장들을 단지 무시해야 할 것인가? 어째서 동역학과 열역학 사이의 비양립성을 걱정해야 되는가?

우리는 과학의 역사에 의하여 항상 확인되고 있는 화이트헤드의 말을 잊어서는 안 되겠다 — 학설들 간의 충돌은 재난이 아니라 기회인 것이다. 흔히 우리가 어떤 문제들을 그것들이 이루기 어려운 이상화들에 기초를 두고 있다는 것을 근거로 **실질적인** 이유에서 단순하게 무시한다고 암시되어 왔다. 금세기 초에 몇 명의 물리학자들은 결정론이 실제경험에서 접할 수 없다는 것을 근거로 그것을 포기할 것을 제안하였다.[4] 실제로 이미 우리가 강조한 바와 같이 우리는 커다란 계의 분자들의 정확한 위치와 속도를 결코 알지 못하고 있다. 따라서 계의 미래의 진화에 관한 정확한 예측은 불가능한 것이다. 보다 최근에 이르러 브뤼앵Brillouin은 정확한 예측이 초기조건들에 관한 정확한 지식을 필요로 하며 게다가 이러한 지식을 얻기 위해서는 대가를 치러야 한다는 상식적인 진리에 호소함으로써 결정론이 무너질 것을 바랐었다. 결정론을 작용케 하는 데 필요한 정확한 예측은 「무한한」 대가를 치러야 하는 것을 요구한다는 것이다.

이러한 반대들은 합리적이기는 하나 동역학의 개념적 세계에 영향을 주지 않는다. 그들은 실재에 관하여 아무런 새로운 것도 밝혀내지 않는다. 더욱이 기술技術의 개선은 우리를 고전동역학에 의하여 내포된 이상화에 더욱 더 가깝게 접근시켜 줄 수 있는 것이다.

이와는 대조적으로 「불가능성」을 보여 주는 것은 근본적으로 중요한 것이며, 지적인 사업이 실패하도록 하는 **실재에 관한 뜻밖의 고유한 구조의 발견**을 내포하는 것이다. 이러한 발견은 이전에는 적어도 원칙적으로는 가능한 것으로 생각될 수 있었던 작동의 가능성을 배제할 것이다. 「어떠한 기관도 효율이 1보다 클 수 없다.」「어떠한 열기관도 두 개의 열원들에 접촉하지 않고 있으면 유용한 일을 생산할 수 없다.」 이러한 말들은 심오한 개념적 쇄신에 이르게 하는 불가능성에 관한 예들이다.

열역학, 상대론, 양자역학 등은 모두 불가능성에 대한 발견, 그리고 고전 물리학의 야심의 한계에 대한 발견에 근거를 두고 있다. 따라서 그것들은 한계점에 도달한 탐색에 종지부를 찍는 것이었다. 그러나 이제 우리는 이러한 과학적 쇄신들을 종말이 아닌 시작으로서 그리고 새로운 기회들의 펼쳐짐으로서 다른 각도에서 볼 수 있게 되었다. 우리는 제9장에서 열역학 제2법칙이 미시적 수준에서까지도 「불가능성」을 표현한다는 것을 보게 될 것이다. 그러나 거기에서도 새로이 발견된 불가능은 새로운 개념들이 등장하는 시발점이 되는 것이다.

2. 보편성의 종말

과학적인 기술記述은 자신이 기술하는 세계에 속하며 「밖으로부터」 물리적 세계를 응시하고 있는 어떤 존재에게도 의지할 수 없는 그러한 관측자에게 허용된 자원들과 일관성이 있어야 한다. 이것은 상대론의 근본적인 요구조건들 중의 하나이다. 신호의 전파에 관하여 보면 어떠한 관측자에 의해서도 초과할 수 없는 한계가 나타난다. 사실상 진공에서의 빛의 속도 c (c = 300,000 km/sec) 는 모든 신호들의 전파에 관한 한계속도이다. 따라시 이 한계속도는 근본적인 역할을 하는 것이다. 그것은 관측자가 자리 잡고 있는 지점에 영향을 줄 수 있는 공간에서의 지역을 제한하고 있다.

뉴턴의 물리학에는 아무런 보편적 상수도 없다. 이것이 바로 대상들의 규모에 관계없이 적용될 수 있다고 뉴턴의 물리학이 보편성을 주장하는 까닭이다. 원자들, 행성들, 별들은 단 한 가지의 법칙에 의하여 지배된다는 것이다.

보편적 상수들의 발견은 급격한 변화를 의미하는 것이었다. 빛의 속도를 비교의 기준으로 삼아 물리학은 느린 속도와 빛의 속도에 접근하는 빠른 속도의 구분을 확립하였다.

마찬가지로 플랑크의 상수 h는 대상의 질량에 따라 자연적 축척을 설정한다. 원자는 더 이상 조그마한 행성계로 여겨질 수 없는 것이다. 전자들은 행성들과 그 밖의 모든 무겁고, 느리게 움직이는 거시적인 대상들—우리 자신을 포함한—과는 다른 축척에 속하는 것이다.

보편적 상수들은 그것들에 의하여 여러 가지 행동들이 정성적으로 달라지는 그러한 물리적 축척들을 도입함으로써 우주의 균일성을 파괴할 뿐만 아니라 또한 객관성에 관한 새로운 개념에 이르게 하고 있다. 어떤 관측자도 진공에서의 빛의 속도보다 더 빠른 속도로 신호를 전파시킬 수는 없다. 그러므로 우리는 아인슈타인의 놀라운 결론에 도달하게 된다 — 우리는 더 이상 서로 떨어진 두 개의 사건들에 관하여 절대적인 동시성을 정의할 수 없다는 것이다. 동시성은 오직 주어진 기준틀에 의해서만 정의될 수 있는 것이다. 상대론에 관하여 본격적으로 다루는 것은 이 책의 범위를 넘어선 것이다. 우리는 단지 뉴턴의 법칙들이 관측자가 「물리적 존재」라는 점을 가정하지 않았다는 것을 지적하고자 할 뿐이다. 객관적인 기술은 그 기술자記述者에게 아무런 기준도 없다는 것으로써 정확하게 정의되었다. 무한한 속도로 교신할 수 있는 「비물리적」인 지성적 존재들에게는 상대론의 법칙들이 무관한 것이다. 상대론이 물리적으로 국지화된 관측자들과 한순간에 한 곳에만 있을 수 있으며 한번에 어디에나 있을 수는 없는 그러한 존재들에게만 적용된다는 구속조건에 근거를 두고 있다는 사실은 이 물리학 분야에 「인간적」인 성질을 부여하는 것이다. 그러나 이것은 상대론이 우리의 선호함과 신념의 결과인 「주관적」인 물리학임을 의미하는 것은 아니다. 그것은 우리를 우리가 기술하는 세계의 부분으로서 판명하는 고유한 구속조건들에 따르고 있는 것이다. 그것은 관측된 세계 안에 위치한 관측자를 전제로 하는 물리학이다. 우리의 자연과의 대화는 오직 그것이 자연 내부로부터 이루어질 때만 성공적인 것이다.

3. 양자역학의 등장

상대론은 객관성의 고전적 개념을 바꾸어 놓았다. 하지만 그것은 고전물리학의 또 하나의 특성 — 자연에 관한 「완전한」 기술記述을 이룩하려는 야심 — 은 변하지 않은 채로 남겨 두었다. 상대론 이후에 물리학자들은 더 이상 전체 우주를 밖으로부터 관측하는 악마에게 호소할 수 없게 되었지만 그들은 아직도 아인슈타인이 주장한 대로 속이거나 주사위 놀이를 하지 않는 지고한 수학자를 생각해 볼 수는 있었다. 이 수학자는 자연에 관한 완전한 기술記述을 포함하는 우주에 관한 수식을 지니고 있을 것이다. 이러한 의미에서 상대론은 고전물리학의 연속으로 남아 있는 것이다.

그 반면에 양자역학은 진실로 과거와 단절된 최초의 물리적 이론이다. 양자역학은 우리를 자연 속에 위치하게 할 뿐만 아니라 우리를 거시적인 수의 원자들로 구성된 「무거운」 존재로서 분류하고 있다. 보편적 상수로서의 빛의 속도의 결과들을 보다 명확하게 눈에 보이게 하기 위하여 아인슈타인은 그 자신이 광자光子를 타고 있는 것을 상상하였다. 그러나 양자역학은 우리가 광자나 전자들을 타기에는 너무 무겁다는 것을 발견하였다. 우리는 도저히 그러한 공기와 같은 존재들을 대체하여 우리 자신들을 그들과 동일한 것으로 간주하고, 만일 그들이 생각할 수 있다면 그들이 생각하는 것을 기술하고, 또 만일 그들이 어떤 것이라도 느낄 수 있다면 그들이 경험하는 바를 기술할 수는 없는 것이다.

양자역학의 역사는 모든 개념적 쇄신들의 역사와 마찬가지로 복잡하며 예기치 않았던 사건들로 가득 차 있다. 그것은 논리의 역사이며 그것이 내포하는 바들은 그것이 실험에서의 긴박성과 어려운 정치적이고 문화적인 환경 속에서 상상되었던 것보다 훨씬 후에야 발견되었다.[5] 이러한 역사를 여기에서 관계시킬 수는 없다. 우리는 단지 우리의 주제인 존재로부터 생성으로 가는 다리의 건설에서 그것의 역할을 강조하고자 할 뿐이다.

양자역학의 탄생은 그 자체가 이러한 다리 건설의 한 과정이었다. 플랑크는 물체와 복사선 간의 상호작용에 흥미를 갖고 있었다. 그의 업적에 깔려있는 것은 볼츠만이 물체와 물체 간의 상호작용에 관하여 이룩한 것 — 평형상태로 이르게 되는 비가역과정들에 대한 운동모형을 발견한 것 — 과 같은 것을 성취하려는 야심이었다.[6] 놀랍게도 그는 열적인 평형상태에서 유효한 실험결과들에 도달하기 위해서는 물체와 복사 간의 에너지 교환이 오직 새로운 보편적 상수를 포함하는 불연속적인 단계들로 일어난다고 하는 것을 가정하지 않을 수 없게 되었다. 이 보편적 상수 「h」는 각 단계의 「크기」를 측정하는 것이다.

많은 다른 경우들과 마찬가지로 이 경우에도 비가역성에 대한 도전이 물리학의 결정적인 진보를 가져온 것이다.

이 발견은 아인슈타인이 플랑크의 상수에 대한 최초의 일반적인 해석을 내릴 때까지 무시된 채로 있었다. 그는 그것이 빛의 본성에 대하여 심오한 의미를 지니고 있다는 것을 이해하고 있었다. 그는 혁명적인 개념을 도입하였다 — 빛의 파동-입자 이중성이 그것이다.

19세기 초 이래로 빛은 회절이나 간섭과 같은 현상들에서 나타나는 파동의 성질들과 결부되어 있었다. 그러나 19세기 말에 이르러 새로운 현상들이 발견되었다. 특히 빛을 흡수함으로써 전자들을 내쫓는 광전효과가 그것이다. 이러한 새로운 실험결과들은 빛에 관한 종래의 파동성질들로는 설명하기가 어려운 것이었다. 아인슈타인은 빛이 **동시**에 파동과 입자가 될 수 있고 게다가 이 두 가지 양상들이 플랑크의 상수를 통하여 서로 연관되어 있다고 가정함으로써 이 수수께끼를 풀었다. 보다 정확하게 말하자면, 빛의 파동은 그 주파수 ν 와 파장 λ 에 의하여 특징지어진다. h는 주파수와 파장으로부터 에너지 ϵ 와 운동량 p 와 같은 기계적인 양들로 전환될 수 있게 해 주는 것이다. 한편으로는 ν 와 λ, 그리고 또 한편으로는 ϵ 와 p 사이의 관계들은 매우 간단하다 — $\epsilon = h\nu$ 이고, $p = h/\lambda$ 이며 모두 h 를 포함하고 있다. 20년 후에 루이 드 브로이Louis de Broglie는 이러한 파동-입자 이중성을 빛으로부터 물체에까지 확장시켰으며 이것이 양자역학의 현대적 수식화의 출발점이 되었다.

1913년에 닐스 보어Niels Bohr는 새로운 양자물리학을 원자들(그리고 후에는 분자들)의 구조와 연결시켰다. 그는 파동-입자 이중성의 결과로써 전자궤도들의 불연속적인 배열이 존재한다는 것을 보여 주었다. 원자가 들뜨게 되면 전자는 한 궤도에서 다른 궤도로 뛰어 올라간다. 바로 이 순간에 원자는 그것의 주파수가 두 궤도들의 각각에서 전자의 운동을 특징짓는 에너지들 간의 차이에 해당되는 그러한 광자를 방출하거나 흡수한다. 이러한 에너지들의 차이는 에너지를 주파수와 연관시키는 아인슈타인의 공식에 의하여 계산된다.

이리하여 물리학의 「황금시대」이며 결정적인 시기인 1925~1927년에 도달한다.[7] 이 짧은 기간 동안에 하이젠베르크, 보른Born, 조르단Jordan, 슈뢰딩거Schrödinger, 그리고 디랙Dirac은 양자물리학을 일관성 있는 새로운 이론으로 만들어 놓았다. 이 이론은 아인슈타인과 드 브로이의 파동-입자 이중성을 새로이 일반화된 형태의 동역학의 틀에 포함시키는 바로 양자역학이다. 여기서의 우리의 목적을 위해서는 양자역학의 개념적인 새로움이 필수적이다.

첫째로 가장 중요한 것은 이론적인 언어에 「양자화」를 포함시키기 위하여 고전물리학에서는 알려지지 않았던 새로운 수식화가 도입되어야만 했다. 필수적인 사실은 원자가 오직 여러 개의 전자궤도들에 해당되는 불연속적인 에너지 준위들에서만 발견될 수 있다는 것이다. 특히 이것은 에너지(또는 해밀터니안)가 더 이상 고전역학에서처럼 단지 위치와 운동량의 함수일 수 없게 된다. 그렇지 않으면 위치와 운동량에 약간 다른 값들을 부여함으로써 에너지가 연속적으로 변할 수 있게 만들 수 있다. 그러나 관측된 바에 의하면 오직 불연속적인 에너지 준위들만이 존재한다.

따라서 우리는 해밀터니안이 위치와 운동량의 함수라고 하는 종래의 생각을 어떤 새로운 것으로 대체해야만 한다. 양자역학의 기본적인 생각은 좌표 q나 또는 운동량 p와 같은 고전역학의 다른 양들과 더불어 해밀터니안도 이제 연산자operator들이 되는 것이다. 이것은 과학에 도입된 가장 용감한 생각들 중의 하나인 것이며, 우리는 이것을 자세하게 논의하고자 한다.

그것은 처음 보기에는 좀 추상적이기는 하지만 간단한 생각이다. 우리는 연산자 — 하나의 수학적 연산 — 와 그것이 작용하는 대상 — 하나의 함수 — 을 구별해야 한다. 예를 들면 수학적인 연산자로서 d/dx로 나타내는 도함수가 x^2라고 하는 함수에 작용을 한다고 하자. 이러한 연산의 결과는 새로운 함수이며 이 경우에는 「$2x$」이다. 그러나 어떤 함수들은 도함수를 구하는 데 있어서 독특한 방식으로 행동한다. 예를 들어 「e^{3X}」의 도함수는 「$3e^{3X}$」이다. 여기서는 단순히 어떤 수로 곱해진 원래의 함수로 되돌아간다. 이 경우의 그 수는 3이다. 주어진 연산자에 의하여 단지 회복되는 함수들은 이 연산자의 「고유함수」들이라고 하며 연산자가 작용하고 난 후에 그 고유함수에 곱해지는 숫자들은 그 연산자의 「고유치」들이 된다.

각 연산자에는 따라서 그것에 해당되는 수치적인 값들의 「저장소」인 하나의 집합이 존재한다. 이러한 집합은 그 연산자의 「스펙트럼」을 형성한다. 이러한 스펙트럼은 고유치들이 불연속적인 수열을 이루고 있을 때 「불연속적」인 것이 된다. 예를 들어 모든 정수들 0, 1, 2,…… 를 고유치로 갖는 연산자가 있다. 스펙트럼은 또한 연속적일 수도 있다 — 예를 들어 그것이 0과 1 사이의 모든 수들로 구성되어 있는 때이다.

양자역학의 기본적인 개념은 따라서 다음과 같이 나타내질 수 있다. 고전역학의 모든 물리적 양들에 대하여 양자역학에서는 그에 해당되는 연산자가 존재한다. 그리고 이 물리적 양에 의하여 취해질 수 있는 수치적인 값들은 그 연산자의 고유치들이다. 요점은(연산자로 나타내지는) 물리적 양의 개념이 이제(그 연산자의 고유치들로 나타내지는) 수치적인 값들과는 분명히 구분된다는 것이다. 특히 에너지는 이제 해밀터니안 연산자로 나타내질 것이며 에너지 준위들 — 관측된 에너지 값들 — 은 이 연산자에 해당되는 고유치들로 써 판명될 것이다.

연산자의 도입은 물리학에 의심할 여지없이 풍부한 미시적인 세계를 열어 주었으며 우리는 창조적인 상상력과 실험적 관찰이 너무나도 성공적으로 결합된 이 흥미진진한 주제에 보다 많은 지면을 할애할 수 없는 것을 아쉽게 생각한다. 우리는 단지 여기에서 미시적인 세계는 새로운 구조를 지닌 법칙들에 의하여 지배되며, 그로 인하여 기술記述의 모든 수준들에 공통적인 단 하나의 개념적인 방안을 발견하려는 희망이 단번에 없어져 버렸다는 것을 강조하고자 한다.

어떤 상황을 다루기 위하여 고안된 새로운 수학적 언어가 실제로는 놀라움들이 가득 찬 조사 분야들을 열어 줄 수 있으며 그것의 창안자들의 기대를 훨씬 넘어서게 된다. 고전동역학의 수식화의 뿌리를 이루고 있는 미분법의 경우에 이것은 사실이었다. 연산자 미적분법에서도 또한 사실이었다. 예기치 않았던 실험적 발견들의 결과에 의하여 요구되었던 대로 시작된 양자론도 곧 그 자체가 새로운 내용을 잉태하고 있음을 드러내었다.

양자역학에 연산자들이 도입된 후 50년도 더 지난 오늘날에도 그것들의 중요성은 아직도 활발한 논의의 주제가 되고 있다. 역사적인 관점에서 보면 연산자들의 도입은 에너지 준위들의 존재와 연결되어 있다. 하지만 오늘날에는 심지어 고전물리학에서까지도 연산자들이 적용되고 있다. 이것은 그것들의 중요성이 양자역학의 창시자들의 기대를 넘어서서 확대되었다는 것을 의미하는 것이다. 연산자들은 이제 어떤 이유에서이든 간에 동역학적 궤적의 개념과 아울러 하나의 궤적이 내포하는 결정론적인 기술記述을 포기해야만 될 때 곧 역할을 하게 된다.

4. 하이젠베르크의 불확정성 관계

우리는 양자역학에서 각각의 물리적인 양에는 함수들에 작용하는 하나의 연산자가 해당된다는 것을 보았다. 특히 중요한 것은 고려대상인 연산자에 해당되는 고유함수들과 고유치들이다. 고유치들은 정확하게 물리적인 양이 이제 가질 수 있는 수치적인 값들에 해당되는 것이다. 이제 양자역학에서 좌표 q와 운동량 p에 연관되어 있는 연산자들을 보다 자세히 살펴보자. 제2장에서 본 바와 같이 그들의 좌표들은 정준正準 변수들이다.

고전역학에서는 우리가 운동량에 부여한 값과는 매우 독립적으로 좌표에 수치적인 값을 부여할 수 있다는 의미에서 좌표와 운동량은 서로 독립적이다. 하지만 플랑크의 상수 h의 존재는 독립적 변수들의 수가 감소한다는 것을 내포하고 있다. 우리는 이것을 이미 본 바와 같이 파장과 운동량을 연결시키는 아인슈타인-드 브로이 관계식인 $\lambda = h/p$ 로부터 곧 추측할 수 있었다. 플랑크의 상수 h는 (좌표들의 개념과 밀접하게 관련되어 있는) 길이와 운동량 사이의 관계를 나타내는 것이다. 그러므로 위치와 운동량은 더 이상 고전역학에서와 같이 서로 독립적인 변수들이 될 수 없는 것이다. 위치와 운동량에 해당되는 연산자들은 양자역학을 다루고 있는 모든 교과서들에서 설명되어 있는 것처럼 좌표들만으로 또는 운동량들만으로 표현될 수 있다.

중요한 점은 모든 경우에 있어서 오직 한 가지 (좌표나 또는 운동량) 형태의 양만이 나타나며 두 가지가 동시에는 나타나지 않는다는 것이다. 이러한 의미에서 우리는 양자역학이 고전역학적인 변수들의 수를 반으로 줄인다고 말할 수 있다.

근본적인 성질 한 가지가 양자역학에서 연산자들 간의 관계로부터 연유된다. 두 개의 연산자들인 q_{op} 와 p_{op} 는 서로 교환되지 않는다 — 같은 함수에 적용된 $q_{op}p_{op}$ 의 결과와 $p_{op}q_{op}$ 의 결과는 서로 다르다. 이것은 매우 심오한 의미를 지닌다. 왜냐하면 오직 서로 교환되는 연산자들만이 공통의 고유함수들을 갖기 때문이다. 따라서 우리는 좌표와 운동량 모두의 고유함수가 되는 함수를 찾아낼 수 없다. 양자역학에서의 좌표와 운동량에 대한 연산자들의 정의의 결과로써 물리적인 양들인, 좌표 q와 운동량 p가 모두 잘 정의된 값들을 갖게 되는 그러한 상태는 존재할 수 없게 된다. 고전역학에서는 알려지지 않았던 이러한 상황이 하이젠베르크의 유명한 불확정성 관계들에 의하여 표현된다. 우리는 좌표와 운동량을 측정할 수 있다. 그러나 $\triangle q$, $\triangle p$로 나타내는 각각의 가능한 기대치들의 분산들은 하이젠베르크의 부등식인 $\triangle q \triangle p \geq h$ 에 의하여 연관되어 있다. 우리는 $\triangle q$ 를 우리가 원하는 만큼 작게 만들 수 있지만 그러면 $\triangle p$ 가 무한히 커지며 그 역도 성립한다.

하이젠베르크의 불확정성 관계들에 관해서는 많은 것이 씌어졌으며 우리의 논의가 극도로 단순화되었다는 것은 인정한다. 그러나 우리는 독자들에게 연산자들의 사용으로부터 논의가 연유된 새로운 문제에 관하여 이해하도록 하고자 한다. 하이젠베르크의 불확정성 관계는 필연적으로 인과율의 개념의 수정에 이르게 한다. 좌표를 정확하게 결정하는 것은 가능하다. 그러나 우리가 그렇게 하는 순간 운동량은 양이든 음이든 간에 임의의 값을 갖게 될 것이다. 다시 말하면 대상물의 위치는 순간적으로, 임의로 멀리 떨어지게 될 것이다. 국지화의 의미는 흐릿해질 것이다. 고전역학의 근거를 이루는 개념들이 심각하게 바뀌는 것이다.

양자역학의 이러한 결과들은 아인슈타인을 포함한 많은 물리학자들에게는 받아들일 수 없는 것들이었다. 그리고 그러한 것들의 허황됨을 보여 주기 위한 많은 실험들이 고안되었다. 또한 관련된 개념적인 변화를 극소화시키려는 시도도 이루어졌다. 특히 양자역학의 토대가 어떤 방식으로든지 관측과정으로부터 연유한 교란들과 관련된 것이라고 추측되었다. 하나의 계는 좌표들과 운동량들과 같이 고유하게 잘 정의된 기계적인 매개변수들을 지니고 있는 것으로 생각되었다. 그러나 그들 중의 어떤 것들은 측정에 의하여 흐릿해지며 하이젠베르크의 불확정성 관계는 단지 측정과정에서 생긴 교란을 표현한다는 것이다. 고전적인 실재론은 따라서 근본적인 수준에서는 손상되지 않은 채로 남아 있게 되며, 우리는 그저 단순히 실증론적인 자질만을 추가하면 될 것이다. 이러한 해석은 너무 편협한 것으로 보인다. 결과들을 교란시키는 것은 양자론적인 측정과정이 아니다. 그것과는 전혀 상관이 없다. 플랑크의 상수는 우리로 하여금 좌표와 운동량에 대한 우리의 개념을 수정하도록 강요하는 것이다. 이러한 결론은 고전적 결정론을 회복시키기 위하여 도입된 국지적인 숨은 변수들에 관한 가정을 시험하기 위하여 고안된 최근의 실험들에 의하여 확인되었다.[8] 그와 같은 실험들의 결과는 양자역학의 놀라운 결과들을 확인해 주고 있다.

양자역학이 우리로 하여금 어떤 대상의 국지화에 대하여 보다 덜 절대적으로 이야기하도록 한다는 것은 닐스 보어가 자주 강조한 바와 같이 우리가 고전물리학의 실재론을 포기해야만 한다는 것이다. 보어에게는 플랑크의 상수가 하나의 양자계와 측정장치 사이의 상호작용을 분해할 수 없는 것으로 정의하는 것이었다. 우리가 수치적인 값들을 부여할 수 있는 것은 오직 측정과의 상호작용을 포함한 전체로서의 양자론적인 현상뿐인 것이다. 따라서 모든 기술記述은 측정장치의 선택 — 묻는 질문의 선택 — 을 내포하고 있다. 이러한 의미에서 측정의 결과인 대답은 우리에게 주어진 실재에 접근하게 하지는 않는다. 우리는 어떠한 측정을 우리가 할 것이며 우리의 실험들이 계에게 어떤 질문을 할 것인가 하는 것을 결정해야만 한다. 따라서 하나의 계에는 줄일 수 없는 표현들의 다중성이 존재하며 각각은 정해진 연산자들의 집합과 연결되어 있다.

이것은 객관성에 관한 고전적인 개념으로부터 멀어짐을 의미한다. 왜냐하면 고전적인 관점에서는 유일한 「객관적」인 기술記述이란 어떻게 관측되었는가 하는 선택에는 관계없이 있는 그대로의 계에 대한 완전한 기술記述이기 때문이다.

보어는 항상 측정을 통하여 도입된 긍정적인 선택의 새로움을 강조하였다. 물리학자는 그의 언어를 선택해야 하고 거시적인 실험장치를 선택해야만 한다. 보어는 이러한 생각을 하이젠베르크의 불확정성 관계들의 확장이라고 생각될 수 있는 상보성相補性 원리를 통하여 표현하였다.[9] 우리는 좌표나 또는 운동량을 측정할 수 있지만 두 가지를 모두 측정할 수는 없다. 잘 정의된 값을 부여할 수 있는 변수들을 표현하는 어떠한 하나의 이론적 언어라도 계의 물리적 내용을 모두 밝혀낼 수는 없는 것이다. 계에 관한 여러 가지의 가능한 언어들과 관점들은 서로 상보적일 수 있는 것이다. 그것들은 모두 똑같은 실재를 다루고 있지만 그들을 단 한 가지의 기술記述로 간추리는 것은 불가능한 것이다. 똑같은 실재에 대한 전망들의 줄일 수 없는 복수성은 실재의 전부를 볼 수 있는 신神적인 관점이 불가능하다는 것을 나타내고 있다. 그러나 상보성 원리의 교훈은 체념적인 교훈은 아니다. 보어는 양자역학의 의미가 언제나 그를 어지럽게 한다고 말하였으며 사실상 우리는 상식의 편안한 상궤로부터 떼어질 때 어지럽게 느끼게 된다.

상보성 원리로부터 배우는 진정한 교훈은 아마도 다른 지식의 분야들에도 전달될 수 있는 교훈으로서 어떤 단 한 가지의 언어나 또는 단 한 가지의 논리적 구조로 기술하기에는 넘쳐흐르는 실재의 풍부함을 강조하는 것으로 되어 있다. 각 언어는 오직 실재의 한 부분만을 표현할 수 있다. 예를 들어 음악은 바흐로부터 쇤베르크에 이르기까지, 그것의 구현들의 어떤 것이나 작곡의 어떠한 양식에 의해서도 완전히 끝나 버리지는 않았다.

우리는 연산자들의 중요성을 강조해 왔다. 왜냐하면 그것들은 물리학에 의하여 연구되는 실재도 또한 머릿속에서 이루어진 것임을 보여 주기 때문이다. 실재는 그저 주어진 것은 아니다. 우리는 수학적으로 연산자들에 의하여 나타내지는 좌표나 운동량의 추상적인 개념과 실험을 통하여 이루어질 수 있는 그것들의 수치적인 구현과를 구별해야만 한다. 「두 문화들」 간의 대립의 이유들 중의 하나는 문학이 실재의 개념화인 「소설」에 해당되고, 그 반면에 과학은 객관적인 「실재」를 표현하는 것이라는 믿음 때문이었던 것 같다. 양자역학은 상황이 그리 단순하지 않다는 것을 우리에게 가르쳐 주고 있다. 모든 수준에서 실재는 개념화의 필수적인 요소를 내포하고 있는 것이다.

5. 양자계들의 시간적 진화

이제 양자계들의 시간적 진화에 관하여 논의하려고 한다. 고전역학에서와 같이 해밀터니안이 근본적인 역할을 한다. 이미 우리가 본 바와 같이 양자역학에서는 그것이 해밀터니안 연산자 H_{op} 로 대체된다. 이 에너지 연산자는 핵심적인 역할을 하고 있다. 한편으로는 그것의 고유치들은 에너지 준위들에 해당되고 또 한편으로는 고전역학에서와 같이 해밀터니안 연산자는 거의 시간적인 진화를 결정한다. 양자역학에서는 고전역학의 정준방정식이 담당하던 역할을 슈뢰딩거 방정식이 담당하고 있다. 그것은 연산자 H_{op}를 파동함수 ψ에 적용시킨 결과로써 양자상태를 특징짓는 함수의 시간적 진화를 나타내고 있다(물론 이 밖에도 우리가 여기서 기술할 수 없는 다른 수식화 방법들이 있다). 「파동함수」라는 말은 모든 양자물리학에서 너무나 근본적인 파동-입자 이중성을 다시 한 번 강조하기 위하여 선택된 것이다. ψ는 **파동진폭**으로서 해밀터니안에 의하여 결정되는 특별한 형태의 방정식에 따라 진화하는 것이다. 고전물리학의 정준방정식과 마찬가지로 슈뢰딩거 방정식은 **가역적**이고 **결정론적**인 진화를 나타내고 있다. 파동함수의 가역적인 변화는 궤적을 따라가는 가역적인 운동에 해당된다. 만일 주어진 순간에 파동함수가 알려져 있으면 슈뢰딩거 방정식은 어떤 과거나 미래의 순간에서도 그것을 계산할 수 있도록 한다. 이러한 관점에서 보면 상황은 고전역학에서와 같이 엄격히 유사한 것이다. 이것은 양자역학의 불확정성 관계들이 시간을 포함하고 있지 않기 때문이다. 시간은 연산자가 아닌 숫자로 남아 있으며 오직 연산자들만이 하이젠베르크의 불확정성 관계들에 나타날 수 있다.

양자역학은 고전역학의 변수들 중 오직 그 절반만을 다루고 있다. 그 결과 고전적인 결정론은 적용될 수 없게 되며 양자물리학에서는 통계적인 고찰이 핵심적인 역할을 한다. 우리가 통계적인 고찰과 접하게 되는 것은(진폭의 제곱인) 파동의 강도強度인 ψ^2 을 통해서이다.

양자역학에 대한 표준적인 통계적 해석은 다음과 같다. 어떤 연산자 — 예를 들어, 에너지 연산자인 H_{op} — 의 고유함수들과 해당되는 고유치들을 생각해 보자. 일반적으로는 파동함수 ψ가 에너지 연산자의 고유함수가 아닐 것이다. 그러나 그것은 이들 고유함수들의 중첩으로써 나타내질 수 있다. 이러한 중첩에서 각 고유함수의 각각의 중요성은 우리로 하여금 여러 가지의 가능한 해당 고유치들이 나타나는 확률을 계산할 수 있게끔 한다.

여기서 우리는 다시금 고전이론으로부터 근본적으로 멀어짐을 주목하게 된다. 단독적인 사건들이 아니라 오직 확률만이 예측될 수 있다는 것이다. 이것은 과학의 역사에서 확률이 자연의 어떤 기본적 양상들을 설명하기 위하여 사용된 두 번째의 것이다. 첫 번째는 엔트로피에 관한 볼츠만의 해석이었다. 하지만 그때에는 주관적인 관점이 유지될 수 있었다. 이 견해에 의하면, 고려대상의 계들의 복잡성에 직면했을 때 「오직」 우리의 무지만이 완전한 기술記述을 하지 못하게 한다는 것이다(오늘날에는 이러한 태도를 극복할 수 있다는 것을 보게 될 것이다). 이전과 마찬가지로 여기서도 확률의 사용은 「완전한」 결정론적인 기술記述을 달성하고자 하는 많은 물리학자들 — 아인슈타인을 포함해서 — 에게 받아들여질 수 없는 것이었다. 비가역성에서와 똑같이 우리의 무지로 돌리는 것이 벗어날 수 있는 길로 여겨졌다. 우리의 부적당함이 비가역성을 가져온 것과 똑같이 그것이 양자세계의 통계적인 행동을 가져온다는 것이었다.

다시 한 번 우리는 숨은 변수들에 관한 문제에 접하게 된다. 그러나 우리가 이미 말한 바와 같이 그러한 변수들을 도입하는 것을 정당화시킬 수 있는 실험적 증거가 없었으며 확률의 역할은 줄일 수 없는 것으로 여겨진다.

슈뢰딩거 방정식이 결정론적인 예측에 이르게 하는 유일한 경우가 있다. 그것은 ψ가 고유함수들의 중첩인 대신에 단 한 가지로 간추려질 때이다. 특히 이상적인 측정과정에서 계는 주어진 측정의 결과가 예측될 수 있도록 준비될 수 있다. 그러면 우리는 계가 해당되는 고유함수로 기술될 수 있음을 알게 된다. 그것으로부터 계는 측정의 결과에 의하여 나타내지는 고유상태에 있다고 확실하게 기술될 수 있다.

양자역학에서의 측정과정은 오늘날 상당한 흥미를 끌고 있는 특별한 중요성을 지니고 있다. 만일 우리가 실제로 고유함수들의 중첩인 파동함수로부터 시작한다고 하자. 모두 똑같은 파동함수로 나타내지는 계들의 이러한 단 하나의 집합은 측정과정의 결과로 인하여 측정될 수 있는 여러 가지의 고유치들에 해당되는 파동함수들의 집합으로 대체된다. 기술적技術的으로 말하자면 하나의 측정이 단 하나의 파동함수(「순수한」 상태)로부터 혼합물에 이르게 하는 것이다.

보어와 로젠펠트가 반복하여 지적한 바와 같이[10)]모든 측정은 어느 것이나 「자료」의 기록에 해당되는 화학적 과정들과 같은 비가역현상들에 수반되는 **비가역성**의 요소를 포함하고 있다. 기록은 증폭을 수반하며 이로 인하여 미시적인 사건은 거시적인 수준 — 우리가 측정기기들을 읽을 수 있는 수준 — 에 효과를 발생시킨다. 따라서 측정은 비가역성을 미리 가정하는 것이다.

어떤 의미에서 이것은 고전물리학에서는 이미 사실이었다. 그러나 측정의 비가역적 특성은 그것이 양자역학의 수식화의 수준에서 문제점을 제기하므로 양자역학에서 더욱 절실한 것이다.

이 문제에 대한 보통의 접근방식은 양자역학에서는 서로 간추려질 수 없는 과정들의 공존을 가정하지 않을 수 없다는 것이다. 그 과정들은 슈뢰딩거 방정식에 의하여 기술되는 가역적이고 연속적인 진화와 측정 시에 파동함수를 그것의 고유함수들 중의 하나로 비가역적이고 불연속적으로 간추리는 것이다. 따라서 가역적인 슈뢰딩거 방정식은 오직 그것이 **정의에 의하여** 기술할 수 없는 비가역적 측정들에 의해서만 시험될 수 있다는 역설에 부딪치게 된다. 따라서 양자역학은 닫혀진 구조를 이룰 수가 없는 것이다.

이러한 난관에 봉착하여 어떤 물리학자들은 우리가 — 우리의 측정과, 심지어 어떤 학자들에게는, 우리의 영혼이 — 자연적이고 「객관적」인 가역성의 법칙을 파괴하는 계의 진화를 결정한다고 말함으로써 다시 한 번 주관론에서 도피처를 찾게 되었다.[11] 다른 사람들은 슈뢰딩거의 방정식이 「완전한」 것이 아니며 측정의 비가역성을 설명하기 위해서는 새로운 항들이 추가되어야 한다고 결론을 내렸다. 또한 에버렛Everett의 다세계 가정과 같은(주8의 데스파냐d'Espagnat를 보라) 더욱 있을성싶지 않은 다른 「해결책」들이 제안되었다. 그러나 우리에게는 양자역학에서의 가역성과 비가역성의 공존은 동적인 세계가 자체로서 충족한 것으로 기술하는 고전적 이상화가 미시적 수준에서는 불가능하다는 것을 보여 주는 것이다. 이것이 바로 보어가 양자계를 기술하는 데 우리가 사용한 언어는 「우리의 측정기기들의 기능을 기술하는 거시적인 개념으로부터 분리될 수 없다」고 지적하였을 때 그가 의미한 것이다. 슈뢰딩거의 방정식은 실재의 따로 떨어진 수준을 기술하는 것이 아니라 오히려 그것은 우리가 속해 있는 거시적인 세계를 미리 가정하고 있는 것이다.

따라서 양자역학에서의 측정에 관한 문제는 이 책에서 다루고 있는 문제들 중의 하나의 양상 — 해밀턴의 궤적들과 슈뢰딩거 방정식에 의하여 기술되는 단순한 세계와 비가역과정들의 복잡한 거시적 세계와의 연결 — 인 것이다.

제9장에서 우리는 궤적의 개념에 관련된 이상화가 부적당해질 때 비가역성이 고전물리학에 도입된다는 것을 보게 될 것이다. 양자역학에서의 측정에 관한 문제는 똑같은 형태의 해결책에 의하여 쉽게 영향을 받을 수 있다.[12] 실제로 파동함수는 양자계에 관한 최대의 지식을 나타내고 있다. 고전물리학에서와 같이 이러한 최대의 지식의 대상은 가역적인 진화방정식을 만족시킨다. 두 경우들 모두에서 비가역성은 최대지식에 해당되는 이상적인 대상이 보다 덜 이상화된 개념들로 대체되어야만 할 때 도입되는 것이다. 그러나 이러한 일이 언제 일어나는가? 이것은 우리가 제9장에서 다루게 될 비가역성의 물리적 기구들에 관한 문제이다. 하지만 우선은 현대과학의 부흥에 관한 또 다른 양상들을 요약해 보기로 한다.

6. 비평형상태의 우주

이 장에서 기술된 두 가지의 과학적 혁명들은 고전역학의 틀에 보편적 상수들인 c와 h를 포함시키려는 시도로서 시작되었다. 이것은 멀리까지 미치는 결과들에 이르게 하였으며 그들 중의 일부는 여기에서 우리가 기술한 바 있다. 또 다른 전망으로부터 보면 상대론과 양자역학은 뉴턴의 역학에서 표현된 기본적인 세계관에 집착하는 것으로 보여지기도 한다. 이것은 특히 시간의 역할과 의미에 관해서 사실이다. 양자역학에서는 일단 0의 시간에 파동함수가 알려지면 미래와 과거 모두에 대한 그것의 값 $\psi(t)$ 는 결정되는 것이다. 마찬가지로 상대성이론에서는 시간의 **정적인** 기하학적 특성이 4차원적 부호(3차원은 공간에 대한 것이고 1차원은 시간에 대한 것이다)의 사용에 의하여 흔히 강조되고 있다. 1908년에 민코프스키Minkowski가 간결하게 표현한 바에 의하면「공간과 시간은 각각 단독적으로는 단지 어둠 속으로 사라져 버리도록 되어 있으며 이 두 가지의 어떤 종류의 결합만이 독립적인 실재를 유지할 것이다…… 오직 세계만이 본질적으로 살아남을 것이다.」[13)]

그러나 지나간 50년 동안 이 상황은 급격하게 바뀌었다. 양자역학은 소립자들과 그들의 변환을 다루는 주요 연장이 되었다. 지난 수년간에 나타난 엄청난 종류의 소립자들을 기술하는 것은 이 책의 범주를 넘는 것이다.

우리는 단지 양자역학과 상대론을 모두 이용하여 디랙이 질량 m 과 전하 e 를 지닌 각 입자에 대하여 같은 질량과 반대 전하를 지닌 반反입자가 존재해야만 한다는 것을 보여 주었음을 환기시키고자 할 뿐이다. 전자의 반입자인 양전자와 반양성자들은 최근에 고에너지의 가속기들에 의하여 생산되고 있다. 반反물체는 입자물리학의 일상적인 연구과제가 되어 버렸다. 입자들과 이들에 해당되는 반입자들은 그들이 충돌할 때 서로 소멸되며 이때 빛에 해당되는 질량이 없는 입자들인 광자들을 생산한다. 양자론의 방정식들은 입자－반입자 교환에 관하여 대칭적이다. 또는 보다 정확하게 말하자면, 그들은 CPT대칭성(전하·반전성·시간에 대한 대칭성)으로 알려진 보다 약한 요구조건에 대하여 대칭적이다. 이러한 대칭성에도 불구하고 우리 주변의 세계에서는 입자들과 반입자들 간에 놀라운 **비대칭성**이 존재한다. 우리는 입자들(전자들, 양성자들)로 이루어졌지만 반입자들은 희귀한 실험실에서의 제품으로 남아 있다. 만일 입자들과 반입자들이 똑같은 양으로 공존하고 있다면 모든 물체는 소멸될 것이다. 우리의 은하계에는 반물체가 존재하지 않는다는 강력한 증거가 있으나 멀리 떨어진 은하계들에 그것이 존재할 가능성은 배제될 수 없는 것이다. 우리는 우주에서 입자들과 반입자들을 분리시켜 반입자들을 어디엔가 숨기는 어떤 기구를 상상할 수 있다. 하지만 그것보다는 물체가 반물체를 완전히 지배하는 「비대칭적」인 우주에 우리가 살고 있다는 것이 보다 그럴듯한 것으로 보인다.

어떻게 이것이 가능한 것인가? 이러한 상황을 설명하는 모형이 1966년에 사하로프Sakharov에 의하여 제안되었으며 오늘날 많은 연구가 이 방향으로 진행되고 있다.[14)] 이 모형의 한 필수적인 요소는 물체의 생성 시에 우주가 **비평형상태의 조건들**하에 있어야만 한다는 것이다. 왜냐하면 평형상태에서는 제5장에서 논의한 질량작용의 법칙이 똑같은 양의 물체와 반물체를 필요로 하였을 것이기 때문이다.

우리가 여기서 강조하고자 하는 것은 비평형상태가 이제 새로운 우주론적인 차원을 얻게 되었다는 것이다. 비평형상태가 없이는 그리고 그것에 연결된 비가역과정들이 없이는 우주는 완전히 다른 구조를 가졌을 것이다. 상당한 양의 물체는 어디에도 없었을 것이며 오직 반물체보다 국지적으로 약간 많은 요동치는 물체 또는 그 반대의 경우만이 존재하였을 것이다.

보편적 상수인 h의 존재를 설명하기 위하여 수정된 기계론적인 이론으로부터 양자론은 소립자들의 상호변환에 관한 이론으로 진화하였다. 「소립자들에 관한 통일이론」을 수식화하려는 최근의 시도들에서는 심지어 양성자를 포함하여 물체의 모든 입자들이 불안정하다고 추측되기까지 하였다(하지만 양성자의 수명이 10^{30}년 정도로 엄청난 것이 되어야 한다). 운동의 과학인 역학은 기술記述의 근본적인 수준에 해당되는 대신에 단지 근사적인 방법이 되고 있으며 오직 양성자와 같은 소립자들의 긴 수명 때문에 유용할 뿐인 것이다.

상대성이론도 똑같은 변환을 겪어 왔다. 이미 우리가 언급한 바와 같이 그것은 시간이 없는 양상들을 크게 강조하기 위한 기하학적 이론으로서 시작되었다. 오늘날 그것은 우주의 열적인 역사를 조사하는 데 그리고 현재의 우주의 구조에 이르게 한 기구들에 관한 단서들을 마련하는 데 있어서 중요한 수단이다. 시간에 관한 문제 — 비가역성에 관한 문제 — 는 따라서 새로운 긴박성을 띠게 되었다. 그것은 이러한 문제가 처음으로 수식화되었던 공학 분야나 응용화학 분야로부터 소립자에서 우주론에 이르는 물리학 전반에 퍼져 나아갔다.

이 책의 전망으로부터 볼 때, 양자 역학의 중요성은 그것이 미시적인 물리학에 확률을 도입시켰다는 데 있는 것이다. 이것은 제5장에서 논의한 바와 같이 화학반응들을 기술하는 확률적 과정들과 혼동되어서는 안 되겠다. 양자역학에서는 파동함수가 측정과정에서를 제외하고는 결정론적인 방식으로 진화된다.

우리는 양자역학의 수식화 이래 50년 동안 비평형상태의 과정들에 관한 연구가 확률적 요소인 요동이 미시적인 축척에서까지도 중요하다는 것을 밝혀내었음을 보아 왔다. 우리는 이 책에서 오늘날 진행되고 있는 물리학의 재개념화가 결정론적이고 가역적인 과정들로부터 확률적이고 비가역적인 과정들에 이르게 한다는 것을 누차 강조해 왔다. 우리는 이러한 과정에서 양자역학이 일종의 중간적인 위치를 차지하고 있다고 믿는다. 양자역학에서는 확률은 나타나지만 비가역성은 나타나지 않는다. 우리는 이 다음 단계가 미시적인 수준에서 근본적인 비가역성을 도입하는 것이라고 기대하며, 제9장에서 이것에 관한 이유들을 제시할 것이다. 숨은 변수들이나 그 밖의 다른 방법들을 통하여 고전적인 정통성을 회복시키려는 시도들과는 대조적으로 우리는 자연에 관한 결정론적인 기술記述로부터 더욱 멀어져서 통계적이고 확률적인 기술記述을 받아들이는 것이 필요하다고 주장할 것이다.

7장 註

1. A. N. WHITEHEAD, *Science and the Modern World*, p. 186.
2. *The Philosophy of Rudolf Carnap*, ed. P. A. SCHILPP (Cambridge : Cambridge University Press, 1963).
3. J. FRASER, "The Principle of Temporal Levels : A Framework for the Dialogue?" communication at the conference *Scientific Concepts of Time in Humanistic and Social Perspectives* (Bellagio, July 1981).
4. 이 점에 관하여는 S. BRUSH, *Statistical Physics and Irreversible Processes*, esp. pp. 616-25 를 보라.
5. 포이어(Feuer) 는 보어의 어린 시절의 문화적 배경이 어떻게 그가 원자의 비기계론적 모형을 찾아내려는 결심을 하는 데 도움이 되었는가 하는 것을 상당히 신빙성 있게 보여 준 바 있다. *Einstein and the Generation of Science* (New York : Basic Books, 1974), 또한 W. HEISENBERG, *Physics and Beyond* (New York : Harper & Row, 1971) and D. SERWER, "Unmechanischer Zwang ; Pauli, Heisenberg and the Rejection of the Mechanical Atom 1923-1925," *Historical Studies in the Physical Sciences*, Vol. 8 (1977), pp. 189-256 을 보라.
6. *Black-Body Theory and the Quantum Discontinuity*, 1984-1912 (Oxford : Clarendon Press and New York : Oxford University Press, 1978) 에서 토머스 쿤은 플랑크가 볼츠만의 비가역성에 관한 통계적인 처리방법을 그 자신의 연구에서 얼마나 가깝게 따르고 있는가 하는 것을 훌륭하게 보여 준 바 있다.
7. J. MEHRA and H. RECHENBERG, *The Historical Development of Quantum Theory*, Vols. 1-4 (New York : Springer Verlag, 1982).
8. 양자역학에서 숨겨진 변수들에 관하여 최근에 고안된 실험적인 시험들의 개념적 골격에 관하여는 B. D'ESPAGNAT, *Conceptual Foundations of Quantum Mechanics*, 2nd aug. ed. (Reading, Mass. : Benjamin, 1976) 를 보라. 또한 B. D'ESPAGNAT, "The Quantum Theory and Reality," *Scientific American*, Vol. 241(1979), pp. 128-40 을 보라.
9. 상보성 원리에 관하여는 B. D'ESPAGNAT, op. cit. ; M. JAMMER, *The Philosophy of Quantum Mechanics* (New York : John Wiley & Sons, 1974) 와 A. PETERSEN, *Quantum Mechanics and the Philosophical Tradition* (Cambridge, Mass. : MIT Press, 1968). C. GEORGE and I. PRIGOGINE, "Coherence and Randomness in Quantum Theory," *Physica*, Vol. 99A (1979), pp. 369-82 를 보라.
10. L. ROSENFELD, "The Measuring Process in Quantum Mechanics," *Supplement*

of the Progress of Theoretical Physics (1965), p. 222.

11. 그것들(슈뢰딩거의 고양이, 위그너의 친구, 다중적인 우주들) 모두가 닫힌 객관적 이론에 관한 생각을(이번에는 슈뢰딩거 방정식으로 위장된) 불사조와 같이 다시 되살려 내기 때문에 고전적인 생각을 지닌 사람에게는 진실로 악몽과 같은 것들이라고 말할 수 있는 그러한 양자역학의 역설들에 관하여는 데스파냐(d'Espagnat)와 재머(Jammer)의 저서들을 보라.
12. B. MISRA, I. PRIGOGINE, and M. COURBAGE, "Lyapounov Variable ; Entropy and Measurement in Quantum Mechanics," *Proceedings of the National Academy of Sciences*, Vol. 76 (1979), pp. 4786-72. I. PRIGOGINE and C. GEORGE, "The Second Law as a Selection Principle : The Microscopic Theory of Dissipative Processes in Quantum Systems," to appear in *Proceedings of the National Academy of Sciences*. Vol. 80 (1983) pp. 4590-94.
13. H. MINKOWSKI, "Space and Time," *The Principles of Relativity* (New York : Dover Publications, 1923).
14. A. D. SAKHAROV, *Pisma Zh. Eksp. Teor. Fiz.*, Vol. 5, No. 23 (1967).

8장

학설들 간의 충돌

1. 확률과 비가역성

우리는 거의 어느 곳에서나 물리학자가 그의 과학으로부터 일방적인 시간의 사용을 축출해 왔음을 보게 될 것이다. 이것은 마치 이러한 생각이 물리학의 이상들과는 낯선 신인동형동성설神人同形同性說적인 요소를 도입하는 것으로 인식되었기 때문인 것 같다. 그럼에도 불구하고 몇 가지 중요한 경우들에서는 한 방향의 시간과 한 방향의 인과율이 도입되었다. 그러나 그것은 언제나 이제 우리가 보여 주려는 바와 같이 어떤 그릇된 학설을 위한 것이었다.

— 루이스(G. N. Lewis[1])

엔트로피가 언제나 증가한다는 법칙 — 열역학 제2법칙 — 은 내 생각으로는 자연에 관한 법칙들 중에서 가장 높은 위치를 차지하고 있다. 만일 누가 당신에게 우주에 관한 당신의 소중한 이론이 맥스웰의 방정식들과 어긋난다고 지적한다면 — 그것은 그런대로 맥스웰 방정식들로서는 더욱 불행한 일이다. 만일 그것이 관측에 의하여 모순된다는 것이 밝혀지면 — 에... 이들 실험가들이 때로는 일을 망칠 수도 있지 하면 된다. 그러나 당신의 이론이 열역학 제2법칙에 어긋난다는 것이 밝혀진다면, 나는 당신에게 아무런 희망도 줄 수 없다. 그저 심한 수모를 당할 수밖에 없다.

— 에딩턴(A. S. Eddington[2])

열역학 제2법칙에 대한 클라우지우스의 수식화와 더불어 열역학과 동역학 사이의 충돌은 명백한 것이 되었다. 물리학에서 열역학과 동역학 간의 관계보다 더 자주 그리고 더 활발히 논의되었던 문제는 거의 없었다. 클라우지우스 이후 150년이 지난 오늘날에도 이 문제는 격한 감정들을 불러일으키고 있다. 아무도 실재와 시간의 의미를 포함하고 있는 이 논쟁에서 중립적인 견해를 유지할 수 없는 것이다. 현대과학의 어머니인 동역학이 어떤 형태의 열역학으로 인하여 포기되어야만 하는가? 그것이 19세기에 커다란 영향을 미쳤던 「에너지론자」들의 견해였다. 뉴턴과 그의 후계자들에 의하여 세워진 견고한 구조를 포기함이 없이 제2법칙을 보상하며 동역학을 「구제」하는 방법이 있는가? 동역학에 의하여 기술되는 세계에서 엔트로피가 어떤 역할을 할 수 있는가?

우리는 이미 볼츠만이 제시한 해답을 언급한 바 있다. 볼츠만의 유명한 방정식 $S = k \log P$ 가 엔트로피와 확률을 관련시키고 있다. 엔트로피는 확률이 커지기 때문에 커지는 것이다. 우리는 이러한 전망에서는 제2법칙이 실질적으로는 매우 중요하지만 근본적인 중요성은 지니고 있지 않게 된다는 것을 곧바로 강조하고자 한다. 마틴 가드너Martin Gardner는 그의 훌륭한 저서인 《양수잡이의 우주(*The Ambidextrous Universe*)》에서 다음과 같이 적고 있다. 「어떤 사건들은 오직 한 방향으로만 진행된다. 이것은 그들이 다른 방향으로 진행될 수 없기 때문이 아니라 뒤로 돌아가는 것이 극도로 있을 성싶지 않기 때문이다.」[3] 점점 더 있을 성싶지 않은 사건들을 측정할 수 있는 우리의 능력을 개선함으로써 우리는 제2법칙이 우리가 원하는 만큼 작은 역할을 하게 되는 상황에 도달할 수 있을 것이다. 이것이 오늘날 흔히 택해지는 견해이다. 하지만 이것은 플랑크의 견해는 아니었다.

> 제2법칙의 유효성이 어떤 방식으로든지 물리학자나 화학자의 관측 또는 실험 솜씨에 의존된다고 가정하는 것은 우스꽝스러운 것이다. 제2법칙의 골자

> 는 실험과는 아무런 상관도 없다. 제2법칙은 요약해서 말하자면 **자연에는 모든 자연적 과정들에서와 똑같은 의미에서 언제나 변하는 양이 존재한**다고 주장하는 것이다. 이러한 일반적인 형태로 나타내진 제안은 옳을 수도 있고 그를 수도 있다. 하지만 어느 쪽이든 간에 그것은 그런대로 유지될 것이며, 지구상에 사고하고 측정하는 존재들이 존재하는가 또는 존재하지 않는가 하는 것에는 무관한 것이다. 또한 그들이 존재한다고 가정한다 하여도 그들이 물리적 또는 화학적 과정들의 세부상황을 우리가 할 수 있는 것보다 더 정확하게 한 자리, 두 자리 또는 백 자리까지 측정할 수 있는가 또는 없는가 하는 것에도 무관한 것이다. 제2법칙의 한계점은, 만일 그런 것이 있다면, 그것의 필수적인 생각과 똑같은 영역인 관측된 자연에 있어야만 하는 것이지 관측자에게 있어서는 안 된다는 것이다. 제2법칙의 추론에서 사람의 경험이 환기되었다는 것은 아무런 의미도 없는 것이다. 그것은 사실상 자연법칙의 지식에 도달하는 우리의 유일한 방법이기 때문이다.[4)]

그러나 플랑크의 견해는 소외된 채로 있었다. 우리가 지적한 바와 같이 대부분의 과학자들은 제2법칙을 근사에 의한 것이며 물리학의 정확한 세계에 주관적인 견해가 끼어든 결과라고 생각하였다. 예를 들면 보른Born은 그의 유명한 문장에서 「비가역성은 물리학의 기본적 법칙들에 무지를 도입한 효과이다.」라고 말하였다.[5)]

이 장에서 우리는 제2법칙의 해석의 발전에서 몇 가지의 기본적인 단계들을 기술하고자 한다. 우리는 우선 이 문제가 어째서 그렇게 어려운 것으로 보였는가 하는 것을 이해해야만 한다. 제9장에서 우리는 계속하여 새로운 접근방식을 제시할 것이며, 우리는 이것이 제2법칙의 급격한 독창성과 객관적 의미를 동시에 명확하게 표현해 줄 것을 바라고 있다. 우리의 결론은 플랑크의 견해와 일치할 것이다. 우리는 제2법칙이 동역학의 견고한 구조를 파괴하기는커녕 그것에 새로운 필수적인 요소를 추가한다는 것을 보일 것이다.

우리는 우선 볼츠만이 확률과 엔트로피를 연관시킨 것을 명확히 하고자 한다. 에른페스트 부부P. and T. Ehrenfest에 의하여 제안된 「항아리 모형urn model」을 기술함으로써 시작해 보자.[6] N개의 대상물(예를 들어 공이라 하자)이 두 개의 그릇 A와 B에 분포되어 있다고 하자. 규칙적인 시간 간격마다(예를 들어 1초마다) 한쪽 그릇에서 한 개의 공을 멋대로 선택해서 다른 그릇으로 옮기자. 시간 n 에서 A 에는 k 개의 공이 있고, B에는 $N-k$ 개의 공이 있다고 하자. 그러면 시간 $n+1$ 에서는 A에는 $k-1$ 또는 $k+1$ 개의 공이 있을 수 있다. 이때 전이확률은 $k \rightarrow k-1$ 일 때는 k/N 이고 $k \rightarrow k+1$ 일 때는 $1-k/N$ 이다. 이 놀이를 계속한다고 하자. 우리는 공을 교환한 결과로써 볼츠만의 의미에서의 가장 확률이 높은 분포에 도달하게 될 것을 기대한다. 공의 수인 N이 커지면, 이 분포는 각 항아리에 똑같은 수인 $N/2$ 개의 공이 들어 있는 것에 해당된다. 이것은 초보적인 계산이나 또는 실험을 통하여 증명될 수 있다.

에른페스트의 모형은 러시아의 위대한 수학자이며 이러한 과정을 처음으로 기술한 사람들 중의 하나인 마르코프Markov (또 한사람은 푸앵카레이다)의 이름을 딴 「마르코프 과정」(또는 마르코프「사슬」)의 간단한 예이다. 요

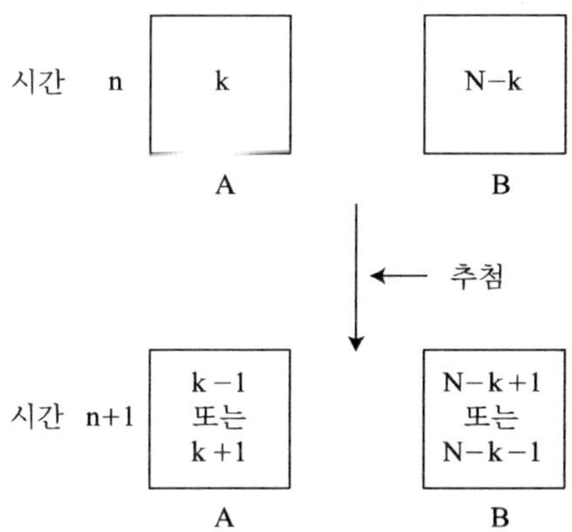

그림 23. 에른페스트의 항아리 모형 N개의 공이 두 개의 그릇 A와 B 사이에 분포되어 있다. 시간 n에서 A에는 k개의 공이 들어 있고 B에는 $N-k$개의 공이 들어 있다. 규칙적인 시간 간격으로 한 개의 공을 A로부터 제멋대로 꺼내어 B에 집어넣는다.

약해서 말하자면, 그들의 특성적인 양상은 계의 과거 역사에는 무관하게 잘 정의된 전이확률들의 존재이다.

마르코프의 사슬은 놀라운 성질을 지니고 있다. 그것은 엔트로피로써 기술될 수 있다. *A*에서 *k*개의 공을 찾을 수 있는 확률을 *P*(*k*)라고 하자. 우리는 그것에 「$\mathscr{H}$양量」을 결부시킬 수 있으며 이것은 제6장에서 우리가 논의했던 엔트로피의 성질, 바로 그것을 지니고 있다. 그림 25에서는 그것의 진화의 한 예를 보여 주고 있다. $\mathscr{H}$양量은 엔트로피가 격리된 계에서 보여 주는 것과 같이 시간에 따라서 균일하게 변화한다. 엔트로피 *S*는 증가하는 반면에 $\mathscr{H}$는 시간에 따라 감소하는 것이 사실이다. 그러나 그것은 정의에 관한 문제이다. $\mathscr{H}$는 $-S$의 역할을 하는 것이다.

이 「$\mathscr{H}$양量」의 수학적 의미는 보다 자세하게 살펴볼 만한 것이다. 그것은 주어진 시간에서의 확률과 평형상태(각 항아리에서의 공의 수가 *N*/2일 때)에서 존재하는 확률 간의 차이를 측정하는 것이다. 에른페스트의 항아리 모형에서 사용되었던 논법은 일반화될 수 있다. 이제 정사각형의 분할을 생각해 보자 — 정사각형을 몇 개의 떨어져 있는 지역으로 나누어보자. 그리고 나서 정사각형 안의 입자의 분포를 생각하여 한 개의 입자를 *k*지역에서 찾을

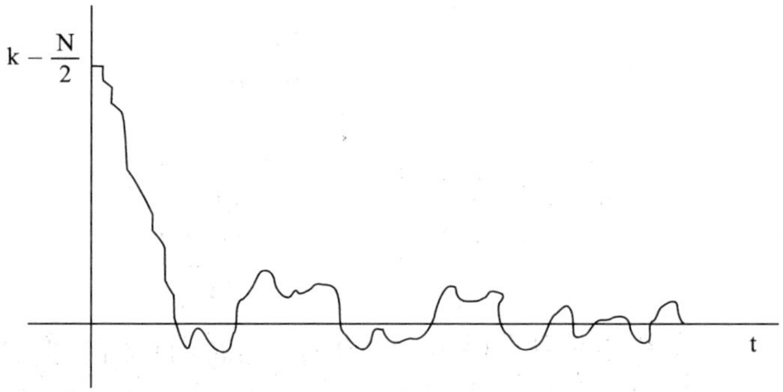

그림 24. 에른페스트의 항아리 모형에서 평형상태($k = N/2$)로의 접근을 나타낸 것이다(개략적인 표현임).

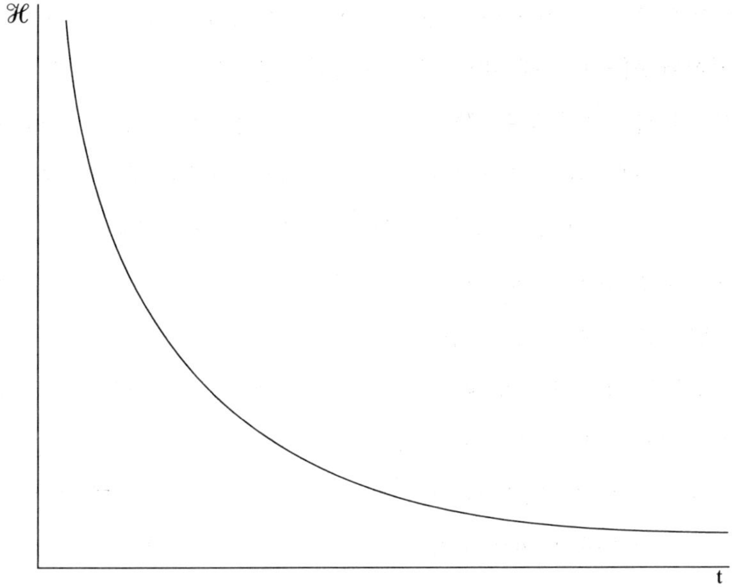

그림 25. 에른페스트의 모형에 해당되는 $\mathcal{H}$양量(본문에 정의되어 있다)의 시간적인 진화. 이 양(量)은 단조롭게 감소하여 오랜 시간 후에는 0이 된다.

수 있는 확률을 $P(k,t)$ 라고 하자. 이와 유사하게 균일한 상태에 도달했을 때 이 양을 $P_{eq}(k)$ 라고 하자. 항아리 모형에서와 마찬가지로 우리는 잘 정의된 전이확률의 존재를 가정한다. $\mathcal{H}$양量의 정의는 다음과 같다.

$$\mathcal{H} = \sum_k P(k,t) \log \frac{P(k,t)}{P_{eq}(k)}$$

이 공식에 나타난 비율인 $P(k,t)/P_{eq}(k)$ 를 보자. 만일 8개의 상자들이 있고 $P_{eq}(k) = 1/8$ 이라고 하자. 예를 들어 우리는 모든 입자들이 첫째 상자에 들어 있는 경우로부터 시작할 수 있다. $P(k,t)$ 에 해당되는 값들은 $P(1, t) = 1$ 이고 다른 모든 것들은 0이 된다. 그 결과로써 $\mathcal{H} = \log(1/[1/8]) = \log 8$ 이 된다. 시간이 지남에 따라 입자들은 고르게 분포될 것이며 $P(k,t) = P_{eq}(k) = 1/8$ 이 된다. 그 결과로써 $\mathcal{H}$양量은 0이 된다. $\mathcal{H}$의 값의 감소가 그림 25와 같이 균일하게 이루어진다는 것을 보일 수 있다(이것은 확률적 과정들에 관한 이론을 다루고 있는 모든 교과서들에 실려 있다). 이것이 바로 $\mathcal{H}$가 엔트로피 $-S$의 역할을 하는 까닭이다. $-S$의 균일한 감소는 매우 단순한 의미를 지니고 있다. 그것은 계의 점진적인 균일화의 척도가 되는 것이다. 초기의 정보는 잊혀지고 계는 「질서」로부터 「무질서」로 진화된다.

마르코프의 과정이 그림 24에서 분명하게 나타내진 것처럼 요동을 내포하고 있음을 주목하라. 만일 우리가 충분히 오랫동안 기다리면 초기상태가 회복될 수 있을 것이다. 그러나 우리는 평균값을 다루고 있다. 균일하게 감소하는 $\mathcal{H}_M$양量은 개별적인 사건이 아닌 **확률분포**로서 나타내지는 것이다. 비가역적으로 진화하는 것은 바로 확률분포이다(에른페스트의 모형에서는 분포함수가 균일하게 이항二項분포를 향하여 간다). 그러므로 분포함수의 수준에서는 마르코프의 사슬이 **시간에서의 일방성**에 이르게 한다.

이러한 시간의 화살은 마르코프의 사슬과 비록 확률과 관련되어 있기는 하지만 파동함수가 가역적으로 진화하는 양자역학에서의 시간적인 진화 사이의 차이를 나타내는 것이다. 그것은 또한 마르코프의 사슬과 같은 확률적 과정과 비가역성 사이의 밀접한 관계를 보여 주는 것이다. 그러나 엔트로피의 증가(또는 $\mathcal{H}$의 감소)는 자연의 법칙에 존재하는 시간의 화살에 근거를 둔 것이 아니라 현재의 지식을 이용하여 미래의(그리고 과거가 아닌) 행동을 예측하려는 우리의 결정에 근거를 두고 있다. 기브스는 그것을 그의 일상적인 돌에 새긴 듯한 자세로 다음과 같이 말하고 있다.

> 그러나 이전과 이후의 사건에 관한 구분이 수학적인 소설에 대해서는 무관할지도 모르지만 그것은 현실적인 세계의 사건에 대해서는 매우 중요한 것이다. 우리의 집합이 현실적인 세계의 사건에 관한 확률을 나타내기 위하여 선택될 때 다음과 같은 것을 잊어서는 안 되겠다. 즉, 이후의 사건들에 관한

확률이 흔히 이전의 사건에 관한 확률로부터 결정되는 반면에 이전의 사건들에 관한 확률이 이후의 사건에 관한 확률로부터 결정되는 경우는 드문 것이다. 왜냐하면 우리가 이전의 사건에 관한 선행적인 확률에 대한 고려를 배제하는 것은 좀처럼 정당화될 수 없기 때문이다.[7]

그것은 많은 논란을 불러일으킨 중요한 문제이다.[8] 확률미적분학은 실제로 시간을 ―의식하고 있다. 미래의 예측은 과거를 알아맞히는 것과는 다르다. 만일 이것이 이야기의 전부였다면, 우리는 비가역성에 관한 주관적인 해석을 받아들이지 않을 수 없다고 결론지을 수밖에 없었을 것이다. 왜냐하면 미래와 과거의 구분은 오직 우리에게만 달려 있는 것이기 때문이다. 다시 말하자면, 비가역성의 주관적 해석(정보이론과의 모호한 비유에 의하여 더욱 보강된)에서는 계의 발전을 특징짓는 시간적인 비대칭성은 관측자에게 책임이 있는 것이다. 관측자가 한눈에 복잡한 계를 구성하고 있는 모든 입자들의 위치와 속도를 결정할 수 없기 때문에 그는 과거와 미래를 동시에 포함하는 순간적인 상태를 알 수 없는 것이다. 또한 그는 그가 한순간으로부터 다음 순간으로의 계의 발전을 예측할 수 있도록 하는 가역적인 법칙도 파악할 수 없는 것이다. 그리고 그는 빠르게 움직이는 입자들과 느리게 움직이는 입자들을 분리시키고 계로 하여금 점차로 비균일적인 온도분포를 향하여 진화하도록 강요하는 맥스웰이 고안해 낸 악마처럼 계를 조종할 수도 없다.[9]

열역학은 복잡한 계들에 관한 과학으로 남아 있다. 그러나 이러한 전망으로부터 보면 복잡한 계들의 유일하게 독특한 양상은 그것들에 관한 우리의 지식이 제한되어 있고 우리의 불확정성이 시간에 따라 증가한다는 것이다. 비가역성에서 자연을 관측자에 연결시키는 그 어떤 것을 알아내는 대신에 과학자는 자연이 단지 그의 무지를 반영할 뿐이라는 것을 인정할 수밖에 없게 된다. 자연은 말이 없다. 비가역성은 우리를 물리적인 세계에 뿌리박게 하기는커녕 단지 인간의 노력과 그의 한계들의 반향일 뿐이다.

하지만 하나의 반론이 즉각 제기될 수 있다. 그러한 해석들에 의할 것 같으면 열역학은 우리의 무지만큼이나 보편적이어야 한다. 오직 비가역적 과정들만이 존재해야 할 것이다. 이것이 초기(또는 경계) 조건들에 대한 우리의 무지에 초점을 맞추는 모든 보편적 해석들 앞에 놓인 장애물이다. **비가역성은 보편적 성질이 아니다.** 동역학과 열역학을 연결시키기 위해서는 가역과정들과 비가역과정들을 구분하기 위한 물리적인 기준이 요구된다.

우리는 이 문제를 제9장에서 다시 제기할 것이다. 여기서는 과학의 역사와 볼츠만의 선구적인 업적을 살펴보기로 한다.

2. 볼츠만의 돌파

볼츠만의 근본적인 기여는 마르코프의 사슬이 발견되기 30여 년 전인 1872년으로 거슬러 올라간다. 그의 야심은 엔트로피의 「기계적」인 해석을 유도하는 것이었다. 다시 말하자면 마르코프의 사슬에서는 전이확률이 예를 들어 에른페스트의 모형에서와 같이 외부로부터 주어지지만 우리는 이제 그것을 계의 동적인 행동과 관련시켜야만 하는 것이다. 볼츠만은 이 문제에 너무나 매료된 나머지 그의 과학적인 생애의 대부분을 이 문제에 바쳤다. 그의 《대중문집(*Populäre Schriften*)》에서[10] 그는 다음과 같이 적었다. 「만일 누가 나에게 이 세기에 어떤 이름을 붙여야 할 것인가 하고 묻는다면 나는 주저없이 이것은 다윈의 세기라고 대답하였을 것이다.」 볼츠만은 진화론에 깊이 매료되었으며 그의 야심은 물체의 진화에 관한 「다윈」이 되는 것이었다.

엔트로피의 기계론적인 해석을 위한 첫 단계는 분자들 또는 원자들의 「충돌」의 개념을 물리적인 기술記述에 재도입하는 것이었으며 이와 아울러 통계적인 기술記述의 가능성을 재도입하는 것이었다. 이러한 단계는 클라우지우스와 맥스웰에 의하여 이루어졌다. 충돌은 불연속적인 사건이므로 우리는 이들을 세고 이들의 평균 빈도를 추정할 수 있다. 우리는 또한 충돌을 분류할 수 있다 — 예를 들어, 주어진 속도 v를 지닌 입자를 만들어 내는 충돌과 속도 v를 지닌 입자를 파괴하여 다른 속도를 지닌 입자를 만들어 내는 충돌(「직접」충돌과 「역」충돌) 을 구분할 수 있다.[11)]

맥스웰이 던진 질문은 분자들의 속도를 끊임없이 수정하는 충돌이 더 이상 이러한 속도의 **분포** — 각 속도의 값에 대한 입자들의 평균수 — 의 어떠한 진화도 결정하지 않는 그러한 기체의 상태를 정의할 수 있겠는가 하는 것이었다. 서로 다른 충돌의 효과가 전체 집단의 규모에서 상쇄되는 그러한 속도분포는 무엇인가?

맥스웰은 열역학적 평형상태인 이 특별한 상태는 속도분포가 잘 알려진 「종모양의 곡선」 또는 「가우스 분포Gaussian」가 될 때 나타난다는 것을 보여주었다. 「사회물리학」의 창시자인 케틀레Quételet는 이러한 분포가 바로 무질서로의 표현이라고 생각하였다. 맥스웰의 이론은 우리로 하여금 기체들의 행동을 기술하는 기본적 법칙들의 몇 가지에 대한 간단한 해석을 내릴 수 있도록 해 주고 있다. 온도의 증가는 분자들의 평균속도 그리고 따라서 그들의 운동과 결부된 에너지의 증가에 해당되는 것이다. 맥스웰의 법칙은 실험들을 통하여 매우 정확하게 증명되었으며, 그것은 아직도 물리화학의 여러 가지 문제들에 대한 해결책을 위한 근거가 되고 있다(예를 들면, 반응혼합물에서의 충돌 횟수의 계산이 그것이다).

하지만 볼츠만은 한 걸음 더 나아가려고 하였다. 그는 평형의 **상태**뿐만 아니라 평형을 향한 **진화**—맥스웰 분포를 향한 진화—까지도 기술할 것을 원하였다. 그는 엔트로피의 증가에 해당하는 분자론적인 기구이며 임의의 속도분포로부터 계를 평형상태로 밀어붙이는 그러한 기구를 발견하고자 하였다.

특징적으로 볼츠만은 물리적 진화에 관한 문제를 개별적인 궤적들의 수준에서가 아니라 분자들의 **집단**의 수준에서 접근하였다. 볼츠만은 이것이야말로 사실상 다윈의 업적을 이번에는 물리학에서 달성하는 것에 해당된다고 느꼈다. 생물학적인 진화 — 자연적인 선택 — 의 원동력은 어느 한 개인에 대해서가 아니라 오직 커다란 집단에 대해서만 정의될 수 있다는 것이다. 그것은 따라서 통계적인 개념이다.

볼츠만의 결과는 비교적 간단한 용어들로 기술될 수 있다. 공간의 어떤 지역과 시간 t 에서 속도 v 의 분포함수인 $f(v,t)$ 의 진화는 두 가지 효과들의 합으로 나타난다. 즉, 어떤 주어진 시간에 속도 v 를 지닌 입자들의 수는 입자들의 자유운동의 결과와 동시에 입자들 간의 충돌의 결과로써 변화한다는 것이다. 첫 번째 결과는 고전동역학에 의하여 쉽게 계산될 수 있다. 충돌에 의한 두 번째 결과의 조사에서 볼츠만의 방법의 독창성이 나타난다. 궤적들(상호작용을 포함한) 을 추적하는 데 관련된 어려움에 직면하여 볼츠만은 제5장에서(화학반응과 관련하여) 기술된 것과 유사한 개념을 사용하여 속도 v 에 해당되는 분자를 만들어 내거나 또는 없애는 충돌의 **평균** 횟수를 계산하기에 이르렀다.

여기서 다시 한 번 상반되는 효과를 지닌 두 가지 과정이 나타난다 — 이들은 v' 와 v'' 의 속도를 지닌 두 개의 분자로부터 v 의 속도를 지닌 분자를 만들어 내는「직접」충돌과 v''' 의 속도를 지닌 분자와의 충돌에 의하여 v 의 속도를 지닌 분자가 없어지는「역」충돌이다. 화학반응에서와 같이 (제5장의 제1절을 보라) 그러한 사건들의 빈도는 이들 과정에 참여하는 분자들 수의 곱에 비례하는 것으로써 구해진다 [물론 역사적으로 말하자면 볼츠만의 방법 (1872년) 이 반응속도론의 방법보다 앞선 것이다].

볼츠만에 의하여 얻어진 결과들은 마르코프의 사슬에서 얻어진 것과 매우 비슷하다. 다시 한 번 $\mathscr{H}$양量을 도입하자. 이번에는 속도분포 f 에 관한 것이다. 이것은 $\mathscr{H} = \int f \log f\, dv$로 적을 수 있다. 다시 한 번 이 양量은 평형상태에 도달할 때까지 시간에 따라 오직 감소할 뿐이며 그 때의 속도분포는 평형상태의 맥스웰 분포가 된다.

최근에 시간에 따른 $\mathcal{H}$의 균일한 감소에 관한 수많은 수치적 증명들이 이루어졌다. 이들은 모두 볼츠만의 예측을 확인해 주고 있다. 오늘날까지도 그의 운동방정식은 기체들의 물리학에서 중요한 역할을 하고 있다. 열전도나 확산을 특징짓는 것들과 같은 운반계수들을 계산할 수 있으며 이들은 실험 결과들과 잘 일치하고 있다.

하지만 볼츠만의 업적이 가장 위대한 것은 개념적인 입장에서이다. 우리가 이미 본 바와 같이 제2법칙에 깔려 있는 가역적 현상들과 비가역적 현상들 간의 구분은 이제 미시적인 수준으로 옮겨진 것이다. 자유운동으로 인한 속도분포의 변화는 가역적인 부분에 해당되며 충돌에 의한 기여는 비가역적 부분에 해당된다. 볼츠만에게는 이것이야말로 엔트로피의 미시적인 해석의 열쇠였다. 분자론적인 진화의 원칙이 도출된 것이다! 이 발견이 플랑크, 아인슈타인 그리고 슈뢰딩거 등을 포함하여 볼츠만을 추종하는 물리학자들을 얼마나 매혹시켰는가 하는 것은 쉽게 이해할 만하다.[12)]

볼츠만의 돌파는 과정에 관한 물리학의 방향에 결정적인 단계였다. 볼츠만의 방정식에서 시간적인 진화를 결정하는 것은 더 이상 힘들의 형태에 의존하는 해밀터니안이 아니다. 이제는 대조적으로 과정과 관련된 함수들 — 예를 들어 산란의 단면적과 같은 것 — 이 운동을 발생시킬 것이다. 과연 우리는 비가역성의 문제가 해결되었으며 볼츠만의 이론이 엔트로피를 동역학으로 간추린 것이라고 결론지을 수 있겠는가? 그 대답은 분명하다. 아니다, 그렇지 않다. 이제 이 문제를 좀 더 가까이 들여다보자.

3. 볼츠만의 해석에 대한 의문

볼츠만의 근본적인 논문이 1872년에 나타나자마자 곧 반론들이 제기되었다. 볼츠만이 정말로 동역학으로부터 비가역성을 「추론」했단 말인가? 어떻게 궤적들에 관한 가역적 법칙들이 비가역적 진화에 이르게 할 수 있단 말인가? 볼츠만의 운동방정식이 어떻게든 동역학과 양립될 수 있는 것일까? 볼츠만의 방정식에 나타나는 대칭성이 고전역학의 대칭성과 모순된다는 것은 쉽게 알아볼 수 있다.

우리는 이미 속도의 반전($v \to -v$) 이 고전동역학에서 시간의 반전($t \to -t$) 과 똑같은 효과를 나타낸다는 것을 본 바 있다. 이것은 고전동역학의 기본적인 대칭성이며, 우리는 분포함수의 시간적인 변화를 기술하는 볼츠만의 운동방정식 역시 이 대칭성을 지니고 있으리라고 기대하게 된다. 그러나 그렇지 않다. 볼츠만에 의하여 계산된 충돌항은 속도의 반전에 대하여 변하지 않은 채로 남아 있다. 이것에 관해서는 간단한 물리적인 이유가 있다. 볼츠만의 그림 속에는 미래를 향하여 진행되는 충돌과 과거를 향하여 진행되는 충돌을 구별하는 아무것도 존재하지 않는다. 이것이 볼츠만의 유도에 대한 푸앵카레의 반론의 근거를 이루고 있는 것이다. 올바른 계산은 결코 그것의 전제들에 모순되는 결론에 도달할 수 없다.[13),14)]

우리가 본 바와 같이 분포함수에 관하여 볼츠만이 얻은 운동방정식의 대칭적인 성질들은 동역학의 그것들과는 모순되는 것이다. 따라서 볼츠만은 동역학으로부터 엔트로피를 「추론」할 수 없었을 것이다. 그는 무엇인가 새롭고 무엇인가 동역학에서는 낯선 것을 도입했음에 틀림없는 것이다. 따라서 그의 결과들은 기껏해야 단지 현상학적인 모형을 나타낼 수 있는 것이며 그것은 제 아무리 유용하다 할지라도 동역학과는 아무런 직접적인 관련이 없는 것이다. 이것이 또한 볼츠만에 대하여 체르멜로Zermelo (1896년) 가 제기한 반론이었다.

반면에 로슈미트Loschmidt의 반론은 볼츠만의 운동모형의 유효성의 한계를 결정할 수 있도록 하는 것이었다. 사실상 로슈미트는(1876년) $v \to -v$ 의 변환에 해당되는 속도들의 반전 이후에는 이 모형이 더 이상 유효하지 않다는 것을 관찰하였다.

3부
존재로부터 생성으로

이제 이것을 사고실험을 통하여 설명해 보자. 비평형조건하에 있는 기체로부터 시작하여 그것이 t_0 까지 진화하도록 내버려 두자. 그리고는 속도들을 반전시킨다. 이 계는 그것의 과거상태로 되돌아간다. 그 결과 볼츠만의 엔트로피는 $t=0$ 에서와 $t=2t_0$ 에서 똑같게 된다.

우리는 이러한 사고실험들을 중복해 볼 수 있다. 수소와 산소의 혼합물에서부터 시작해 보자. 얼마 후에 물이 나타날 것이다. 속도들을 반전시키면 우리는 수소와 산소뿐이며 물이 없는 초기 상태로 돌아가야만 한다.

실험실에서나 컴퓨터 실험들을 통하여 우리가 실제로 속도의 반전을 일으킬 수 있다는 것은 흥미로운 일이다. 예를 들어 그림 26과 그림 27에는 등방적인 속도분포를 지닌 2차원적인 강체구(또는 강체원반) 들을 격자 자리에 놓고 시작했을 때 이들에 대한 볼츠만의 $\mathscr{H}$양量이 계산되어 있다. 이 결과는 볼츠만의 예측을 따르고 있다.

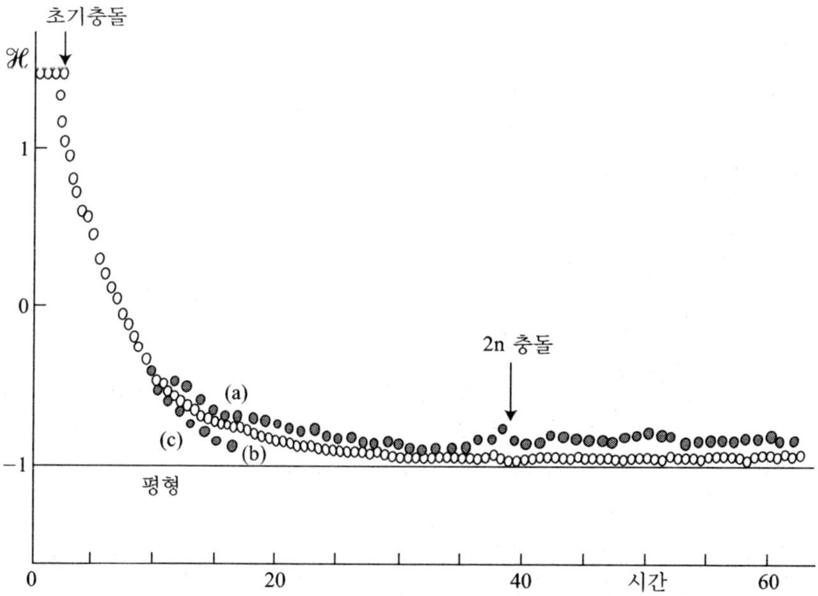

그림 26. 컴퓨터 모의 수치실험에 의한 N개의 「강체구」들에 대한 $\mathscr{H}$의 시간에 따른 진화. (a) $N=100$, (b) $N=484$, (c) $N=1225$ 에 해당됨.

만일 희박한 기체에서 10^{-6}초에 해당되는 50 또는 100번의 충돌 후에 속도들을 반전시키면 새로운 집합이 얻어진다.[15] 속도의 반전 이후에 이제는 볼츠만의 $\mathscr{H}$양量이 감소하는 대신에 증가한다.

이와 비슷한 상황은 스핀 반향 실험이나 플라스마 반향 실험에서도 나타나게 할 수 있다. 그러한 실험에서도 역시 제한된 시간의 주기에 걸쳐 볼츠만의 의미에서 「반反열역학적」인 행동이 관측될 수 있다.

그러나 속도반전실험은 그 이후에 반전이 나타나는 시간 간격 t_0 가 증가될 때 점점 더 어려워진다는 것을 주목하는 것이 중요하다.

그 과거를 다시 추적할 수 있기 위해서는 기체는 0에서 t_0 에 이르는 시간 간격 동안 그것에 일어난 모든 것을 기억해야만 한다. 정보의 「저장」이 있어야만 한다. 우리는 이러한 저장을 입자들 간의 상관관계로써 나타낼 수 있다. 우리는 상관관계에 관한 문제를 제9장에서 다시 살펴볼 것이다. 여기서는 다만 상관관계와 충돌 간의 관계가 바로 볼츠만의 고찰에서 빠져 있는

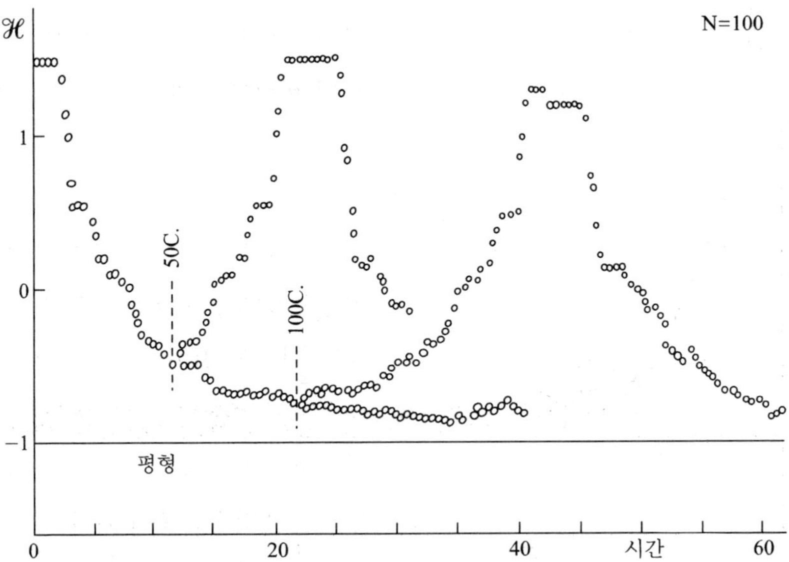

그림 27. 50회 또는 100회의 충돌 후에 속도가 반전되었을 때 $\mathscr{H}$의 진화를 나타낸 것이다. 100개의 「강체구」로 모의 수치실험을 한 결과이다.

요소라는 것을 언급하고자 한다. 로슈미트가 그에게 이러한 것을 따지고 들었을 때, 볼츠만은 빠져나갈 길이 없음을 인정하지 않을 수 없었다. 반대방향에서 일어나는 충돌은 이전에 이루었던 것을 「원상복귀」시키며, 따라서 계는 그 초기상태로 되돌아가야만 한다는 것이다. 그러므로 $\mathscr{H}$ 함수도 역시 그것의 초기값에 다시 도달할 때까지 증가해야만 한다. 따라서 속도의 반전은 볼츠만의 해석이 적용되는 상황과 적용되지 않는 상황 간의 구분을 요구하고 있다.

일단 문제점이 밝혀지자(1894년) 이러한 본성을 규명하는 것은 쉬운 일이었다.[16),17)] 볼츠만의 통계적인 방법의 유효성은 분자들이 충돌하기 **전에** 서로 **독립적**으로 행동한다고 하는 가정에 달려 있다. 이것은 「분자들의 혼돈상태」의 가정이라고 불리는 초기조건들에 관한 가정을 구성하고 있다. 속도의 반전에 의하여 생기는 초기조건들은 이 가정에 맞지 않는 것이다. 만일 계가 「시간에 따라 되돌아갈 수 있도록」 한다면 새로운 「비정상적」인 상황이 벌어지게 된다. 이것은 그렇게 될 때 어떤 분자들이 속도반전의 순간에 아무리 널리 떨어져 있다 하여도 미리 정해질 수 있는 순간에 만나도록 「운명지어졌으며」 그 순간에 미리 결정된 속도의 변화를 겪게 된다는 의미에서이다.

따라서 속도반전은 고도로 조직화된 계를 창조하며 그로 인하여 분자들의 혼돈상태의 가정은 맞지 않게 된다. 여러 가지의 충돌은 마치 미리 설정된 조화에 의한 것처럼 명백히 목적의식을 지닌 행동을 이루어낸다.

하지만 그 밖에도 또 있다. 질서로부터 무질서로의 전이는 무엇을 의미하는가? 에른페스트의 항아리 실험에서도 그것이 분명하다 — 계는 균일한 상태에 도달할 때까지 진화할 것이다. 그러나 다른 상황들은 그렇게 분명하지 않다. 우리는 상호작용하는 입자들이 초기에는 제멋대로 분포되어 있는 컴퓨터 실험을 할 수 있다. 때가 되면 격자가 형성된다. 이러한 것도 질서로부터 무질서로의 전이라고 할 수 있는가? 대답은 확실하지 않다. 질서와 무질서를 이해하기 위하여 우리는 먼저 그것들로써 이러한 개념들이 사용되는 그러한 대상들을 정의해야 한다. 동역학적 대상으로부터 열역학적 대상으로 옮겨가는 것은 희박한 기체들의 경우 — 볼츠만의 업적에서 보여 준 것처럼 — 쉬운 일이다. 그러나 분자들이 상호작용하고 있는 농도가 진한 계들의 경우에는 그렇게 쉬운 일이 아니다.

이러한 어려움들로 인하여 볼츠만의 창조적이고 선구적인 업적은 미완성인 채로 남겨졌다.

4. 동역학과 열역학 : 두 개의 분리된 세계들

우리는 이미 궤적들이 비가역성에 관한 생각과는 양립될 수 없다는 것을 주목하였다. 하지만 궤적들에 관한 연구만이 동역학의 수식화를 위한 유일한 방법은 아니다. 기브스와 아인슈타인이 도입한 앙상블 이론도 있으며[6),18)] 이것은 특히 많은 수의 분자들로 이루어진 계들의 경우에 흥미로운 것이다. 기브스-아인슈타인의 앙상블 이론의 본질적인 새로운 요소는 우리가 초기 조건들의 어떠한 정확한 구체화에도 관계없이 동역학이론을 수식화할 수 있다는 것이다.

앙상블 이론에서는 동역학계들을 「위상공간」에서 나타내고 있다. 점입자의 동역학적 상태는 위치(세 성분을 지닌 벡터)와 운동량(역시 세 성분을 지닌 벡터)에 의하여 결정된다. 우리는 이 상태를 각각 3차원적 공간에 있는 두 개의 점들로 나타내거나 또는 좌표들과 운동량들로 이루어진 6차원 공간에서의 한 점으로 나타낼 수 있다. 이것이 바로 위상공간이다. 이러한 기하학적인 표현은 n개의 입자들로 구성된 임의의 계에 대해서도 확장될 수 있다. 그렇게 되면 계의 상태를 규정하기 위해서는 $n\times6$의 숫자들이 필요하게 된다. 또는 그 대신에 이 계를 $6n$ 차원의 위상공간에서의 한 점으로 규정할 수 있게 된다. 그러면 이러한 계의 시간에 따른 진화는 위상공간에서의 궤적에 의하여 기술될 것이다.

거시적인 계의 초기조건들이 결코 알려진 적이 없다는 것은 이미 말한 바 있다. 그럼에도 불구하고 우리가 이 계를 점들 — 계에 관하여 우리가 지니고 있는 정보와 양립될 수 있는 여러 가지 동역학적 상태들에 해당되는 점들 — 의 「앙상블」로 나타내지 못할 이유는 아무것도 없는 것이다. 위상공간의 각 지역은 무한히 많은 수의 대표적인 점들을 포함할 수 있으며, 이 점들의 밀도는 실제로 이 지역에서 계를 찾을 수 있는 확률의 척도가 되는 것이다. 무한히 많은 불연속적인 점들을 도입하는 대신 위상공간에서의 대표적인 점들의 연속적인 밀도를 도입하는 것이 더욱 편리하다. 우리는 위상공간에서의 이러한 밀도를 $\rho(q_1 \cdots\cdots q_{3n}, p_1 \cdots\cdots p_{3n})$ 이라고 부를 것이며, 이때 $q_1 \cdots\cdots q_{3n}$ 은 n개의 점들의 좌표들이며 이와 비슷하게 $p_1 \cdots\cdots p_{3n}$ 은 운동량들이다(각각의 점은 3개의 좌표들과 3개의 운동량들을 지니고 있다). 이 밀도가 위상공간에서의 점 $q \cdots\cdots q_{3n}, p_1 \cdots\cdots p_{3n}$ 주위에서 동역학계를 찾을 수 있는 확률의 척도가 되는 것이다.

이와 같은 방법으로 주어진 밀도함수 ρ는 인위적인 구성인 이상화된 것으로 보일 수 있으며 반면에 위상공간에서의 한 점의 궤적은 「자연적」인 행동의 기술記述에 「직접적으로」 해당되는 것으로 보일지 모른다. 그러나 사실상 이상화된 것에 해당되는 것은 밀도가 아니라 바로 그 점인 것이다. 실제로 우리는 위상공간의 한 지역을 단 하나의 점으로 줄일 수 있는 무한한 정밀도를 지닌 초기상태를 결코 알 수 없는 것이다. 우리는 오직 우리가 계의 초기상태라고 알고 있는 것에 해당되는 대표적인 점들의 앙상블로부터 시작하여 궤적들의 앙상블만을 결정할 수 있다. 밀도함수 ρ는 계에 관한 지식을 나타내는 것이며 이 지식이 보다 정확하면 할수록 밀도함수가 0이 아니며 계를 찾을 수 있는 위상공간에서의 지역이 점점 더 작아진다. 만일 밀도함수가 어디에서나 균일한 값을 갖는다면 우리는 계의 상태에 관하여 아무것도 알 수 없다. 계는 그것의 동역학적 구조와 양립될 수 있는 가능한 상태들 중의 어떠한 것에도 있을 수 있게 될 것이다.

이러한 전망으로부터 볼 때, 하나의 점은 따라서 우리가 계에 관하여 가질 수 있는 **최대의 지식**을 나타내는 것이다. 그것은 우리의 지식의 정밀성이 점차로 커지는 결과인 극한과정의 결과인 것이다. 제9장에서 보게 되겠지만 근본적인 문제는 그러한 극한과정이 언제 정말로 가능한가 하는 것을 결정하는 것이다. 증가된 정밀성을 통하여 이러한 과정은 우리가 밀도함수 ρ가 0이 아닌 지역으로부터 그 안에 있는 또 다른 지역으로 옮아갈 수 있음을 의미한다. 우리는 계를 포함하는 지역이 임의로 작아지게 될 때까지 이 과정을 계속할 수 있다. 그러나 앞으로 보게 되겠지만 우리는 주의해야 한다. 임의로 작다는 것은 0을 의미하지는 않으며 이러한 극한과정이 단 하나의 잘 정의된 궤적을 일관성 있게 예측할 수 있는 가능성에 이르게 할 것이라는 것이 선험적으로 확실하지는 않다.

기브스와 아인슈타인에 의한 앙상블 이론의 도입은 볼츠만의 업적의 자연스러운 연속이었다. 이러한 전망에서 볼 때, 위상공간에서의 밀도함수 ρ는 볼츠만이 사용한 속도분포함수 f를 대체하는 것이다. 그러나 ρ의 물리적 내용은 f의 그것을 훨씬 넘는 것이다. f와 똑같이 밀도함수는 속도분포를 결정한다. 그러나 그것은 또한 어떤 거리만큼 떨어져 있는 두 개의 입자들이 만나는 확률과 같은 또 다른 정보를 포함하고 있다. 특히 우리가 앞 절에서 논의한 입자들 간의 상관관계들이 이제 밀도함수 ρ에 포함되어 있다. 사실상 이 함수는 n 물체로 이루어진 계의 모든 통계적 양상들에 관한 완벽한 정보를 포함하고 있다.

이제 우리는 위상공간에서의 밀도함수의 진화를 기술해야만 한다. 언뜻 보기에 이것은 볼츠만이 속도분포함수에 대하여 그 자신이 설정했던 것보다 더욱 야심적인 일처럼 보인다. 그러나 그렇지는 않다. 제2장에서 논의되었던 해밀턴의 방정식들은 우리에게 더 이상의 근사들이 없이 ρ의 정확한 진화방정식을 얻게 해 준다. 이것이 소위 리우빌Liouville 방정식이며, 이것에 관

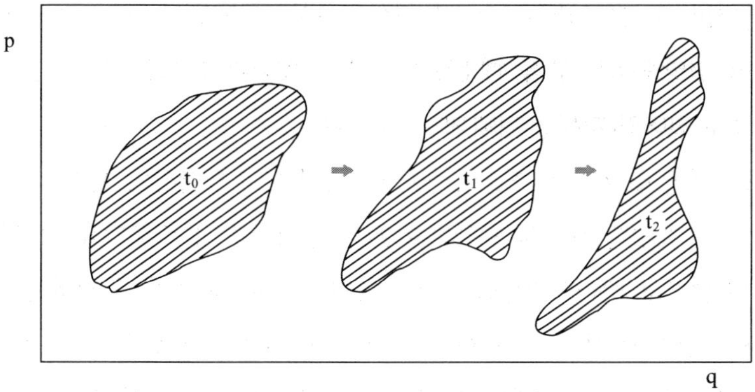

그림 28. 위상공간에서 계의 대표적인 점들을 포함하고 있는 「부피」의 시간에 따른 진화, 부피는 보존되는 반면에 모양은 수정된다. 위상공간에서의 위치는 좌표 q와 운동량 p로 주어진다.

해서는 제9장에서 다시 다루게 될 것이다. 여기서 우리는 단지 해밀턴 동역학의 성질들이 밀도함수 ρ의 위상공간에서의 진화가 **비압축성 유체**의 그것과 같다는 것을 내포하고 있음을 지적하고자 할 뿐이다. 대표적 점들이 위상공간에서 부피 V인 지역을 일단 차지하면 이 부피는 시간에 따라 **항상 일정하게** 유지된다. 이 지역의 모양은 제멋대로 변형될 수 있지만 부피의 값은 똑같게 유지된다.

따라서 기브스의 앙상블 이론은 통계적 관점(ρ에 의하여 기술되는 「집단」에 관한 연구)과 동역학의 법칙들의 엄격한 결합이 이루어지도록 하는 것이다. 그것은 또한 열역학적 평형상태에 관한 보다 정확한 표현이 이루어지도록 한다. 따라서 격리된 계의 경우에 대표적 점들의 앙상블은 똑같은 에너지 E를 갖는 모든 계들에 해당되는 것이다. 밀도 ρ는 오직 위상공간에서 구체적인 값의 에너지에 해당되는 「미소정준microcanonical 표면」에서만 0이 아닐 것이다. 처음에는 밀도가 이 표면 위에 임의로 분포될 수 있다. 평형상태에서는 ρ는 더 이상 시간에 따라 변하지 않아야 하며 특정한 초기상태와는 무관하여야 한다. 따라서 평형으로의 접근은 ρ의 진화로 볼 때 단순한 의미를 지닌 것이다. 분포함수 ρ는 미소정준 표면 위에서 균일한 것이 된다. 이 표면 위의 각 점들은 실제로 계를 나타내는 똑같은 확률을 지니고 있다. 이 것이 「미소정준 앙상블」에 해당되는 것이다.

앙상블 이론이 우리를 조금이라도 더 가깝게 비가역성의 문제에 대한 대답에 이르게 하였는가? 볼츠만의 이론은 열역학적 엔트로피를 속도분포함수 f로 기술하고 있다. 그는 그의 $\mathscr{H}$양量의 도입을 통하여 이 결과를 달성하였다. 이미 우리가 본 바와 같이 계는 맥스웰 분포에 도달할 때까지 시간에 따라 진화하며 반면에 이러한 진화 동안 $\mathscr{H}$양量은 균일하게 감소한다. 이제 우리는 보다 일반적인 방식으로 미소정준 앙상블을 향한 위상공간에서의 분포 ρ의 진화가 엔트로피 증가의 근거라고 받아들일 수 있겠는가? f로 표현된 볼츠만의 $\mathscr{H}$양量을 똑같은 방법이지만 이번에는 ρ로 표현된 「기브스의」 $\mathscr{H}_G$양量으로 대체하는 것으로써 충분한 것인가? 불행히도 이 두 가지 질문에 대한 답은 「아니오」이다. 만일 우리가 위상공간에서의 밀도 ρ의 진화를 기술하는 리우빌 방정식을 사용하고 이미 언급한 바와 같이 위상공간에서의 부피의 보존을 고려한다고 하면 즉각적인 결론에 도달한다. $\mathscr{H}_G$는 상수이며 따라서 엔트로피를 나타낼 수 없다는 것이다. 볼츠만에 비하여 이것은 일보 전진이 아니라 후퇴인 것으로 보인다!

비록 부정적인 것이지만 기브스의 결론은 매우 중요한 것이다. 우리는 이미 **질서와 무질서에 관한 생각들의 모호성**을 논의한 바 있다. $\mathscr{H}_G$의 일정함이 우리에게 말해 주는 것은 동역학이론의 틀 안에서는 어떠한 것일지라도 질서의 변화가 없다는 것이다. $\mathscr{H}_G$에 의하여 표현되는 「정보」는 일정하게 유지된다. 이것은 다음과 같이 이해될 수 있다. 즉, 우리는 충돌이 상관관계를 도입시킨다는 것을 본 바가 있다. 속도의 전망으로부터 볼 때 충돌의 결과는 무질서화이다. 그러므로 우리는 이 과정을 질서로부터 무질서로의 전이로 기술할 수 있다. 그러나 충돌의 결과로써 상관관계들이 나타난다고 하는 것은 그 반대방향의 무질서로부터 질서로의 전이를 가리키고 있다! 기브스의 결과는 이 두 가지 효과들이 정확하게 상쇄되고 있음을 보여 주고 있다.

그러므로 우리는 중요한 결론에 도달하게 된다. 어떠한 표현을 우리가 사용하든 간에, 그것이 궤적들에 관한 생각이든 또는 기브스-아인슈타인의 앙상블 이론이든 간에, 우리는 결코 고전적(또는 양자론적) 동역학의 법칙들을 만족시키는 모든 계에 유효한 비가역과정들에 관한 이론을 추론해 낼 수 없을 것이다. 심지어 질서로부터 무질서로의 전이에 관하여 말하는 방법조차 없는 것이다! 우리는 이러한 부정적인 결과들을 어떻게 이해해야 하는가? 비가역과정들에 관한 어떠한 이론도 동역학(고전적이건 양자론적이건)과 절대적으로 대립되는 것인가? 흔히 우리가 운동방정식에 미치는 팽창하는 우주의 영향을 표현할 수 있는 어떤 우주론적인 항들을 포함시켜야 한다는 것이 제안되었다. 우주론적인 항들은 궁극적으로 시간의 화살을 마련해 줄 것이다. 하지만 이것은 받아들이기 어려운 것이다. 한편으로는 우리가 이러한 우주론적인 항들을 어떻게 추가해야 할 것인가가 분명치 않다. 또 한편으로는 정밀한 동역학적 실험들에 의하면 적어도 우리가 여기서 관심을 갖고 있는 지구상의 축척으로는 그러한 항들의 존재가 배제되는 것으로 보인다(예를 들어 뉴턴의 방정식들을 고도로 확인시켜 주는 우주여행 실험들의 정밀성에 관하여 생각해 보라). 반면에 이미 말한 바와 같이 우리는 가역적이고 비가역적인 과정들이 공존하며 모두가 팽창하는 우주 속에 들어 있는 복수적인 우주 안에서 살고 있다.

이보다 더욱 과격한 결론은 비가역성으로의 시간이 물리학의 객관적인 세계에서는 결코 아무런 자리도 차지할 수 없을 것이라는 아인슈타인에 동조하는 것이다. 다행하게도 또 다른 출구가 있으며 우리는 제9장에서 이것을 탐색할 것이다. 거듭 말하거니와 비가역성은 보편적 성질이 아니다. 그러므로 동역학으로부터 비가역성의 어떠한 일반적인 유도도 기대될 수 없는 것이다.

기브스의 앙상블 이론은 궤적에 관한 동역학에 대하여 오직 한 가지의 추가 요소를 도입하고 있다. 그러나 그것은 매우 중요한 것이다 — 정확한 초기조건들에 관한 우리의 무지에 관한 것이다. 이러한 무지만이 비가역성에 이르게 하는 것 같지는 않다.

그러므로 우리는 우리의 실패에 대하여 놀라서는 안 될 것이다. 우리는 아직 비가역과정들에 이르기 위하여 동역학계가 지녀야 하는 독특한 양상들을 수식화하지 못하였다.

어째서 그렇게 많은 과학자들이 그렇게 쉽게 비가역성에 관한 주관적인 해석을 받아들였는가? 아마도 그것의 매력의 일부는 우리가 본 바와 같이 엔트로피의 비가역적 증가가 처음에는 불완전한 조작, 그리고 이상적으로 가역적인 작동들에 대하여 우리가 조종할 수 없다는 것과 연관되어 있다는 사실에 있는 것 같다.

그러나 이러한 해석은 기술技術적인 문제들과의 대수롭지 않은 연관을 제쳐놓으면 곧 황당한 것이 된다. 우리는 제2법칙에 자연의 시간의 화살로서의 그 중요성이 부여된 상황을 기억해야만 한다. 주관적인 해석에 의하면 화학적 친화도, 열전도, 점성 등 비가역적 엔트로피 생성과 연결된 모든 성질들은 관측자에 의존되는 것이다. 더욱이 비가역성에서 비롯된 조직화의 현상들이 생물학에서 차지하는 역할의 정도로 미루어 보아 그것들이 우리의 무지로 인한 단순한 환상들이라고 생각할 수는 없는 것이다. 우리 자신들 — 관측하고 조종할 능력을 지니고 있는 생명체들인 — 이 우리의 불완전한 분별력으로 인하여 생긴 단지 허구적인 존재란 말인가? 생명과 죽음의 구분이 환상이란 말인가?

따라서 최근의 열역학이론의 발전은 동역학과 열역학 간의 투쟁의 격렬함을 증가시켰다. 열역학의 결과들을 단지 우리의 불완전한 지식으로 인한 근사들로 간추려 버리려는 시도들은 엔트로피의 건설적인 역할과 요동의 증폭의 가능성이 발견되었을 때 빗나간 것으로 여겨진다. 역으로 비가역성의 이름으로 동역학을 거부한다는 것은 어려운 일이다. 이상적인 진자의 운동에는 아무런 비가역성도 없는 것이다. 분명히 궤적들의 세계와 과정들의 세계인 상충하는 두 개의 세계가 있으며 어느 한 쪽을 주장함으로써 다른 쪽을 부정할 수 있는 방법은 없는 것이다.

어느 정도까지는 이러한 충돌은 변증법적인 유물론이 나타나게 된 충돌에 비유될 수 있다. 우리는 제5장과 6장에서 「역사적」 — 발전과 쇄신을 이룰 능력이 있는 — 이라고 불릴 수 있는 자연에 관하여 기술한 바 있다. 유물론의 한 구성요소로서의 자연의 역사에 관한 생각은 마르크스Marx에 의하여 그리고 엥겔스Engels에 의하여 매우 자세하게 주장되었다. 당대의 물리학의 발전과 비가역성의 건설적인 역할에 관한 발견은 따라서 자연과학 내부에서 오래 전부터 유물론자들이 물어왔던 질문을 제기하게 된 것이다. 그들에게는 자연을 이해한다는 것은 인간과 그의 사회들을 생산할 수 있는 능력을 지닌 존재로서의 자연을 이해함을 의미하는 것이었다.

더욱이 엥겔스가 그의 《자연의 변증법(*Dialectics of Nature*)》을 쓸 당시에는 물리적 과학들은 기계론적인 세계관을 거부하고 자연의 역사적 발전에 관한 생각에 더욱 가깝게 끌려 있었던 것으로 보였다. 엥겔스는 세 가지의 근본적인 발견들을 언급하고 있다. 에너지와 그것의 정성적인 변환을 지배하는 법칙들, 생명의 기본적인 구성체로서의 세포, 그리고 종種의 진화에 관한 다윈의 발견 등이 그것들이다. 이러한 위대한 발견들로 미루어 보아 엥겔스는 기계론적인 세계관은 죽었다고 결론지었다.

그러나 기계론은 변증법적인 유물론이 직면한 기본적인 난관인 채로 남아 있었다. 변증법의 일반적인 법칙들과 이와 대등하게 보편적인 기계적 운동의 법칙들 간의 관계는 무엇인가? 후자는 어떤 단계에 도달한 후에는 적용되지 「않게」 되는가, 또는 그것들은 단지 그릇된 것이거나 불완전한 것인가? 앞에서의 질문으로 되돌아가서, 과정들의 세계와 궤적들의 세계가 도대체 어떻게 서로 연결될 수 있는가?[19)]

하지만 비가역성에 관한 주관론적 해석을 비판하고 그 약점을 지적하는 것은 쉬운 일이지만 그 이상으로 나아가 비가역과정들에 관한 「객관적」 이론을 설정하는 것은 그리 쉬운 일이 아니다. 이 문제에 관한 역사는 어떤 극적인 함축성을 지니고 있다. 많은 사람들은 관련된 기본적인 난관들에 대한 인식이야말로 1906년에 볼츠만이 자살에 이르게 한 것이라고 믿고 있다.

5. 볼츠만과 시간의 화살

우리가 주목했던 바와 같이 볼츠만은 처음에 그가 동역학계들이 더 높은 확률의 상태들 또는 더 많은 수의 색상들을 향하여 진화하는 것에 의하여 시간의 화살이 결정된다는 것을 증명할 수 있다고 생각하였다. 시간에 따른 색상들의 수는 일방적으로 증가할 것이라는 생각이었다. 우리는 또한 푸앵카레와 체르멜로의 반론들을 논의하였다. 푸앵카레는 닫혀진 모든 계는 시간에 따라 그 이전의 상태로 되돌아간다는 것을 증명하였다. 따라서 모든 상태들은 영원히 다시 나타나는 것이다. 어떻게 「시간의 화살」과 같은 것이 엔트로피의 증가와 관련될 수 있겠는가? 이것은 볼츠만의 태도에 극적인 변화를 가져왔다. 그는 객관적인 시간의 화살이 존재함을 증명하려는 시도를 포기하고 그 대신에 어떤 의미에서는 엔트로피 증가의 법칙을 동의어 반복으로 간추리는 생각을 도입하였다. 이제 그는 시간의 화살이라는 것은 오직 우리가 (또는 아마도 모든 살아 있는 존재들이) 과거와 미래 간의 아무런 객관적 구분이 없는 세계에 도입한 관습일 뿐이라고 주장하였다. 체르멜로에 대한 볼츠만의 응답을 인용해 보기로 하자.

> 우리에게는 두 종류의 상황에 대한 선택이 있소. 우리는 전체 우주가 지금 이 순간에 매우 있을 성싶지 않은 상태에 있다고 가정할 수 있소. 만일 그렇지 않다면 우리는 이러한 있을 성싶지 않은 상태가 지속되어 온 영겁과 여기서부터 시리우스까지의 거리가 전체 우주의 나이와 크기에 비하면 미소한

것이라고 가정할 수 있소. 전체로서 열적인 평형상태에 있으며, 따라서 죽어 있는 이러한 우주 안에 우리의 은하계의 크기 정도의 비교적 작은 지역들을 여기저기서 찾아 볼 수 있을 것이오. 이러한 지역들(우리는 이들을 <세계들>이라고 불러도 될 것이오)은 저 <영겁>의 시간중 비교적 짧은 기간 동안에 열적인 평형상태로부터 상당히 벗어나 있소. 이러한 세계들 간에서 그들의 상태에 관한 확률들(엔트로피)은 그것들이 감소하는 것만큼 자주 증가하고 있소. 전체로서의 우주에서는 시간의 두 방향들을 구별할 수 없는 것이오. 이것은 마치 우주 공간에 위 아래가 없는 것과 같소. 하지만 지구 표면의 어떤 곳에서 우리가 지구의 중심을 향한 방향을 「아래」라고 부를 수 있는 것과 마찬가지로 어떤 시기에 이러한 세계에 살고 있는 생명을 지닌 유기체는 시간의 「방향」을 덜 있을 성싶은 상태로부터 더 있을 성싶은 상태로 향해 나아가는 것으로서 정의할 수 있을 것이오(전자는 「과거」이고 후자는 「미래」일 것이오). 그리고 이러한 정의 덕분에 그는 나머지의 우주와 격리되어 있는 그 자신의 작은 지역이 「초기에는」 언제나 있을 성싶지 않은 상태에 있음을 발견하게 될 것이오. 내게는 사물을 바라보는 이러한 방법이 명확한 초기상태로부터 마지막 상태로 향해 나아가는 전체 우주의 한쪽 방향의 변화를 환기시키지 않고 제2법칙의 유효성과 그리고 각 개별적인 세계의 열적인 죽음을 우리가 이해할 수 있는 유일한 방법이라고 여겨지는 것이오.[20]

볼츠만의 생각은 칼 포퍼가 제안한 도표(그림 29)를 참조하면 더욱 분명해질 수 있다. 시간의 화살은 중력장에 의하여 결정된 수직방향과 마찬가지로

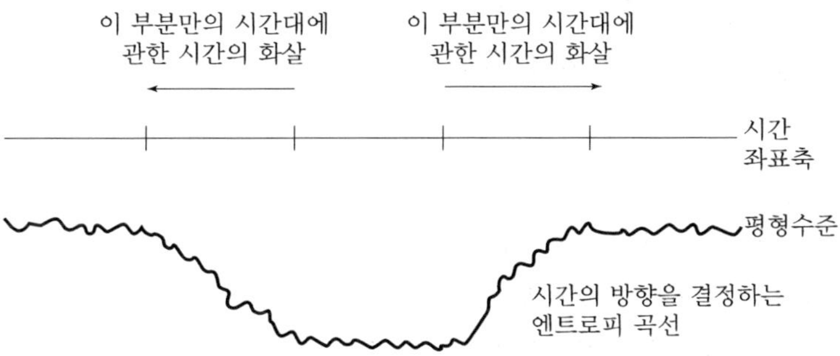

그림 29. 시간의 화살에 관한 볼츠만의 우주론적인 해석을 포퍼가 개략적으로 나타낸 것이다(본문을 보라).

임의적인 것이다. 볼츠만의 생각을 비평하면서 포퍼는 다음과 같이 적었다.

> 나는 볼츠만의 생각이 그 대담성과 아름다움에서 굉장한 것이라고 생각한다. 그러나 나는 또한 그것이 적어도 실재론자에게는 매우 받아들이기 어려운 것이라고 생각한다. 그것은 한쪽 방향의 변화를 환상으로서 낙인을 찍고 있다. 이것은 히로시마의 대재난을 환상으로 만드는 것이다. 따라서 그것은 우리의 세계를 환상으로 만들며, 이와 아울러 우리의 세계에 관하여 보다 많은 것을 찾아내려는 우리의 모든 시도들도 환상으로 만든다. 그것은 따라서(모든 관념주의와 마찬가지로) 스스로 패배적인 것이다. 볼츠만의 관념론적이고 특별한 가설은 그 자신의 현실적이고, 거의 정열적으로 유지된 반反관념론적 철학과 그리고 알고자 하는 그의 정열적인 소망과 충돌하고 있다.[21)]

우리는 포퍼의 비평에 전적으로 동의하며 이제 볼츠만의 업적을 다시 한 번 살펴볼 때가 왔다고 믿는다. 이미 우리가 말한 바와 같이 20세기에는 이론물리학에서 위대한 개념적 혁명이 있었으며, 이것은 동역학과 열역학의 통합을 위한 새로운 희망을 낳고 있다. 우리는 이제 시간의 역사에서 존재와 생성이 모순됨이 없는 단 한 가지의 통찰력 속에 모두 포함될 수 있는 그러한 새로운 시대에 접어들고 있다.

1. G. N. LEWIS, "The Symmetry of Time in Physics," *Science*, Vol. 71 (1930), p. 570.
2. A. S. EDDINGTON, *The Nature of the Physical World* (New York : Macmillan, 1948), p. 74.
3. M. GARDNER, *The Ambidextrous Universe : Mirror Asymmetry and Time-Reversed Worlds* (New York : Charles Scribner's Sons, 1979), p. 243.
4. M. PLANCK, *Treatise on Thermodynamics* (New York : Dover Publications, 1945), p. 106.
5. K. DENBIGH, "How Subjective Is Entropy?" *Chemistry in Britain*, Vol. 17 (1981), pp. 168-85 에 인용되어 있다.
6. 예를 들어, M. KAC, *Probability and Related Topics in Physical Sciences* (London : Interscience Publications, 1959).
7. J. W. GIBBS, *Elementary Principles in Statistical Mechanics* (New York : Dover Publications, 1960), Chap. XII 를 보라.
8. 예를 들어, 와타나베는 숙고되어야 할 세계와 적극적인 행위자로서의 우리가 일하고 있는 세계 간의 강력한 구분을 도입하였다. 그는 만일 엔트로피 증가가 세계에 대한 우리의 작용들과 연결되어 있지 않다면 그것에 관하여 일관성 있게 말할 수 있는 방법이 없다고 말하였다. 하지만 모든 우리의 물리학은 사실상 그것에 대하여 작용이 가해져야 하는 그러한 세계에 관한 것이며 따라서 와타나베의 구분은 「미시적인 결정론적 대칭성」과 「거시적인 확률적 비대칭성」 간의 관계를 명확히 하는데 도움을 주지 못하는 것이다. 이 문제는 해답이 없이 남겨져 있다. 어떻게 우리가 태양이 비가역적으로 타오르고 있다고 의미심장하게 말할 수 있겠는가? S. WATANABE, "Time and the Probabilistic View of the World," *The Voices of Time*, ed. J. FRASER (New York : Braziller, 1966) 를 보라.
9. 맥스웰의 악마는 J. C. MAXWELL, *Theory of Heat* (London : Longmans, 1871), Chap. XXII 에 나타나 있다. 또한 *Studies in History and Philosophy of Science*, Vol. 1 (1970) 에 실려 있는 E. DAUB, "Maxwell's Demon" 과 P. HEIMANN, "Molecular Forces, Statistical Representation and Maxwell's Demon" 을 보라. 이 책은 완전히 맥스웰에 관하여만 다루고 있다.
10. L. BOLTZMANN, *Populäre Schriften*, new ed. (Braunschweig-Wiesbaden : Vieweg, 1979). 엘카나가 "Boltzmann's Scientific Research Program and Its Alternatives," *Interaction Between Science and Philosophy* (Atlantic, Highlands, N. J. : Humanities Press, 1974) 에서 강조한 바와 같이 진화에 관한 다윈적인 생각이 과

학적 지식에 관한 볼츠만의 견해에서 — 에너지론자들에 대항하여 기계론적 모형들에 관한 옹호에서 — 대부분 명확하게 나타나 있다. 예를 들어 그가 1886년에 행한 강연인 "The Second Law of Thermodynamics." *Theoretical Physics and Philosophical Problems*, ed. B. McGUINNESS (Dordrecht, Netherlands : D. Reidel, 1974) 를 보라.

11. 최근의 설명에 관하여는 I. PRIGOGINE, *From Being to Becoming — Time and Complexity in the Physical Sciences* (San Francisco: W. H. Freeman & Company, 1980) 를 보라.
12. 그의 자서전 *Scientific Autobiography*에서 플랑크는 그와 볼츠만(그는 처음에는 플랑크가 도입한 가역과정과 비가역과정 간의 현상학적인 구분에 대하여 적대적이었다) 사이의 관계가 변화하는 것을 기술하고 있다. 이 점에 관하여는 또한 Y. ELKANA, op. cit. 와 S. BRUSH, *Statistical Physics and Irreversible Processes*, pp. 640-51을 보라. 아인슈타인에 관하여도 op. cit., pp. 672-74 를 보고, 슈뢰딩거에 관하여는 E. SCHRÖDINGER, *Science, Theory and Man* (New York : Dover Publications, 1957) 을 보라.
13. H. POINCARÉ, "La mécanique et l'expérience," *Revue de Métaphysique et de Morale*, Vol. 1 (1893), pp. 534-37. H. POINCARÉ, *Leçons de Thermodynamique*, ed. J. Blondin (1892 ; Paris : Hermann 1923).
14. 볼츠만의 엔트로피를 둘러싼 논쟁에 관하여는 S. BRUSH, *The Kind of Motion We Call Heat*, op. cit.와 자신의 전기에 나타난 플랑크의 말을 읽어보라. (로슈미트는 플랑크의 학생이었다.)
15. I. PRIGOGINE, C. GEORGE, F. HENIN, and L. ROSENFELD, "A Unified Formulation of Dynamics and Thermodynamics," *Chemica Scripta,* Vol. 4 (1973), pp. 5-32.
16. D. PARK, *The Image of Eternity : Roots of Time in the Physical World* (Amherst, Mass. : University of Massachusetts Press, 1980).
17. 이 점에 관하여는 또한 S. BRUSH, *The Kind of Motion We Call Heat* — Book I, *Physics and the Atomists* ; Book II, *Statistical Physics and Irreversible Processes* (Amsterdam: North Holland Publishing Company, 1976) 와 그가 선발하여 주(註) 를 단 논문집 *Kinetic Theory* : Vol.1, *The Nature of Gases and Heat*; Vol. II, *Irreversible Processes* (Oxford : Pergamon Press, 1965 and 1966) 를 보라.
18. J. W. GIBBS, *Elementary Principles in Statistical Mechanics* (New York : Dover Publications, 1960), Chap XII. 역사적인 설명에 관하여는 J. MEHRA, "Einstein

and the Foundation of Statistical Mechanics, *Physica*, Vol. 79A, No. 5 (1974), p. 17 을 보라.

19. 마르크스주의 경향을 띤 많은 철학자들은 엥겔스가 *Anti-Dühring* (Moscow : Foreign Languages Publishing House, 1954), p. 167에 적은 다음과 같은 글에서 (레닌이 그의 저서 *Philosophic Notebooks* 에서 인용한 바 있다) 영감을 받은 것으로 보인다.「운동은 모순이다. 심지어 위치의 단순한 기계적 변화까지도 오직 물체가 똑같은 단 한순간의 시간에 한 곳과 또 다른 곳에 동시에 있어야 하며, 똑같은 단 한곳에 있으며 또한 그곳에 있지 않아야 함을 통하여서만 이루어질 수 있는 것이다. 그리고 이러한 모순에 관한 연속적이고 동시적인 해답이 바로 운동이 무엇인가 하는 것이다.」
20. L. BOLTZMANN, *Lectures on Gas Theory* (Berkeley : University of California Press, 1964), p. 446f, K. POPPER, *Unended Quest* (La Salle, Ill. : Open Court Publishing Company, 1976), p. 160 에 인용되어 있다.
21. POPPER, op. cit., p. 160.

9장
비가역성-엔트로피 장벽

1. 엔트로피와 시간의 화살

앞장에서 우리는 비가역과정들에 관한 미시적 이론에 포함된 몇 가지의 난점들을 기술하였다. 그 미시적 이론과 동역학 — 고전적이든 양자론적이든 간에 — 과의 관계는 비가역성과 그것에 부수된 엔트로피의 증가가 동역학의 일반적 결과가 될 수 없다는 의미에서 단순할 수 없는 것이다. 비가역과정들에 관한 미시적 이론은 추가로 보다 구체적인 조건들을 필요로 할 것이다. 우리는 가역과정들과 비가역과정들이 공존하는 복수적인 세계를 받아들여야만 한다. 하지만 그러한 복수적인 세계는 받아들이기 어려운 것이다.

볼테르Voltaire는 그의 《철학사전(*Dictionnaire Philosophique*)》에서 운명에 관하여 다음과 같이 적었다.

> ……모든 것은 불변의 법칙들에 의하여 지배되고 있다……. 모든 것은 미리 마련되어 있다……. 모든 것은 필연적인 효과이다……. 어떤 사람들은 이러한

> 진실을 두려워한 나머지 마치 채무자가 채권자에게 그의 빚의 반을 갚고 나머지를 갚는 데는 시간을 좀 더 달라고 간청하는 것처럼 그 진실의 반만을 허용하고 있다. 그들은 필요한 사건들과 그렇지 않은 사건들이 있다고 말한다. 만일 일어난 일의 일부분은 일어났어야만 하였고 또 다른 부분은 그럴 필요가 없었다고 한다면 그것은 이상한 것이다……. 나는 필연적으로 이 글을 쓸 정열을 지녔음에 틀림없고 당신은 나를 경멸할 정열을 지녔음에 틀림없다. 우리는 모두 똑같이 어리석으며 운명의 손아귀에 들어 있는 장난감들이다. 당신의 본성은 훼방을 놓는 것이며, 나의 본성은 진신을 사랑하고 당신을 무시하고 그것을 발표하는 것이다.[1)]

그것들이 아무리 설득력이 있는 것처럼 들릴지라도 그러한 선험적인 주장들은 우리를 방황하게 만들 수 있다. 볼테르의 논법은 뉴턴적이다 — 자연은 언제나 그 자신에 순응한다는 것이다. 그러나 신기하게도 오늘날 우리는 우리들 자신이 볼테르가 조롱한 이상한 세계에 살고 있음을 알게 된다. 도대체 우리는 자연이 제공한 질적인 다양성을 발견하고 놀라게 된다. 사람들이 두 가지 극단들 사이에서 — 우리가 언급한 바와 같이[2)] 아인슈타인이 옹호하였던 물리학으로부터의 비가역성의 제거와 이와는 대조적으로 화이트헤드의 과정의 개념에서와 같이 비가역성의 중요성에 관한 강조 사이에서 — 동요되어 왔다는 것은 놀라운 일이 아니다. 우리가 제5장과 제6장에서 보여 준 바와 같이 비가역성이 거시적인 수준에서 존재하며 중요한 건설적인 역할을 지니고 있다는 것은 의심의 여지가 없다. 그러므로 거시적인 비가역성을 나타나게 하는 무엇인가가 미시적인 세계에 있음에 틀림없는 것이다.

미시적 이론은 두 개의 밀접하게 관련된 요소들을 설명해야 한다. 무엇보다도 우선 우리는 볼츠만을 따라 시간에 따라 균일하게 변화하는 엔트로피(볼츠만의 $\mathscr{H}$함수)에 관한 미시적 모형을 세우려고 시도해야 한다. 이러한 변화가 우리의 시간의 화살을 정의해야 한다. 격리된 계들에서 엔트로피의 증가는 계가 늙어감을 표현해야 한다.

때때로 우리는 고려대상인 과정들의 형태와 엔트로피를 연관지을 수 없으면서도 시간의 화살을 가질 수 있다. 포퍼는 한쪽 방향의 과정을 나타내며 따라서 시간의 화살을 나타내는 계의 간단한 예를 들고 있다.

> 처음에는 고요한 상태로 있던 물의 넓은 표면에 돌이 떨어진 장면을 필름으로 찍었다고 하자. 거꾸로 돌린 필름은 증가하는 진폭을 지닌 수축하는 원형의 파동들을 보여 줄 것이다. 더욱이 가장 높은 물결의 바로 뒤에서는 교란되지 않은 물의 둥근 지역이 중심을 향하여 다가오게 될 것이다. 이것은 가능한 고전적인 과정이라고 여겨질 수 없는 것이다. 그것은 멀리 떨어져 있는 방대한 수의 합치적인 파동 발생장치들을 필요로 할 것이며, 그것들의 조정은 설명될 수 있는 것으로서 필름에서는 하나의 중심으로부터 발생되는 것으로 보아야 할 것이다. 그러나 이것은 만일 우리가 수정된 필름을 거꾸로 돌리려고 하면 또다시 바로 똑같은 어려움을 일으킨다.[3)]

실제로 기술技術적인 수단이 무엇이든 간에 그 거리 이상으로는 우리가 수축하는 파동을 발생시킬 수 없는 그러한 중심으로부터의 거리가 언제나 존재할 것이다. 한쪽 방향의 과정들이 존재한다. 포퍼가 제시한 형태의 다른 많은 과정들도 상상해 볼 수 있다. 우리는 모든 방향으로부터 오는 에너지가 한 개의 별에 모여드는 것과 에너지를 흡수하는 거꾸로 진행되는 핵반응 등을 결코 볼 수 없다.

이 밖에도 또 다른 시간의 화살 — 예를 들면, 우주론적인 화살(가드너의 훌륭한 설명을 보라)[4)] — 들이 존재한다. 만일 우주가 대폭발과 더불어 시작되었다고 가정한다면 이것은 분명히 우주론적인 수준에서 시간적인 질서를 내포하는 것이다. 우주의 크기는 계속해서 증가하지만 우리는 우주의 반경을 엔트로피로써 규정할 수 없다. 실제로 이미 우리가 언급한 바와 같이 팽창하는 우주 안에서 우리는 가역과정들과 비가역과정들을 모두 찾아볼 수 있다. 이와 비슷하게 소립자 물리학에서는 소위 T-위배를 나타내는 과정들이 존재한다. T－위배는 $+t$에 관하여 계의 진화를 기술하는 방정식들이 $-t$에 관한 진화를 기술하는 것들과 다르다는 것을 내포하고 있다. 하지만 우리가 T－위배를 동역학에 관한 보통의(해밀터니안의) 수식화에 포함시키지 못할 이유가 없다. T－위배의 결과로 아무런 엔트로피 함수도 정의될 수 없다.

우리는 1909년에 발표된[5] 아인슈타인과 리츠Ritz의 유명한 논쟁을 연상하게 된다. 이것은 한 페이지도 안 되는 아주 짧은 인쇄물로 매우 별난 논문이다. 그것은 단순히 동의할 수 없다는 선언이다. 아인슈타인은 비가역성이 볼츠만에 의하여 도입된 확률개념의 결과라고 주장하였다. 이와는 대조적으로 리츠는「지연된」파동과「앞선」파동 간의 구분이 필수적인 역할을 하는 것이라고 주장하였다. 이러한 구분은 우리에게 포퍼의 주장을 연상시킨다. 연못에서 우리가 관찰하는 파동들은 지연된 파동들이다. 그것들은 돌이 떨어지는 것에 따르는 것이다.

아인슈타인과 리츠는 모두 비가역성의 논의에 필수적인 요소들을 도입하였다. 그러나 그들은 각자 부분적인 이야기만을 강조하였다. 우리는 이미 제8장에서 확률이 시간의 방향을 미리 가정하고 있으며 따라서 그것은 시간의 화살을 유도하는 데 사용될 수 없다는 것을 언급한 바 있다. 우리는 또한 앞선 파동들과 같은 과정들을 제외시키는 것이 반드시 제2법칙의 수식화를 가져오는 것은 아니라고 언급하였다. 우리는 두 가지 형태의 주장들을 모두 필요로 한다.

2. 대칭파괴과정으로서의 비가역성

비가역성에 관한 문제를 논의하기 전에 또 다른 형태의 대칭파괴인 공간적 대칭파괴가 어떻게 유도될 수 있는가 하는 것을 기억하는 것이 유용할 것이다. 반응－확산계들을 기술하는 방정식들에서 왼쪽과 오른쪽은 똑같은 역할을 하고 있다(확산방정식들은 우리가 공간적 반전인 $r \rightarrow -r$ 을 수행하여도 불변인 채로 남아 있다). 그렇지만 우리가 본 바와 같이 분기현상들은 이러한 대칭성이 파괴되는 그러한 해解들에 이르게 할 수 있다(제5장을 보라). 예를 들면, 성분들 중의 어떤 것의 농도가 오른쪽에서보다 왼쪽에서 더 커질 수 있다. 방정식들의 대칭성은 오직 대칭성을 파괴하는 해들이 쌍으로 나타날 것을 필요로 할 뿐이다.

물론 분기현상들이 나타나지 않고 따라서 공간적 대칭성을 파괴할 수 없는 반응-확산방정식들도 많이 있다. 공간적 대칭성의 파괴는 다른 매우 독특한 조건들을 필요로 한다. 이것은 여기서 우리가 주로 관심을 갖고 있는 시간적인 대칭파괴를 이해하는 데 소중한 것이다. 우리는 운동방정식들이 더 낮은 대칭성을 나타낼 수 있는 그러한 계들을 찾아야 한다.

그 방정식들은 실제로 시간의 반전 $t \to -t$에 대하여 불변이다. 하지만 이 방정식들이 나타내는 것은 이러한 대칭성을 잃는 진화들에 해당될 수 있다. 방정식들의 대칭성에 의하여 강요된 유일한 조건은 그러한 구현들이 쌍으로 나타나야 한다는 것이다. 예를 들어 만일 우리가 먼 미래에(그리고 먼 과거가 아닌) 평형상태를 향하여 가는 해를 찾는다면, 우리는 또한 먼 과거에(그리고 먼 미래가 아닌) 평형상태로 향해 가는 해도 찾아야만 한다. 대칭성이 파괴된 해들은 쌍으로 나타난다.

일단 우리가 그러한 상황을 찾게 되면, 우리는 제2법칙의 고유한 의미를 나타낼 수 있다. 그것은 두 가지 형태의 해들 중 오직 한 가지만이 구현될 수 있거나 또는 자연에서 관측될 수 있다는 것을 말해 주는 선택 원리가 된다. 제2법칙은 적용될 수 있을 때마다 자연의 고유한 편극현상을 나타내고 있다. 그것은 결코 동역학 그 자체의 결과일 수는 없다. 수년 전에만 하여도 그러한 계획을 시도하는 것은 불가능한 것으로 보였다. 하지만 지난 수십 년간에 걸쳐 동역학은 놀라운 발전을 이룩하였고, 이제 우리는 이러한 대칭성을 파괴하는 해들이 「충분히 복잡한」 동역학계들에서 어떻게 나타나는가 하는 것과 열역학 제2법칙에 의하여 표현된 선택원리가 미시적 수준에서 무엇을 의미하는가 하는 것을 자세하게 이해할 수 있다. 이것이 바로 우리가 이 장의 다음 부분에서 보이고자 하는 것이다.

3. 고전적 개념들의 한계

이제 고전역학으로부터 시작해 보자. 우리가 이미 언급한 바와 같이 만일 궤적이 기본적으로 줄일 수 없는 요소라야 한다면 세계는 그것들로부터 세계가 형성될 그러한 궤적들과 마찬가지로 가역적이어야 할 것이다. 이러한 기술記述에서는 엔트로피도 없을 것이고 시간의 화살도 없을 것이다. 그러나 예기치 않던 최근의 발전들의 결과로 인하여 궤적에 관한 개념의 유효성은 우리가 기대했던 것보다 훨씬 더 제한적인 것으로 보인다. 이제 제8장에서 도입했던 기브스와 아인슈타인의 앙상블 이론으로 돌아가 보자. 우리는 기브스와 아인슈타인이 많은 수의 입자들로 이루어진 계들의 초기상태를 우리가 「알지」 못한다는 사실을 설명하기 위하여 물리학에 위상공간을 도입하였다는 것을 본 바 있다. 그들에게는 위상공간에서의 분포함수가 단지 **정당하게 잘 결정된** 상황에 관한 우리의 **사실상의** 무지를 나타내는 보조적인 구조물에 불과한 것이었다. 하지만 **어떤 형태의 계들에 대하여는** 초기조건들의 무한히 정확한 결정이 스스로 모순되는 절차에 이르게 한다는 것을 일단 보일 수 있으면, 이 문제는 전반적으로 새로운 차원들을 지니게 된다. 일단 그러하다고 보면 우리가 결코 단 하나의 궤적을 아는 것이 아니라 위상공간에서의 궤적들의 앙상블인 하나의 집단을 알게 된다는 사실은 단지 우리의 지식의 한계들에 관한 표현만은 아닌 것이다. 그것은 동역학을 조사하는 새로운 방법의 출발점이 되는 것이다.

단순한 경우들에서는 아무런 문제도 없다는 것이 사실이다. 이제 진자의 예를 들어보자. 그것은 초기조건들에 따라 진동하거나 그렇지 않으면 그것의 축 주위로 회전할 것이다. 진자가 회전하기 위해서는 그것이 수직 위치

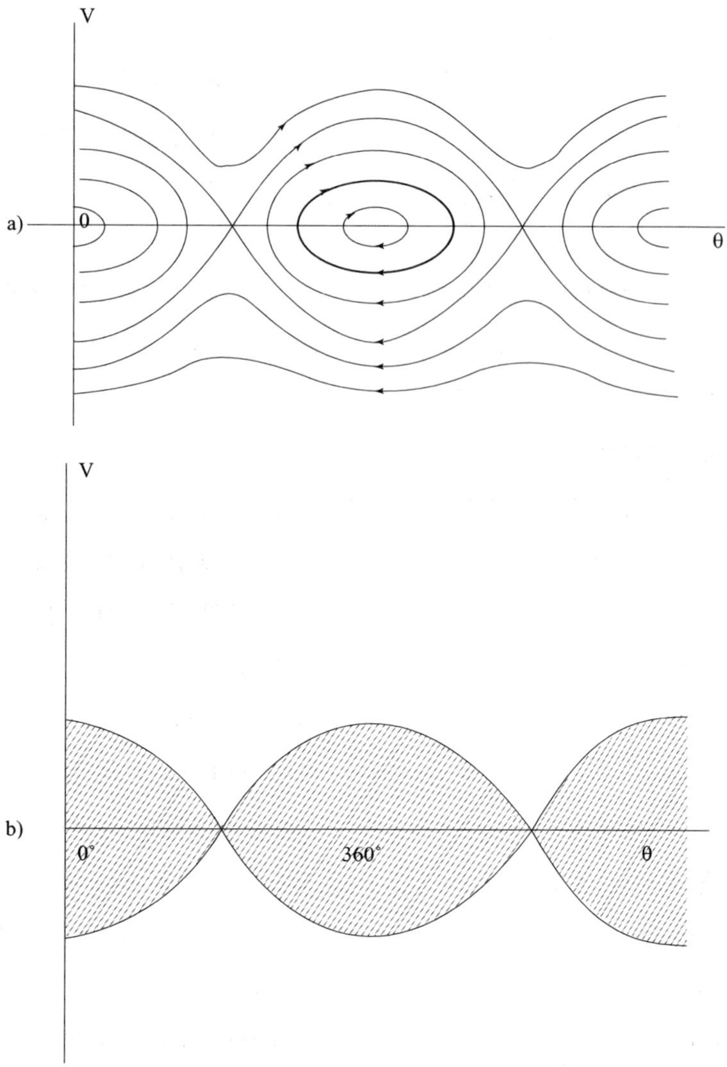

그림 30. 공간에서의 진자의 운동을 나타낸 것으로 V는 속도이고 θ는 편향각이다. (a) (V, θ)공간에서의 대표적인 궤적들. (b) 빗금 친 지역은 진동에 해당되며 그 바깥의 지역은 회전에 해당된다.

에 도달하기 전에 「다시 떨어지지」 않도록 그것의 운동에너지가 충분히 커야만 한다. 이러한 두 가지 형태의 운동은 위상공간에서 두 개의 서로 떨어진 지역들을 정의한다. 그 이유는 매우 간단하다. 즉, 회전은 진동보다 더 많은 에너지를 필요로 하기 때문이다(그림 30을 보라).

만일 우리가 측정을 통하여 계가 초기에 어떤 주어진 지역에 있다는 것을 입증할 수 있다면 우리는 진자가 나타내는 운동의 형태를 안전하게 예측할 수 있을 것이다. 우리는 우리의 측정의 정확도를 증가시킬 수 있으며 진자의 초기상태를 첫 번째 것으로 둘러싸인 더 작은 지역으로 국한시킬 수 있다. 어쨌든 우리는 계의 행동을 언제나 알게 되며 아무런 새로운 것이나 예기치 않았던 일이 일어날 성싶지는 않은 것이다.

20세기에 이룩된 가장 놀라운 결과들 중의 하나는 **그러한 기술記述이 일반적으로 유효하지는 않다**고 하는 것이다. 오히려 「대부분의」 **동역학계**들은 매우 불안정하게 행동한다는 것이다.[6] 이제 한 종류의 궤적(예를 들어, 진동에 해당되는)을 +로 나타내고 또 다른 종류의 궤적(예를 들어, 회전에 해당되는)을 *로 나타내 보자. 두 지역들이 서로 떨어져 있는 그림 30 대신에 우리는 일반적으로 단 한 점으로의 전이가 모호해지는 상태들의 혼합물을 보게 된다(그림 31을 보라). 만일 우리가 계의 초기상태가 A지역에 있다는 것만을 알고 있다면 우리는 그것의 궤적이 +형태라는 것을 추론할 수 없게 된다. 그것은 똑같이 *형태일 수도 있기 때문이다. 우리는 A지역으로부터 그 안의 더 작은 지역으로 옮아감으로써, 정확도를 증가시킴으로써 아무것도 이룰 수 없다. 왜냐하면 불확정성이 남아 있기 때문이다. **아무리 작은 지역이라 하여도 모든 지역에서는 두 가지 형태의 궤적의 각각에 속하는 상태가 언제나 존재한다.**[7]

그러한 계들에 대해서는 하나의 궤적은 관측될 수 없는 것이 된다. 이와 같은 불안정성은 뉴턴적인 이상화의 한계들을 나타내는 것이다. 뉴턴의 동역학의 두 가지 기본적인 요소들인 동역학법칙과 초기조건들의 독립성이 파괴되는 것이다 — 동역학법칙은 초기조건들의 결정과 상충하게 된다. 우리는 아낙사고라스Anaxagoras가 자연의 창조적인 가능성들의 풍부함을 생각한

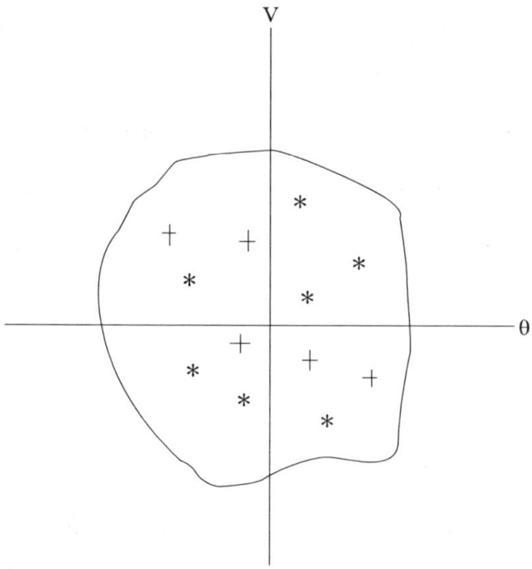

그림 31. 계가 동역학적 불안정성을 보여 주는 위상공간 V에서의 임의로 작은 어떤 지역을 개략적으로 나타낸 것이다. 진자의 경우와 마찬가지로 두 종류의 궤적들이 존재한다(여기서는 +와 *로 표시되어 있다). 그러나 진자와는 대조적으로 두 가지 운동들은 임의로 작은 모든 지역에서 나타난다.

방식을 상기할 수 있다. 그에게는 모든 대상들은 그들의 각 부분들 안에 질적으로 서로 다른 씨앗들의 무한한 다중성을 포함하고 있는 것이다. 여기서도 역시 위상공간의 각 지역은 질적으로 서로 다른 행동들의 풍부함을 간직하고 있는 것이다.

이러한 전망으로부터 볼 때, 결정론적인 궤적은 제한적으로만 적용되는 것으로 보인다. 우리가 실제로뿐만 아니라 이론적으로도 궤적에 의하여 계를 기술할 수 없으며 위상공간의 (아무리 작더라도) 한정된 지역에 해당되는 분포함수를 사용해야만 하는 만큼 우리는 오직 계의 통계적인 미래만을 예측할 수 있는 것이다.

우리의 친구인 레온 로젠펠트Leon Rosenfeld는 개념이란 오직 그것의 한계를 통해서만 이해될 수 있는 것이라고 말하곤 하였다. 이러한 의미에서 우리는 이제 그것의 수식화가 현대과학으로 향하는 길을 닦아 놓은 고전역학에 관하여 보다 잘 이해하게 된 것 같다.

그러나 이 새로운 관점은 어떻게 나타난 것인가? 여기서 우리는 금세기 동안 동역학이 겪어온 극적인 변화들을 기술해야만 하겠다. 비록 동역학이 완벽히 종결된 지식 분야의 원형 바로 그것으로 생각되어 왔으나 사실상 동역학은 완전히 변환되어 버렸다.

4. 동역학의 부활

이 책의 첫 부분에서 우리는 19세기에 수식화된 대로의 동역학에 관한 기술記述을 제시하였다. 이것은 아직도 많은 교과서들에서 다루고 있는 방식이다. 동역학계의 원형은 적분 가능한 계이다. 운동방정식들을 풀기 위하여 우리는 단지 그것들에 해당되는 운동량들이 운동에 대하여 불변인 「좋은」 좌표들을 찾기만 하면 되는 것이다. 이러한 방식으로 움직이는 개체들 간의 상호작용이 제거되었다. 이러한 계획은 실패하였다. 우리는 이미 19세기 말에 브런스와 푸앵카레가 유명한 「3체」 문제를 위시하여 대부분의 동역학계들이 적분될 수 없음을 보여 주었다는 것을 언급한 바 있다.

반면에 앙상블 이론에 의한 평형상태로의 접근에 관한 생각 바로 그것은 우리가 적분 가능한 계들에 관한 관념화를 넘어서야 한다는 것을 요구하는 것이다. 우리가 제8장에서 본 바와 같이 앙상블 이론에 의하면 격리된 계는 그것이 주어진 에너지를 지닌 표면 위의 모든 점들이 똑같은 확률을 갖는 「미소정준 앙상블」로 나타날 때 평형상태에 있게 된다. 이것은 계가 평형상태로 진화하기 위해서는 에너지가 계의 진화 동안 보존되는 유일한 양이어야 한다는 것을 의미한다. 그것은 유일한 「불변량」이어야 한다. 초기조건들이 무엇이든 간에 계의 진화는 그것이 주어진 에너지의 표면 위에 있는 모든 점들에 이를 수 있도록 해야 하는 것이다. 그러나 적분 가능한 계에서는 에너지가 결코 유일한 불변량일 수는 없을 것이다. 실제로 자유도만큼 많은 불변량들이 존재한다. 왜냐하면 각각의 일반화된 운동량이 일정하게 유지되기 때문이다. 그러므로 우리는 그러한 계가 이러한 모든 불변의 공통부분으로 이루어진 일정한 에너지의 표면(그림 32를 보라)의 매우 작은「부분」에「갇혀 있을」 것을 기대해야만 한다.

이러한 난점들을 회피하기 위하여 맥스웰과 볼츠만은 새롭고 매우 다른 형태의 동역학계를 도입하였다. 이러한 계에서는 에너지가 유일한 불변량인 것이다. 그러한 계는「에르고드ergodic」 계라고 불린다(그림 33을 보라).

에르고드 계에 관한 이론에 위대한 공헌을 한 사람들을 몇 사람만 언급하자면 버코프Birchoff, 폰 노이만von Neumann, 호프Hopf, 콜모고로프Kolmogoroff, 그리고 시나이Sinai 등을 들 수 있다.[8)9)10)] 오늘날 우리는 많은 계층의 동역학계들이 (비록 비해밀턴적이기는 하지만) 에르고드 계임을 알고 있다. 또한 우리는 심지어 비교적 단순한 계들까지도 에르고드 성질보다 더 강한 성질을 지닐

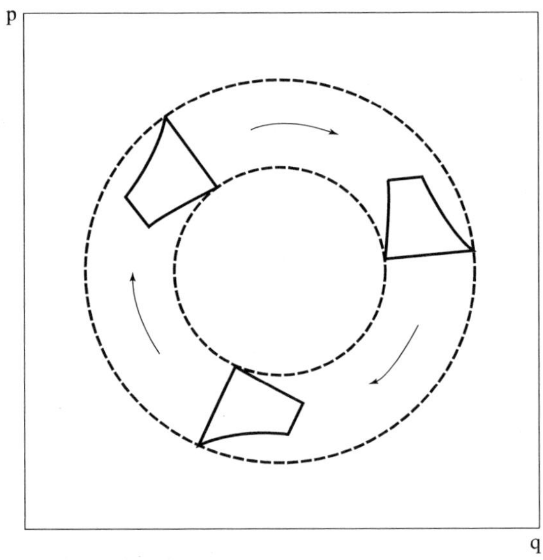

그림 32. 위상공간 (p, q)에서 한 세포의 시간적 진화. 세포의「부피」와 그 모양은 시간이 흘러도 그대로 유지된다. 더욱이 대부분의 위상공간은 계가 접근할 수 없다.

수 있다는 것을 알고 있다. 이러한 계들에 대해서는(제7장에서 언급한 리우빌 방정식에 따르도록 언제나 부피는 같게 유지되는 반면) 위상공간에서의 운동은 극도로 혼란스러워진다.

만일 우리가 초기조건들에 관한 우리의 지식으로 계를 위상공간의 작은 세포 안에 국한시킬 수 있다고 하자. 그것이 진화하는 동안 우리는 이 초기의 세포가 몸부림치며 아메바와 같이 「의족擬足」들을 모든 방향으로 내뻗으며 점점 더 가늘고 더욱 뒤틀린 필라멘트 형태로 마침내 전체 공간을 차지할 때까지 퍼져 나아가는 것을 보게 될 것이다. 어떠한 그림으로도 실제 상

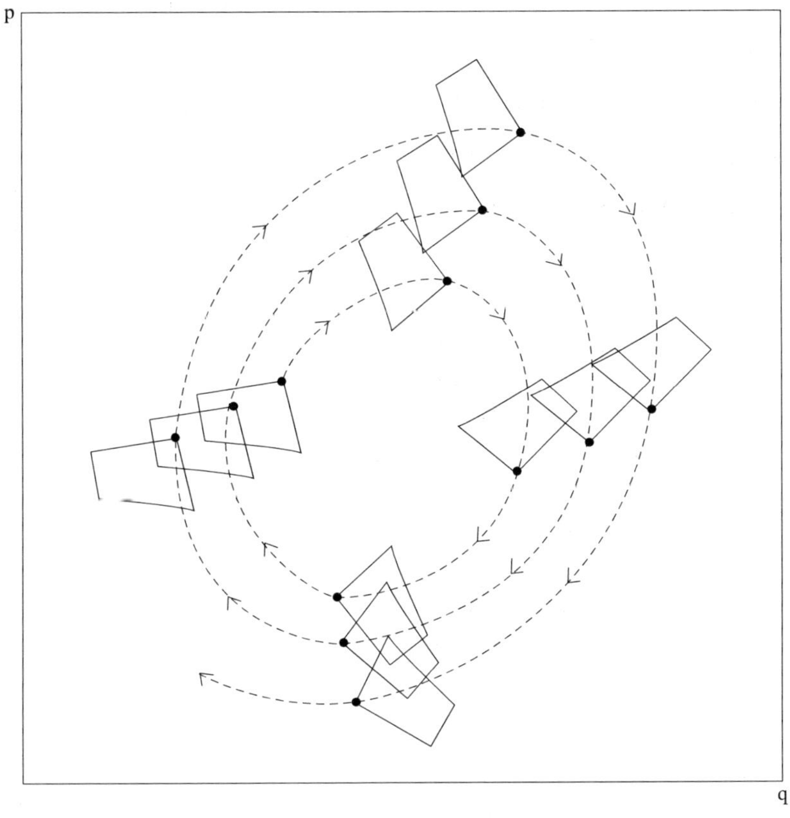

그림 33. 위상공간에서 에르고드 계에 해당되는 세포의 대표적인 진화. 시간이 흐름에 따라 「부피」와 모양은 보존되지만 세포는 이제 전체 위상공간을 통하여 나선형으로 돌게 된다.

황의 복잡성을 묘사할 수 없을 것이다(그림 34를 보라). 실제로 혼합계mixing system의 동역학적 진화과정에서 우리가 원하는 만큼 가깝게 있는 위상공간에서의 두 점들은 서로 다른 방향으로 나아갈 수 있다. 비록 우리가 계의 대표적인 점들로 이루어진 초기의 세포가 매우 작게 되도록 계에 관하여 많은 정보를 지니고 있다 하여도 동역학적 진화는 이 세포를 그것의 필라멘트들의 조직망이 위상공간으로 뻗어 나아가는 정말로 기하학적인 「괴물」로 바꾸어 놓는다.

우리는 몇 가지 간단한 예들을 통하여 안정한 계와 불안정한 계의 구분을 나타내고자 한다. 2차원의 위상공간을 생각해 보자. 규칙적인 시간간격으로

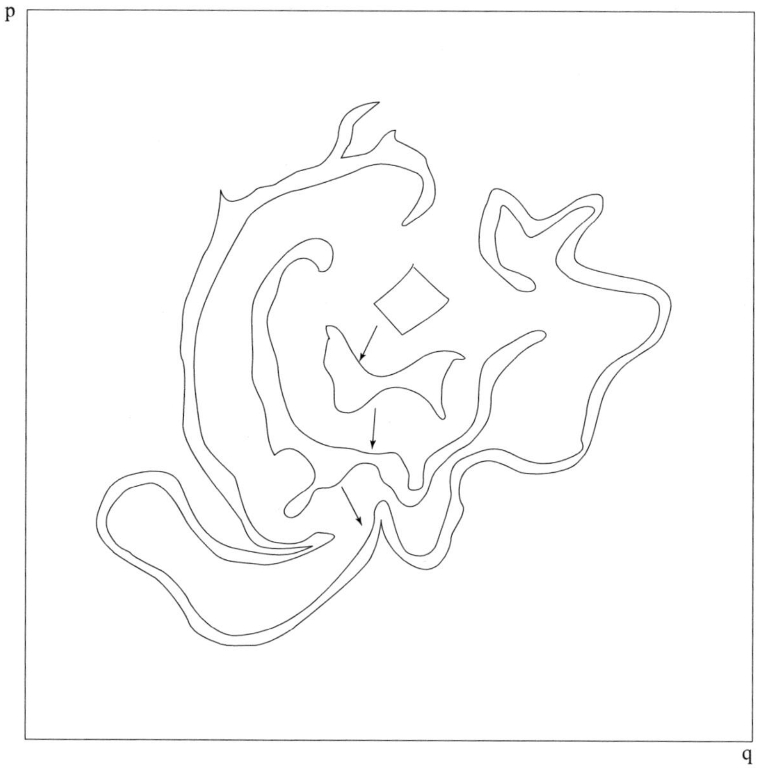

그림 34. 위상공간에서 「혼합」계에 해당되는 세포의 대표적인 진화. 부피는 여전히 보존되지만 모양은 더 이상 보존되지 않는다. 세포는 점차로 전체 위상공간을 통하여 퍼져 나아간다.

우리는 이 좌표들을 새로운 좌표들로 바꾸어 놓을 것이다. 수평축상의 새로운 점은 $p-q$ 이고 새로운 세로 좌표는 p 이다. 그림 35는 우리가 이러한 조작을 정사각형에 적용시켰을 때 무슨 일이 일어나는가 하는 것을 보여 주고 있다. 그 정사각형은 변형되지만 6번의 변환 후에는 본래의 정사각형으로 되돌아온다. 이 계는 안정한 것이다. 즉, 근방의 점들은 근방의 점들로 변환된다. 더욱이 그것은 순환적인 변환에 해당된다(6번의 조작 후에 본래의 정사각형이 다시 나타난다).

이제 극도로 불안정한 계들의 두 가지 예를 생각해 보자 ― 첫 번째 것은 수학적인 것이며, 두 번째 것은 분명히 물리적인 중요성을 지니고 있다. 첫 번째 계는 명백한 이유로 수학자들이 「제빵업자 변환baker transformation」이라고

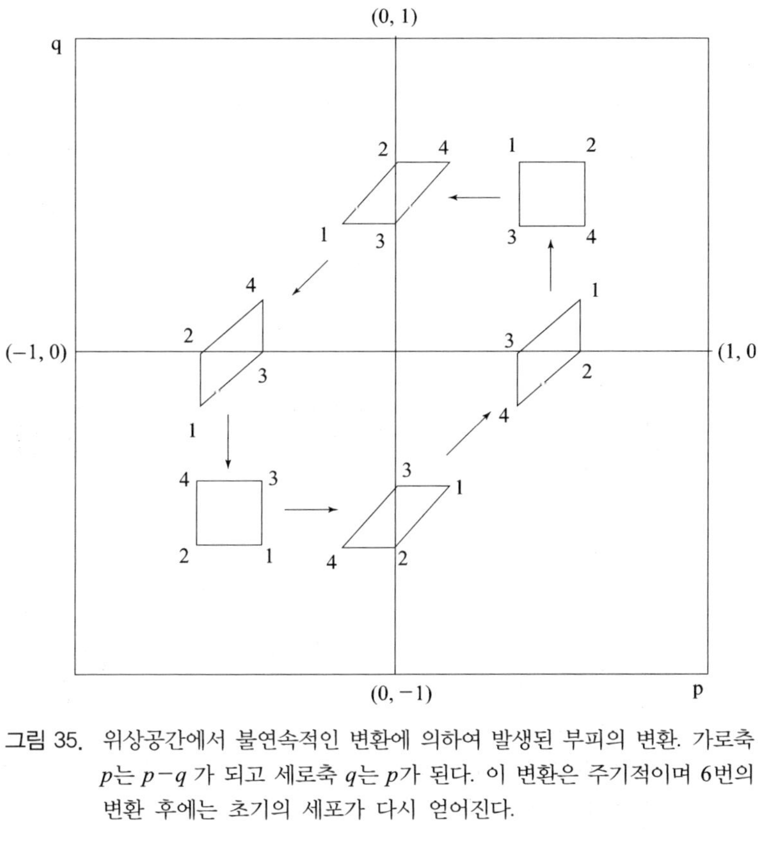

그림 35. 위상공간에서 불연속적인 변환에 의하여 발생된 부피의 변환. 가로축 p는 $p-q$ 가 되고 세로축 q는 p가 된다. 이 변환은 주기적이며 6번의 변환 후에는 초기의 세포가 다시 얻어진다.

부르는 변환으로 구성되어 있다.[9),10)] 정사각형을 납작하게 눌러 직사각형을 만들고 이 직사각형을 절반으로 접어 그 한 절반을 다른 절반 위에 올려놓아 다시 정사각형을 만들자. 이 조작들은 그림 36에 나타나 있으며 원하는 만큼 이들은 반복될 수 있다.

매번 정사각형의 표면은 쪼개지고 재분배된다. 여기서 정사각형은 위상공간에 해당된다. 제빵업자 변환은 각 점을 잘 정의된 새로운 점으로 변환시킨다. 비록 이러한 방법으로 얻은 일련의 점들이 「결정론적」인 것이기는 하지만 이 계는 이 밖에도 간추릴 수 없는 통계적인 양상들을 보여 주고 있다. 이제 정사각형의 지역 A가 초기에 대표적인 점들로 균일하게 채워진 것과 같은 초기조건으로 기술되는 계를 예로 들어보자. 우리는 이 세포가 그것의 크기와 국지화가 무엇이든 간에 이 변환을 충분히 여러 번 반복해 주고 난 후에는 조각들로 쪼개진다는 것을 보여 줄 수 있다(그림 37을 보라).

그 요점은 따라서 그것의 크기가 무엇이든 간에 어떠한 지역이라도 언제나 매분열 때마다 발산하는 서로 다른 궤적들을 포함하고 있다는 것이다. 비록 한 점의 진화가 가역적이고 결정론적인 것일지라도 한 지역에 관한 기술記述은 아무리 작다 하여도 기본적으로 통계적인 것이다.

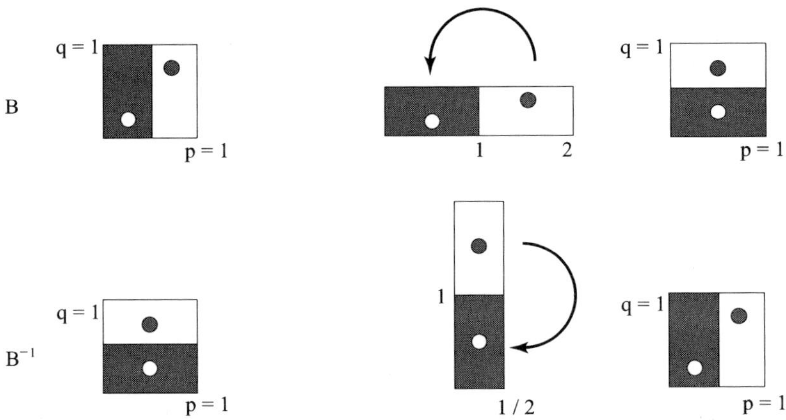

그림 36. 제빵업자 변환(B)과 그것의 역변환(B^{-1})의 구현. 두 점의 경로가 이 변환들에 관한 것을 말해 주고 있다.

강체구들의 산란에 관하여 이와 비슷한 예가 있다. 멋대로 분포된 커다란 공들이 모여 있고 그 위에서 되튀는 작은 공을 생각해 보자. 커다란 공들은 고정되어 있다고 가정한다. 이것은 네덜란드의 위대한 물리학자인 헨드릭 안톤 로렌츠Hendrik Antoon Lorentz의 이름을 따서 물리학자들이 「로렌츠 모형」이라고 부르는 모형이다.

움직이는 작은 공의 궤적은 잘 정의되어 있다. 하지만 우리가 초기조건들에 가장 작은 불확정성이라도 도입하기만 하면 언제나 이 불확정성은 연속적인 충돌들을 통하여 확대된다. 시간이 지남에 따라 작은 공을 주어진 부피 안에서 찾을 수 있는 확률은 균일한 것이 된다. 변환들의 수가 무엇이든간에 우리는 결코 본래의 상태로 되돌아 갈 수 없게 된다.

앞에서의 두 가지 예들에서 우리는 매우 **불안정한** 동역학계들을 보았다. 그 상황은 열역학적 계들에서 나타나는 것과 같은 불안정성들을 상기시키는 것이다(제5장을 보라). 초기조건들에서의 임의로 작은 차이들이 확대된다. 그 결과 우리는 더 이상 위상공간에서의 앙상블로부터 개별적인 궤적들로

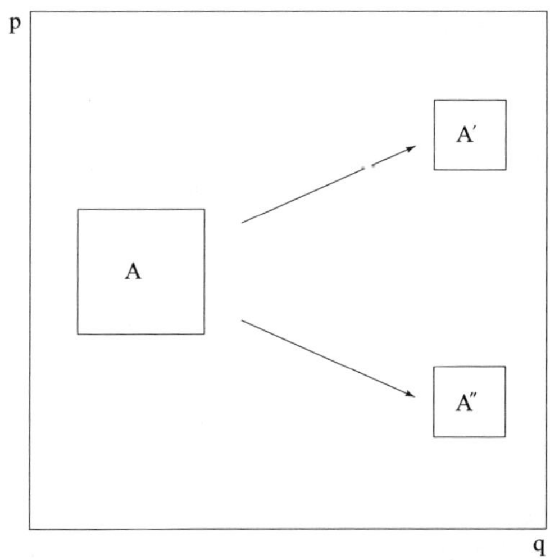

그림 37. 불안정한 계의 시간적 진화. 시간이 흐름에 따라 A 지역은 A′와 A″의 지역들로 쪼개어지며 이들은 다시 나누어진다.

전이를 일으킬 수 없게 된다. 앙상블에 의한 기술記述은 출발점으로 여겨져야 한다. 통계적 개념들은 더 이상 어떤 「객관적 진실」에 대한 단순한 근사가 아닌 것이다. 이러한 불안정한 계들에 직면했을 때 라플라스의 악마는 우리와 꼭 마찬가지로 무력할 뿐이다.

아인슈타인이 「신은 주사위놀이를 하지 않는다.」라고 한 말은 잘 알려져 있다. 이와 똑같은 정신으로 푸앵카레는 최고의 수학자에게는 확률이란 있을 수 없다고 말하였다. 하지만 푸앵카레 자신이 이 문제에 대한 해답에 이르는 길을 지적해 놓았다.[11] 그는 우리가 주사위를 던지고 확률 미적분학을 사용한다고 해서 우리가 동역학이 그릇된 것이라고 가정하는 것을 의미하지는 않음을 주목하였다. 그것은 어떤 매우 다른 것을 의미한다. 우리가 확률

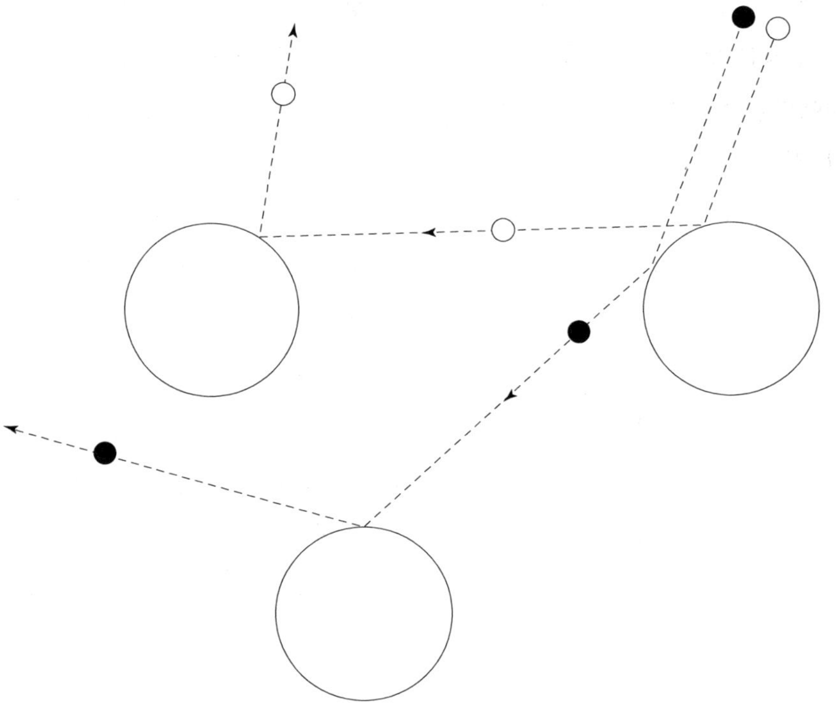

그림 38. 큰 공들로부터 튕겨진 작은 공의 궤적의 불안정성에 관한 개략적인 표현. 작은 공의 위치에 관한 가장 작은 부정확성이라도 그것이 첫 번째 충돌 후에 어느 큰 공과 충돌할 것인가 하는 것을 예측할 수 없게 한다.

개념을 적용하는 것은 초기조건들의 매간격에는 그것이 아무리 작다 하여도 주사위의 각 면에 이르게 될 정도의 「많은」 궤적들이 존재하기 때문이다. 이것은 바로 불안정한 동역학계들에서 일어나는 일이다. 신은 만일 그가 원한다면 불안정한 동역학적 세계에서 궤적들을 계산할 수 있을 것이다. 그는 우리가 확률 미적분학으로 도달할 수 있는 똑같은 결과를 얻게 될 것이다. 물론 그가 그의 절대적인 지식을 사용한다면 그는 모든 무질서도를 없애 버릴 수 있다.

결론적으로 말하자면, 불안정성과 확률 간에는 밀접한 관계가 있다. 이것은 중요한 점이며 우리는 이제 그것을 논의하고자 한다.

5. 무질서로부터 비가역성으로

제빵업자의 변환이 적용되는 일련의 정사각형들을 생각해 보자. 그림 39에 이 일련의 정사각형들이 나타나 있다. 빗금 친 지역에는 잉크가 채워져 있고 빗금이 안 쳐진 지역에는 물이 채워져 있다고 상상해 볼 수 있다. 시간 0에서는 발생기 분할이라고 불리는 상태에 있다. 이 분할로부터 우리가 미래로 갈 때는 일련의 수평 분할들을 이루게 되고 또는 과거로 갈 때는 일련의 수직 분할들을 이루게 된다. 이들은 기본적인 분할들이다. 우리는 이 기본적 분할의 각각에 단순히 발생기 분할로부터 고려 대상인 분할로 가기 위해 우리가 수행해 주어야만 하는 제빵업자의 변환의 수인 「내적」인 시간을 결부시킬 수 있다.[12] 그러므로 우리는 이러한 형태의 계가 일종의 내적인 나이를 받아들인다는 것을 알게 된다.*

내적인 시간 T는 보통의 기계적 시간과는 매우 다른 것이다. 왜냐하면 그

---

*우리가 T로 나타낼 이러한 내적인 시간은 사실상 양자역학에 도입된 것과 같은 연산자이다 (제7장을 보라). 실제로 정사각형의 임의의 분할은 잘 정의된 시간을 지니는 것이 아니라 단지 그것으로부터 이 분할이 이루어지는 기본적인 분할의 중첩에 해당되는 「평균적」 시간만을 지니고 있을 뿐이다.

것은 계의 전반적인 위상에 의존되는 것이기 때문이다. 우리는 심지어 「공간의 시간 정하기」를 말할 수도 있다. 따라서 우리는 「연대年代 지리학 chronogeography」의 개념을 도입한 지리학자들이 최근에 내놓은 생각들에 가깝게 접근한다.[13] 우리가 마을이나 풍경의 구조를 바라볼 때, 우리는 시간적 요소들이 상호작용하며 공존하고 있음을 보게 된다. 브라질리아 또는 폼페이는 제빵업자의 변환에서의 기본적 분할들 중의 하나와 어느 정도 마찬가지로 잘 정의된 내적인 나이에 해당될 것이다. 이와는 대조적으로 그 건물들이 매우 다른 시대에 세워진 현대의 로마는 임의의 분할이 서로 다른 내적인 시간들에 해당되는 요소들로 분해될 수 있는 것과 꼭 마찬가지로 평균적인 시간에 해당될 것이다.

이제 그림 39를 다시 보기로 하자. 만일 우리가 먼 미래로 간다면 무슨 일이 일어나는가? 수평의 잉크 띠들은 점점 더 가까워질 것이다. 우리의 측정들의 정밀도가 무엇이든 간에 얼마 동안 시간이 지난 후에 우리는 잉크가 부피 전체에 균일하게 분포되었다고 결론지을 것이다. 그러므로 「평형」을 향한 이러한 종류의 접근이 우리가 제8장에서 기술한 마르코프 사슬과 같은 확률적 과정 안에 그려질 수 있다는 것은 놀라운 것이 아니다. 최근에 이것은 수학적으로 엄밀하게 증명되었다.[14] 그러나 그 결과는 우리에게 매우 자연스러

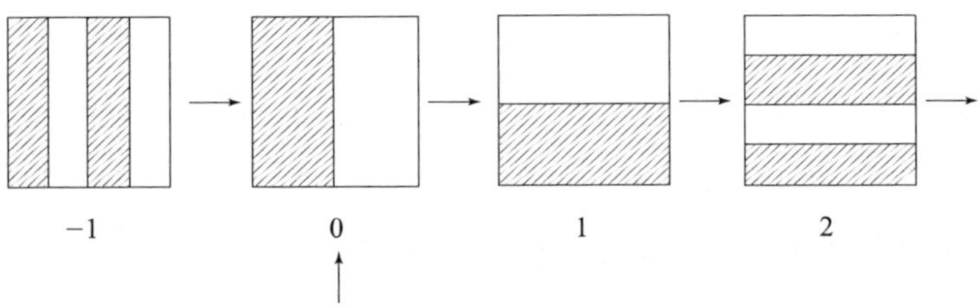

그림 39. 시간 0에서 「발생기 분할」(본문을 보라)로부터 시작하여 제빵업자의 변환을 반복하여 적용한다. 이러한 방법으로 우리는 수평의 띠들을 만들어낸다. 이와 비슷하게 과거로 돌아감으로써 우리는 수직의 띠들을 얻게 된다.

운 것으로 여겨진다. 시간이 지남에 따라 잉크의 분포는 제8장에서 논의된 항아리 실험에서의 공들의 분포와 똑같이 평형에 도달한다. 하지만 우리가 다시 시간 0에서 발생기 분할로부터 시작하여 과거를 바라볼 때 우리는 똑같은 현상을 보게 된다. 이제 잉크는 줄어드는 수직 구간들을 따라 분포되며 충분히 먼 과거에서 우리는 다시 한번 잉크의 균일한 분포를 보게 될 것이다. 따라서 우리는 이 과정을 이번에는 과거를 향하여 배열된 것이기는 하지만 마르코프의 사슬로써 역시 모형화할 수 있다고 결론지을 수 있다. 우리는 불안정한 동역학적 과정들로부터 하나는 미래에 또 하나는 과거에 평형상태로 도달하는 두 가지의 마르코프 사슬들을 얻게 됨을 알 수 있다.

우리는 이것이 매우 흥미로운 결과라고 믿으며 이것에 관하여 비평하고자 한다. 내적인 시간은 우리에게 새로운 「비非국지적」인 기술記述을 마련해 주는 것이다.

우리가 계의 「나이」를 알 때 (즉, 해당되는 분할을 알 때) 우리는 아직 그것에 잘 정의된 국지적인 궤적을 결부시킬 수 없다.

우리는 오직 계가 빗금 친 지역에 있음을 알 뿐이다 (그림 39). 이와 비슷하게 만일 우리가 계 안의 한 점에 해당되는 어떤 정확한 초기조건들을 알고 있다면 우리는 그것이 속하는 분할을 알 수 없으며, 또한 계의 나이도 알 수 없게 된다. 따라서 우리는 그러한 계들에 대하여 두 가지의 상보적인 기술記述들을 알고 있는 것이며, 이 상황은 우리가 양자역학을 논의할 때 제7장에서 기술한 것을 어느 정도 상기시킨다.

우리가 동역학으로부터 확률로 전이를 이룰 수 있는 것은 바로 이 새로운 대안인 비국지적 기술記述이 존재하기 때문이다. 우리는 이것이 가능한 계들을 「고유하게 무질서한 계들」이라고 부른다.

고전적 결정론적인 계들에서 우리는 매우 변질된 의미에서 한 점으로부터 또 다른 점으로 가는 전이 확률들을 사용할 수 있다. 이 전이 확률은 두 점들이 같은 동역학적 궤적 위에 놓여 있으면 1이 될 것이고 그렇지 않으면

0이 될 것이다.

이와는 대조적으로 진정한 확률이론에서 우리는 0과 1 사이의 양수들인 전이 확률들을 필요로 한다. 어떻게 이것이 가능한가? 여기서 우리는 확률에 관한 주관론적인 견해와 객관적인 해석의 상충을 환히 들여다볼 수 있다. 주관적 해석은 개별적인 궤적들이 알려져 있지 않은 상황에 해당된다. 확률은(그리고 궁극적으로 그것에 밀접하게 관련된 비가역성은) 우리의 무지로부터 비롯되는 것이다. 그러나 다행하게도 또 다른 객관적 해석이 있다. 즉, 확률은 매우 불안정한 동역학계들에서 나타나는 동역학의 또 다른 기술記述인 비국지적 기술記述의 결과로서 나타난다는 것이다.

말하자면, 여기서 확률은 동역학의 내부로부터 발생되는 객관적 성질이 되며, 그것은 동역학계의 기본적 구조를 나타내는 것이다. 우리는 볼츠만의 기본적 발견인 엔트로피와 확률 간의 관계의 중요성을 강조한 바 있다. 고유하게 무질서한 계들에서 확률의 개념은 동역학적 의미를 지닌다. 이제 우리는 고유하게 무질서한 계들로부터 비가역적 계들로의 전이를 이룩해야 하겠다. 우리는 불안정한 동역학적 과정들로부터 두 가지의 마르코프 사슬들이 얻어진다는 것을 본 바 있다.

우리는 이러한 이중성을 다른 방법으로 볼 수 있다. 선상線上에 집중되어 있는 분포(표면 위에 분포된 대신에)를 생각해 보자. 이 선은 수직일 수도 있고 수평일 수도 있다. 이제 우리가 이 선에 미래를 향한 제빵업자의 변환을 적용시켰을 때 무슨 일이 생기는가 하는 것을 보기로 하자. 그 결과는 그림 40에 나타나 있다. 수직선은 연달아 조각들로 잘라져서 먼 미래에는 한 점으로 줄어들 것이다. 이와는 대조적으로 수평선은 복제되어 먼 미래에는 표면을 균일하게 「덮을」 것이다. 만일 우리가 과거로 돌아간다면 명백히 정반대의 일이 일어날 것이다. 쉽게 이해할 수 있는 까닭으로 인하여 수직선은 수축섬유로 불리며 수평선은 팽창섬유로 불린다.

우리는 이제 분기이론과의 완전한 비유를 보게 된다. 수축섬유와 팽창섬유는 각각 대칭파괴와 대칭출현을 쌍으로 포함하는 동역학의 두 가지 구현들에 해당되는 것이다. 수축섬유는 먼 과거에서 평형에 해당되며, 팽창섬유는 먼 미래에서 평형에 해당된다. 따라서 우리는 시간의 정반대 방향으로 배열된 두 개의 마르코프 사슬들을 보게 된다.

이제 우리는 고유하게 무질서한 계들로부터 고유하게 비가역적인 계들로의 전이를 이루어야 하겠다. 그러기 위하여 우리는 수축섬유와 팽창섬유 간의 차이를 보다 정확하게 이해해야만 한다. 우리는 제빵업자의 변환과 마찬가지로 불안정한 또 다른 계가 강체구들의 산란을 기술할 수 있다는 것을 본 바 있다. 여기서 수축섬유와 팽창섬유는 단순한 물리적 해석을 지니고 있다. 수축섬유는 그것들의 속도들이 먼 과거에는 무질서하게 분포되어 있으며 먼 미래에는 나란해지는 그러한 강체구들의 모임에 해당된다. 팽창섬유는 나란한 속도들로부터 시작하여 무질서한 분포가 되는 그 반대상황에 해당되는 것이다. 그러므로 그 차이는 포퍼가 제시한 예에서 들어오는 파동과 나가는 파동 간의 차이와 매우 비슷한 것이다. 수축섬유들의 배제는 제

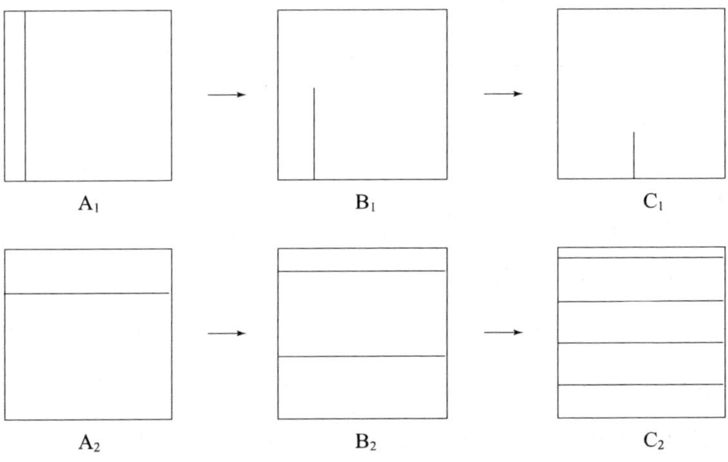

그림 40. 제빵업자의 변환에서의 수축섬유와 팽창섬유. 시간이 흐름에 따라 수축섬유 A_1은 짧아진다(A_1, B_1, C_1의 순서로). 반면에 팽창섬유는 이중으로 복제된다(A_2, B_2, C_2의 순으로).

아무리 천재적인 실험가라 할지라도 그가 결코 임의의 수의 충돌 후에 나란한 속도들을 나타낼 수 있도록 계를 조절할 수 없을 것이라는 실험적 사실에 해당되는 것이다. 일단 우리가 수축섬유들을 제외시키고 나면, 우리에게 남아 있는 것은 우리가 도입한 두 가지의 가능한 마르코프 사슬들 중에 오직 한 가지뿐이다. 다시 말하자면, 제2법칙은 초기조건들의 선택원리가 된다는 것이다. 오직 미래에 평형상태로 나아가는 초기조건들만이 남겨진다.

명백히 이러한 선택원리의 유효성은 동역학에 의하여 유지되고 있다. 제빵업자의 변환의 예에서 수축섬유는 언제나 수축섬유로 남아 있고 이와 마찬가지로 팽창섬유도 그러하다는 것을 쉽게 알아볼 수 있다. 두 개의 마르코프 사슬들 중의 하나를 억제함으로써 우리는 고유하게 무질서한 계로부터 고유하게 비가역적인 계로 가게 된다. 우리는 비가역성의 기술記述에서 세 가지의 기본적 요소들을 찾아볼 수 있다.

불안정성

↑

고유한 무질서

↑

고유한 비가역성

고유한 비가역성은 가장 강한 성질이다. 그것은 무질서와 불안정성을 내포하고 있다.[14),15)]

이러한 결론이 어떻게 동역학과 양립될 수 있는가? 우리가 본 바와 같이 동역학에서는 「정보」가 보존된다. 반면에 마르코프 사슬에서는 정보가 잊혀진다(그리고 따라서 엔트로피는 증가한다. 제8장을 보라). 하지만 아무런 모순도 없다. 우리가 제빵업자 변환의 동역학적 기술記述로부터 열역학적 기술記述로 갈 때, 우리는 우리의 분포함수를 수정해야만 한다. 즉, 그것들로써 엔트로피가 증가하는 그러한 「대상들」은 동역학에서 생각하는 그것들과는 다르다는 것이다. 새로운 분포함수 ρ는 동역학계의 고유하게 시간성을 띤 기술記述에 해당되는 것이다. 이 책에서 우리는 이러한 변환의 수학적인 양상들에 머물러 있을 수는 없다. 우리는 다만 그것이 비정준적이어야 한다는 것을 강조하고 싶다(제2장을 보라). 우리는 열역학적 기술記述에 이르기 위하여 동역학의 보통의 수식화들을 포기해야만 한다.

그와 같은 변환이 존재하며 게다가 그 결과로써 우리가 이제 존재의 물리학인 동역학과 생성의 물리학인 열역학을 통합할 수 있다는 것은 매우 놀라운 일이다. 우리는 이러한 새로운 열역학적 대상들을 이 장의 뒷부분과 우리의 결론의 장에서 다시 다루게 될 것이다. 다만 우리는 평형 상태에서 엔트로피가 최댓값에 도달하기만 하면 언제나 이러한 대상들이 무질서하게 행동을 해야만 한다는 것을 강조하고자 한다.

또한 비가역성이, 줄일 수 없는 통계적 양상들을 우리의 기술記述에 도입한 불안정성으로부터 소위 등장한다고 하는 것도 매우 놀라운 것으로 보인다. 실제로 미래와 과거가 모두 현재 속에 포함된 결정론적인 세계에서 시간의 화살이 무엇을 의미할 수 있겠는가? 시간의 화살이 현재로부터 미래로의 전이에 결부되어 있는 것은 미래가 현재에 포함되어 있지 않으며, 또한 우리가 현재로부터 미래로 가기 때문인 것이다. 무질서로부터의 비가역성에 관한 이러한 구성은 과학 그 자체를 넘어서는 많은 중요성들을 지니고 있으리라고 우리는 믿으며 결론의 장에서 우리는 이것들을 다시 다루려고 한다. 이제 제2법칙에 의하여 허용된 상태들과 그것이 허용하지 않는 상태들 간의 차이를 분명히 해보자.

6. 엔트로피 장벽

시간은 과거로부터 미래로 단 한쪽 방향으로 흐른다. 우리는 시간을 조종할 수 없으며 과거로 되돌아갈 수 없다. 시간을 통한 여행은 《천일야화(*The Thousand and One Nights*)》로부터 웰즈Wells의 《시간기계(*The Time Machine*)》에 이르기까지 많은 작가들을 사로잡아왔다. 우리 시대에서는 나보코프Nabokov의 단편소설인 《할리퀸을 보라! (*Look at the Harlequins!*)》[16]에서 우리가 「시간을 비틀려고」 하는 것과 같이 그 자신을 공간의 한쪽 방향으로부터 다른 쪽으로 바꿀 수 없다는 것을 발견한 해설자의 고통이 기술되어 있다. 《중국의 과학과 문명(*Science and Civilization in China*)》의 제5권에서 니덤은 중국 연금술사들의 꿈을 기술하고 있다. 그들의 가장 높은 목표는 금속을 금으로 변성시키려는 것이 아니라 시간을 조정하는 것이었으며 자연적인 부패 과정들의 급격한 감속을 통하여 불멸성에 도달하는 것이었다.[17] 우리는 이제, 어째서 우리가 나보코프의 표현을 빌자면 「시간을 비틀」 수 없는가 하는 것을 보다 잘 이해할 수 있게 되었다.

무한히 높은 엔트로피 장벽이 가능한 초기조건들과 금지된 것들을 갈라놓고 있다. 이 장벽은 무한히 높기 때문에 기술技術적인 진보가 결코 이것을 극복할 수 없을 것이다. 우리는 우리가 언젠가는 우리의 과거 속으로 여행할 수 있게 될 것이라는 희망을 포기해야만 한다. 이 상황은 빛의 속도에 의하여 주어진 장벽과 어느 정도 유사한 것이다. 기술技術적인 진보는 우리를 보다 가깝게 빛의 속도에 접하게 할 것이지만 현재의 물리학의 관점으로는 우리가 그것을 결코 넘어설 수 없을 것이다.

이 장벽의 근원을 이해하기 위하여 이제 마르코프 사슬의 이론에 나타난 대로의 $\mathscr{H}$양量의 표현으로 돌아가 보자(제8장을 보라). 각 분포에 대하여 우리는 — $\mathscr{H}$의 해당되는 값인 — 하나의 수를 결부시킬 수 있다. 우리는 각 분포에 대하여 하나의 잘 정의된 정보내용이 해당된다고 말할 수 있다. 정보내용이 많을수록 해당되는 상태를 실현시키기 어려울 것이다. 우리가 여기서 보이고자 하는 것은 제2법칙에 의하여 금지된 초기분포는 무한히 많은 정보내용을 지니고 있을 것이라는 것이다. 그것이 바로 우리가 그들을 실현시킬 수도 없고 자연 속에서 찾아볼 수도 없는 까닭이다.

우선 제8장에서 주어진 대로의 $\mathscr{H}$의 의미로 돌아가 보자. 우리는 관련된 위상공간을 부분들 또는 상자들로 세분해야 한다. 각 상자 k 마다 우리는 평형에서의 확률 $P_{eq}(k)$ 와 아울러 비평형상태에서의 확률 $P(k,t)$ 를 결부시킨다. $\mathscr{H}$는 $P(k,t)$ 와 $P_{eq}(k)$ 사이의 차이를 측정하는 것으로 이 차이가 없어지는 평형상태에서는 0이 된다. 그러므로 제빵업자의 변환을 마르코프 사슬과 비교하려면, 우리는 해당되는 상자들의 선택을 보다 정확하게 해야 한다. 시간 2에 있는 계를 생각해 보자(그림 39를 보라). 그리고 이 계가 시간 t_i 에서 비롯된 것이라고 가정하자. 그러면 우리의 동역학 이론의 결과는 상자들이 시간 t_i 와 $t=2$ 사이의 분할들 중 가능한 모든 공통부분들에 해당된다는 것

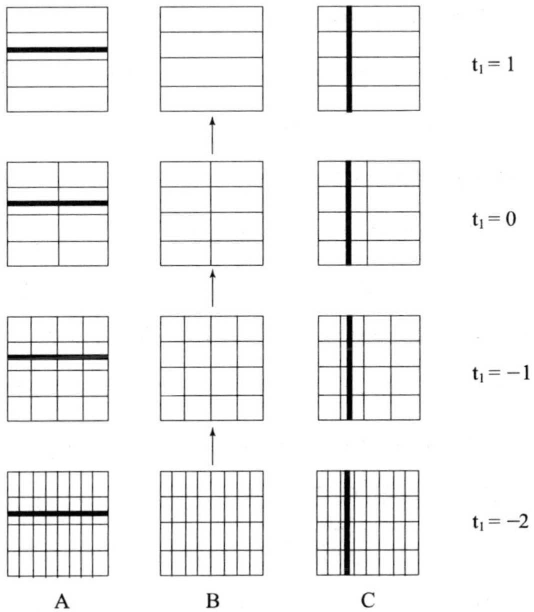

그림 41. 팽창섬유(A의 순서)와 수축섬유(C의 순서)는 제빵업자 변환의 위상공간을 분할하는 여러 숫자들의 상자들을 가로지른다. 주어진 순서에 있는 모든 「정사각형」들은 똑같은 시간 $t=2$ 에 속한다. 그러나 각 정사각형을 분할하는 상자들의 수는 계의 초기시간 t_i에 따라 달라진다.

이다. 이제 그림 39를 생각해 보면 우리는 t_i 가 과거를 향하여 물러설 때 상자들은 우리가 점점 더 많이 수직으로 세분함에 따라 꾸준히 얇아지게 될 것임을 알게 된다. 이것은 그림 41의 서열 B에 나타나 있으며 여기서 위로부터 아래로 내려감에 따라 $t_i = 1,\ 0,\ -1$ 그리고 마침내 $t_i = -2$ 에 이르게 된다. 실제로 우리는 상자들의 수가 이러한 방법으로 4에서부터 32까지 증가함을 알게 된다.

일단 상자들이 얻어지면 우리는 각 상자들에 대하여 비평형분포와 평형분포를 비교할 수 있다. 이 경우에는 비평형분포가 팽창섬유이거나 (서열 A) 또는 수축섬유 (서열 C) 이다. 주목해야 할 요점은 t_i 가 과거로 물러설 때 팽창섬유는 점점 더 많은 수의 상자들을 차지하게 된다는 것이다. $t_i = -1$ 에서 그것은 4상자를 차지하고 $t_i = -2$ 에서는 8상자 등등이다.

그 결과 우리가 제8장에서 주어진 공식을 적용하면 비록 상자들의 수가 $t_i \rightarrow -\infty$ 에 대하여 무한히 커진다 할지라도 우리는 한정된 결과를 얻게 된다.

이와는 대조적으로 수축섬유는 t_i 가 무엇이든 간에 언제나 4개의 상자들 안에 국한되어 있다. 그 결과 $\mathscr{H}$는 수축섬유에 적용되었을 때, t_i 가 과거로 물러서면 무한대로 발산한다. 요약하자면 동역학계와 마르코프 사슬 간의 차이란 동역학계에서 고려되어야 하는 상자들의 수가 무한대라는 것이다. 이 사실이 바로 선택원리에 이르게 하는 것이다. 오직 무한히 큰 수의 상자들의 극한에서 한정된 정보 또는 한정된 $\mathscr{H}$양量을 주는 측정들이나 확률들만이 준비될 수 있거나 또는 관측될 수 있는 것이다. 이것으로 수축섬유들은 제외된다.[18] 이와 똑같은 이유에서 우리는 역시 단 한 점에 집중되어 있는 확률들도 제외시켜야 한다. 불안정한 계들에서 단 한 점에 해당되는 초기조건들은 또다시 무한한 정보에 해당되며 따라서 구현되거나 관측될 수 없는 것이다. 또다시 우리는 제2법칙이 선택원리로서 나타남을 알게 된다.

고전적 방식에서는 초기조건들은 제멋대로이다. 불안정한 계들에서는 더 이상 그렇지가 않다. 여기서는 우리가 각 초기조건에 하나의 정보내용을 결부시킬 수 있고 이 정보내용은 그 자체가 계의 동역학에 의존되는 것이다(제빵업자의 변환에서와 같이 우리는 세포들의 연이은 분열을 정보내용을 계산하는 데 사용하였다). 초기조건들과 동역학은 더 이상 독립적인 것이 아니다. 선택원리로서의 제2법칙은 너무나 중요한 것으로 보이므로 우리는 상관관계들의 동역학에 근거를 둔 또 하나의 예를 들고자 한다.

7. 상관관계의 동역학

제8장에서 우리는 속도반전 실험을 간략하게 논의하였다. 우리는 희박한 기체를 생각하고 시간에 따른 그것의 진화를 추적해 볼 수 있다. 시간 t_0 에서 우리는 각 분자의 속도를 반전시킨다. 그러면 기체는 그것의 초기상태로 되돌아간다. 우리는 이미 기체가 그것의 과거를 다시 밟아가기 위해서는 어느 정도의 정보의 축적이 있어야 한다는 것을 주목한 바 있다. 이러한 축적은 입자들 간의 「상관관계」로써 기술될 수 있다.[19]

우선 (무겁고 움직이지 않는 입자인) 목표물을 향해 가는 입자들의 구름을 생각해 보자. 이러한 상황은 그림 42에 나타나 있다. 먼 과거에는 입자들 간에 아무런 상관관계가 없었다. 이제 산란은 이미 제8장에서 언급한 두 가지 효과를 나타낸다. 그것은 입자들을 분산시킨다(그것은 속도분포를 보다

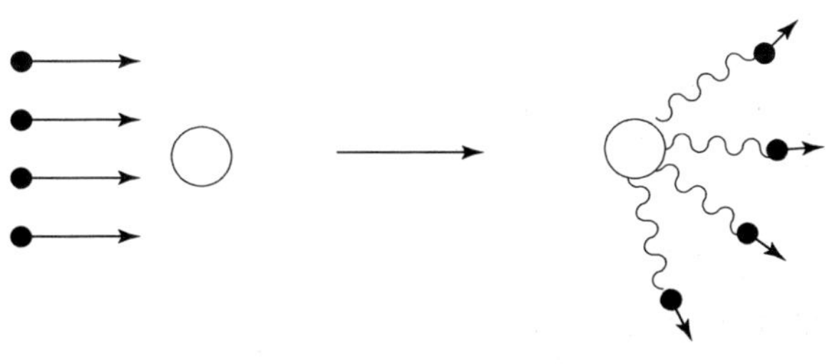

그림 42. **입자들의 산란** 초기에는 모든 입자들이 똑같은 속도를 지니고 있다. 충돌 후에는 속도들은 더 이상 똑같지 않으며 산란된 입자들은 피산란체와 상관관계를 갖게 된다(상관관계는 언제나 파형의 선들로 표시된다).

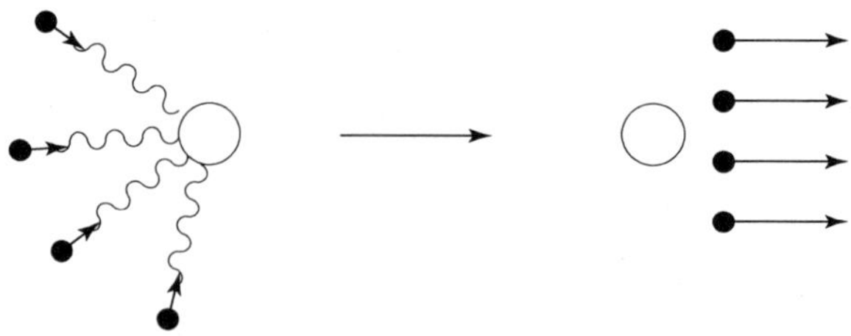

그림 43. 충돌 후의 속도반전의 효과 새로운「반전된」 충돌 후에는 상관관계들이 억제되며 모든 입자들은 똑같은 속도를 지니게 된다.

대칭적으로 만든다). 그리고 그 밖에도 산란은 산란된 입자들과 피산란체 간의 상관관계를 발생시킨다. 상관관계는 속도의 반전을 수행해 줌으로써 (즉, 구형球形의 거울을 도입함으로써) 분명하게 해줄 수 있다. 그림 43은 이러한 상황을 나타내고 있다 (파형의 선들이 상관관계를 나타낸다). 그러므로 산란의 역할은 다음과 같다. 직접과정에서는 그것은 속도분포를 보다 대칭적인 것으로 만들며 따라서 상관관계를 만들어 낸다. 역과정에서는 속도분포가 보다 덜 대칭적이 되며 상관관계가 사라진다. 우리는 상관관계들의 고려가 직접과정과 역과정 간의 기본적인 구분을 도입하는 것임을 알 수 있다.

우리의 결론들은 다체계多體系들에도 적용될 수 있다. 여기에서도 우리는 두 가지 형태의 상황들을 생각해 볼 수 있다. 그 한 가지 경우에서는, 상관관계에 있지 않은 입자들이 다가와서 산란되고 상관관계에 있는 입자들이

그림 44. 충돌 이후의 상관관계가 생기는 것을 파형의 선들로 나타내고 있다. 자세한 것은 본문을 보라.

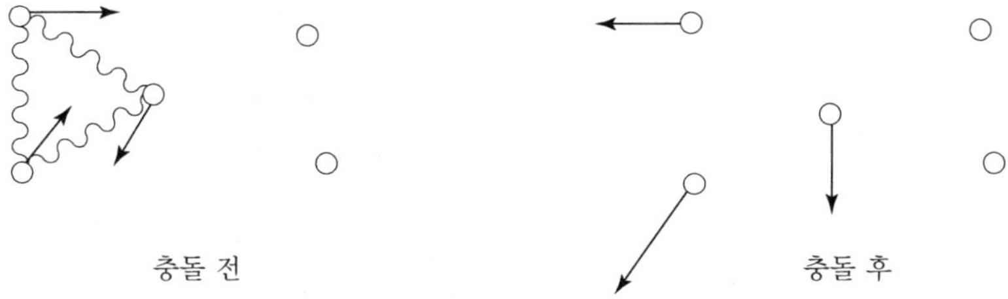

그림 45. 충돌을 통하여 충돌 이전의 상관관계 (파형의 선들) 가 파괴되는 것을 나타내고 있다.

나타나는 것이다 (그림 44를 보라).

그 반대 상황에서는 상관관계에 있는 입자들이 다가와서 충돌을 통하여 상관관계들이 파괴되어 상관관계에 있지 않은 입자들이 생긴다 (그림 45를 보라).

이 두 가지 상황들은 충돌과 상관관계의 시간적인 순서에서 볼 때 서로 다른 것이다. 첫 번째 경우에는 「충돌 후」의 상관관계가 나타난다. 충돌 전과 후의 상관관계들 간의 이러한 구분을 염두에 두고 이제 속도반전 실험을 돌아보기로 하자. $t=0$ 에서 입자들 간에 아무런 상관관계도 없는 것에 해당되는 초기상태로부터 시작해 보자. 시간이 $0 \rightarrow t_0$ 인 동안에는 「정상적」인 진화가 이루어진다. 충돌은 속도분포를 맥스웰의 평형분포에 보다 가깝게 접근시킨다. 그것은 또한 입자들 간에 충돌 후의 상관관계를 발생시킨다. t_0 에서 속도반전이 일어난 후에는 아주 새로운 상황이 일어난다. 이제 충돌 후의 상관관계는 충돌 전의 상관관계로 변환되는 것이다. t_0 와 $2t_0$ 사이의 구간에서는 이러한 충돌 전의 상관관계가 없어지며 속도분포는 보다 덜 대칭적인 것이 되고, $2t_0$ 의 시간에서는 다시 상관관계가 없는 상태로 되돌아온다. 이 계의 역사는 따라서 두 단계로 이루어져 있다. 첫 번째 단계에서는 충돌이 상관관계로 변환된다. 두 번째 단계에서는 상관관계가 다시 충돌로 돌아간다. 이 두 가지 형태의 과정은 모두 동역학의 법칙들과 양립될 수 있다. 더욱이 우리가 제8장에서 언급한 바와 같이 동역학에 의하여 기술되는 전체 「정보」는 일정하게 유지된다. 우리는 또한 볼츠만에 의한 기술記述로는 시간 0 에서 t_0 까지의 진화는 보통의 $\mathscr{H}$의 감소에 해당되고 반면에 t_0 에서 $2t_0$ 까지는 비정상적인 상황임을 본 바 있다. 즉 $\mathscr{H}$가 증가하게 되며 엔트로피는 감소하게 된다는 것이다. 그렇다면 우리는 실험실에서나 또는 컴퓨터상으로 제2법칙에 어긋나는 실험들을 고안할 수 있게 된다! 시간 0 에서 t_0 동안의 비가역성이 시간 t_0 에서 $2t_0$ 동안의 「반反비가역성」에 의하여 「보상」된다는 것이다.

이것은 매우 만족스럽지 못한 것이다. 이러한 모든 난점들은 우리가 제빵업자의 변환에서와 같이 그것으로써 동역학이 마르코프 사슬과 같은 확률적 과정이 되는 그러한 새로운 「열역학적 표현」으로 옮겨갈 때 사라져 버린다. 우리는 또한 속도반전이 「자연적」인 과정이 아니라는 것을 고려해야만 한다. 즉, 그것은 분자들이 그들의 속도를 반전시키기 위해서는 외부로부터 「정보」가 주어져야 한다는 것을 필요로 하는 것이기 때문이다. 속도반전을 이루기 위하여 우리는 일종의 맥스웰의 악마와 같은 것을 필요로 하며 그것은 대가를 치러야 하는 것이다. 이제 $\mathscr{H}$양量을 (확률적 과정에 대한) 시간의 함수로 나타내자. 그림 46에 이것이 나타나 있다. 이러한 접근방식에서는 볼츠만의 그것과는 대조적으로 상관관계의 효과가 새로운 $\mathscr{H}$의 정의 속에 담겨져 있다. 그러므로 속도반전점인 t_0 에서 $\mathscr{H}$양量은 뛰어오르게 될 것이다. 왜냐하면 우리가 후에 파괴되어야만 될 비정상적인 충돌 전의 상관관계를 갑자기 만들어 주었기 때문이다. 이러한 도약은 우리가 치러야 하는 엔트로피 또는 정보의 대가에 해당된다.

이제 우리는 제2법칙의 충실한 표현을 갖게 되었다. 즉, 매순간 $\mathscr{H}$양量은 감소한다 (또는 엔트로피는 증가한다)는 것이다. 시간 t_0에서 한 가지 예외가 있다. 즉, $\mathscr{H}$는 위로 도약하지만 그것은 계가 열리는 바로 그 순간에 해당된다는 것이다. 우리는 오직 외부로부터 작용해 줌으로써만 속도들을 반전시킬 수 있다.

또 다른 필수적인 점이 있다. 시간 t_0에서 새로운 $\mathscr{H}$양量은 두 가지의 서로 다른 값을 갖는다. 하나는 속도반전 이전의 계에 대한 것이고, 또 하나는 속도반전 이후의 것이다. 이들 두 상황들은 서로 다른 엔트로피를 갖는다. 이것은 제빵업자의 변환에서 수축섬유와 팽창섬유가 서로의 속도반전일 때 나타나는 것과 비슷한 것이다.

가령 우리가 속도반전을 일으키기 전에 충분히 오래 기다린다고 하자. 충돌 후의 상관관계는 임의의 범위를 지니게 될 것이며, 속도반전을 위한 엔트로피의 대가는 매우 높게 될 것이다. 그렇게 되면 속도반전은 너무나 높은 엔트로피 대가를 요구하게 될 것이므로 따라서 제외될 것이다. 물리적인 용어로 말하자면, 이것은 제2법칙이 지속적인 장거리의 충돌 전 상관관계들

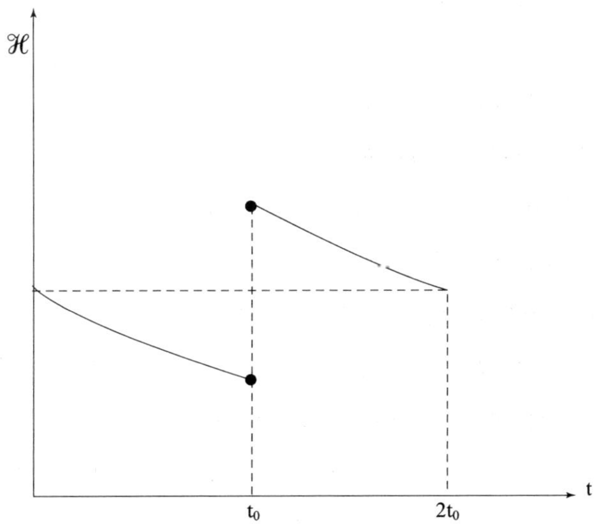

그림 46. 속도반전 실험에서 $\mathscr{H}$ 함수의 시간적인 변화 시간 t_0에서 속도가 반전되고 $\mathscr{H}$는 불연속성을 나타낸다. 시간 $2t_0$ 에서 계는 시간 0에서와 똑같은 상태에 있게 되며, $\mathscr{H}$는 초기의 값을 다시 갖게 된다. 모든 시간에서(t_0을 제외하고) $\mathscr{H}$는 감소하고 있다. 중요한 사실은 시간 t_0 에서 $\mathscr{H}$양(量)이 두 개의 서로 다른 값을 갖는다는 것이다(본문을 보라).

을 제외시킨다는 것을 의미한다.

제2법칙의 거시적인 기술記述과의 비유는 놀라운 것이다. 에너지 보존의 관점으로부터 보면(제4장과 제5장을 보라) 열과 일은 똑같은 역할을 하는 것들이지만 제2법칙의 관점으로부터 보면 더 이상 그렇지 않게 된다. 간단히 말하자면, 일은 보다 합치적인 에너지의 형태이며 언제나 열로 전환될 수 있다. 그러나 그 역은 사실이 아니다. 미시적인 수준에서는 충돌과 상관관계는 대등한 역학을 하는 것들이다. 충돌은 상관관계를 발생시키며 상관관계는 충돌의 효과를 없앨 수 있다. 그러나 본질적인 차이점이 있다. 우리는 충돌을 조절하고 상관관계가 나타나게 할 수 있다. 그러나 우리는 충돌이 계에 가져다 준 효과를 없애 주게 될 그러한 방식으로는 상관관계를 조절할 수 없다. 동역학에서 빠져 있는 것은 바로 이러한 본질적인 차이점이며 그것은 열역학 안에 포함될 수 있는 것이다. 열역학은 어디에서도 동역학과 상충되지 않는다는 것을 주목하라. 그것은 물리적 세계에 대한 우리의 이해에 추가로 본질적인 요소를 더해 주는 것이다.

8. 선택원리로서의 엔트로피

비가역적 과정들에 관한 미시적 이론이 얼마나 전통적인 거시적 이론과 가까운가 하는 것은 놀라운 일이다. 두 가지 경우들 모두에서 엔트로피는 처음에는 부정적인 의미를 지니고 있다. 그것의 거시적인 면에서 볼 때, 엔트로피는 찬 곳으로부터 뜨거운 곳으로 열이 흐르는 것과 같은 어떤 과정들을 금지시키고 있다. 그것의 미시적인 면에서 보면, 엔트로피는 어떤 계층의 초기조건들을 금하고 있는 것이다. 허락된 것과 금지된 것의 구분은 동역학의 법칙들에 의하여 제 때에 유지되고 있다. 긍정적인 면 – 그것의 확률적인 해석과 더불어 엔트로피의 존재 – 이 나타나는 것은 바로 부정적인 면으로부터이다. 비가역성은 더 이상 마치 어떤 거시적 수준에서 기적에 의한 것처럼 나타나지는 않는다. 거시적인 비가역성은 오직 우리가 살고 있는 우주의 시간성을 띤 편극화된 본성을 명백하게 해주는 것이다.

우리가 거듭 강조한 바와 같이 자연에는 가역적으로 행동하며 고전역학이나 양자역학의 법칙들에 의하여 완전히 기술될 수 있는 계들이 존재한다. 그러나 모든 화학적 계들과 따라서 모든 생물학적 계들을 포함하여 우리가 흥미를 지니고 있는 대부분의 계들은 거시적인 수준에서 시간성을 띠고 있다. 「환상」이기는커녕 이것은 미시적인 수준에서 파괴된 시간적 대칭성을 나타내고 있다. 비가역성은 모든 수준에서 사실이거나 또는 아무 곳에서도 사실이 아니다. 그것은 마치 기적에 의한 것처럼 한 수준에서 다른 수준으로 가는 것에 의하여 나타날 수 없는 것이다.

또한 우리가 이미 주목한 바와 같이 비가역성은 또 다른 대칭파괴의 출발점이다. 예를 들면, 입자와 반反입자 간의 차이점은 오직 비평형상태의 세계에서만 생길 수 있다는 것이 일반적으로 받아들여지고 있다. 이것은 다른 많은 상황들에까지도 확장될 수 있다. 비가역성은 또한 적당한 분기현상의 선택을 통하여 나선형 내칭성의 출현에도 어떤 역할을 하는 것으로 보인다. 현재 가장 활발하게 연구되고 있는 주제들 중의 하나는 비가역성이 물체의 구조 안에 「새겨질」 수 있는 방법이다.

독자들은 미시적인 비가역성의 유도에서 우리가 고전적 동역학에 치중하였음에 주목하였을 것이다. 하지만 상관관계들과 충돌 전후의 상관관계들 간의 구분에 관한 생각들은 양자계들에도 마찬가지로 적용되는 것이다. 양자계들에 관한 연구는 고전적 계들에 관한 연구보다 더욱 복잡하다. 여기에는 그러한 까닭이 있다. 즉, 고전역학과 양자역학의 차이점이 그것이다. 몇개의 강체구들로 이루어진 작은 고전적 계들에서까지도 고유한 비가역성이 나타날 수 있다. 하지만 양자계에서 비가역성에 이르기 위해서는 우리는 액체나 기체 또는 장론場論에서 구현되는 것과 같은 커다란 계들을 필요로 한다. 큰 계들에 관한 연구는 분명히 수학적으로 더욱 어려우며 그것이 바로 우리가 여기에서 그 문제를 다루지 않으려고 하는 까닭이다. 하지만 양자론에서도 이 상황은 똑같이 유지된다. 거기서도 역시 비가역성은 양자론적 불안정성의 형태로 인한 파동함수의 개념의 한계의 결과로써 비롯되는 것이다.

더욱이 충돌과 상관관계에 관한 생각은 양자론에서도 역시 사용될 수 있다. 그러므로 고전적 이론에서와 마찬가지로 제2법칙은 장거리의 충돌 이전의 상관관계를 금하고 있다.

확률과정으로의 전이는 새로운 실체들을 도입하게 되며 **제2법칙이 질서로부터 무질서로의 진화로서 이해될 수 있는 것은 바로 이러한 새로운 실체들에** 의한 것이다. 이것은 중요한 결론이다. 제2법칙은 물체에 관한 새로운 개념에 이르게 한다. 우리는 이제 이러한 개념을 기술하고자 한다.

9. 활성적인 물체

일단 우리가 동역학계에 엔트로피를 결부시키면 우리는 볼츠만의 개념으로 되돌아오게 된다 — 확률은 평형상태에서 최대가 된다는 것이다. 따라서 열역학적 진화를 기술하는 데 우리가 사용하는 단위체들은 평형상태에서 무질서한 방식으로 행동할 것이다. 이와는 대조적으로 평형에서 가까운 조건들하에서는 상관관계들과 합치성이 나타나게 될 것이다.

이제 우리의 주요 결론들 중의 하나에 이르게 된다. 즉, 거시적 물리학의 수준이건 요동의 수준이건 또는 미시적 수준이건 간에 모든 수준에서 **비평형은 질서의 근원**이라는 것이다. **비평형은 「혼돈으로부터의 질서」를 가져오는 것**이다. 그러나 우리가 이미 언급한 바와 같이 질서(또는 무질서)의 개념은 생각했던 것보다는 더욱 복잡한 것이다. 희박한 기체들과 같이 어떤 극한적인 상황들에서만 그것은 볼츠만의 선구적 업적과 일치하는 단순한 의미를 갖게 된다.

이제 다시 한 번 힘들과 장場들로써 기술되는 물리적 세계의 동역학적 기술記述과 열역학적 기술記述을 대조시켜 보자. 이미 언급한 바와 같이 우리는 초기에 제멋대로 분포된 상호작용을 하는 입자들이 하나의 격자를 형성하는 컴퓨터 실험을 구성할 수 있다. 그것의 동역학적 해석은 입자들 간의 힘을 통한 질서의 출현일 것이다. 이와는 대조적으로 열역학적 해석은 **무질서**로의 접근(계가 격리되어 있을 때)이다. 그러나 무질서로의 접근은 매우 다른 단위체들로 나타내진다. 이 경우에는 많은 수의 입자들을 포함하는 집합적인 양식들이다. 제6장에서 우리가 사용한 새 용어들을 재도입하여 그것들에 의하여 계가 평형에서 비합치적인 것이 되는 그러한 새로운 단위체들을 정의하는 것이 우리들에게는 가치 있는 것으로 보인다. 우리는 그들을 몽유병자들인 「최면자hypnon」들이라고 불렀다. 왜냐하면 그들은 평형상태에서 서로를 무시하기 때문이다. 그들의 각각은 당신이 원하는 만큼 복잡할 수 있다(효소의 복잡성을 지닌 분자들을 생각해 보라). 그러나 평형상태에서 그들의 복잡성은 「내부로」 향한다. 또한 분자의 내부에는 강력한 전기장이 있다. 그러나 희박한 기체에서는 이러한 전기장은 적어도 다른 분자들에 관한 한 무시될 수 있는 것이다.

오늘날 물리학의 주요 과제들 중의 하나는 소립자들에 관한 문제이다. 하지만 우리는 소립자들이 전혀 기본적이 아니라는 것을 알고 있다. 새로운 구조의 층들이 점점 더 높은 에너지들에서 밝혀지고 있다. 그러나 결국 무엇이 소립자인가? 행성인 지구가 소립자란 말인가? 물론 아니다. 왜냐하면 이러한 에너지의 일부가 그것의 태양과 달과 그리고 다른 행성들과의 상호작용에 있기 때문이다. 소립자들의 개념은 「자치自治」를 필요로 하며 그것은 보통의 개념들로써 기술하기에 매우 어려운 것이다. 전자들과 광자들의 경우를 들어보자. 우리는 곤경에 처해 있다. 잘 정의된 입자들이 아무것도 존재하지 않거나(에너지가 부분적으로 전자들과 양성자들 사이에 있으므로) 또는 만일 우리가 상호작용을 제거할 수 있으면 상호작용을 하지 않는 입자들이 있는 것이다. 비록 우리가 어떻게 그렇게 할 수 있는가 하는 것을 안다

할지라도 그것은 너무나 과격한 절차인 것으로 보인다. 전자들은 광자들을 흡수하거나 방출한다. 그렇지 않으려면 과정들의 물리학에 의존하게 되는 것이다. 그러면 소립자들인 단위체들은 평형상태에서 독립적으로 진화하는 실체들인 최면자들로서 정의될 것이다. 우리는 이러한 가정을 시험할 수 있는 실험이 곧 이루어질 수 있기를 바란다. 만일 광자들(또는 불안정한 소립자들)과 상호작용하는 원자들이 이미 자연의 전반적인 진화를 나타내는 시간의 화살을 지니고 있다면 매우 매력적일 것이다.

오늘날 활발하게 논의되는 과제는 우주의 진화에 관한 문제이다. 대폭발의 순간 가까이에 있는 세계가 어떻게 그렇게도 「질서적」일 수 있었을까? 하지만 이러한 질서는 우리가 만일 우주의 진화를 질서로부터 무질서로의 점진적인 움직임으로서 이해하고자 한다면 필요한 것이다.

만족스러운 대답을 주기 위해서 우리는 초기의 우주를 특징짓는 온도와 밀도의 극단적인 조건들에서 어떤 「최면자들」이 적합할 수 있었겠는가 하는 것을 알 필요가 있다. 물론 열역학만으로는 이러한 문제들을 해결할 수 없을 것이다. 또는 비록 그것이 가장 세련된 장론場論의 형태로 되어 있을지라도 동역학만으로는 해결할 수 없을 것이다. 그것이 바로 어째서 동역학과 열역학의 통합이 새로운 전망들을 열어주는가 하는 까닭이다.

어쨌든 간에 150년 전에 열역학 제2법칙이 수식화된 이래 얼마나 상황이 변했는가 하는 것은 놀라운 일이다. 처음에는 원자론적인 관점이 엔트로피의 개념과 모순되는 것으로 보였다. 볼츠만은 제2법칙을 커다란 실질적인 중요성을 갖고 있지만 아무런 근본적인 중요성도 없는 확률에 관한 말로써 간추리는 희생을 치르고서라도 기계론적인 세계관을 구제하고자 시도하였다. 그러나 오늘날 이 상황은 급격하게 달라졌다. 물체는 주어진 것이 아니다. 오늘날의 관점에 의하면, 그것은 양자론적인 장場들에 의한 보다 근본적인 개념들로부터 구성되어야만 하는 것이다. 이러한 물체들의 구성에서는 열역학적 개념들(비가역성, 엔트로피)이 한 역할을 담당하게 된다.

이제 여기서 이루어진 것을 요약해 보자. 거시적인 계들의 수준에서 제2법칙의(그리고 비가역성에 관한 상관관계적인 개념의) 핵심적인 역할은 이미 제1부와 제2부에서 강조된 바 있다.

우리가 제3부에서 보여 주고자 한 것은 우리가 이제 거시적 수준을 넘어서 비가역성의 미시적인 의미를 발견할 수 있다는 것이다.

하지만 이것은 우리가 물리학의 근본적 법칙들을 생각하는 방법에서의 기본적인 변화들을 필요로 한다. 오직 고전적인 관점이 잊혀질 때에만 – 충분히 불안정한 계들의 경우에서와 마찬가지로 – 우리는 「고유한 무질서도」와 「고유한 비가역성」을 말할 수 있게 된다.

우리가 연산자 시간인 T에 의하여 새로이 확대된 시간의 기술記述을 도입할 수 있는 것은 바로 그러한 계들에 대해서이다. 우리가 제빵업자의 변환의 예에서 보여 준 것과 같이(제9장의 제5절 「무질서로부터 비가역성으로」를 보라). 이 연산자는 위상공간의 분할들을 고유함수들로서 지니고 있다 (그림 39를 보라).

따라서 우리는 양자역학에서와 매우 비슷한 상황에 처하게 된다. 실제로 우리는 두 가지의 가능한 기술記述 방법들을 알고 있다. 우리가 위상공간에서의 한 점을 안다면 우리는 그것이 속해 있는 분할이 어떤 것인지를 알지 못하며 따라서 그것의 내적인 나이를 알지 못하게 된다. 또는 우리가 그것의 내적인 나이를 안다면, 우리는 오직 분할만을 알게 되며 그 점의 정확한 국지화는 알지 못하게 된다.

일단 우리가 내적인 시간 T를 도입하면 우리는 분포함수 ρ에 의한 처음의 기술記述로부터 새로운 분포함수 $\hat{\rho}$ 로 옮겨 가는 데 선택원칙으로서의 엔트로피를 사용할 수 있다. 여기서 분포함수 $\hat{\rho}$ 는 열역학 제2법칙을 만족시키는 고유한 시간의 화살을 지니고 있다. ρ 와 $\hat{\rho}$ 간의 기본적인 차이점은 이 함수들이 연산자 시간 T의 고유함수에 의하여 전개될 때 나타난다(제7장의 제3절 「양자역학의 등장」을 보라). ρ 에서는 모든 내적인 나이들이 과거로부터이건 또는 미래로부터이건 간에 체계적으로 나타난다. 이와는 대조적으로 $\hat{\rho}$ 에서는 과거와 미래는 서로 다른 역할들을 하게 된다. 과거는 포함되어 있으나 미래는 불확실한 채로 남아 있다. 그것이 시간의 화살의 의미이다. 이제 초기조건들과 변화의 법칙들 간에 어떤 관계가 나타난다고 하는 것은 매력적인 면이다. 시간의 화살을 지닌 상태가 역시 시간의 화살을 지니고 있는 법칙으로부터 나타난다. 이 법칙은 그 상태를 변환시키지만 이러한 시간의 화살은 그대로 둔다.

우리는 대부분 고전적인 상황에 치중해 왔다.[20] 하지만 우리의 분석은 양자역학에도 역시 적용된다. 여기서는 플랑크의 상수가 이미 궤적의 개념을 무너뜨렸으며 따라서 위상공간에서 일종의 비국지화에 이르게 한다. 그러므로 양자역학에서 우리는 양자론적인 비국지화와 비가역성으로 인한 비국지화를 중첩시켜야 한다.

제7장에서 강조된 바와 같이 금세기의 물리학에서 두 가지의 위대한 혁명들을 물리학의 근본적인 구조에 고전역학으로는 생소한 불가능성들을 포함시킨 것에 해당된다. 이 두 가지는 빛의 속도보다 더 빠른 속도로 신호들이 전파될 수 없다는 불가능성과, 좌표들과 운동량을 동시에 측정할 수 없다는 불가능성이다.

우리가 물체를 조종할 수 있는 능력을 제한하기도 하는 두 번째 규칙이 또한 물리학의 기본법칙들의 구조에 심각한 변화를 초래했다고 하는 것은 놀라운 일이 아니다.

한 마디의 주의사항과 더불어 이 책의 제3부를 마치고자 한다. 비가역과정들에 관한 현상론적인 이론은 현재 잘 확립되어 있다. 이와는 대조적으로 비가역과정들에 관한 기본적인 미시적 이론은 매우 새로운 것이다. 이 책의 교정을 보는 이 순간에도 이러한 견해들을 시험하기 위한 실험들이 준비되고 있다. 이러한 실험들이 이루어지지 않는 한 추리적인 요소는 불가피한 것이다.

1. VOLTAIRE, *Dictionnaire Philosophique*. (Paris : Garnier, 1954).
2. See note 2, Chapter VII.
3. K. POPPER, "The Arrow of Time," *Nature*, Vol. 177 (1956). p. 538.
4. M. GARDNER, *The Ambidextrous Universe*, pp. 271-72 를 보라.
5. A. EINSTEIN and W. RITZ, *Phys. Zsch.*, Vol. 10 (1909), p. 323.
6. H. POINCARÉ, *Les méthodes nouvelles de la mécanique céleste* (New York : Dover Publications, 1957); E. T. WHITTAKER, *A Treatise on the Analytical Dynamics of Particles and Rigid Bodies* (Cambridge : Cambridge University Press, 1965).
7. J. MOSER, *Stable and Random Motions in Dynamical Systems* (Princeton N. J. : Princeton University Press, 1974).
8. 일반적인 개관에 관하여는 J. LEBOWITZ and O. PENROSE, "Modern Ergodic Theory," *Physics Today* (Feb. 1973), pp. 23-29 를 보라.
9. 보다 자세한 내용에 관하여는 R. BALESCU, *Equilibrium and Non-Equilibrium Statistical Mechanics* (New York : John Wiley & Sons, 1975) 를 보라.
10. V. ARNOLD and A. AVEZ, *Ergodic Problems of Classical Mechanics* (New York : Benjamin, 1968).
11. H. POINCARÉ, "Le Hasard," *Science et Méthode* (Paris : Flammarion, 1914), p. 65.
12. B. MISRA, I. PRIGOGINE and M. COURBAGE, "From Deterministic Dynamics to Probabilistic Descriptions," *Physica*, Vol. 98A (1979), pp. 1-26.
13. D. N. PARKS and N. J. THRIFT, *Times, Spaces and Places : A Chronogeographic Perpective* (New York : John Wiley & Sons, 1980).
14. M. COURBAGE and I. PRIGOGINE, "Intrinsic Randomness and Intrinsic Irreversibility in Classical Dynamical Systems," *Proceedings of the National Academy of Sciences*, 80 (April 1983), pp. 2412-2416.
15. I. PRIGOGINE and C. GEORGE, "The Second Law as a Selection Principle : The Microscopic Theory of Dissipative Processes in Quantum Systems," *Proceedings of the National Academy of Sciences*, Vol. 80 (1983), pp. 4590-4594.
16. V. NABOKOV, *Look at the Harlequins!* (McGraw-Hill 1974).
17. J. NEEDHAM, "Science and Society in East and West," *The Grand Titration* (London : Allen & Unwin, 1969).
18. 자세한 것은 B. MISRA, I. PRIGOGINE and M. COURBAGE, "From

deterministic Dynamics to probabilistic Description", *Physica* 98A (1979) 1-26. ; B. MISRA and I. PRIGOGINE "Time, Probability and Dynamics", in *Long-Time Prediction in Dynamics*, eds. C. W. Horton, L. E. Reichl and A. G. Szebehely (New York, Wiley 1983)를 보라.

19. I. PRIGOGINE, C. GEORGE, F. HENIN, and L. ROSENFELD, "A Unified Formulation of Dynamics and Thermodynamics," *Chemica Scripta*, Vol. 4 (1973), pp. 5-32.

20. M. COURBAGE, "Intrinsic irreversibility of Kolmogorov dynamical systems," *Physica* 1983 ; B. Misra and I. Prigogine, *Letters in Mathematical Physics*, September 1983.

결론
지상으로부터 천국으로
- 자연의 거듭되는 매력 -

우리의 자연의 정신적인 면과 물리적인 면에 속하는 경험의 영역들을 연결시키고자 하는 그 어떠한 시도에서도 시간은 핵심적인 위치를 차지하고 있다.

— 에딩턴(A. S. Eddington)[1)]

1. 개방된 과학

과학은 확실히 자연에 대한 조종을 포함하고 있다. 그러나 그것은 또한 자연을 이해하고 수세대에 걸쳐 제기되어 온 문제들을 보다 깊이 파고들려는 시도이기도 하다. 이러한 문제들 중의 한 가지는 그것이 과학과 철학의 역사를 통하여 그러한 것과 같이 이 책의 전반에 걸쳐 거의 강박관념과 같은 중심사상으로 나타나 있다. 그것은 존재와 생성 간의 관계 — 영속과 변화 간의 관계 — 에 관한 문제이다.

우리는 소크라테스 이전의 생각들을 언급한 바 있다. 그것에 의하여 사물이 태어나고 죽는 변화는 외부로부터 어떤 종류의 관성적인 물체에 강요되는 것인가? 또는 그러한 변화가 물체의 고유하고 독립적인 활동의 결과인가? 외적인 추진력은 필요한 것인가 또는 생성은 물체에서 고유한 것인가? 17세기의 과학은 자연적인 존재들의 자발적이고 자율적인 조직화에 관한 생물학적 모형에 반대하여 나타난 것이다. 그러나 그것은 또 다른 근본적인 대안代案에 직면해 있다. 자연은 고유하게 무질서한 것인가? 질서 있는 행동은 단지 원자들의 우연한 충돌들의 결과이며 그들의 불안정한 연합들의 결과인가?

현대과학이 매력적인 주요 원인들 중의 한 가지는 그것이 자연의 변환들의 핵심에 있는 영원한 법칙들을 발견하였고 따라서 시간과 생성을 쫓아내버렸다고 하는 느낌 바로 그것이었다. 이러한 자연 속의 질서의 발견은 프랑스의 사회학자인 레비-브륄Lévy-Bruhl이 기술한 지적인 안도감을 가져다주었다.

> 우리의 지적인 안도감은 우리 속에 너무나 깊이 자리 잡고 있기 때문에 우리는 심지어 그것이 어떻게 흔들릴 수 있는가 하는 것을 알지 못한다. 비록 우리가 매우 신비스럽게 보이는 어떤 현상을 관측할 수 있다고 가정한다 할지라도 우리는 그래도 우리의 무지가 단지 잠정적인 것이며 이러한 현상은 인과율의 일반적 법칙들을 만족시켜야만 하며 게다가 그것이 나타난 이유들이 조만간에 결정될 것이라고 설득된 채로 있을 것이다. **우리 주위의 자연은 인간의 영혼과 꼭 마찬가지로 질서와 이성이다.** 우리의 일상적인 활동은 자연법칙들의 보편성에 대한 완전한 신뢰를 내포하고 있다.[2)]

자연의 「이성理性」에 대한 이러한 신뢰감은 부분적으로는 우리 시대에 과학의 격동적인 성장의 결과로 인하여 부서지고 말았다. 우리가 서문에서 말한 바와 같이 자연에 대한 우리의 전망은 다중적이고 시간적이며 복잡한 것을 향하여 급격한 변화를 겪고 있는 중이다. 이러한 변화들 중의 몇 가지가 이 책에서 기술되었다.

우리는 영원한 법칙들로 나타낼 수 있는 일반적이고 모든 것을 포용하는 계획들을 추구하고 있었다. 그러나 우리는 시간, 사건들, 진화하는 입자들을 발견하였다. 우리는 또한 대칭성을 찾고 있었으며 여기서도 역시 우리는 놀랐다. 왜냐하면 우리는 소립자들로부터 생물학 그리고 생태학에 이르는 모든 수준들에서 대칭파괴 과정들을 발견하였기 때문이다. 이 책에서 우리는 시간적인 대칭성을 내포하는 동역학과 방향성을 띤 시간을 지닌 열역학 제2법칙 간의 충돌을 기술하였다.

새로운 통합이 나타나고 있다. 즉, 비가역성은 모든 수준들에서 질서의 근원이라는 것이다. 비가역성은 혼돈으로부터 질서를 가져다주는 기구이다. 우리의 자연관들의 그와 같은 급격한 변환이 어떻게 지난 수십 년의 비교적 짧은 기간 동안에 일어날 수 있었는가? 우리는 그것이 우리의 실재에 관한 개념에 지적인 구성이 중요한 역할을 한다는 것을 보여 주는 것이라고 믿는다. 이것은 보어가 크론베르크Kronberg성城을 방문하였을 때 하이젠베르크에게 한 말에서 매우 잘 표현되어 있다.

> 햄릿이 여기서 살았다고 상상할 때 이 성이 어떻게 변하는가 하는 것이 이상하지 않은가? 과학자로서 우리는 성이 오직 돌만으로 구성되어 있다고 믿으며 건축가가 그것들을 쌓아올린 방법을 존경하네. 돌, 고색창연한 초록색 지붕, 교회 안의 나무 조각들 이런 것들이 성 전체를 구성하고 있네. 이런 것들은 아무것도 햄릿이 여기서 살았다는 사실에 의하여 변해서는 안 되는 것이네. 하지만 그것은 완전히 변해 버렸네. 갑자기 벽과 성벽들이 서로 다른 언어로 이야기하는 것 같네……. 하지만 우리가 햄릿에 관하여 실제로 아는 모든 것은 그의 이름이 13세기의 연대기에 나타난다는 것뿐이네……. 그러나 누구나 셰익스피어가 그로 하여금 묻게 한 질문들과 그가 드러내 보이도록 한 인간의 깊이에 관하여 알고 있네. 그러니 그도 또한 이곳 크론베르크에 있는 지구상의 한 자리를 차지해야 될 것 같으네.[3)]

실재實在의 의미에 관한 문제는 아인슈타인과 타고르Tagore 사이에 있었던 매력적인 대화의 핵심적인 주제였다.[4] 아인슈타인은 과학이 어떤 관측자의 존재와도 독립적이어야 한다고 강조하였다. 이것은 그로 하여금 비가역성으로의, 또한 진화로서의 시간의 실재를 부정하도록 하였다. 이와는 대조적으로 타고르는 비록 절대적인 진실이 존재할 수 있다 할지라도 그것은 인간의 영혼으로는 접할 수 없을 것이라고 주장하였다. 무척 신기하게도 현재의 과학의 진화는 인도의 위대한 시인이 말했던 방향으로 달리고 있다. 우리가 실재를 무엇이라고 부르든 간에 그것은 오직 우리가 참여하는 능동적인 구성을 통해서만 우리에게 밝혀질 것이다. 코타리D. S. Kothari가 간결하게 말한 바와 같이 「단순한 사실은 어떠한 측정이나 실험 또는 관측도 관계되는 이론적 틀이 없이는 불가능한 것이다.」[5]

2. 시간과 시간들

시간이 기본적으로 기하학적인 매개변수이며 잇달아 펼쳐지는 동역학적 상태들을 추적할 수 있도록 하는 것이라는 말은 3세기 이상 물리학에서 주장되어 온 것이다. 에밀 메이에르송Emile Meyerson은[6] 현대과학의 역사를 그가 인간의 이성의 기본적인 범주라고 여기는 것의 점진적인 이행으로써 기술하려고 하였다. 즉 서로 다른 것과 변화하는 것은 동일한 것과 영구한 것으로 간추려져야만 한다는 것이다. 시간은 제거되어야만 한다.

우리들 자신의 시대에 접어들면서 아인슈타인은 근본적인 수준에서는 비가역성에 관한 아무런 언급도 없는 물리학의 수식화를 향한 이러한 경향의 화신처럼 등장한다.

1922년 4월 6일 파리의 철학학회에서 역사적인 장면이 벌어졌다.[7] 이때 앙리 베르그송은 아인슈타인에 대항하여 공존하는 「겪은」 시간들의 다중성의 원인을 옹호하려고 하였다. 아인슈타인의 대답은 절대적이었다. 그는 단적으로 「철학자들의 시간」을 거부하였다. 겪은 경험은 과학에 의하여 부정된 것을 구해낼 수 없는 것이다.

아인슈타인의 반응은 어느 정도는 정당화될 수 있는 것이었다. 베르그송은 분명히 아인슈타인의 상대성이론을 잘못 이해하고 있었다. 하지만 아인슈타인에게도 역시 어느 정도의 편견은 있었다. 베르그송의 「겪은 시간」인 지속기간은 아인슈타인이 오직 현상론적인 수준에서만 인정하려고 하는 비가역성인 생성의 기본적인 차원들을 말하는 것이다. 우리는 이미 아인슈타인이 카르납과 가진 대화를 언급한 바 있다(제7장을 보라). 그로서는 과거, 현재, 그리고 미래 간의 구분들은 물리학의 범위를 벗어난 것이었다.

아인슈타인과 그의 취리히에서의 어린 시절에 가장 가까웠던 친구인 미셸 베소Michele Besso[8] 사이에 오간 서신을 보면 무척 흥미롭다. 비록 그가 공학도이며 과학자였으나 베소는 말년에 철학, 문학, 그리고 인간의 존재의 핵심을 싸고 있는 문제들에 관하여 점차로 관심을 갖게 되었다. 그는 집요하게도 똑같은 질문을 계속하였다. 비가역성은 무엇인가? 그것과 물리학의 법칙들과의 관계는 무엇인가 그러면 아인슈타인은 오직 이 가장 가까운 친구에게만 보여 준 참을성을 지닌 채 집요하게 대답하곤 하였다. 비가역성이란 「있을성싶지 않은」 초기조건들에 의하여 생긴 단지 환상에 지나지 않는 것이다. 이와 같은 대화는 아인슈타인보다 여덟 살이 더 많은 베소가 아인슈타인이 죽기 불과 수개월 전에 죽을 때까지 수년간 계속되었다. 베소의 누이와 아들에게 보낸 마지막 편지에서 아인슈타인은 이렇게 썼다. 「미셸이 나보다 먼저 이 이상한 세상을 떠났군요. 그것은 아무래도 좋습니다. 신념을 가진 우리들 물리학자들에게는 과거, 현재, 그리고 미래 사이이 구분은 비록 지속적인 것이기는 하지만 하나의 환상에 불과한 것이니까요.」 물리학의 기본법칙들을 터득하려는 아인슈타인의 노력에서는 지성적인 것은 불변인 것으로 판명되는 것이었다.

어째서 아인슈타인은 물리학에 비가역성을 도입하는 것을 그렇게도 강력하게 반대하였는가? 우리는 다만 추측할 수 있을 뿐이다. 아인슈타인은 비교적 고독한 사람이었다. 그에게는 친구도, 공동 연구자도, 그리고 제자도 별로 없었다. 그는 슬픈 시대에 살았다. 두 차례의 세계대전과 반反유태주의의 등장이 그것이다. 아인슈타인에게는 과학이 격동하는 시대에 대하여 승리하는 길이었다는 것은 놀라운 일이 아니다. 하지만 그의 과학적인 업적과는 얼마나 대조적인가. 그의 세계는 서로 움직이고 있는 여러 좌표계들 안에 위치하고 있으며 중력장들이 서로 다른 여러 별들에 위치하고 있는 과학자들인 관측자들로 꽉 차 있다. 이 모든 관측자들은 이 우주 전체에 걸쳐 신호들을 통하여 서로 정보를 교환하고 있다. 아인슈타인이 무엇보다도 간직하고 싶었던 것은 이러한 교신의 객관적인 의미였다. 하지만 우리는 아마도 아인슈타인이 교신과 비가역성이 밀접하게 관련되어 있다는 것을 받아들이기까지는 하지 않았다고 말할 수 있겠다. 교신은 아마도 인간이 접할 수 있는 가장 비가역적인 과정, 즉 지식의 진보적인 증가의 바탕을 이루고 있는 것이다.

3. 엔트로피 장벽

우리는 제9장에서 선택원리로서의 제2법칙을 기술하였다. 각 초기조건에는 그것에 해당되는 「정보」가 있다는 것이다. 이 정보가 유한한 모든 초기조건들은 허용되어 있다. 하지만 시간의 방향을 뒤집기 위해서는 우리는 무한한 정보를 필요로 한다. 우리는 우리의 과거 속으로 진화하게 되는 상황들을 만들어 낼 수 없다! 이것이 우리가 도입한 엔트로피 장벽이다. 신호들의 전파의 최대 속도로서의 빛의 속도의 개념과 흥미 있는 비유가 있다. 우리가 제7장에서 본 바와 같이 이것은 아인슈타인의 상대성이론의 기본적인 가정들 중의 하나이다. 인과율에 의미를 부여하기 위해서는 빛의 속도라는 장벽의 존재가 필요하다. 가령 우리가 과학 소설에 나오는 우주선을 타고 빛의 속도보다 더 빠른 속도로 지구를 떠난다고 하자. 우리는 빛의 신호들을 따라잡을 수 있으며 이와 같은 방법으로 우리들 자신의 과거보다 앞설 수 있을 것이다. 마찬가지로 교신에 의미를 부여하기 위해서는 엔트로피 장벽이 필요하다. 우리는 이미 비가역성과 교신이 밀접하게 관련되어 있음을 언급한 바 있다. 노버트 위너Norbert Wiener는 시간의 두 방향이 존재한다고 하는 것이 대재난의 결과를 가져올 것이라고 주장하였다. 그의 유명한 책 《인공두뇌학(*Cybernetics*)》의 한 구절은 인용해 볼 만하다.

> 사실상 우리들 자신의 시간과는 다른 방향으로 가는 시간을 지닌 지적인 존재를 상상해 보는 것은 매우 흥미 있는 지적인 실험일 것이다. 그러한 존재에게는 우리와의 모든 교신은 불가능할 것이다. 그가 보냈을지도 모르는 어떠한 신호라도 그것은 그의 관점으로부터 후건後件들이며 우리의 관점으로부터는 전건前件들인 논리적인 흐름으로 우리에게 도달할 것이다. 이러한 전건들은 이미 우리의 경험 속에 있을 것이며, 어떤 지적인 존재가 그것을 보냈을 것이라는 점을 미리 가정함이 없이도 우리에게는 그의 신호에 관한 자연스러운 설명이 될 것이다. 만일 그가 우리에게 정사각형을 그려 보냈다면 우리는 그의 그림의 나머지들을 그것의 전조前兆들로서 보아야만 할 것이며, 그것은 이러한 전조들의 — 언제나 완벽하게 설명될 수 있는 — 신기한 구체화로 보이게 될 것이다. 그것의 의미는 우리가 산이나 벼랑에서 알아보는 면들과 마찬가지로 우연한 것으로 보이게 될 것이다. 그 정사각형의 그림은 우리에게 그것에 의하여 그 정사각형이 존재하지 않게 되는 그러한 재난 — 정말로 갑작스러운 것이기는 하지만 자연법칙들에 의하여 설명될 수 있는 — 으로서 나타나게 될 것이다. 우리의 상대방은 우리에 관하여 이와 똑같이 비슷한 생각을 하게 될 것이다. **우리가 교신할 수 있는 어떤 세계 안에서도 시간의 방향은 균일한 것이다.**[9)]

시간의 방향의 유일성 — 시간의 한쪽 방향으로부터 그 반대 방향으로 전환시킬 수 없는 불가능성 — 을 보장하는 것이 무한한 엔트로피 장벽 바로 그것이다.

이 책을 통하여 우리는 불가능성을 보여 주는 것의 중요성을 강조해 왔다. 사실상 그 중요성을 처음으로 포착한 사람은 아인슈타인으로서 그가 빛의 속도보다 더 빠른 속도로 정보를 전파시킬 수 없다는 불가능성에 그의 상대적인 동시성에 관한 개념의 근거를 두었을 때였다. 상대성이론 전체는 「관측할 수 없는」 동시성들의 제외를 바탕으로 하여 세워진 것이다. 아인슈타인은 이러한 단계가 영구적인 운동이 제외되었을 때 열역학에서 취한 단계와 어느 정도 비슷한 것이라고 생각하였다. 그러나 그와 같은 시대에 살던 어떤 사람들은 — 예를 들어 하이젠베르크와 같은 사람 — 이 두 가지 불가능들의 중요한 차이점을 강조하였다. 열역학에서는 어떤 **상황**이 자연에는 없는 것으로 정의된다. 상대론의 경우에는 불가능한 것으로서 정의되는 것은 **관측**이다 — 자연과 그것을 기술하는 사람 간의 교신인 대화의 형태가 그것이다. 따라서 하이젠베르크는 아인슈타인의 회의적인 태도에도 불구하고 그가 양자론적인 불확정성 원리에 의하여 관측할 수 없는 것으로서 정의된 것을 제외시키는 것에 양자역학의 근거를 마련했을 때 그 자신은 아인슈타인의 예를 따르는 것이라고 생각하였다.

제2법칙이 단지 실질적인 불가능성을 나타내는 것으로서 생각되는 한 그것은 이론적인 흥미가 별로 없는 것이다. 우리는 충분한 기술技術적인 솜씨로 그것을 극복하게 되기를 언제나 바랄 수 있기 때문이다. 그러나 우리는 이것이 그렇지 않다는 것을 본 바 있다. 그것의 뿌리에는 가능한 초기상태들의 선택이 있다. 확률적인 해석이 가능해지는 것은 오직 이러한 상태들이 선택된 후이다. 볼츠만이 처음으로 말한 바와 같이 실제로 엔트로피의 증가는 확률의 증가와 무질서의 증가를 나타내는 것이다. 하지만 그의 해석은 엔트로피가 시간의 대칭성을 파괴하는 선택원리라는 결론으로 인한 것이다. 어떠한 확률적 해석이라도 가능해지는 것은 오직 이러한 대칭파괴가 이루어진 후이다.

우리가 엔트로피에 관한 볼츠만의 해석의 대부분을 보상하였다는 사실에도 불구하고 그의 제2법칙에 관한 우리의 해석은 우리가 다음과 같은 차례를 지켰기 때문에 급격하게 다른 것이다. 제2법칙에 과학의 진화론적인 패러다임으로서의 그것의 근본적인 중요성을 부여하는 것은 오직 새로운 선택원리의 도입을 통한 동역학과 열역학의 통합이 이루어질 때이다. 이 점은 너무나 중요하므로 우리는 이것에 관해 보다 자세하게 다루고자 한다.

대칭을 파괴하는 선택원리로서의 제2법칙

↓

확률적 해석

↓

무질서의 증가로서의 비가역성

4. 진화론적 패러다임

동역학의 세계는 그것이 고전적이든 양자역학적이든 간에 가역적인 세계이다. 우리가 제8장에서 강조한 바와 같이 이러한 세계에서는 아무런 진화도 있을 수 없다. 동역학적인 단위체들에 의하여 표현된 「정보」는 일정하게 유지된다. 그러므로 이제 물리학에서 진화론적인 패러다임이 설정될 수 있다는 것은 — 거시적인 기술記述의 수준에서뿐만 아니라 모든 수준들에서도 역시 — 대단히 중요한 것이다. 물론 조건들이 존재한다. 즉, 우리가 본 바와 같이 최소한의 복잡성이 필요하다. 그러나 비가역과정들의 엄청난 중요성은 이러한 요구조건이 우리가 흥미를 가진 대부분의 계들에서 만족된다는 것을 보여 주고 있다. 놀랍게도 방향성을 지닌 시간에 관한 인식은 생물학적인 조직화의 수준이 증가함에 따라 증가하며 아마도 인간의 의식에서 그 절정에 도달하는 것 같다.

이러한 진화론적인 패러다임이 얼마나 일반적인 것인가? 그것은 무질서로 진화하는 격리된 계들과 점점 더 높은 형태의 복잡성으로 진화하는 열려진 계들을 포함하고 있다. 사회적 또는 경제적인 문제들을 다루는 많은 저자들이 엔트로피의 은유에 이끌리는 것은 놀라운 일이 아니다. 분명히 여기서 우리는 주의해야만 한다. 인간은 동역학적인 대상이 아니며 열역학으로의 전이는 동역학에 의하여 유지되는 선택원리로서 수식화될 수는 없는 것이다. 인간의 수준에서 비가역성은 보다 근본적인 개념이며, 이것은 우리로서는 우리의 존재의 의미와 분리될 수 없는 것이다. 하지만 그래도 이러한 전망에서 우리는 비가역성에 관한 내적인 느낌을, 더 이상 우리를 외부세계와 소외시키는 주관적인 인상으로서 보는 것이 아니라 진화론적인 패러다임에 의하여 지배되는 세계에 우리가 참여하고 있음을 나타내는 것으로서 본다는 것은 필수적인 것이다.

우주론적인 문제들은 어렵기로 악명이 나 있다. 우리는 아직도 초기 우주에서의 중력의 역할이 무엇인지를 모르고 있다. 중력이 어떤 형태이든지 간에 제2법칙 안에 포함될 수 있는 것인가 또는 열역학과 중력 간에 일종의 변증법적인 균형이 존재하는가? 확실히 비가역성이 시간적으로 가역적인 세계에 갑자기 나타났을 수는 없는 것이다. 비가역성의 근원은 우주론적인 문제이며 초기단계의 우주에 관한 분석을 필요로 할 것이다. 여기서의 우리의 목표는 보다 겸허한 것이다. 오늘날 비가역성이 의미하는 것은 무엇인가? 그것이 어떻게 우리가 기술하는 세계 속에서 우리의 위치와 관련되어 있는가?

5. 배우들과 관중들

물리학에 의한 생성의 부정은 과학의 내부에 깊은 불화를 낳게 하였고 과학을 철학으로부터 멀어지게 하였다. 원래는 지배적인 아리스토텔레스적 전통으로 용감한 내기였던 것이 점차로 자연에는 질적인 다양성이 존재한다고 믿는 모두(화학자, 생물학자, 의사)에게 대항하는 독단적인 주장이 되어 버렸다. 19세기 말에 이러한 투쟁은 과학의 내부로부터 「과학」과 그 밖의 문화, 특히 철학과의 관계로 바뀌었다. 제3장에서 우리는 서양 사상사의 이러한 면을 지식의 새로운 통일을 이룩하려는 그것의 끊임없는 몸부림과 아울러 기술한 바 있다. 과학의 객관적인 세계와 대립되는 **사는 세계**인 현상학자들의 「겪는 시간」은 과학의 침범에 대항하기 위한 방벽을 세우고자 하는 필요성과 관련지어질 수 있다.

오늘날 우리는 확실성과 절대적인 반대의 시대가 지났다고 생각한다. 물리학자들에게는 어떤 종류의 치외법권적인 아무런 특권도 없다. 과학자들로서 그들은 그들의 문화에 속하며 그들의 차례가 되면 그것에 필수적인 기여를 하는 것이다. 이제 사회학에서 오래전에 인식되었던 것과 가까운 상황에 접어든 것이다. 메를로 퐁티Merleau-Ponty는 이미 그가 「상황들 속에서의 진실」이라고 부르는 것을 마음속에 간직해야 할 필요성을 강조한 바 있다.

> 내가 절대적인 관측자의 이상 — 아무런 견해도 없는 지식의 이상 — 을 간직하고 있는 한 나는 단지 나의 처지가 실수의 근원이라고 볼 수 있을 뿐이다. 그러나 내가 그것을 통하여 내게 의미가 있는 모든 활동과 모든 지식에 노력을 기울이게 되며, 게다가 그것이 나를 위하여 있을지도 모르는 모든 것으로 점차 채워진다는 것을 일단 인정하고 나면 한정된 나의 처지에서 내가 사회적 모임과 접촉하는 것은 과학의 진실을 포함한 모든 진실의 출발점으로서 내게 드러나는 것이다. 그리고 우리가 진실에 관한 어떤 생각을 갖고 있으며 우리가 진실 안에 있고 그 밖으로 벗어날 수 없는 것이므로 내가 할 수 있는 모든 것은 그 처지 안에서 진실을 정의하는 것이다.[10)]

우리가 이 책을 통하여 탐색해 온 것은 객관적이고 참여적인 모두로서의 지식에 관한 이러한 개념 바로 그것이다.

메를로 퐁티는 또한 그의 저서인 《주제들(*Themes*)》[11)]에서 과학의 「철학적」인 발견 — 즉, 그것의 기본적인 개념적 변환 — 들은 흔히 관점을 뒤집는 기회와 출발점을 마련해 주는 **부정적인 발견들**의 결과라고 주장하였다. 불가능성의 증명들은 상대성이론에서이건 양자역학에서이건 또는 열역학에서이건 간에 우리에게 자연은 「외부로부터」 마치 관중에 의한 것처럼 기술될 수는 없다는 것을 보여 주었다. 기술記述은 대화 — 교신 — 이며 이러한 교신은 우리가 물리적 세계 안에 들어 있는 거시적인 존재들임을 보여 주는 구속조건들에 따르는 것이다. 우리는 오늘날 우리가 보는 대로의 상황을 다음 도표에서 요약할 수 있다.

관측자 ──────→ 동역학
↑ 　　　　　　　　　│
소산구조들 　　　　　│
↑ 　　　　　　　　　↓
비가역성←무질서←불안정한 동역학계들

우리는 좌표와 운동량을 측정하고 시간에 따른 그것들의 변화를 연구하는 관측자로부터 시작한다. 이것은 우리가 제9장에서 논의한 것과 같은 불안정한 동역학계들과 그 밖에 고유한 무질서와 고유한 비가역성에 관한 개념들을 관측자로 하여금 발견하도록 한다. 일단 고유한 비가역성과 엔트로피가 얻어지면 우리는 평형으로부터 멀리 떨어진 계들에서 소산구조들에 접하게 되며 우리는 관측자의 시간의 방향성을 띤 활동을 이해할 수 있게 된다.

시간의 방향성을 띠지 않은 과학적 활동은 아무것도 없다. 하나의 실험을 준비하는 데도 「이전」과 「이후」의 구별이 요구된다. 우리가 가역적인 운동을 알아볼 수 있는 것은 오직 우리가 비가역성을 알고 있기 때문이다. 우리의 도표는 우리가 이제 완전히 한 바퀴 돌았으며, 우리 자신들이 우리가 기술하는 우주의 일부라는 것을 볼 수 있음을 보여 주고 있다.

우리가 제시한 계획은 선험적인 계획이 아니다 — 그것은 어떤 논리적인 구조로부터 추론될 수 있는 것이다. 사실상 자연 속에 소산구조들에 관한 논리적 필연성이 실제로 존재할 필요는 없는 것이다. 거시적인 세계가 「관측자들」이 거주하는 세계 — 살고 있는 세계 — 가 되기 위하여 필요한 것은 평형으로부터 멀리 떨어져 있는 우주의 「우주론적인 사실」이다. 따라서 우리의 계획은 논리적인 또는 인식론적인 진실에 해당되는 것이 아니라 평형으로부터 멀리 떨어진 세계 속에 거시적인 존재로서의 우리의 조건에 관한 것이다. 더욱이 우리들 계획의 본질적인 특성은 그것이 기술記述의 어떠한 근본적인 양식도 가정하고 있지 않다는 것이다. 기술記述의 각 수준은 또 다른 것에 의하여 내포되어 있으며 다른 것을 내포하기도 한다. 우리는 모두 연결되어 있으며 그 어느 것도 뛰어난 것이라고 할 수 없는 그러한 수준들의 다중성을 필요로 한다.

우리는 이미 비가역성이 보편적인 현상이 아니라는 것을 강조한 바 있다. 우리는 열역학적 평형에 해당되는 실험을 공간의 한정된 부분들에서 수행할 수 있다. 더욱이 시간의 축척들의 중요성은 변하는 것이다. 한 개의 돌멩이는 지질학적 진화의 시간축척에 따라 진화한다. 인간사회들 — 특히 우리 시대에서의 — 은 분명히 훨씬 짧은 시간축척을 지니고 있다. 우리는 이미 비가역성이 관련된 동역학계들의 최소한의 복잡성과 더불어 비롯된 것임을 언급한 바 있다. 돌멩이로부터 인간사회에 이르기까지 복잡성이 증가함에 따라 시간의 화살 — 진화론적인 리듬 — 의 역할이 증가한다는 것은 흥미 있는 일이다. 분자생물학은 세포 안의 모든 것이 똑같은 방법으로 살고 있지는 않다는 것을 보여 주고 있다. 어떤 과정들은 평형에 도달하며 다른 것들은 평형으로부터 멀리 떨어져 있는 조절효소들에 의하여 지배된다. 이와 비슷하게 시간의 화살은 우리 주위의 우주에서 매우 다른 역할들을 하고 있다. 이러한 관점으로부터 보면 — 이러한 시간의 방향성을 지닌 활동의 의미에서는 — 인간의 조건은 독특한 것으로 보인다. 우리가 제9장에서 말한 바와 같이 비가역성 — 시간의 화살이 무질서를 내포한다는 것 — 은 우리에게 매우 중요한 것으로 여겨진다. 「시간은 구성構成이다.」 발레리Valéry가[12] 매우 독립적으로 도달한 이러한 결론은 과학 그 자체를 넘어서는 전언을 지니고 있는 것이다.

6. 소란한 자연 속의 회오리바람

많은 종류의 인식기술技術들을 지니고 있는 우리의 사회에서 과학은 독특한 위치를 차지하고 있다. 그것은 자연에 대하여 시인이 심문을 하는 입장이며, 어원학적인 의미에서 시인은 — 적극적이고, 조종하는, 그리고 탐색하는 — 「제작자」이다. 더욱이 과학은 이제 그것이 조사하는 자연을 존경할 수 있게 되었다. 자동화로서의 자연에 관한 견해를 지닌 고전과학에 의하여 시작된 자연과의 대화로부터 자연에 관하여 질문하는 활동이 그것의 고유한 활동의 일부라는 매우 다른 견해가 성장해 온 것이다.

우리가 이 장의 첫 부분에서 적은 바와 같이 지적인 안도감에 관한 우리의 느낌은 부서져 버렸다. 이제 우리는 비논증법적인 방식으로 과학과 철학 간의 관계를 음미할 수 있다. 우리는 이미 아인슈타인-베르그송의 논쟁을 언급한 바 있다. 베르그송은 어떤 기술技術적인 점들에서는 확실히 「틀렸지만」 철학자로서의 그의 임무는 물리학의 내부에서 그가 생각하기로는 과학이 무시하고 있는 시간의 양상들을 분명히 하려고 시도하는 것이었다.

동시에 과학적이며 철학적으로 보이는 그러한 근본적인 개념들의 내포된 뜻과 합치성을 탐색하는 것은 위험한 것일지도 모르지만 그것은 과학과 철학 간의 대화에는 매우 유익한 것이 될 수 있다. 이제 이러한 것은 라이프니츠, 피어스, 화이트헤드, 그리고 루크레티우스 등을 간략히 참조하면서 나타내 보기로 하자.

라이프니츠는 단자單子들의 이상한 개념을 도입하였다. 그것들은 「어떤 것이 그것을 통하여 들어가거나 나올 수 있는 그러한 아무런 유리창도」 갖지 않은 서로 교신하지 않는 물리적인 실체들이다. 그의 견해는 흔히 미친 것으로 버려지지만 그래도 우리가 제2장에서 본 바와 같이 상호작용을 하지 않고 있는 실체들에 의하여 기술될 수 있는 변환이 존재한다고 하는 것은 모든 적분이 가능한 계들의 본질적인 성질이다. 이러한 실체들은 그들 자신이 초기상태를 그들의 운동 전반에 걸쳐 번역하고 있으며, 그러나 동시에 단자들과 마찬가지로 그들은 다른 모든 것들과 「미리 설정된」 조화를 이루며 공존하고 있다. 이러한 표현에서는 각 실체의 상태가 비록 완벽하게 자체적으로 결정되는 것이기는 하지만 전체 계의 상태를 가장 작은 세부사항까지 반영하는 것이다.

따라서 모든 적분이 가능한 계들은 「단자의」 계들이라고 볼 수 있다. 역으로 라이프니츠의 단자론은 동역학적 언어로 번역될 수 있다 — 우주는 적분이 가능한 계라는 것이다.[13] 따라서 단자론은 그것으로부터 모든 생성이 제거되는 그러한 우주에 관한 가장 중요한 수식화가 되는 것이다. 물체의 활동을 이해하려는 라이프니츠의 노력들을 생각해 봄으로써 우리는 17세기와 우리의 시대를 갈라놓는 틈을 측정할 수 있다. 연장들은 아직 마련되어 있지 않았다. 순수하게 기계적인 우주에 근거를 두고 라이프니츠가 물체의 활동을 설명한다는 것은 불가능하였다. 하지만 물질은 활동이며 또는 우주는 서로 관련된 단위체라고 하는 그의 생각들의 일부는 우리에게 남아 있으며 오늘날에는 새로운 형태를 지니고 있다.

찰스 피어스Charles S. Peirce의 업적에 충분한 지면을 할애하지 못하는 것은 유감스러운 일이다. 하지만 적어도 그의 유명한 한 문단을 인용해보기로 하자.

> 여러분은 모두 에너지의 소산에 관하여 들어 보았을 것이다. 에너지의 모든 변환들에서는 일부는 열로 전환되며 열은 언제나 그것의 온도를 평준화시키

> 려고 한다는 것이 알려져 있다. 중요한 것은 우주의 에너지가 그것의 필요한 법칙들의 덕분으로 아무런 힘도 없고 그러나 열과 어디에나 똑같은 온도가 있을 뿐인 그러한 우주의 죽음으로 향하게 한다는 것이다…….
>
> 그러나 비록 아무런 힘도 이러한 경향에 맞설 수는 없지만 우연은 그 정반대의 영향을 미칠 수도 있고 미칠 것이다. 힘은 장기적으로는 소산적이다. 우연은 장기적으로 볼 때 집중적이다. 자연의 규칙적인 법칙들에 의한 에너지의 소산은 바로 이들 법칙들에 의하여 우연에 의한 그것의 재집중을 점점 더 선호하는 그러한 상황들을 수반한다. 그러므로 두 경향들이 균형을 이루는 한 점이 있어야만 하며 그것은 의심할 여지없이 현재의 전체 우주의 실제 조건이다.[14)]

다시 말하거니와 피어스의 형이상학은 실재로부터 소외된 철학의 또 하나의 예로 생각되었다. 그러나 사실상 피어스의 업적은 오늘날 물리적 법칙들에 포함된 복수성複數性을 이해하기 위한 선구적인 단계로 보여지고 있다.

화이트헤드의 철학은 우리를 스펙트럼의 다른 쪽 끝으로 인도하고 있다. 그에게는 존재가 생성으로부터 분리될 수 없는 것이다. 화이트헤드는 다음과 같이 적었다. 「〈모든 것이 흐른다〉는 문장의 의미를 밝히는 것이 형이상학의 주요임무들 중의 하나이다.」[15)] 물리학과 형이상학은 실제로 오늘날 과정 — 생성 — 이 물리적인 존재의 으뜸가는 구성원으로 생각되며, 라이프니츠의 단자들과는 달리, 존재하는 실체들이 상호작용을 할 수 있고 따라서 또한 태어나고 죽을 수 있는 그러한 세계의 개념 속에서 함께 나아가고 있다.

고전물리학의 질서 있는 세계 또는 나란한 변화들에 관한 단자론은 무한한 공간을 통한 루크레티우스의 원자들의 똑같이 나란하며 질서 있는 영원한 추락과 유사하다. 우리는 이미 클리나멘과 층 흐름들의 불안정성에 관하여 언급한 바 있다. 그러나 우리는 그보다 한 걸음 더 나아갈 수 있다. 세레Serres가 지적한 바와 같이[16)] 무한한 추락은 사물이 태어나도록 하는 교란의 자연적인 발생에 관한 우리의 개념의 근거를 이루는 모형을 마련해 주는 것이다. 만일 균일하게 떨어지는 원자들 간의 만남과 연합에 이르게 하는 수직적인 추락이 클리나멘에 의하여 「이유 없이」 교란되지 않았다면 아무런 자연도 창조될 수 없었을 것이다. 재현되는 모든 것은 운명의 법칙들에 의하여 지배되는 대등한 원인과 결과 간의 반복적인 연결뿐일 것이다.

> 다시 말하거니와, 만일 새로운 것이 낡은 것으로부터 확정된 순서에 의하여 일어나는 것과 같이 모든 운동이 언제나 서로 연결되어 있다면 — 만일 원자들이 원인과 효과의 영원히 계속되는 순서인 운명의 결합들을 끊어 버리는 어떤 새로운 운동을 발생시키기 위하여 결코 빗나가지 않는다면 — 전 지구상에 살고 있는 존재들이 소유하고 있는 자유의지의 근원은 무엇인가?[17)]

고고학적인 유물들이 「발명된」 것과 같은 방법으로 루크레티우스가 클리나멘을 발명했다고 말할 수 있을 것이다. 우리는 그것들이 우리가 파내기 시작하기 전에 그곳에 있다고 「추측」한다. 만일 균일하게 가역적인 궤적들만이 존재한다면 우리가 만들어 내고 경험하는 비가역과정들은 어디로부터 나타나는 것일까? 궤적들이 더 이상 결정되지 않고 결정론적인 변화의 질서 있고 단조로운 세계를 지배하는 운명의 법칙들이 어긋나는 점이 자연의 시작을 나타내는 것이다. 그것은 또한 자연적인 존재들의 출생, 번식, 그리고 사망을 기술하는 새로운 과학의 시작을 나타내는 것이기도 하다. 「추락, 반복, 그리고 엄격한 연결의 물리학은 변화와 상황들의 창조적인 과학으로 대체된다.」[18)] 운명의 법칙들은 세레가 강조한 바와 같이 자연의 「법칙들」 — 국지적이고 특이하며 역사적인 관계들 — 과 자연과의 계약의 한 형태인 「연합」을 모두 나타내는 자연의 법칙들로 대체된다.

따라서 우리는 루크레티우스적인 물리학에서 우리가 현대의 지식에서 발견했던 선택들 간의 연결을 다시금 찾아보게 된다. 이러한 선택들은 물리적인 기술記述과 자연 속의 인간의 상황에 관련된 철학적이고 윤리적인 또는 종교적인 개념의 바닥에 깔려 있는 것들이다. 보편적인 연결들에 관한 물리학은 법과 지배의 이름 아래 교란이나 무질서와는 더 이상 씨름하지 않는 또 다른 과학에 대항하기 위하여 비롯된 것이다. 아르키메데스로부터 클라우지우스에 이르는 고전과학은 혼란상태에 관한 과학 그리고 분기현상을 나타내는 변화들에 관한 과학과는 대립되는 것이다.

> 여기서 그리스인들의 지혜가 그 절정에 도달하게 된다. 사람이 세계 안에 있고 세계의 것이며 또한 물체 안에 있고 물체의 것인 곳에서는 그는 이방인이 아니라 친구이자 가족의 일원이며 그리고 대등한 존재이다. 그는 사물들과 협약을 맺은 것이다. 역으로 많은 다른 계들과 많은 다른 과학들은 이러한 협약을 깨뜨리는 것에 근거를 두고 있다. 사람은 세계에 대하여, 새벽에 대하여, 하늘에 대하여 그리고 사물들에 대하여 이방인인 것이다. 그는 그들을 증오하며 그들과 싸운다. 그의 주위환경은 싸워야 할 위험한 적이며, 노예로 삼아야 하는 것이다……. 에피쿠로스와 루크레티우스는 화해된 우주 안에서 살고 있다. 그것은 사물들에 관한 과학과 인간의 과학이 일치하는 곳이다. 나는 교란이며 소란한 자연 속의 회오리바람이다.[19]

7. 동의어 반복을 넘어서

고전과학의 세계는 계의 순간적인 상태로부터 추론될 수 있는 그러한 사건들만이 일어날 수 있는 세계이다. 신기하게도 우리가 갈릴레오와 뉴턴에게까지 더듬어 올라갈 수 있는 이러한 개념은 당시에도 새로운 것은 아니었다. 실제로 그것은 신성하고 불변하는 천국에 관한 아리스토텔레스의 개념과 같은 것으로 판명될 수 있다. 아리스토텔레스의 견해로는 우리가 정확한 수학적 기술記述을 적용시키기를 바랄 수 있는 곳은 오직 천상의 세계였다. 우리는 서론에서 과학이 세계에 「환멸을 느끼게 만들었다」고 하는 불평을 되풀이하였다. 그러나 이러한 환멸은 역설적으로 지상의 세계를 영광스럽게 만들고 그럼으로써 아리스토텔레스가 천국을 위하여 남겨 둔 그러한 종류의 지적인 추구를 할 만한 것으로 만들었기 때문이다. 이런 의미에서 고전과학은 천국을 지상으로 데려온 것이다. 하지만 이것은 분명히 현대과학의 아버지들이 의도한 바가 아니었다. 자연이 시작되는 곳에 수학이 끝난다고 하는 아리스토텔레스의 주장에 도전하는데 그들은 변화하는 것 뒤에 있는 불변하는 숨겨진 것을 발견하려고 하기보다는 오히려 변화하고 부패하기 쉬운 자연을 우주의 경계까지 연장할 것을 추구하였다. 그의 저서인 《두 가지 중요한 세계의 체계들에 관한 대화(*Dialogue Concerning the Two Chief World Systems*)》에서 갈릴레오는 만일 대홍수가 얼음의 바다만을 남겨 놓았다면 또는 지구가 벽옥의 부패할 수 없는 단단함을 가졌다면 세상이 보다 고상한 장소가 될 것이라는 관념에 대하여 놀라고 있다. 지구가 수정구슬로 바뀐 뒤에 더욱 아름다워질 것이라고 생각하는 사람들은 메두사의 눈초리에 의하여 다이아몬드의 조각상으로 변환될지어다!

그러나 정량적인 기술記述의 유효성을 탐색하려는 최초의 물리학자들이 선택한 대상들 — 보존되는 운동을 하는 관념적인 진자, 간단한 기계, 행성의 궤도들 — 은 사실상 아리스토텔레스의 천상의 물체들의 신성한 관념을 재생시키는 독특한 수학적 기술記述에 해당된다는 것이 밝혀졌다.

아리스토텔레스의 신들과 마찬가지로 고전동역학의 대상들은 오직 그들 자신만을 염려하는 것들이다. 그들은 외부로부터 아무것도 배울 수 없다. 어떤 순간에서도 계 안에 있는 각 점은 그것이 알아야 할 모든 것 — 공간에서의 질량들의 분포와 그것들의 속도들 — 을 알고 있다. 각각의 상태는 모든 가능한 다른 상태들에 관한 진실의 전부를 포함하고 있으며 그 각각은 시간축 상에서의 다른 상태들의 각각의 위치들이 무엇이든 간에 그 다른 상태들을 예측하는 데 사용될 수 있다. 이런 의미에서 이러한 기술記述은 동의어 반복에 이르게 한다. 왜냐하면 미래와 과거가 모두 현재 안에 포함되어 있기 때문이다.

현대과학의 전망에서 시간적이고 다중적인 것으로의 전이인 급격한 변화는 아리스토텔레스의 천국을 지상으로 끌어내린 운동의 역逆이라고 볼 수 있다. 이제 우리는 지상을 천국으로 가져가는 것이다. 우리는 소립자들의 수준으로부터 우주론적인 모형들에 이르기까지 시간과 변화의 으뜸감을 발견하고 있는 중이다.

따라서 자연과학은 거시적이고 미시적인 수준들 모두에서 신기함과 다양함이 불변하는 보편적 법칙들의 이름 아래 부정되어야만 한다는 것을 내포하는 객관적인 실재의 개념을 그것 자체로부터 제거해 버렸다. 자연과학은 폐쇄된 것으로 여겨지는 합리성과 거의 성취된 것으로 보이는 지식에 대하여 느끼는 매력을 그것 자체로부터 없애 버렸다. 자연과학은 이제 그것이 더 이상 불완전한 지식이나 불충분한 조절의 결과라고 정의하지 않는 예기치 않은 것에 대하여 개방되어 있다.

이러한 과학의 개방은 절대적인 관점에 대한 생각이 유지되고 있던 「코페르니쿠스 혁명」으로부터 그것을 구별하기 위하여 세르게이 모스코비치Moscovici에 의하여 「케플러적인 혁명」이라고 잘 정의되었다. 이 책의 서론에 인용된 많은 문단들을 통하여 과학은 세계에 대한 「환멸」로서 여겨졌다. 이제 오늘날 과학에서 진행되고 있는 변화들에 관한 모스코비치의 기술記述을 인용해 보자.

> 과학은 그것이 손대는 모든 것을 새롭게 하고 그것이 침투하는 모든 것 — 우리가 살고 있는 지구와 우리가 살 수 있도록 해주는 진실들 — 을 따뜻하게 하기 위한 우리의 모험인 이러한 모험에 관련되게 되었다. 매 굽이마다 그것은 알려진 죽음을 위한 종소리인 죽음의 메아리가 아니라 언제나 싱싱한 부활과 시작의 목소리이며 한순간이나마 그들의 덧없는 영속성 안에 고정되어 있는 인류와 물질성의 목소리인 것이다. 그것이 바로 어째서 위대한 발견들이 코페르니쿠스의 경우와 같이 임종시에 드러나는 것이 아니라 케플러의 경우와 같이 꿈과 열정의 도상에서 나타나게 되는가 하는 까닭이다.[20)]

8. 시간의 창조적 행로

흔히 말하기를 바흐가 없이는 우리는 〈성聖마태의 열정〉을 들어볼 수 없었을 것이지만 상대성이론은 아인슈타인이 없어도 발견되었을 것이라고 한다. 과학은 예술의 역사에 관련된 예측불가능성과는 대조적으로 결정론적인 행로를 지니고 있는 것으로 생각되고 있다. 우리가 그것의 3세기에 걸친 윤곽을 잡으려고 시도한 과학의 이상한 역사를 되돌아볼 때 우리는 그러한 주장들의 유효성을 의심하게 된다. 문화적인 풍토가 그것들을 하나의 일관적인 계획 안에 수용하려는 준비가 안 되어 있기 때문에 무시되어 온 사실들에 관한 뛰어난 예들이 있다. 화학적 시계들의 발견은 아마도 19세기까지 거슬러 올라가는 것이다. 그러나 그것들의 결과는 평형으로의 균일한 붕괴에 관한 생각에 위배되는 것으로 보였다. 운석들은 빈의 박물관으로부터 내쫓겨졌다. 왜냐하면 태양계의 기술記述에는 그것들이 차지할 자리가 없었기 때문이었다. 우리의 문화적 환경은 우리가 하는 질문들 속에서 적극적인 역할을 하고 있다. 그러나 스타일과 사회적인 수용의 문제들을 넘어서 우리는 각 세대에서 다시 하게 되는 많은 질문들을 규명할 수 있다.

시간에 관한 문제는 확실히 그런 질문들 중의 하나이다. 여기서 우리는 「정상적인」 과학의 형성에 관한 투머스 쿤Thomas Kuhn의 분석에[21] 어느 정도는 동조할 수 없다. 과학적인 활동은 그것이 연구와 미래의 연구자들의 훈련이 결합된 현대적인 대학의 상황에서 고려될 때 쿤의 견해에 가장 잘 해당된다. 만일 그것이 일반적인 과학의 기술記述이라고 한다면 지식이 무엇이어야 한다는 것에 관한 결론들에 이르게 하는 쿤의 분석은 과학적 발전에 관한 실증론자들의 개념의 새로운 심리사회적인 해석, 즉 전문화와 구획화의 증가로 간추려질 수 있다. 이것은 「정상적인」 과학적 행동을 그의 연구의 전반적인 중요성에 관한 「일반적인」 질문들에 시간을 낭비하지 않으며 전문화된 문제들에 집착하는 「심각하고」, 「조용한」 연구자의 행동으로 판명하는 것이며 또한 문화적, 경제적, 그리고 사회적 문제들로부터 과학적 성장의 본질적인 독립성을 의미하는 것이다.

쿤이 기술한 「정상적인 과학」이 그 안에서 태어난 학문적 구조는 19세기에 형성되었다. 쿤은 학생들이 그것에 연구의 근거를 두고 있는 개념들을 배우는 것은 그 이전 세대들의 패러다임적인 문제들을 연습의 형태로 반복하여 풀어보는 것에 의한 것이라고 강조하였다. 어떤 문제가 흥미 있으며 그 해결책이 받아들여질 수 있는 것이라고 정의하는 비판의 기준들이 그들에게 주어지는 것은 이러한 방법을 통해서이다. 학생으로부터 연구자로의 전이는 점진적으로 일어난다. 과학자는 계속해서 이와 비슷한 기술技術들을 사용하여 문제들을 해결한다.

심지어는 쿤의 기술記述이 가장 적절하게 관련되는 우리의 시대에서도 그것은 단지 과학적 활동의 한 가지의 독특한 양상에만 관계되는 것이다. 이러한 양상의 중요성은 개개인의 연구자들과 제도적인 상황에 따라 변하는 것이다.

쿤의 견해로는 패러다임의 변환은 위기로서 나타나는 것이다. 조용하게 거의 보이지 않는 규칙으로서 남아 있는 대신, 그리고 말없이 남아있는 대신에 패러다임이 사실상 문제시되고 있다는 것이다. 일치하여 일하는 대신에 그 집단의 구성원들은 「기본적」인 질문들을 하며 그들의 방법들에 관한 정당성에 도전하기 시작한다. 훈련에 의하여 균일했던 그 집단은 이제 다양해진다. 서로 다른 견해들, 문화적인 경험들, 그리고 철학적인 신념들이 이제 표현되고 있으며 때때로 새로운 패러다임을 발견하는 데 결정적인 역할을 하기도 한다. 새로운 패러다임의 등장은 논쟁의 격렬함을 더욱 증가시킨다. 서로 경쟁적인 패러다임들은 학자들의 세계가 승리자를 결정할 때까지 시험대에 오른다. 새 세대의 과학자들이 나타나는 것과 더불어 침묵과 만장일치가 다시금 지배하게 된다. 새로운 교과서들이 씌어지고 다시 한 번 매사는 「말할 나위 없이 진행된다.」

이러한 견해로는 과학적 쇄신의 뒤에 있는 추진력이란 자연에 대하여 완강하게 똑같은 방법들, 똑같은 개념들을 적용하며 그리고는 언제나 자연으로부터 똑같이 완강한 저항에 부딪치는 그러한 과학자들의 세계의 강렬한 대화적인 행동인 것이다. 자연이 마침내 받아들여진 언어로 그 자신을 나타내기를 거부하는 것으로 보여질 때, 그 위기는 신념의 퇴색으로부터 야기되는 격렬함으로 폭발한다. 이 단계에 이르면 모든 지적인 자원들은 새로운 언어를 찾는 데 집중된다. 따라서 과학자들은 그들의 의지에 반하여 강요되는 위기들에 대처해야만 하는 것이다.

우리가 조사했던 문제들은 우리로 하여금 쿤의 기술記述이 적용되는 그러한 것들과는 상당히 다른 양상들을 강조하도록 하였다. 우리는 「명백한」 것이 아니라 숨겨진 연속성들에 머물러 있었으며 이러한 연속성들은 많은 사람들에 의하여 정당하지 않거나 또는 그릇된 것으로서 거부되었지만 매세대마다 다시 나타나곤 하는 어려운 문제들을 포함하고 있는 것들이다 — 이러한 문제들은 복잡한 계들의 동역학, 화학과 생물의 비가역적 세계와 고전역학이 마련해 주는 가역적인 기술記述과의 관계와 같은 것들이다. 사실상 그러한 문제들에 관한 흥미는 전혀 놀라운 일이 아니다. 오히려 우리에게 문제가 되는 것은 디드로, 슈탈, 베넬, 그리고 그 밖의 사람들의 업적 이후에도 어떻게 그러한 것들이 무시될 수 있었는가 하는 것이다.

지난 백 년 동안은 쿤에 의하여 주어진 기술記述에 가깝게 해당되는 여러 번의 위기들로 점철되어 왔다 — 이들 중 아무것도 과학자들에 의하여 추구된 것은 없었다. 예를 들자면, 소립자들 또는 진화하는 우주의 불안정성의 발견이 그것이다. 하지만 최근의 과학의 역사는 또한 그 문제들이 과학적이고 철학적인 양상들을 모두 지니고 있다는 것을 알았던 과학자들에 의하여 물어진 신중하고도 투명한 질문들의 결과들인 일련의 문제들에 의하여 특징지어진다. 따라서 과학자들이 「최면자」들처럼 행동하도록 운명지어진 것은 아닌 것이다.

우리가 기술한 새로운 과학적 발전 — 물리학에 비가역성을 포함시키는 것 — 이 어떤 종류의 「계시啓示」로 보여서는 안 되는 것이며, 그것을 소유한다는 것이 그 소유자를 그가 살고 있는 문화적 세계로부터 떨어져 나가게 하는 것이 아님을 지적하는 것은 중요한 일이다. 이와는 대조적으로 이러한 발전은 과학의 내적인 논리와 우리 시대의 문화적이고 사회적인 상황을 모두 분명히 반영하는 것이다.

특히 어떻게 우리가 인간의 역사에서 극도의 가속화의 시기에 물리학에서 시간을 재발견하는 것을 우연한 일이라고 할 수 있겠는가? 문화적인 상황이 완전한 해답이 될 수는 없지만 그렇다고 또한 부정될 수도 없는 것이다. 우리는 과학적 개념들의 발생의 「내적」이고 「외적」인 결정들 간의 복잡한 관계들을 포함시켜야만 한다.

이 책의 서문에서 우리는 이 책의 불어 제목(새로운 연합)이 「두 문화들」이 서로 합쳐지는 것을 나타낸 것이라고 강조한 바 있다. 아마도 그와 같은 합류점이 우리가 제3부에서 다룬 비가역성의 미시적인 토대에 관한 문제에서보다 더 분명한 곳은 없을 것이다.

거듭 강조한 바와 같이 고전역학과 양자역학은 모두(궤적들이나 파동함수들에 대한) 임의의 초기조건들과 결정론적인 법칙들에 근거를 두고 있다. 어떤 의미에서는 법칙들은 초기조건들 속에 이미 존재하는 것을 단지 분명히 했을 뿐이었다. 비가역성이 고려되면 더 이상 그렇지 않게 된다. 이러한 전망에서는 초기조건들이 과거의 진화로부터 생기는 것이며 후에 일어나는 진화를 통하여 같은 급의 상태들로 변환되는 것이다.

그러므로 우리는 서양의 본체론의 핵심적인 문제인 존재와 생성 간의 관계에 가까워진 것이다. 우리는 제3장에서 이 문제를 간략하게 설명한 바 있다. 금세기에 가장 큰 영향을 미친 두 가지의 업적들이 바로 이 문제를 다루었다는 것은 놀라운 일이다. 우리가 염두에 두고 있는 것은 화이트헤드의 《과정과 실재(*Process and Reality*)》 그리고 하이데거의 《존재와 시간(*Sein und Zeit*)》이다. 두 경우들 모두에서 그 목표는 플라톤과 아리스토텔레스 이

래의 서양철학의 왕도王道를 따라 영구적인 것으로서 존재를 규명하는 것을 넘어서는 것이다.[22)]

그러나 분명히 우리는 존재를 시간으로 간추릴 수는 없으며 어떠한 시간적인 함축성도 없는 그러한 존재를 다룰 수 없는 것이다. 비가역성에 관한 미시적 이론이 택한 방향은 화이트헤드와 하이데거의 사색에 새로운 내용을 주고 있다.

이러한 문제를 보다 자세히 전개하는 것은 이 책의 목표를 넘어서는 것이므로 우리는 다른 기회로 미루고자 한다. 이제 계의 한 상태 안에 요약된 대로의 초기조건들이 존재와 관련되어 있다는 것을 주목해보자. 시간적인 변화를 포함하는 법칙들은 생성과 관련되어 있다.

우리의 견해로는 존재와 생성이 서로 대립되어서는 안 되는 것이다. 그들은 실재의 두 가지의 관련된 양상들을 나타내는 것이다.

파괴된 시간적 대칭성을 지닌 상태는 그것을 똑같은 부류에 속하는 상태로 전파시키는 파괴된 시간적 대칭성을 지닌 법칙들로부터 생긴다.

본 서사들 중의 한 사람은 최근의 저서인 《존재로부터 생성으로(*From Being to Becoming*)》에서 다음과 같은 말로 결론을 맺었다. 「대부분의 고전과학의 창시자들에게는 — 심지어 아인슈타인에게도 — 과학은 나타난 그대로의 세계를 넘어서 지고한 합리성의 영원한 세계 — 스피노자의 세계 — 에 도달하고자 하는 시도였다. 그러나 아마도 법칙들과 놀이들, 시간과 영원을 모두 포함하는 실재의 보다 교묘한 형태가 존재하는 것 같다.」

이것이 바로 비가역과정들에 관한 미시적 이론이 택하고 있는 방향이다.

9. 인간의 조건

우리는 헤르만 바일Herman Weyl에 전적으로 동의한다.

> 이론적인 구성만이 생명의 현상들에 대한 유일한 접근방식이 아니라는 사실을 과학자들이 무시한다면 그들은 그릇된 것이다. 내부로부터 이해[해석] 하는 또 다른 방법이 우리에게 열려 있다……. 나는 부호들 안에서 「나란한」 대뇌大腦의 과정들을 나타내는 이론적 지식과는 전혀 다른 나 자신의 지각, 사고, 의지, 느낌 그리고 행동의 작용들의 직접적인 지식을 갖고 있다. 이러한 나 자신의 내적인 인식은 내가 만나고, 나와 같은 종류의 존재들로서 인정하며, 때로는 그들과 기쁨과 슬픔을 함께 나눌 정도로 친숙하게 대화를 나누는 나의 동료들을 이해하는 근거를 이루고 있다.[23)]

하지만 최근까지는 현저한 대조가 이루어져 있었다. 외적인 우주는 우리가 경험하는 자발적인 활동과 비가역성과는 대조적으로 결정론적인 인과법칙들에 따르는 자동화인 것으로서 보였다. 이 두 개의 세계들은 이제 서로 가까워지고 있다. 이것이 자연과학으로서는 손실인가?

고전과학은 물리적인 우주에 관한 「투명한」 견해를 목표로 하였다. 매 경우마다 우리는 원인과 효과를 규명할 수 있다는 것이다. 확률적인 기술記述이 필요하게 될 때마다 더 이상 그렇지 않게 된다. 우리는 더 이상 각각의 개별적인 실험에서 인과율을 말할 수 없으며 오직 통계적인 인과율만을 말할 수 있다. 사실상 양자역학이 대두된 이래로는 언제나 그러하였다. 그러나 그러한 것은 무질서와 확률이 심지어는 고전동역학이나 화학에서까지 필수적인 역할을 하는 최근의 발전들에 의하여 매우 크게 확대되었다. 그러므로 고전적인 경향에 비하여 현대적인 경향은 고전적인 사고의 투명함에 비할 때 일종의 「불투명함」에 이르게 하는 것이다.

이것이 인간의 영혼의 패배인가? 이것은 어려운 질문이다. 과학자로서 우리에게는 선택의 여지가 없다. 우리는 당신에게 우리가 보고 싶은 대로의 세계를 기술해 줄 수 없으며, 다만 실험적 결과들과 이론적 개념들의 결합된 충격을 통하여 우리가 볼 수 있는 대로의 세계를 기술해 줄 수 있을 뿐이다. 또한 우리는 이러한 새로운 상황이 우리들 자신의 영적인 활동에서 찾아볼 수 있는 것으로 보이는 상황을 반영하는 것이라고 믿는다. 고전심리학은 의식적이고 투명한 활동에 치중하고 있었다. 현대심리학은 무의식적인 불투명한 기능에 더 비중을 두고 있다. 아마도 이것이 인간의 존재에 관한 기본적 양상들의 영상일 것이다. 스핑크스 앞에서는 그 영혼이 맑아지고 그 자신의 근원들에 직면했을 때는 어두워지는 외디푸스를 상기해 보라. 아마도 우리 주변의 세계와 우리들 내부의 세계에 관한 우리의 통찰력이 합쳐지는 것이야말로 우리가 기술하려고 한 과학에서의 최근의 진화의 만족스러운 양상일 것이다.

시간 속에 존재하는 것 — 비가역적인 것 — 과 또 다른 쪽에는 시간의 밖에 있는 것 — 영원한 것 — 사이의 구분이 인간의 상징적인 활동의 근원에 있다고 하는 인상은 회피하기 어려운 것이다. 아마도 이것은 예술적인 활동에서는 특히 그러할 것이다. 실제로 하나의 돌멩이와 같은 자연적인 대상이 예술의 대상으로 변환되는 것의 한 가지 양상은 물체에 대한 우리의 충격과 밀접하게 관련되어 있다. 예술적인 활동은 대상물의 시간적 대칭성을 파괴한다. 그것은 우리의 시간적인 비대칭성을 대상물의 시간적인 비대칭성으로 번역하는 흔적을 남긴다. 우리가 그 안에서 살고 있는 가역적이고 거의 순환적인 소음의 수준으로부터 확률적이고 동시에 시간의 방향성을 지닌 음악이 떠오르는 것이다.

10. 자연의 부활

우리가 자연에 관한 과학적 개념과 동시에 인구통계학적 폭발로 인한 인간 사회의 구조에 대한 심각한 변화의 순간에 처해 있다고 하는 것은 매우 놀라운 일이다. 그 결과로서 인간과 자연 간의 그리고 인간과 인간 간의 새로운 관계들이 요구되고 있다. 우리는 더 이상 과학적인 가치와 윤리적인 가치와의 낡은 선험적 구분을 받아들일 수 없는 것이다. 이러한 것은 외적인 세계와 우리들 내부의 세계가 상충하고 거의 직교하는 것으로 보이던 때에는 가능했었다. 오늘날 우리는 시간이 구성이며 따라서 윤리적 책임을 지니고 있다는 것을 알고 있다.

우리가 이 책에서 많은 지면을 할애하여 다루었던 생각들 — 불안정성과 요동에 관한 생각들 — 은 사회과학들 속으로 확산되는 것이다. 이제 우리는 사회들이 인간 역사의 비교적 짧은 기간 동안 진화되어 온 여러 가지의 문화들에 의하여 예시되는 잠재적으로 엄청난 수의 분기현상들을 포함하는 엄청나게 복잡한 계들임을 알고 있다. 우리는 그러한 계들이 요동에 대하여 극도로 예민함을 알고 있다. 이것은 희망과 위협 모두에 이르게 하는 것이다. 희망에 이르게 되는 것은 심지어 작은 요동이라 할지라도 그것이 성장하여 전반적인 구조를 변화시킬 수 있기 때문이다. 그 결과로써 개별적인 활동은 무의미한 것으로 여겨지지 않게 된다. 반면에 우리의 우주에서 안정하고 영원한 규칙들에 관한 안정성이 영원히 사라진 것으로 보이기 때문에 이것은 또한 위협이기도 하다. 우리는 아무런 맹목적인 신념도 불러일으키지는 않지만 아마도 어떤 탈무드의 교과서들이 창세기의 신이 바랐을 것이라고 여기는 제한된 희망에 대한 공감만을 불러일으키는 위험하고도 불확실한 세계에 살고 있는 것이다.

> 현재의 창세 이전에 스물여섯 번의 시도들이 있었으며 이들은 모두 실패할 운명을 지닌 것들이었다. 인간의 세계는 그 이전의 파편들의 혼돈상태의 마음으로부터 나타난 것이다. 신도 또한 실패하고 아무것도 얻지 못하는 모험을 겪는 것이다. 그가 이 세상을 창조할 때 신은 「이루어지기를 바라노라」하고 부르짖었다. 그리고 그 이후의 세상과 인류의 모든 역사를 수반한 이러한 희망은 맨 처음부터 이 역사에 급격한 불확정성의 낙인이 찍혀 있다는 것을 강조한 것이었다.[24)]

1. A. S. EDDINGTON, *The Nature of the Physical World* (New York : Macmillan, 1948).
2. L. LÉVY-BRUHL, *La Mentalitè Primitif* (Paris : PUF, 1922).
3. G. MILLS, *Hamlet's Castle* (Austin : University of Texas Press, 1976).
4. R. TAGORE, *The Nature of Reality* (Calcutta : *Modern Review* XLIX, 1931), pp. 42-43.
5. D. S. KOTHARI, *Some Thoughts on Truth* (New Delhi : Anniversary Address, Indian National Science Academy, Bahadur Shah Zafar Marg, 1975). p. 5.
6. E. MEYERSON, *Identity and Reality* (New York : Dover Publications, 1962).
7. Described in H. BERGSON, *Mélanges* (Paris : PUF, 1972), pp. 1340-46.
8. *Correspondence, Albert Einstein-Michele Besso*, 1903-1955 (Paris : Herman, 1972).
9. N. WIENER, *Cybernetics* (Cambridge, Mass. : M. I. T. Press and New York : John Wiley & Sons, 1961).
10. M. MERLEAU-PONTY, "Le philosophe et la sociologie," *Éloge de la Philosophie*, Collection Idées (Paris : Gallimard, 1960), pp. 136-37.
11. M. MERLEAU-PONTY, *Résumés de Cours 1952-1960* (Paris : Gallimard, 1968), p. 119.
12. P. VALÉRY, *Cahiers*, La Pleiade (Paris : Gallimard, 1973), p. 1303.
13. 그것에 수반되는 것에 관하여는 또한 I. PRIGOGINE, I. STENGERS, and S. PAHAUT, "La dynamique de Leibniz à Lucrèce," Critique "Spécial Serres," Vol. 35 (Jan. 1979), pp. 34-55. Engl.trans. : "*Dynamics from Leibniz to Lucretius*," Afterword to M. SERRES, *Hermes : Literature, Science, Philosophy* (Baltimore : Johns Hopkins Univ. Pr., 1982), pp. 137-55 를 보라.
14. C. S. PEIRCE, *The Monist* Vol. 2 (1892), pp. 321-337.
15. A. N. WHITEHEAD, *Process and Reality*, pp. 240-41. On this subject, see I. LECLERC, *Whitehead's Metaphysics* (Bloomington : Indiana University Press, 1975).
16. *La naissance de la Physique dans le texte de Lucréce*, p. 139.
17. LUCRETIUS, *De Natura Rerum*, Book II.
“만일 모든 움직임이 언제나 확정된 순서에 따라 그 이전의 것으로부터 새로운 것이 나타나는 것과 같이 서로 연결되어 있다면 — 만일 원자들이 운명의 결합을 낚아채어 끊어 버릴 어떤 새로운 움직임을 창출하기 위하여 꿈쩍도 않는다면 —

온 지구상의 생명체들이 지니고 있는 자유의지의 근원은 무엇일까?"

18. M. SERRES, op. cit., p. 136.
19. M. SERRES, op. cit., p. 162 ; also pp. 85-86 and "Roumain et Faulkner traduisent l' Écriture," *La traduction* (Paris : Minuit, 1974).
20. S. MOSCOVICI, *Hommes domestiques et hommes sauvages*, pp. 297-98.
21. T. KUHN, *The Structure of Scientific Revolutions*, 2nd ed. Incr. (Chicago : Chicago University Press, 1970).
22. See A. N. WHITEHEAD, *Process and Reality*, op. cit. and M. HEIDEGGER *Sein und Zeit* (Tübingen : Niemeyer 1977).
23. H. WEYL, *Philosophy of Mathematics and Natural Science* (Princeton, N. J. : Princeton University Press, 1949).
24. A. NEHER, "Vision du temps et de l'histoire dans la culture juive," *Les cultures et le temps* (Paris : Payot, 1975), p. 179.

역자 후기

일리야 프리고진Ilya Prigogine의 일반대중을 위한 비전문적인 저서들 중에 대표작이라고 할 수 있는 《혼돈으로부터의 질서》는 가장 많은 논란을 불러일으킨 문제작이다. 그는 1977년에 평형상태로부터 멀리 떨어져 있는 상태, 즉 비선형 · 비평형상태에 관한 열역학적 연구를 개척한 업적을 인정받아 노벨화학상을 수상한 바 있다. 10여 개 이상의 언어로 번역되어 전 세계의 수많은 독자들에 의하여 읽혀지고 비판되고 때로는 열렬한 공감을 불러일으킨 이 책은 그의 오랜 학문적 탐구활동의 결과에 근거를 두고 집필된 것이다.

결정론적이고 가역적인 고전과학적 방법으로 가능했던 인간과 자연의 대화가 오늘날에 이르러 단절의 위기에 처해 있고, 오늘날의 과학의 위태로운 문화적 위치, 특히 실증주의적 관점에서 본 과학의 현실과의 괴리상태에 놓여 있는 상황을 극복하기 위하여 프리고진은 새로운 형태의 과학적 접근방식을 제창하고 있다. 그리하여 그는 「복잡성의 과학」으로서의 비평형 열역학에 관심과 노력을 기울여왔다. 특히 비선형 · 비평형상태의 정상상태steady state가 불안정해졌을 때 나타나는 다중정상상태, 공간 및 시간적인 진동현상, 그리고 질서 있는 구조의 형성에 관하여 그는 많은 연구를 수행하였다. 그러한 연구결과로 인하여 생체와 같이 열려 있는 비선형·비평형상태의 계系에서는 미시적인 요동의 효과로 거시적인 소산구조消散構造가 형성될 수 있음이 밝혀졌으며, 그는 이러한 자생적인 조직화self-organization의 관점에서 생명의 신비를 탐색하려고 시도하고 있다.

그는 또한 비가역성의 근원에 대하여 새로운 학설을 제창하였다. 거시적인 세계의 시간의 비가역성은 미시적인 세계의 시간의 가역성으로부터 유도될 수 있는 것이 아니라 최소한의 복잡성을 지닌 미시적인 세계의 여태까지 알려져 있지 않았던 기본적인 성질로서의 시간의 비가역성에서 그 근원을 찾아야 한다는 것이다.

그의 주장은 한계에 부딪쳐 있는 결정론적이고 가역적인 종래의 접근방식에서 벗어나 확률적이고 비가역적인 접근방식으로 자연과학의 개념을 재정립함으로써, 자연현상은 물론이고 여러 가지의 사회적·문화적 현상들에 대한 이해를 통하여 지식의 통일을 이룩하자는 것이다. 그러나 이러한 그의 주장들은 아직 완전히 실험적으로 증명된 것이 아니며, 또한 종래의 자연과학적 접근방식에 일대 변혁을 요구하는 것으로서 더 나아가서는 인문·사회과학 분야에까지 커다란 영향을 미치게 될 것이다. 따라서 이 책이 출간되자마자 자연과학은 물론이고 그 밖의 여러 분야의 학자들 간에 격렬한 논쟁을 불러일으킨 것은 당연한 일인지도 모르겠다.

이 책은 그리 쉽게 읽어나갈 수 있는 책이 아니다. 비록 저자들의 주장에 비판적인 견해를 가지고 읽는다 하여도 생각하고 음미하며 읽으면 점차로 빨려 들어갈 정도로 지적인 흥분감을 맛보게 될 것이다. 그리고 책을 덮고 나서 다시금 생각하게 될 것이다. 적어도 이것은 역자의 경험이었으며, 이러한 흥분감을 많은 사람들과 공유하고 싶었던 것이 이 책의 번역에 착수한 동기였다. 따라서 역자는 저자들의 의도를 왜곡되지 않게 전달하기 위하여

직역에 가까운 번역을 하려고 시도하였다. 역자로서도 생소한 용어들의 번역과 교정을 위하여 교정본을 읽어 주신 송상용 교수님과 이따금 괴롭혀 드린 심재룡 교수님께 깊은 감사의 뜻을 전하고 싶다.

끝으로 이 책의 번역을 권유하고 오랜 우여곡절 끝에 이 책이 출간되도록 도와주신 최동식 교수님께도 감사드리는 바이다.

1988년 9월 역자

수정판 발간에 즈음하여

이 책의 초판은 1988년 11월 〈정음사〉에서 출간되어 4쇄에 걸쳐 속간되었다. 처음부터 우여곡절을 겪은 이 책은 시간적으로 쫓기는 바람에 최종교정을 하지 못한 채 출간되었다. 따라서 역자는 그동안 이 책을 읽어 준 독자들에 대하여 언제나 빚진 기분으로 송구한 생각을 금할 수 없었으며, 여건이 허락되면 오자의 수정은 물론이고 미흡한 표현도 보완하고자 하는 생각을 갖고 있었다. 다행인지 불행인지 이러한 역자의 바람은 또 한차례의 우여곡절 끝에 〈고려원미디어〉로 출판사를 바꾸어 이 수정판을 발간하면서 이루어지게 되었다.

국내에서도 《혼돈으로부터의 질서》의 대한 많은 관심이 표출되어 이미 1985년 7월 개최된 〈신과학운동 심포지엄〉에서 프리고진의 사상이 집중적으로 논의되었고, 1986년 1월호 《신동아》 별책부록 〈오늘의 사상, 100인 100권〉 중에 이 책이 선정되었다. 같은 해 《정경문화》는 역시 1월호 부록

〈현대의 신사상가 75인〉 중에 이 책의 원저자 중의 한 사람인 프리고진을 선정한 바 있다.

금년 초에는 교육방송 라디오의 〈현대의 고전〉이라는 프로에서 이 책이 자연과학 편 10권 중에 선정되어 이 책 한 권을 놓고 한 시간에 걸친 좌담회가 방송되기도 하였다. 또한 92년에 창간된 《과학사상》 겨울호에 〈비평형 열역학과 프리고진〉이라는 제목으로 역자의 글을 게재하게 되었다. 이 밖에도 역자는 전화를 통하여 또는 대면을 통하여, 어린 학생에서부터 국내 굴지의 대기업 사장에 이르기까지, 직접적으로 또는 간접적으로 이 책에 대한 많은 반응에 접하고 있다.

이러한 국내에서의 많은 관심은 이미 국제적인 문제작으로 알려진 이 책이 과학적, 철학적, 사회적, 그리고 인간적인 측면에서 놀라우리만큼 새롭고 예리한 통찰력으로 《혼돈으로부터의 질서》를 분석하고 종합하여 모든 분야에 엄청난 파급효과를 가져올 수 있는 결과를 예측함으로써 전 세계적으로 커다란 반향을 불러일으킨 것으로 보아 어쩌면 당연한 일인지도 모르겠다.

이 책을 읽고 난 후 역자와 마찬가지로 지적인 희열을 이기지 못하여, 초면의 역자에게 예고도 없이 찾아와 오랫동안 토론을 나누었던 지금은 이름도 잊은 어느 학생을 기억하면서 이 후기를 마친다.

1993년 2월 관악에서 역자

복간판 발간에 즈음하여

"혼돈으로부터의 질서" 한국 번역판의 '초판'은 1988년 11월에 정음사에서 발간되었다. 그 후 '수정판'이 1993년 3월에 고려원미디어에서 발간되었다가 출판사 사정으로 절판된 지 10여 년도 더 지난 것으로 생각된다. 세계적으로도 16개 국어로 번역되어 선풍적인 관심을 끌었던 이 책은 국내에서도 당시에 "신과학운동"을 주창하던 이들에 의해 그 중요성이 널리 전파되면서 지식인들에게 추천하는 필독 교양서적 리스트에 오르곤 하였다. 따라서 이 책이 절판된 후에도 많은 분들이 이 책을 구하여 읽어 보고 싶다는 안타까운 문의가 그치지 않았다. 그러던 차에 자유아카데미 김지영 이사의 도움으로 다시 이 책을 발간하게 되어 감개가 새롭기 그지없다. 특별히 크게 수정할 내용이 없었고, 단지 약간의 수정 및 교정과 그동안에 바뀐 한글 맞춤법을 적용하는 선에서 재발간하는 만큼 제2의 수정판이 아니라 '복간판'이라고 해야 할 것 같다.

그동안 이 책의 저자인 프리고진은 1996년 5월 대한화학회 창립 50주년 기념 국제화학학술대회에 초청되어 한국을 방문해 학술강연(시간, 혼돈, 그리고 자연의 법칙), 기념강연(과학과 예술에서의 창조성), 그리고 이화여대 창립 110주년 기념행사와 더불어 "카오스: 새로운 패러다임"이라는 제목의 공개강연을 하였으며, 대한화학회의 명예회원으로 추대되었다. 또한 그의 방한을 계기로 계간지 「과학사상」이 "동서양의 생명관"을 주제로 개최한 특별좌담회에 참석하기도 하였다. 이 좌담회의 자세한 내용은 「과학사상」 17호(1996년 여름호)에 게재되어 있다.

2003년 5월 28일 프리고진은 86세를 일기로 타계하였으며, 역자는 같은 해 7월 「과학동아」에 "열역학의 시인 일리야 프리고진 타계"라는 추모의 글을 게재한 바 있다.

"혼돈으로부터의 질서"는 여러 대학의 과학사 및 교양강좌의 교재로 사용되었으며, 자연과학 분야를 넘어 정치, 경제, 사회, 예술, 종교를 망라한 다양한 분야에서 많은 관심을 불러 일으킨 바 있다. 무엇보다도 이 책에 대하여 특별한 관심과 애정을 기울여 주신 분 중에 먼저 「과학사상」의 발행인이었던 故 이성범 회장을 들지 않을 수 없다. 1992년 봄에 이 땅에 수준 높은 과학관련 교양잡지인 「과학사상」을 창간하여 과학을 통해 서로 다른 분야에 종사하는 사람들에게 사색적인 대화의 통로를 마련해 주신 그분의 높은 뜻을 기리고 싶다. 특히 1996년에 프리고진이 방한하였을 때 「과학사상」이 주관한 좌담회를 자신의 구기동 비봉서옥에서 개최하도록 많은 배려를 아끼지 않은 바 있다. 애석하게도 이성범 회장은 1998년에 타계하였고, 역자는 「과학사상」 27호(1998년 겨울호)에 "산일구조와 자기조직화"라는 글을 그분의 영전에 바쳤다. 안타깝게도 「과학사상」은 이성범 회장의 타계 후 부진한 수익성으로 인하여 결국 2005년 50호를 마지막으로 폐간되었다.

다음으로는 「과학사상」의 편집인을 역임하신 고려대 김용준 명예교수와 동국대 김용정 명예교수이다. 두 분 모두 역시 이 책에 지대한 관심을 가지셨고, 역자와 함께 교육방송에 출연하여 "혼돈으로부터의 질서"를 널리 알리는 좌담회에 참석하기도 하였다.

이 책을 통해 역자는 故 이용필 전 서울대 사대교수와 많은 교류를 하였고, 그가 주관하는 한국정치경제학회에서 특별강연을 하기도 하였다. 이용필 교수는 또한 '혼돈과 복잡을 찾아서'라는 모토를 지닌 국제체계과학회 회장으로 1997년 서울에 학술대회를 유치하고 프리고진을 초청하기도 하였다. 그분이 1999년에 발행한 저서인 "사회과학연구와 새로운 패러다임"에는 '자기조직화와 인간체계의 발전', '혼돈이론과 사회체계에서의 적응'과 같은 내용이 포함되어 있다. 또한 노화준 서울대 행정대학원 명예교수와도 이 책을 중심으로 많은 대화를 가진 바 있다. 이분의 논문 중에는 '카오스이론이 정책연구에 주는 시사점 분석'(서울대 행정대학원 논총, 1998) 등도 있다. 이 밖에도 통계학과 대기과학 분야에서도 이 책에 많은 관심을 가지고 있어 해당 학과에서 역자를 초청하여 강연을 듣고 활발한 논의를 하기도 하였다.

국정의 핵심 역할을 했던 어느 분은 그가 이사장으로 있는 연구원에서 이 책을 연구원들에게 읽도록 권장하였으며, 연구원 행사에 역자를 초청하여 강연해 줄 것을 요청해 오기도 하였다. 비록 역자의 시간 사정으로 그 강연은 이루어지지 못하였으나, 국가경영에 직접 참여했던 분의 미래를 보는 뛰어난 혜안에 깊은 존경을 보내는 바이다.

어느 대기업의 사장도 이 책에 심취하여 역자와 많은 시간을 함께 한 바 있다. 그 밖에도 지금은 이름을 잊은 정열적인 학생들, 또 불가의 108번뇌를 '혼돈으로부터의 질서'로 해석할 수 있는지를 문의해 온 어느 승가대 교수...

유리지 서울대 미대 명예교수는 역자가 수상한 서울대 자연대 연구상 트로피를 제작하였고, 놀랍게도 역자와 전혀 무관하게 그 트로피의 주제를 '혼돈으로부터의 질서'라고 붙여 주었다.

이 밖에도 역자는 「철학과 현실」 1994년 겨울호에 '현대과학의 첨단지대'라는 코너에 "혼돈 과학"이라는 제목으로 이 책의 내용을 소개한 바 있다.

또한 1996년에 민음사 창립 30주년 기념으로 출판된 "103인의 현대사상-20세기를 움직인 사상의 모험가들"에 프리고진을 소개하는 역자의 글이 게재되기도 하였다.

역자가 문인화를 사사하고 있는 백계 정탁영 전 서울대 미대 교수님이 즐겨 인용하시던 말씀 중에 중국 육조시대 고개지(顧愷之)의 회화이론 중 "천상묘득(遷想妙得) — 생각을 옮겨 묘함을 얻는다"라는 말이 아마도 이 책이 여러 분야에서 관심을 끄는 이유가 아닐까 하는 생각을 해본다. 이제 "혼돈으로부터의 질서"가 다시 세상에 나타남으로써 그동안 이 주제에 관해 쌓였던 궁금증을 해결하고 싶은 여러 분야의 많은 분들에게 조금이라도 지적인 만족감을 채워 줄 수 있기를 바라며 이 글을 마친다.

2010년 늦은 가을
관악산이 바라보이는 연구실에서
역자

대한화학회 창립 50주년 기념행사에서 축하연주를 듣는 프리고진 부부와 역자

「과학사상」 좌담회 후 기념촬영

찾아보기

ㅈ

저자

일리야 프리고진(1917~2003)

1917년 러시아에서 태어나 벨기에에서 성장한 프리고진은 열역학과 비평형계에 대한 연구 업적으로 1977년 노벨 화학상을 수상하였다. 수학, 물리학, 화학, 생물학, 생태학 등 다양한 분야에서 수많은 논문과 저서를 집필한 그는 모교인 브뤼셀 자유대학과 미국 오스틴 텍사스 대학의 물리학 및 화학 교수로 재직하였다. 이와 아울러 솔베이 재단의 〈국제 물리 및 화학 연구소〉와 텍사스 대학 내의 〈통계역학과 복잡한 계에 관한 연구를 위한 일리야 프리고진 센터〉, 프랑스 사회과학 대학원의 연구소장직도 맡았다.

이사벨 스텐저스(1949~)

철학자이자 화학자, 과학사학자로 프리고진의 브뤼셀 학파 연구원이었다. 현재는 프랑스 파리의 빌레트 박물관에 재직 중이다.

역자

신국조

서울대학교 자연과학대학 화학과 교수

서울대학교 문리대 화학과를 졸업하고, 캐나다 맥길대학교에서 이학박사 학위를 받았다. 대통령자문 정책기획위원, 서울대학교 기초과학연구원장, 대한화학회장을 역임하였다. 아시아 지역의 권위 있는 국제학술지인 『Chemistry - An Asian Journal』의 국제자문위원과 영국왕립화학회 펠로우(FRSC)로 추대되었다. 역서 『기본물리화학』이 있으며, 프리고진의 연구분야인 비평형 통계역학 분야에 속하는 용액 중 화학반응 동역학에 관한 다수의 연구논문을 발표하였다. 대한화학회 학술진보상, 이태규 학술상, 서울대학교 자연대 연구상을 수상하였다.